Architecture. Staircase Details

건축정보센터 편

각종계단상세도집

계단이란 불가사의한 존재의 느낌이다. 정말 계단이 모든 인류의 손에 달려 있지 않은가? 계단형태는 대부분 인위적이고, 자연발생적이란 느낌을 전혀 찾아볼 수 없다. 정말 오늘날의 건축공간이 그 양상을 일변하고 있지 않은가? 대부분의 계단이 우리와 가장 밀접한 존재로 인류의 공간에 대한 강한 의지와 깊은 지혜를 엿볼 수 있다는 것에 깊은 감사를 드린다.

계단은 높이가 다른 바닥을 연결하여 사람들이 걸을 수 있는 장치로서 건축의 성립과 거의 같이 오랜 역사적 기원을 갖는다. 그 뿐만 아니라 계단은 평면계획의 중요한 요소로서, 공간연출의 커다란 결정체로서 오랫동안 세련되게 만들어서 왔다. 계단은 격식 · 권위의 표현으로서 공간의 움직임을 결정, 공간에 중심축을 부여하는 요소로서 공간을 보이드, 공간을 승화시켜서 해방감을 줌으로서 연구에 연구를 거듭하여 왔다. 중요한 건축물은 바닥을 높게 올라갈 수 있는 것이 많고, 또한 중세 이후의 궁전 · 저택에서는 주요 계단이 2층으로 설치되는 것이 많았으므로 지상레벨과 같이 주요한 바닥레벨을 연결하는 계단은 중요한 포인트이다. 그리이스 · 로마 신전의 정면계단, 침전조의 정면에 남쪽면으로 해서 설치된 나무계단, 베르사궁의 「천사의 계단」 등에서 그 예를 볼 수 있고, 그것은 19세기의 파리 · 오페라좌의 대계단이나 거대한 보이드를 자랑하는 초기의 데파트의 큰계단까지 이어진다. 이러한 계단은 화려한 디테일을 가진 문자로 통하는 공간의 주역이다. 그러나 엘리베이터의 등장과 표현의 일체화를 가진 건축물의 고층화, 에스컬레이터의 일반화 등의 기술적 발전은 계단을 더욱 영광의 지위에서 실추하게 만들었다. 계단의 가장 중요한 임무는 비상계단으로 추락한 것으로 생각한다. 또한 근대건축의 재료 · 표현을 계단으로 다루는 노력도 1960년대까지만 피크였다.

현재, 계단에는 얼마만큼 가능성이 남아 있는 것인가, 그것을 고쳐서 바로잡는 다는 것은 근대건축 이후의 세계를 바라볼 수 있는 표준을 부여해 주는 것일 것이다. 계단의 재발견과 복권의 노력은 복고 뿐만 아니라 새로이 제작하는 갈림길을 완화시켜 줄 것이다.

풍부한 자료를 토대로 기술 전문서에 비하면 본서는 정말 입문서라 할 수 밖에 없지만 실례를 보다 더 계단 구성과 그 표현에 대하여 각각의 가능성을 추구하여 보았다.

본서는 계단표현에 있어서의 개념, 형태 및 그 실용화에 대한 고찰이다. 계단의 종류나 그 조형적 표현에 있어서도 용도에 따라서 완만한 경사부터 급경사에 이르기까지, 대담하게 만곡된 계단 등 다종다양하고, 특색이 있게 구성된 계단은 설계자, 이용자 모두에게 깊은 인상을 줄 것이다.

본서에 나오는 치수는 독일에서의 일반적인 기준이다. 숫자는 그대로 적용하였지만 실무에 있어서는 건축법이나 우리의 기준에 맞고, 적합한가를 확인하는 것이 필요하다.

본서의 구성은 크게 개론편과 실례집으로 구분되어 있다. 내용은 개론에서는 계단의 기능과 형태에 있어서의 적절한 분석을 간소한 표현으로 기술하였다. 다양한 도표는 설계자료로서도 활용해도 손색이 없다고 생각하지만, 특히 "디딤판의 변형"의 항에 기술한 어느 것의 제작법은 실제로 작도하여 보여 준다. 좀더 적극적인 체험으로 새로운 발견을 하고싶은 생각이었다. 실례에서는 신, 구의 예를 포함한 다양한 사진과 상세도를 다방면에서 소개하여 개론과 동시에 본서를 계단에 있어서의 입문서로서 정리하였다. 아름답고 미적인 계단으로 연출하기 위해서는 언제나 가볍고 경쾌함으로 승화시킨 율동으로 표현되어야 한다. 본서로 아름답고 미적인 계단을 연출할 수 있다면 더할 나위없는 기쁨일 것이다. 계단을 가능한한 새로운 가능성을 추구하면서 특집이라 말할 수 있는 것이 바로 이 책이다.

-建築精報센터 -

제3장 역사적 계단

개 론

계단은 사람들의 왕래를 위해서 유익하다는 것은 자명한 일이며, 또한 필요한 존재이기도 하다. 계단의 주요한 수치는 경험적 법칙을 근거로 하며, 대부분은 『토목건축규정(bauppolizeilichen Vorschriften)』에 기재되어 있다. 그러나 모든 것이 규정대로 적합하다고 할 수 없을 뿐만 아니라 때로는 예외도 있다.

챌판 치수와 디딤면 치수의 관계

계단을 오르내림이 쾌적한 가의 여부는 챌면치수와 디딤면 치수의 관계에 의해서 결정된다.

일반적으로는 다음에 서술한 챌판치수가 준수되고 있다.

정원 및 옥외계단	14~16cm
집회장.극장	16cm
학교, 공공건축	16~17cm
주택의 주 계단	17~18cm
부계단	20cm 이상
지하실 및 다락방계단	22cm 이하

더욱 더 급경사인 것은 선박의 사다리계단(챌판치수는 20~30cm)이나 사다리에서 볼 수 있다. 사다리의 경사는 약 75°이며 챌판치수는 25~30cm이고, 수직사다리(피난용, 연돌용 등)는 약 30cm이다.천천히 걷는 경우의 평균보폭은 평지에서 60~65cm이다. 경사면에서는 보폭은 좁게 되고, 사다리와 같은 수직면에서 보폭은 절반정도로 되어 약 31cm이다.

챌판치수 S와 디딤면 치수 A의 관계를 공식화하면 다음과 같이 된다.

2S+A=63cm(61~65cm)

이 보폭공식은 간단하여 알기 쉽고, S와 A의 관계가 이 수치의 범위에 들어가는 계단은 쾌적한 계단이다.

계단의 경사가 극단적으로 완만하거나 또는 급경사인 경우에는 이 공식에 디딤면 치수가 매우 크거나 작게 되는 것이다. 보폭공식은 만족하는 수치로서 다음의 공식이 성립한다.

A+S=46cm

더우기 쾌적한 계단을 얻기 위해서는 다음의 공식이 있다.

A-S=12cm

계단은 올라가기보다 내려오기가 어렵다. 챌판치수가 32cm 이상인 경우는 발뒤꿈치가 디딤면에서 밀려나오지 않고 오르내릴 수 있지만 25cm 이하인 경우는 발을 디딤면에 완전하게 올려 놓을 수 없다.

당연한 일이지만 하나의 계단중간에서 경사를 변화시켜서는 안된다. 또, 여러 층으로 연속되는 직통계단에 대해서도 마찬가지이다.

일정한 경사를 유지하고, 거기에 맞게 어울리는 조형이 부여됨으로써 우수한 평면계획과 형태에 따른 좋은 계단이 만들어진다.

계단경사의 산출방법

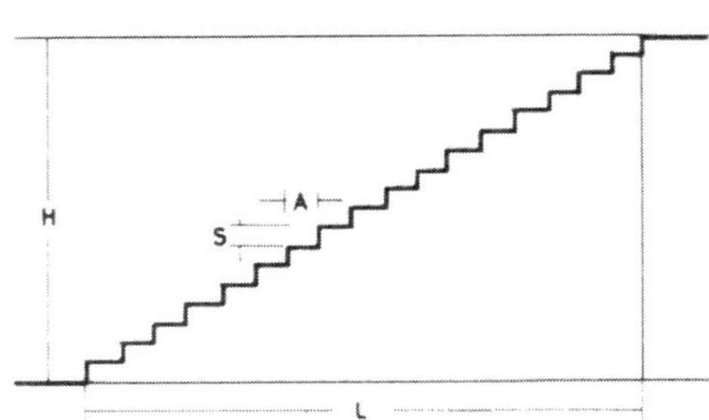

보폭공식 2S+A=63cm를 응용변환하면 걸음수 즉, 단수 n은 다음식으로 얻어진다.

n=(2H+L)/63

또 챌판치수 S 및 디딤면치수 A는 각각 다음의 식과 같다.

S=H/n

A=L/(n-1)

예 : 층높이 H=320cm, 가능한 한 계단의 수평길이 L+450cm인 경우는 다음과 같이 된다.

$$n=\frac{2\times 320+450}{63}=17.3\longrightarrow 17$$

$$S=\frac{320}{17}=18.8\text{cm}$$

$$A=\frac{450}{17-1}=28.1\text{cm}$$

검산 : 2S+A=2×18.8+28.1=65.7cm

이 수치는 표준치 63cm 보다 크므로 디딤면 치수를 2~3cm 작게 해야 한다. 따라서 계단의 수평길이도 작아지게 된다.

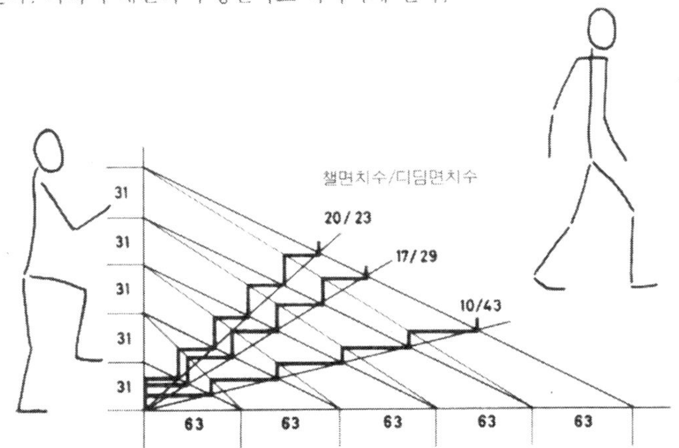

다음 페이지의 표는 단높이에 대한 보폭공식 2S+A=630mm를 토대로 산출한 단수, 챌면치수, 디딤면치수, 계단의 수평길이의 상관표이다.

층고 H	단수(고딕체) 챌면치수-디딤면치수 계단의 수평길이								2 S+A=630mm에 기초한 계단의 물매 치수:mm
1200	**5** 240-150 600	**6** 200-230 1150	**7** 172-286 1716	**8** 150-330 2310	**9** 133-364 2912				
1300	**6** 217-196 980	**7** 186-258 1548	**8** 162-306 2142	**9** 144-342 2736	**10** 130-370 3330				
1400	**6** 233-164 984	**7** 200-230 1380	**8** 175-280 1960	**9** 156-318 2544	**10** 140-350 3150				
1500	**7** 224-182 1092	**8** 188-254 1778	**9** 167-296 2368	**10** 150-330 2970	**11** 136-358 3580				
1600	**7** 228-174 1044	**8** 200-230 1610	**9** 178-274 2192	**10** 160-310 2790	**11** 145-340 3400				
1700	**8** 212-206 1442	**9** 189-252 2016	**10** 170-290 2610	**11** 154-322 3220	**12** 142-346 3806				
1800	**9** 200-230 1840	**10** 180-270 2430	**11** 164-302 3020	**12** 150-330 3630	**13** 138-354 4248				
1900	**9** 211-208 1664	**10** 190-250 2250	**11** 173-284 2840	**12** 158-314 3454	**13** 146-338 4056				
2000	**10** 200-230 2070	**11** 182-266 2660	**12** 167-296 3256	**13** 154-322 3864	**14** 143-344 4472				
2100	**10** 210-210 1890	**11** 191-248 2480	**12** 175-280 3080	**13** 162-306 3672	**14** 150-330 4290				
2200	**11** 200-230 2300	**12** 183-264 2904	**13** 169-292 3504	**14** 157-316 4108	**15** 147-336 4704				
2250	**11** 205-220 2200	**12** 187-256 2816	**13** 173-284 3408	**14** 161-308 4004	**15** 150-330 4620				
2300	**12** 192-246 2706	**13** 177-276 3312	**14** 164-302 3926	**15** 153-324 4536	**16** 144-342 4130				
2400	**11** 218-194 1940	**12** 200-230 2530	**13** 184-262 3144	**14** 171-288 3744	**15** 160-310 4340	**16** 150-330 4950	**17** 141-348 5568		
2500	**12** 208-214 2354	**13** 192-246 2952	**14** 178-274 3562	**15** 167-296 4144	**16** 156-318 4770	**17** 147-336 5376	**18** 139-352 5984		
2600	**12** 217-196 2156	**13** 200-230 2530	**14** 186-258 3354	**15** 173-284 3976	**16** 162-306 4590	**17** 153-324 5184	**18** 144-342 5814		
2625	**12** 219-192 2112	**13** 202-226 2712	**14** 188-254 3302	**15** 175-280 3920	**16** 164-302 4530	**17** 155-320 5120	**18** 146-338 5746		
2700	**13** 208-214 2568	**14** 193-244 3172	**15** 180-270 3780	**16** 168-270 4050	**17** 159-312 4992	**18** 150-330 5610	**19** 142-346 6228		
2750	**13** 212-206 2472	**14** 196-238 3094	**15** 183-264 3696	**16** 172-286 4290	**17** 162-306 4896	**18** 153-324 5508	**19** 145-340 6120		
2800	**14** 200-230 2990	**15** 187-256 3584	**16** 175-280 4200	**17** 165-300 4800	**18** 155-320 5440	**19** 147-336 6048	**20** 140-350 6650		
2900	**14** 207-216 2808	**15** 193-244 3416	**16** 181-268 4020	**17** 170-290 4540	**18** 161-308 5236	**19** 153-324 5832	**20** 145-340 6460		
3000	**15** 200-230 3220	**16** 187-256 3840	**17** 176-278 4448	**18** 167-296 5032	**19** 158-314 5652	**20** 150-330 6270	**21** 143-344 6880		
3100	**15** 207-216 3024	**16** 194-242 3630	**17** 182-266 4256	**18** 172-286 4862	**19** 163-304 5472	**20** 155-320 6080	**21** 147-336 6720		
3200	**16** 200-230 3450	**17** 188-254 4064	**18** 178-274 4658	**19** 168-294 5292	**20** 160-310 5890	**21** 152-326 6520	**22** 145-340 7140		
3300	**16** 206-218 3270	**17** 194-242 3872	**18** 183-264 4488	**19** 174-282 5076	**20** 165-300 5700	**21** 157-316 6320	**22** 150-330 6930		
3400	**16** 212-206 3090	**17** 200-230 3680	**18** 189-252 4284	**19** 179-272 4896	**20** 170-290 5510	**21** 162-306 6120	**22** 154-322 6762	**23** 148-334 7348	**24** 142-346 7958
3500	**17** 206-218 3488	**18** 194-242 4114	**19** 184-262 4716	**20** 175-280 5320	**21** 167-296 5920	**22** 159-312 6552	**23** 152-326 7172	**24** 146-338 7774	**25** 140-350 8400
3600	**17** 212-206 3296	**18** 200-230 3910	**19** 189-252 4536	**20** 180-270 5130	**21** 171-288 5760	**22** 164-302 6342	**23** 156-318 6996	**24** 150-330 7590	**25** 144-342 8208
3700	**18** 205-220 3740	**19** 195-240 4320	**20** 185-260 4940	**21** 176-278 5560	**22** 168-270 5670	**23** 161-308 6776	**24** 154-322 7406	**25** 148-334 8016	**26** 142-346 8650
3800	**18** 211-208 3536	**19** 200-230 4140	**20** 190-250 4750	**21** 181-268 5360	**22** 173-284 5964	**23** 165-300 6600	**24** 158-314 7222	**25** 152-326 7824	**26** 146-338 8450
3900	**19** 205-220 3960	**20** 195-240 4560	**21** 186-258 5160	**22** 177-276 5796	**23** 170-290 6380	**24** 162-306 7038	**25** 156-318 7632	**26** 150-330 8250	**27** 144-342 8892
4000	**20** 200-230 4370	**21** 190-250 5000	**22** 182-266 5586	**23** 174-282 6204	**24** 167-296 6808	**25** 160-310 7440	**26** 154-322 8050	**27** 148-334 8684	**28** 143-344 9288

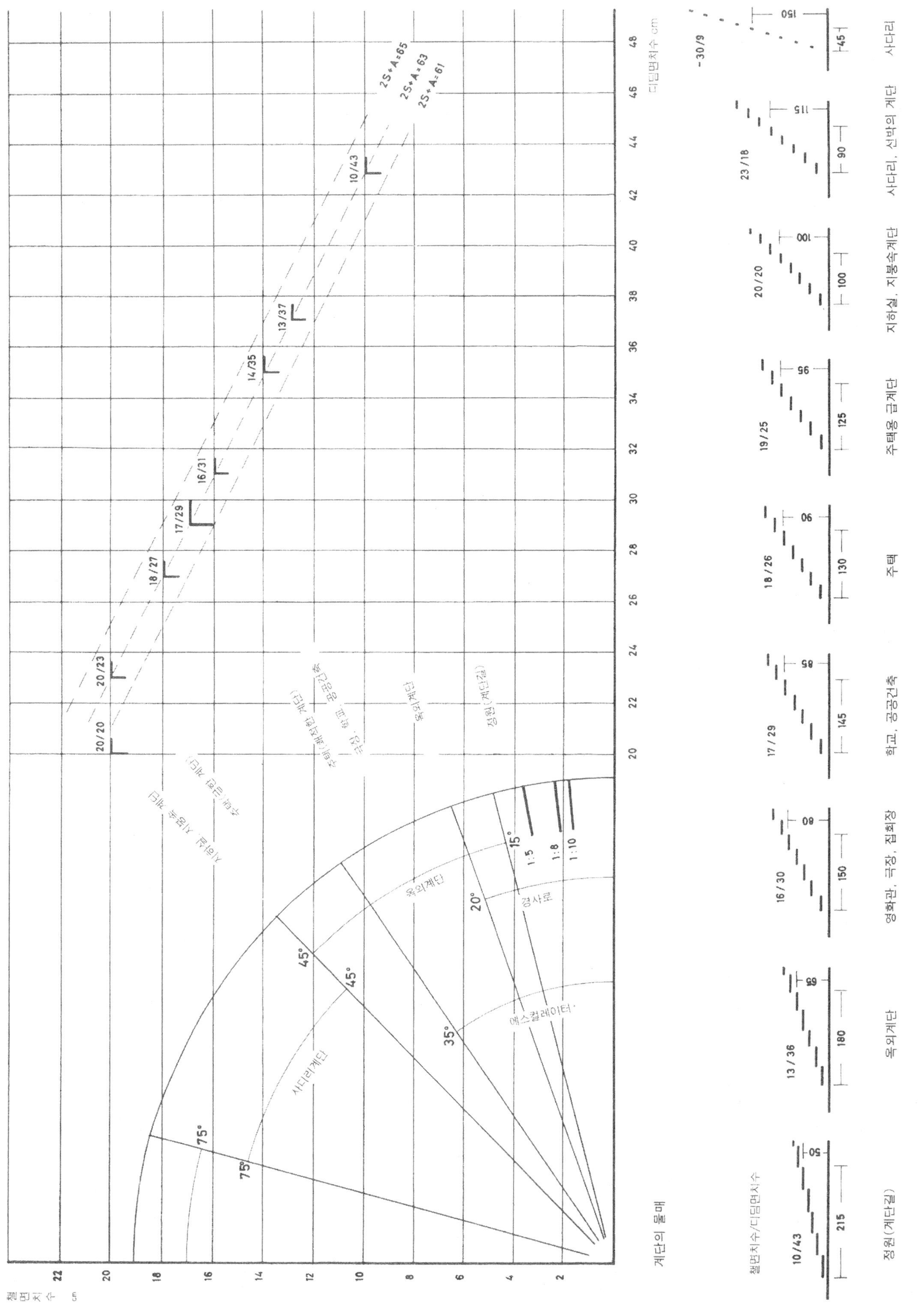
2S+A=65
2S+A=63
2S+A=61
디딤면치수 cm
챌면치수 cm
10/43
13/37
14/35
16/31
17/29
18/27
20/23
20/20
-30/9
23/18
20/20
19/25
18/26
17/29
16/30
13/36
10/43
150
45
115
90
100
100
95
125
90
130
85
145
80
150
65
180
50
215
챌면치수/디딤면치수
사다리
사다리, 선박의 계단
지하실, 지붕속계단
주택용 급계단
주택
학교, 공공건축
영화관, 극장, 집회장
옥외계단
정원(계단길)
계단의 물매
옥외계단
경사로
에스컬레이터
사다리계단
1:5
1:8
1:10
15°
20°
35°
45°
75°

계단의 유효폭

계단의 유효폭은 보통 난간, 계단옆판에 의해서 규제되고 있고, 건축법규에서의 유효폭이란 난간과 난간, 혹은 난간과 계단옆벽과의 안치수를 말한다.

유효폭은 몇 사람이 동시에 나란히 이용하기도 하지만 혹은 이용하는 사람의 총수와 소요시간의 관계로 결정된다.

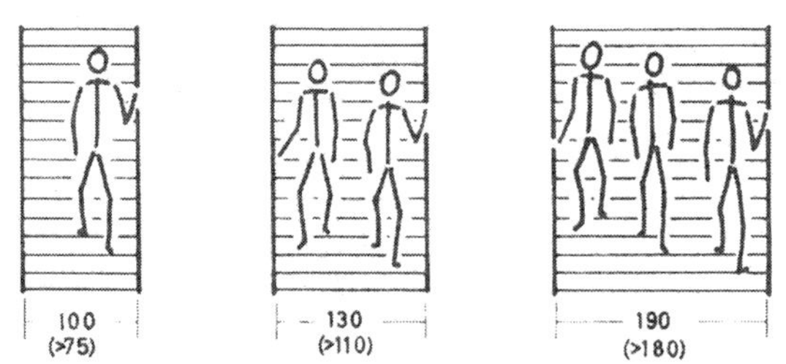

1인용 1.00m(최소 0.75m)
2인용 1.30m(최소 1.10m)
3인용 1.90m(최소 1.80m)

계단으로 통하는 출구의 폭은 계단의 유효폭 이상으로 하고, 정체되지 않도록 해야 한다.

용도별 계단의 유효폭

층 수가 2 이하인 주택 및 공동주택	0.90m 이상
층 수가 2 이상부터	
1층 계단마다 각 층 1가구만의 공동주택	1.00m 이상
층 수가 2 이상부터	
1층단마다 각 층 1가구 이상인 공동주택	1.10m 이상
주택안의 지하실 및 지붕 안 계단	0.70m 이상
옥외계단	0.90m 이상
교회, 학교, 병원	1.30m 이상
극장	1.25~1.80m
백화점	1.50~2.00m
집회장, 영화관	1.25~2.50m

규정이 없는 경우 많은 사람이 있는 건물에 필요한 계단폭의 합계는 다음과 간이 산정된다.

계단이용자수	기본폭 (1.00m)로 가산된다. 100명당 증가수
100~500명	0.7m
500~1,000명	0.5m
1,000명 이상	0.3m

예 : 800명에 대한 필요계단폭 합계는 다음과 같이 된다.

1.0+5×0.7+3×0.5=6.00m

이 계단폭의 수치를 몇 개의 계단으로 분배하고, 규정에 따라서 적절하게 배치한다.

유효폭이 2.50m 이상의 계단인 경우에는 중간에 난간이 필요하다(앞에 기술한 유효폭 최대값에 주의).

계단의 수평길이

1단 뿐인 것은 여기에서는 대상 외로 한다. 3단 이상의 계단은 원칙적으로 하여 수평면의 차를 명확하게 알 수 있도록 설계해야 한다(채광, 마감재에 주의).

3단 이상의 계단인 수평길이에 대한 것은 앞에 기술한 것과 같지만 16단 이상, 최대 18단을 초과하는 경우에는 중간에 계단참이 필요하다.

계단참

계단방향이 변하지 않을 것을 직선 계단참, 직각으로 꺾는 것을 1/4계단참, 2직각으로 꺾는 것(ㄷ형꺾음계단)을 1/2 계단참이라고 한다.

계단방향이 변하는 경우인 계단참에서는 디딤면 배치계획 및 난간을 스므스하게 연속되도록 해야 한다(14, 17페이지 참조).

직선계단참의 길이 L은 표준보폭에서 걷는 치수이며 다음 식에 의한다.

L=n×63+A cm

즉, 챌면치수/디딤면치수=17cm /29cm인 계단에서는

최소의 계단참인 길이는 63+29=92cm가 되고,

2걸음의 길이는 2×63+29=155cm가 된다.

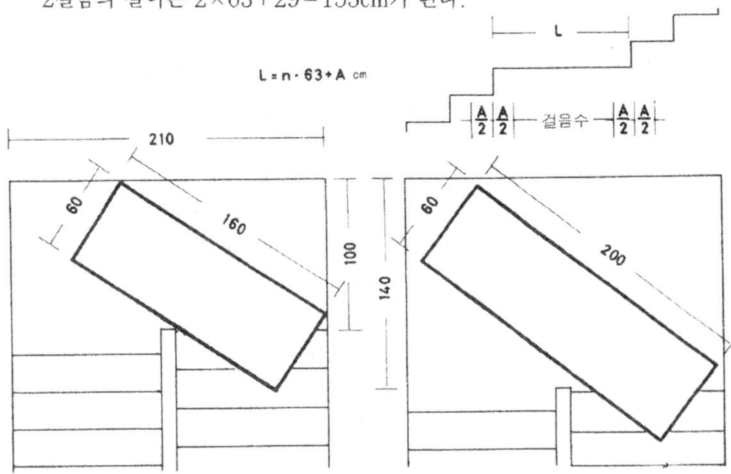

1/4 계단참 또는 1/2 계단참에 있어서도 목적에 따라 동일한 배려가 필요하다. 그 경우는 계단의 중앙부가 아니라 안옆도리에서 약 30cm의 위치가 실제 오르내리는 장소가 된다. 1/2 계단참(ㄷ형꺾음계단)에서는 가구나 큰 물건이 이동할 수 있도록 주의한다.

평면형태와 소요면적

평면형태에 의해서 커다란 영향을 받지는 않지만 계단방향선의 변화에 의해 발생하는 형태는 다종다양하다.

예를 들면 다음에 열거할 평면도서에서 볼 수 있는 것처럼 직선계단에서는 그 수평길이가 커지지만 꺾음계단이나 회전계단에서는 작아지게 되고 그 대신에 가로방향의 치수가 커지게 된다(아래 그림 참조).

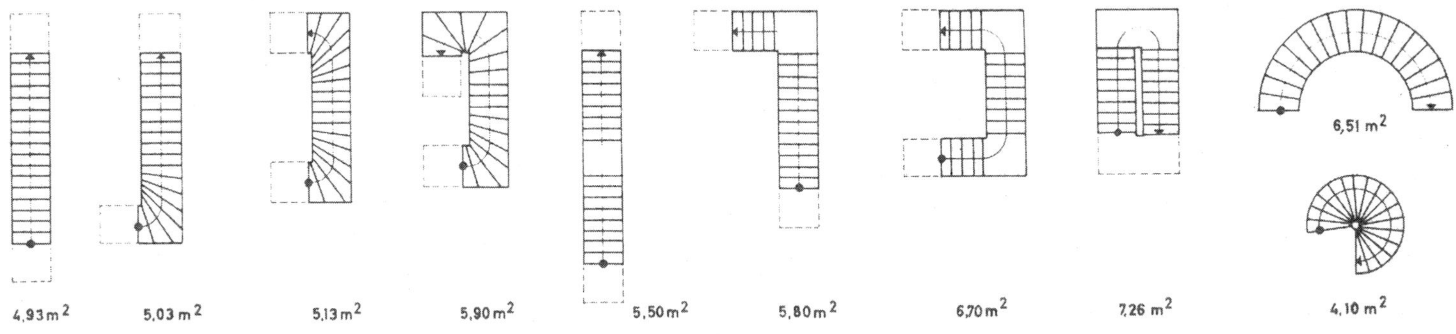

층고:3m, 계단의 유효폭:1m, 챌면치수/디딤면치수:16.7cm/29.0cm, 단수:18. 최초와 마지막 계단참 스페이스를 제외한 경우의 소요면적

계단의 천장높이

계단의 천장높이란 단코에서부터 천장까지의 수직치수를 말한다. 독일공업규격 DIN18065에 의하면 주택의 계단에서는 2.1m 이상 필요하다. 또한 이 규격이 적용되지 않는 장소라 하더라도 2m 이하로는 만들지 못하고, 공간적으로 보아 압박감을 느끼지 않는 높이로 해야 한다.

방화대책

화재에 대한 건축재료의 내화성능은 가연성－난연성－불연성이라는 개념에 의하여 성격이 구분된다.

건축물의 일부를 구성하는 계단에 대해서도 다음에 기술하는 규정이 적용된다.

● 방화구조 : DIN4102, 3항에 의하면 내화시험에 따라서 30분간, 발화나 연소가 되지 않는 구조를 방화구조라 한다.

철골부분은 내화시간중 하중을 지탱하고, 안전을 확보해야 한다. 철골부분은 250℃ 이상, 철골기둥은 350℃ 이상으로 온도가 상승하지 않도록 방화피복재로 피복해야 한다. 한쪽 면이 불이 닿아도 반대쪽은 시험중에 130℃ 이상으로 되지 않고, 동시에 두께도 약 1cm 이상 유지되는 것이어야 한다.

그 외에 방화구조로서는 사암, 벽돌, 두께 10cm 이하인 콘크리트와 철근콘크리트, 오크재, 내화피복된 스틸 등의 재료로 만들어진 계단 및 밑면을 불연재료(두께3cm의 회반죽 또는 콘크리트, 석면슬레이트나 동질의 성능을 가진 것)로 피복된 목조 또는 석조계단을 예로 들 수 있다. 그러나 천연석조인 경우는 옆도리도 불연재료로 피복되어야만 한다.

● 내화구조 : 내화구조란, 규정된 내화시험에서 1시간 30분의 내화성능과 소화수압에 견디고 계산된 하중에 대하여 구조의 안전성을 유지함과 동시에 화재의 통로가 생기지 않는 구조를 말한다.

철골 부분은 250℃ 이상, 철골기둥은 350℃ 이상으로 가열되지 않도록 내화피복재로 피복되어 있는 경우에는 철골조로 해도 좋다. 규정된 내화시험 도중에 한쪽면이 불에 닿아도 속면이 130℃ 이상으로 온도상승이 안 되는 것이어야 한다.

『토목건축법규』에 의하면 다음 구조의 계단은 내화구조(1시간 30분 내화)로 된다.

구운벽돌 또는 성형벽돌조로 두께 11.5cm인 것

콘크리트 또는 철근콘크리트조로 두께 10cm 이상인 것

은폐배근된 프리캐스트 콘크리트조로 두께 10cm이상인 것

인조석조인 것. 단, 천연석조인 것은 내화구조가 아니므로 주의할 것.

철골부분은 두께 3cm 이상인 회반죽 또는 콘크리트로 피복하고, 철골기둥은 마찬가지로 두께 6cm 이상의 피복을 해야 한다.

● 상급내화구조: 상급내화구조란 내화구조(1시간 30분 내화)의 시방에 있어서 내화시간을 3시간으로 한 구조이다.

안전성

어느 계단이든 오르내릴 때는 안전해야 한다. 그것은 계단 경사 뿐만아니라 디딤판면의 재료나 다음 단과의 관계를 어떻게 처리하느냐가 관계가 있다. 특히 노약자, 신체장애자, 부녀자가 이용하는 계단은 미끄럼 방지대책이 필요하다.

외부계단의 앞에는 신발 밑의 흙을 털기 위해 금속제 격자를 두는 것이 바람직하고, 그것도 현관문 뿐만 아니라 계단 때문에 가장 좋은 장소에 설치해야 한다. 또는 외부에 설치하는 계단이나 경사로는 겨울철의 얼음 외에 미끄러지기 쉬운 상황에 대해서도 안전하도록 계획해야 한다. 옥외계단에서는 디딤면에 1% 이상, 완만한 계단에서는 2% 이상의 경사도를 각각 만든다.

채광과 조명

계단은 자연광과 인공조명으로 각각의 디딤판면, 특히 올라갈 때와 내려올 때의 부분을 명확히 구분해야 한다. 창에서도, 인공조명에서도 특히 내려오는 경우에는 눈이 부시지 않도록 주의한다. 계단참도 조명을 잘 해야 한다. 계단실은 전체가 밝은 재료를 사용하는 것이 좋다. 단코부에 농도가 짙은 색채의 재료를 사용하여 눈에 잘 띄도록 한다. 챌판이 없는 계단은 빛이 통과하여 보다 더 밝지만 방화대책에서도 가능하다면 굳이 제한하지 않는다.계단참에 바닥용 글래스블럭을 사용하여 밝게 한 계단도 있다(85페이지 참조).

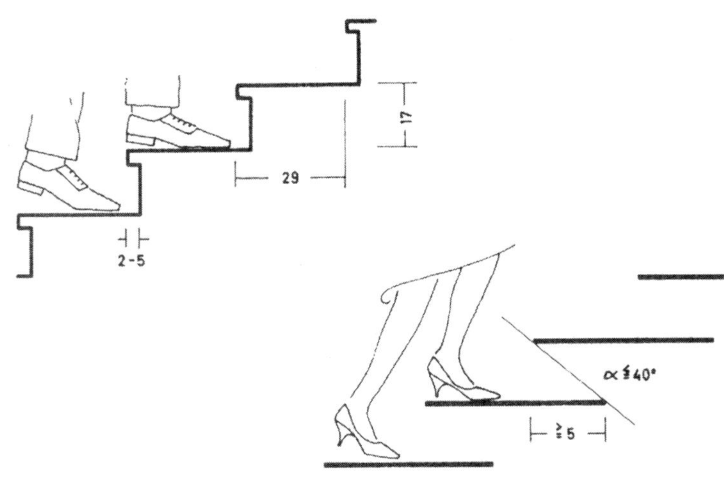

디딤판의 단면형태

디딤면 평면을 크게 확보하여 오르내림의 안전을 높이기 위해 디딤판 부분을 오버행시키지만 챌판을 경사지게 설치한다.

챌판이 없는 계단에서는 겹치는 부분이 크게 필요하고, 틈의 각도는 40° 이내로 한다(그림 참조)

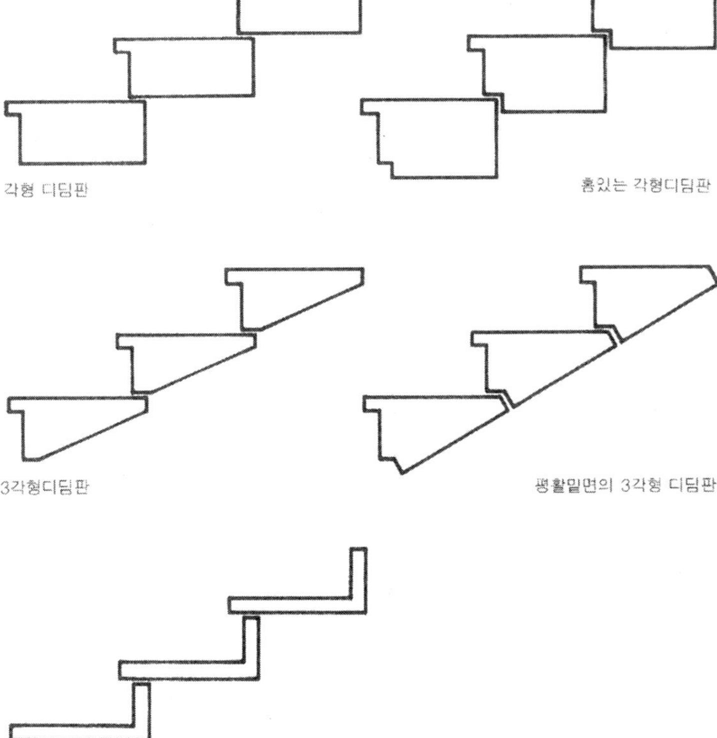

디딤판의 각종 단면 형태

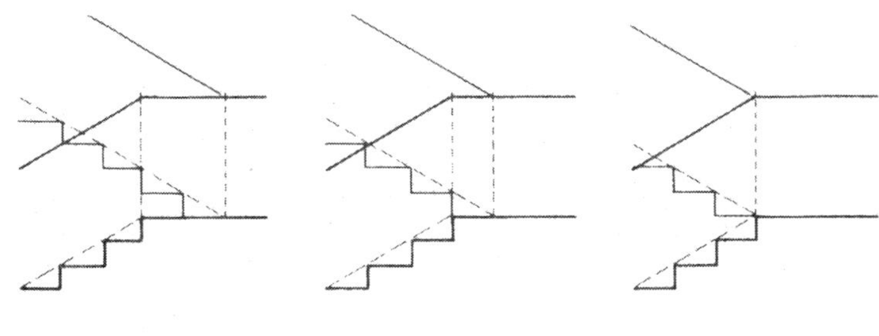

계단참과 난간

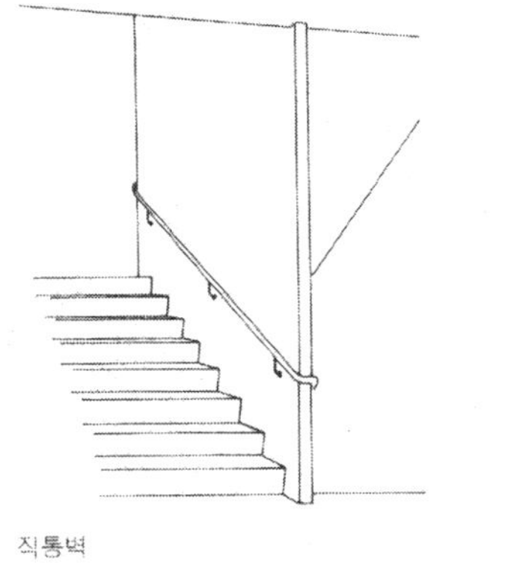

직통벽

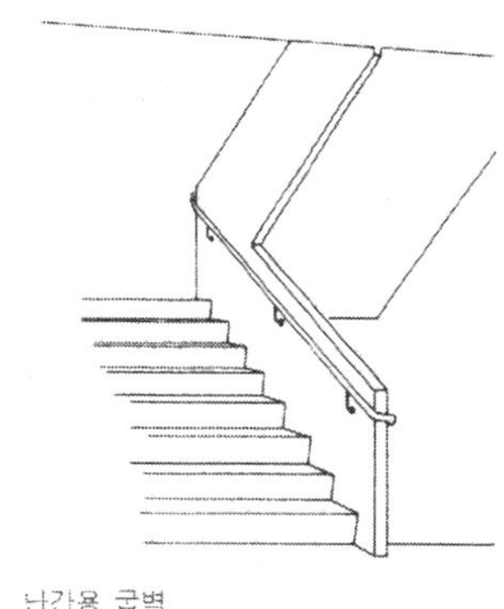

난간용 굽벽

난간

4단 이하인 계단에는 난간은 필요하지 않다. 5단 이상에서 유효폭이 1.25m 이하인 계단에는 한쪽 옆에 1.25~2.50m인 계단에서는 양쪽에 난간이 필요하다. 유효폭이 2.50m 이상의 넓은 계단에서는 중간에도 난간이 필요하게 된다.

바닥 위 높이 1.00m경사로에도 난간이 필요하다.

난간의 높이는 계단의 이용방법과 높이에 좌우되고, 일반적으로는 85~110cm 사이이고, 통상은 90cm이다. 어린이용인 경우는 약 60cm로 한다. 이 경우, 난간의 높이는 단코에서부터 난간 상단까지를 수직으로 잰 것으로 한다. 난간의 재료와 형태는 안전을 파악하기 쉽게 한다. 금속은 촉감이 차갑다. 또한 조잡하거나 반대로 위가 넓고, 가는 단면은 피하여 노약자, 신체장애자, 어린이들에게도 안전한 계단이 되도록 해야 한다. 난간은 일반적으로 나무 또는 곡선형의 금속을 사용하고, 계단을 따라 같은 물매로 한다. 직선에서 난간을 구성하는 경우는 단코의 연장선이 계단참과 교차하는 점 위에서 그 때마다 난간이 꺾어지도록 계획하는 것이 좋다(위 그림 참조). 따라서, 평면형태에 의해서는 이 부분에 수평인 난간이 생겨 계단참에 돌출되므로 그 부분 계단참의 유효치수가 좁아진다.

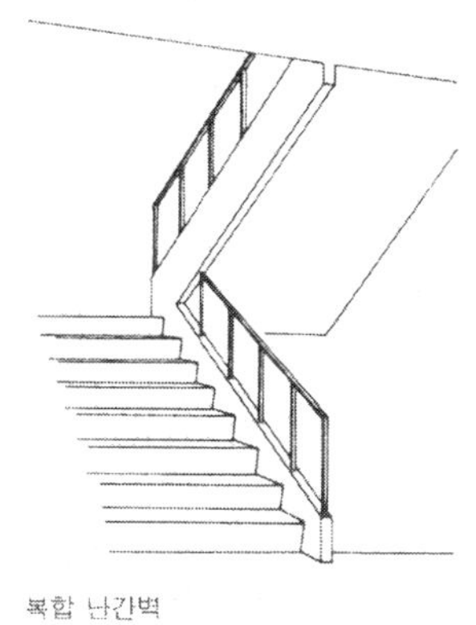

복합 난간벽

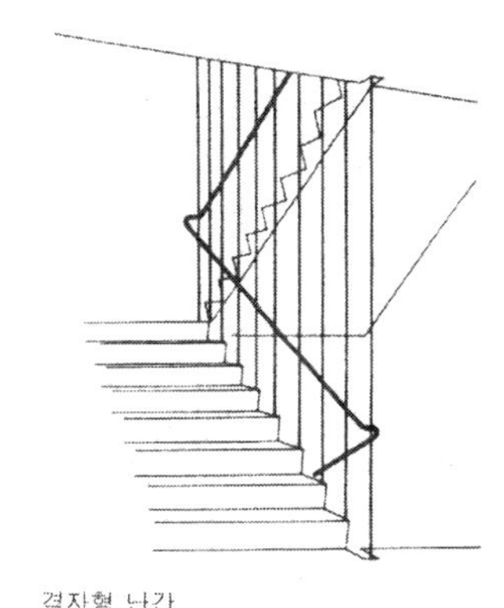

격자형 난간

내부공간에 있어서 계단의 효과

계단은 공간을 경사지게 끊어서 매우 강한 공간적인 효과를 갖는다. 계단 샤프트로 하면, 그 효과는 눈에 띄지는 않지만 독립한 계단에서는 가시적으로 되고 연속하는 옆벽 혹은 보다 낮은 기초적인 구성요소에 의하여 그 조형이 강조된다. 가장 공간 효과가 큰 것은 공간에 자유롭게 설치된 계단이다.

내부 공간에 있는 계단의 효과

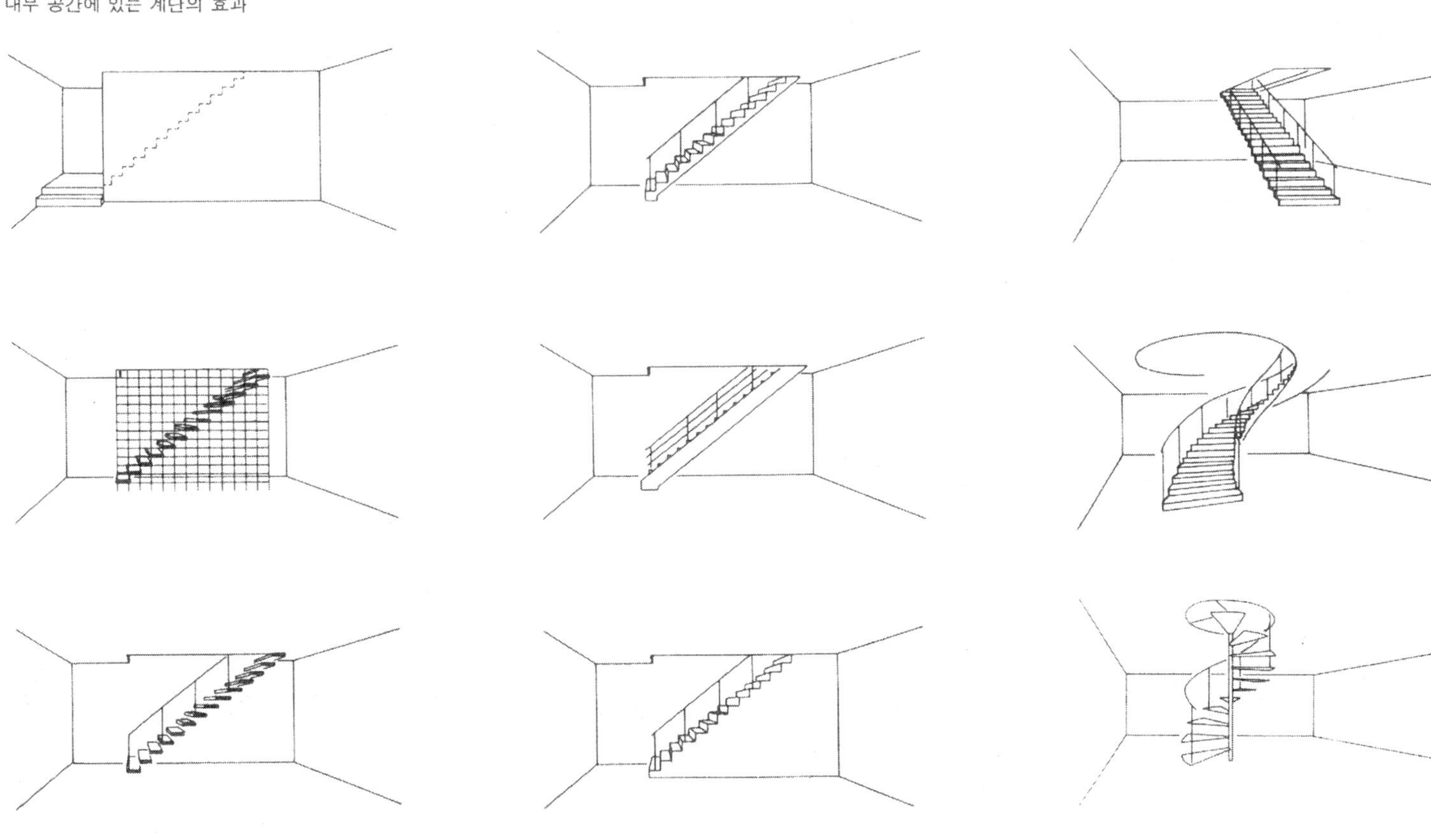

난간의 형태

난간의 높이, 난간동자의 간격 또는 사용재료에 대한 따로 약간의 규정이 있다.

따냄옆판이 없는 계단에서는 난간동자가 디딤판의 위, 또는 가로로 설치되어 디딤판의 형태를 표현하도록 연구된다. 따냄옆판이 있는 계단이나 그림 c, e와 같이 조합난간이 있는 계단에서는 난간의 형태가 디딤판의 율동적인 표현하는 정도로 그렇게 중요한 요소는 아니다. 11페이지를 비교참고할 것.

a) 대리석이나 인조석, 또는 목제의 두겁을 가진 완전한 난간으로 난간이 측면으로 설치되어 있다.

b) 콘크리트 마감이나 석재의 두겁이 있는 낮은 난간 위에 금속제의 난간이 매입되어 있다.

c) 안전유리, 합판, 인조패널, 금속패널 등을 설치한 난간.

d) 난간동자가 디딤판 위에 각 2개씩 등간격으로 매입되었거나 또는 여러 개씩 리드미컬하게 설치도어 있다.

e) 난간의 지지기둥 간격이 100~150cm로 그 사이에 격자가 설치되어 있다. d)에 비하여 설치가 간단하고, 격자의 간격도 디딤판 치수와는 무관하게 설정할 수 있다.

f) 난간의 지지기둥간의 격자가 계단과 평행으로 설치되어 있다.

g) 난간동자 모두 디딤판의 가로로 설치되어 있다. 디딤판의 폭은 모두 유효하지만, 난간동자의 설치홀이 많다.

h) 난간동자의 하단을 연결하여 그것을 디딤판에 설치한다. 설치홀이 g)에 비하여 적어진다.

i) 하단을 연결한 난간동자의 엘리먼트가 옆도리의 위에 설치되어 있다. 앵커를 콘크리트제 옆도리에 설치한 것이라서 설치는 간단하다.

j) 금속파이프에 의한 난간

k, l) 옆도리에서 돌출한 디딤판에 난간동자가 설치되어 있다. 디딤판의 강도가 약해지지 않도록 설치방법이 연구되어 있다.

m) 알맞게 돌출되어 지지되어 있는 디딤판을 서로 결합하여 구조적으로 유리하게 되어 있다.

n) 금속격자로 디딤판을 지지하고 있다.

o) 상부에서 각 디딤판을 매달았다.

폭이 넓은 계단을 분할하는 것으로 2열로 된 난간을 사용하는 경우에는 그 난간 사이의 클리어런스는 최저 10cm는 필요하다.

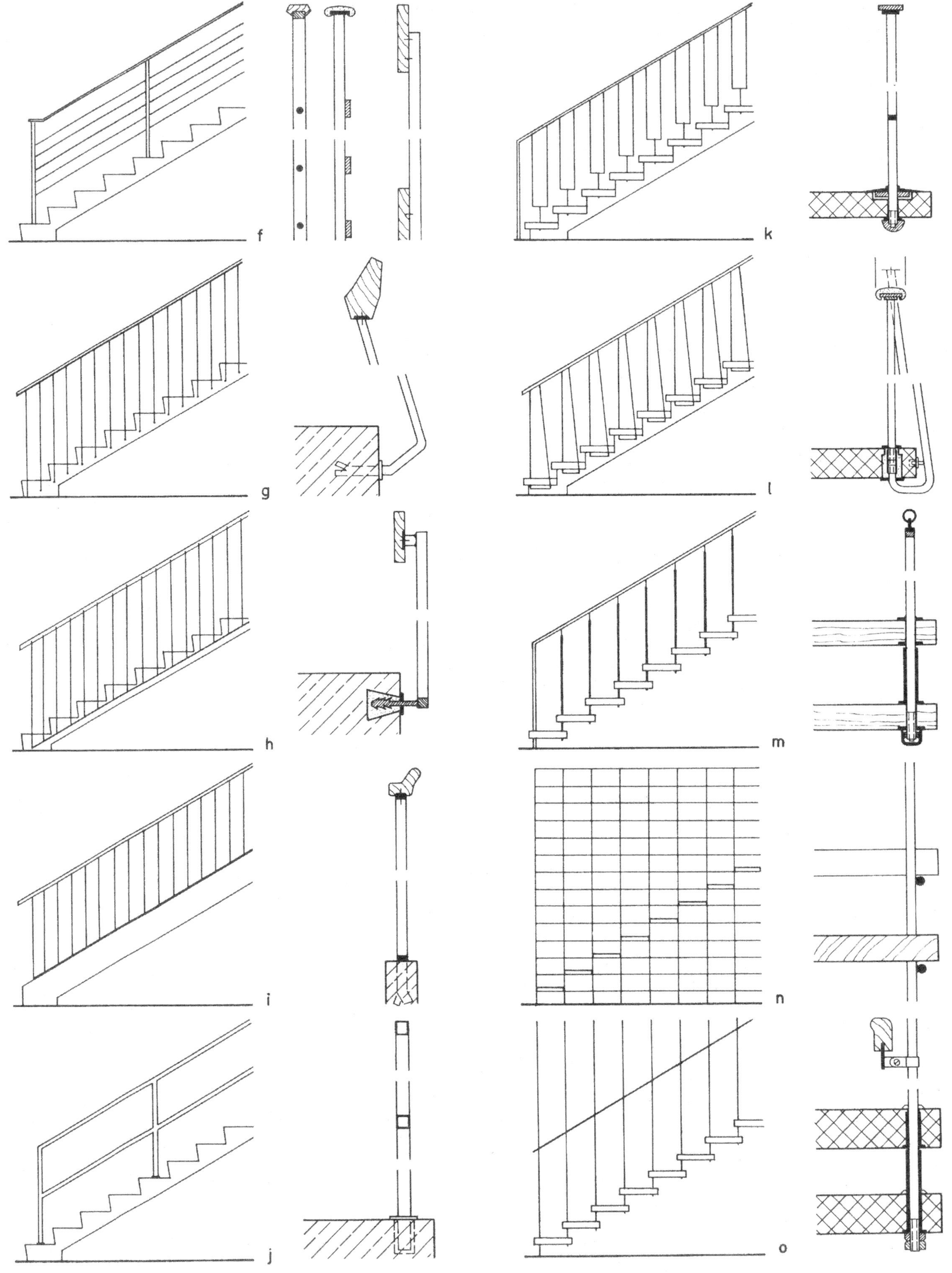
f
g
h
i
j
k
l
m
n
o

ㄷ형 꺾음계단

작은 스케일로 그린 스케치에서는 디딤판의 평면은 올라가는 쪽이나 내려가는 쪽도 같은 위치로 그리는 것이 보통이지만 그 자체로 상세도까지 진척되더라도 바람직한 전개는 그렇게 기대할 수 없다. 더구나 계단참에 제 1단과 최상단이 병열로 설치되어 있는 계단에서는 특히 양끝이 인접해 있는 경우, 오르내림상의 상태가 불편하다. 계단참 위에 충분한 클리어런스가 있는 경우에만 양호한 오르내림을 기대할 수 있다(아래 그림 참조).

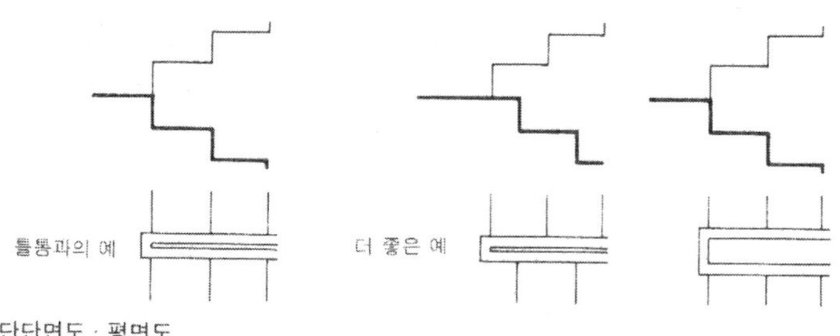

계단단면도 · 평면도

직각으로 꺾이는 계단의 계단참 부분에서는 특별한 배려가 필요하다(1페이지 참조). 여기에서는 디딤판의 에지가 손이나 발, 그리고 시선을 위쪽으로 유도하도록 그려야 한다.

계단 아래 꺾이는 부분, 옆도리 및 난간의 아무림을 미적으로 표현하기 위해서는 계단참부터 다음의 계단참 사이의 단수와 디딤면 수 등이 동일해야 하는 전제조건이다.

계단참 사이의 수평안치수=단수 n · 디딤면치수 A

이 원칙을 준수하지 않은 경우에는 종종 옆도리나 난간부분에 좋지 않은 변화가 발생하여 라인이 불연속으로 되거나 아무림 상태가 나빠지는 원인이 된다.

계단참 사이의 수평안치수
(A : 디딤面數, S : 段數)

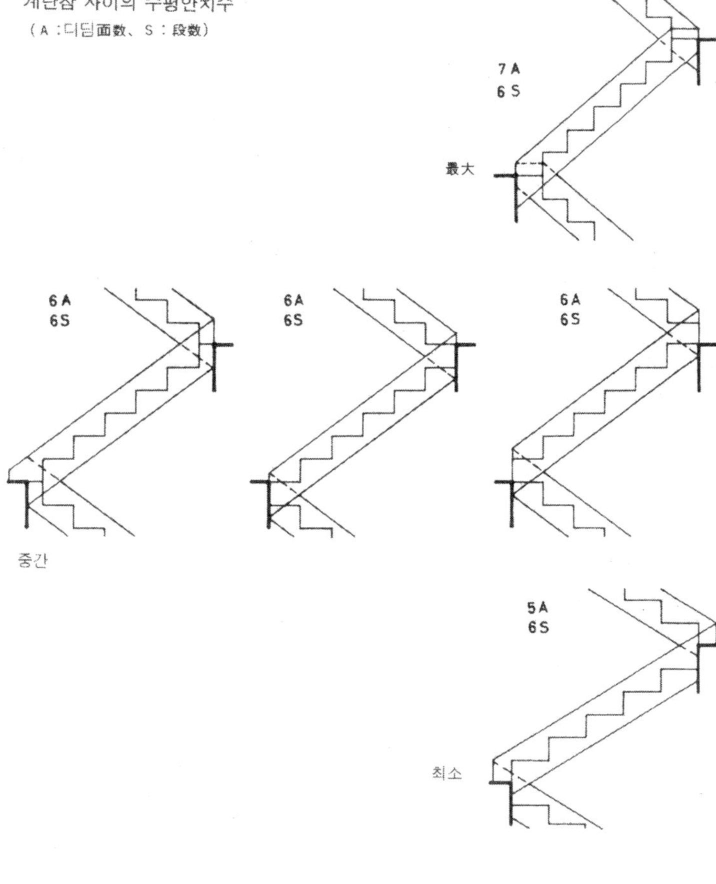

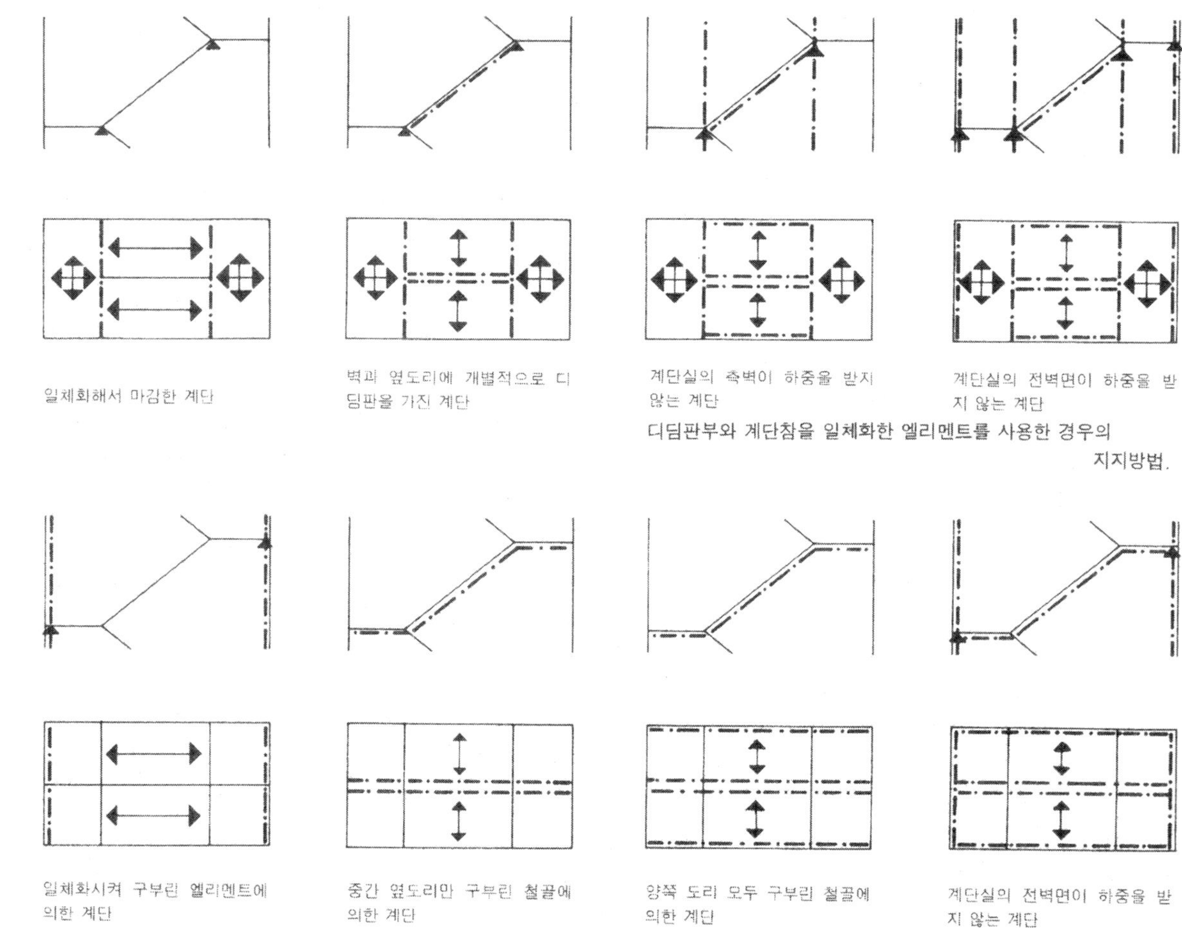

디딤판부와 계단참을 일체화한 엘리멘트를 사용한 경우의 지지방법.

디딤판부와 계단참을 일체화한 엘리먼트는 사용한 경우의 지지방법 · 철근콘크리트조나 철골조에 적용시킨다.

역학적 분석

계단의 디딤판이 계단실 측벽 혹은 옆도리와 접합되어 있거나 또는 프리로 되어 있느냐에 따라서 정역학적으로 분류할 수 있다. 그 외에 계단부분이나 계단참 이 어떻게 지지되어 있는가가 고려된다(앞 페이지 아래 그림 참조).

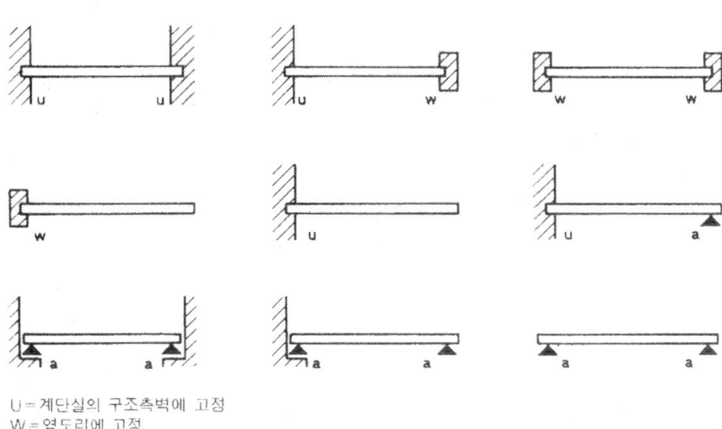

U = 계단실의 구조측벽에 고정
W = 옆도리에 고정
a = 자유지지

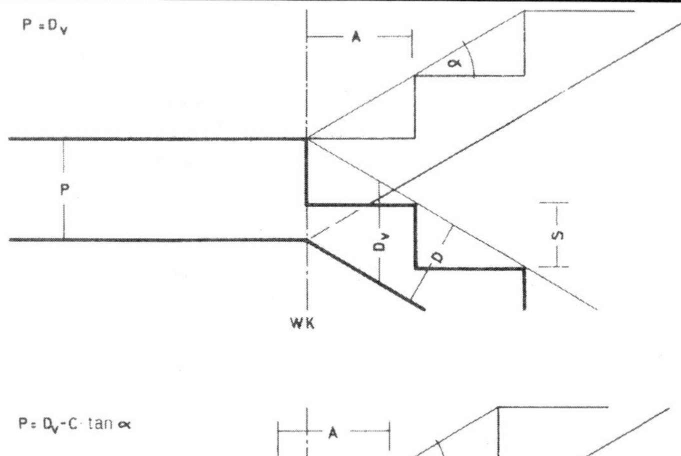

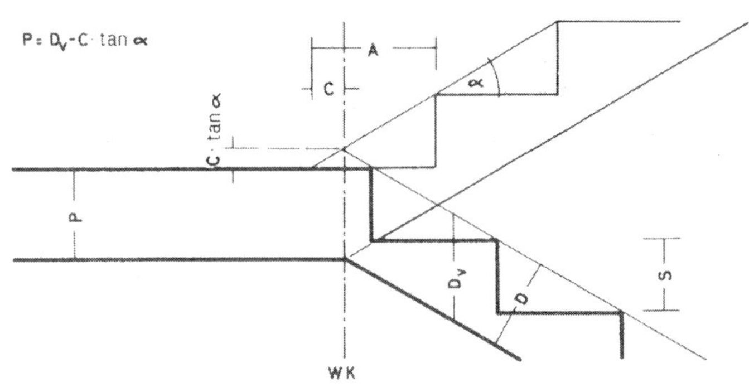

디딤판 단면과 꺾임부의 아무림

미적으로 꺾임계단을 연출하기 위한 올바른 해결책의 하나로는 계단참 밑면과 디딤면 부분과의 접합부에 생기는 선이 양쪽 모두 일직선이 되어야 한다. 동시에 계단이나 계단참의 두께, 디딤면 단면형상은 서로 일정한 간격을 가져야 한다. 이 경우, 계단의 꺾이는 위치는 평면도에서 결정되며, 여기에 구조 및 역학적인 검토를 가미하여 계단이나 계단참의 두께를 결정한다.

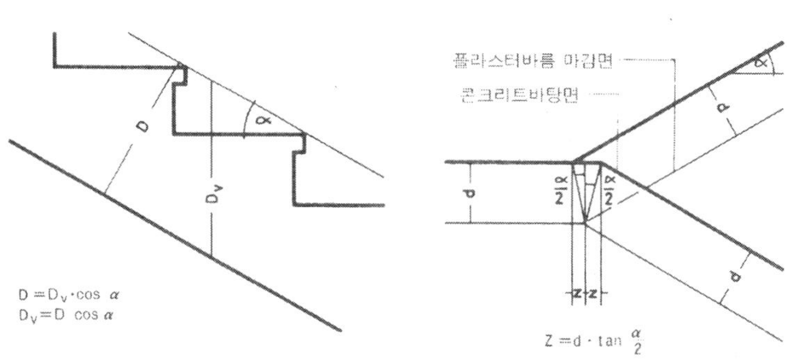

$D = D_v \cdot \cos\alpha$
$D_v = D \cos\alpha$

$Z = d \cdot \tan\frac{\alpha}{2}$

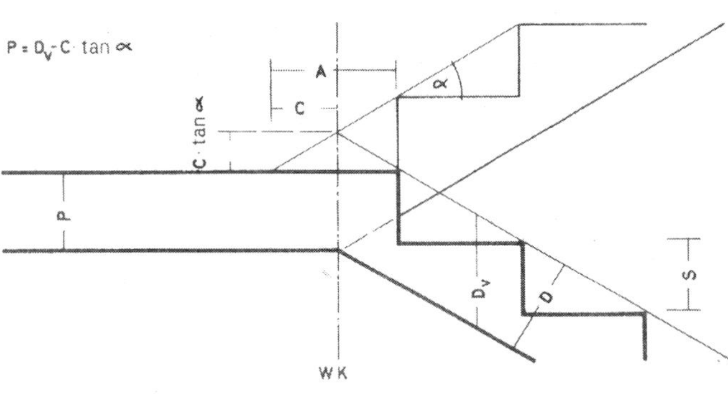

계단의 밑면을 플라스터바름 등으로 마감하는 경우에는 바탕면에서 꺾이는 위치에 약간의 어긋남이 발생한다. 예를 들면 15mm의 플라스터바름 마감에서 챌면치수/디딤면치수가 17cm/29cm인 경우, 콘크리트바탕의 꺾이는 위치는 Z=4mm정도씩 어긋난다. 즉 합해서 8mm정도 떨어진다는 계산이 된다.

콘크리트조에서 예상한 방식은 치장마감된 목제계단인 경우에도 그대로 적용된다(Heinrich Schmitt 저"Hochbaukonstruktion" Verlag Outto Maier, Ravensburg, 1962년 제 3판에 의함)

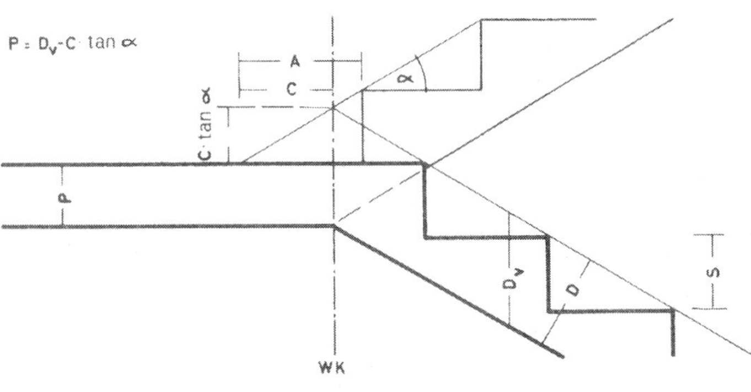

- D : 계단의 두께(최대치수)
- Dv : 계단의 수직상의 두께(최대치수)
- WK : 꺾이는 위치. 이 선상에서 계단 밑면 및 단코를 연결하는 중심선(이후, 계단선이라 함)이 꺾인다.
- C : wk부터 계단선이 계단참 바닥면과 교차하는 지점까지의 수평거리
- P : 계단참 바닥의 두께
- d : 치장마감두께
- α : 계단의 물매

$D_v = D \cos\alpha$

$P = D_v - C \cdot \tan\alpha$

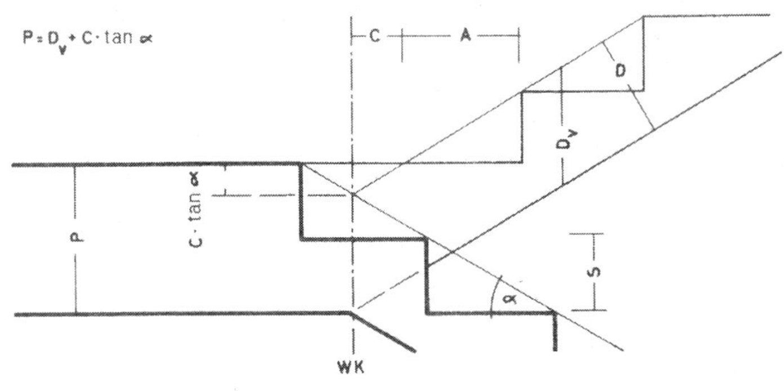

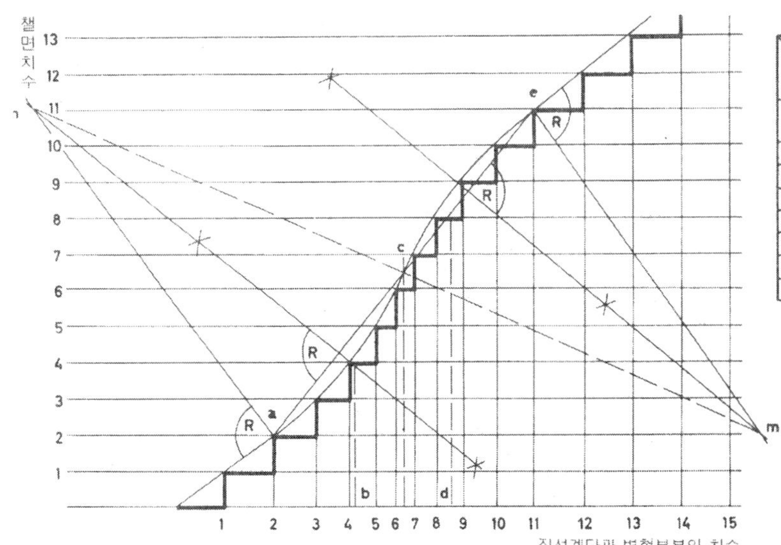

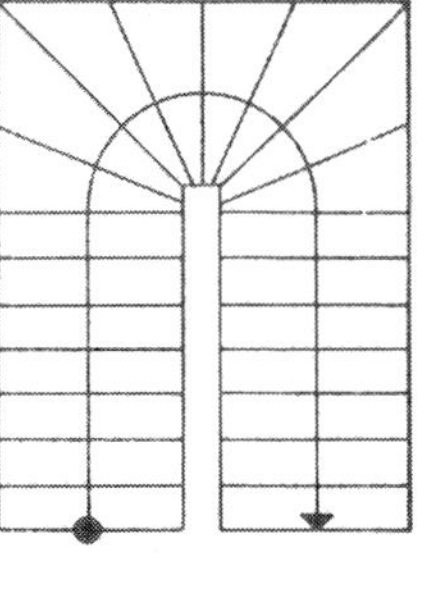

디딤판의 변형

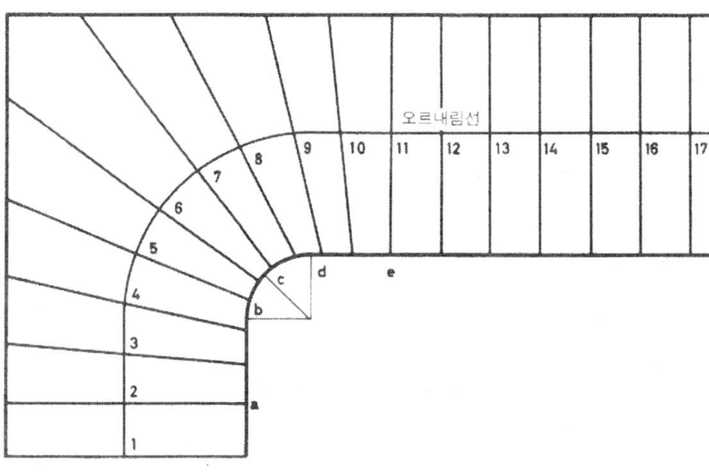

전개도법

반원분할도법

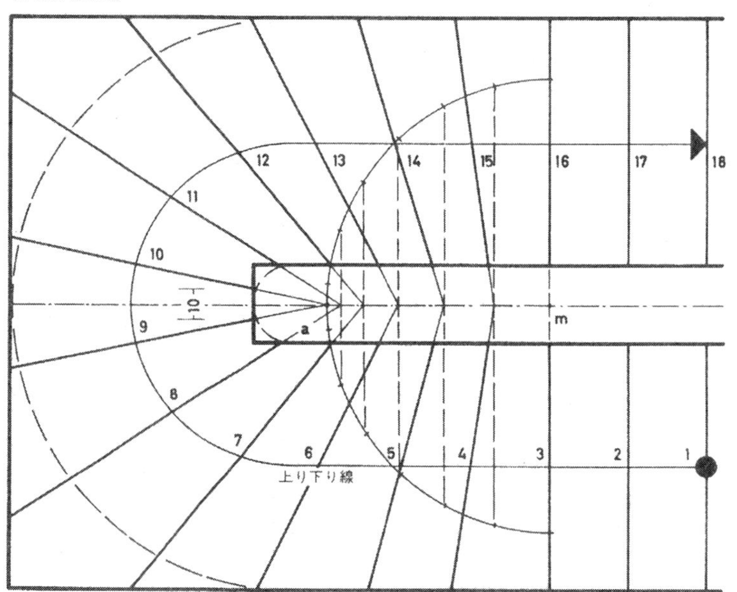

디딤판의 변형

나선계단이나 회전계단에서는 디딤면 치수가 변화되어 디딤판은 쐐기 모양 변형의 형상으로 된다. 위의 왼쪽 그림에서는 바깥쪽으로 넓어지고, 안쪽에서는 반대로 좁아졌다. 디딤면 치수는 디딤판의 끝 또는 옆도리와 접하는 부분에서 15cm, 최저로 해도 10cm는 확보할 수 있다. 만곡부가 부자연스러운 느낌이 들지 않도록 직선부분에서 자연스럽게 만곡부에 옮겨질 수 있도록 한다.

과다하게 변형한 디딤판에서는 상태가 좋지 않은 계단으로 된다(상단의 가운데 그림 참조). 직사각형의 계단실에서는 디딤판의 가장자리가 코너에 꼭 맞지 않돌고 주의한다. 그 밖에도 가는 곳에서는 코너부분이 어두운 느낌이 들지 않도록 하고,청소하기 어려운 점등 문제점이 발생할 수 있다(상단의 오른쪽 그림참조).

회전계단과 같이 곡선으로 되어 있는 경우에는 시계의 회전방향 즉 계단을 오른쪽으로 올라가도록 계획하는 것이 좋다. 이렇게 하면 특별히 내려올 경우에는 오른손을 난간에 걸치고 디딤면 치수가 넓은 쪽을 통과하게 된다. 당면하지만 평면계획에서 충분히 고려한 결과로서 반시계 방향으로 되는 경우도 있을 수 있다.

기하학적인 변형방법이 최초의 방법이지만 계단건설에 숙련된 사람은 도면상에서의 기교 뿐만 아니라 가능한 경우에는 현장에서 건물에 직접 예측해서 수정 · 보완으로 개량을 가미할 수도 있다.

전개도법

평면도에 있어서 오르내림선상에 디딤면 치수를 등간격으로 잡고, 직선계단부분을 임의로 설정한다(그림의 2단째와 11단째).

안쪽 도리에 접하는 부분의 전개도는 다음과 같이하여 구한다. 세로축에 챌판치수를 등간격으로 전개하여, 가로축에 직선계단부분과 변형부분의 치수(그림에서는 1+a+b+c+d+e+12로 된다)를 평면도에서 구하여 그린다. 전개도에서 점 a와 e를 연결하는 선은 중점 c에서 2등분하여 a, c의 중심에 두고 수직선과 계단경사와 직교하는 점 a에서의 수직선과의 교점을 m(마찬가지로 해서 1m)로 한다. m 및 m_1은 2개의 원호 중심점에 있고, 점 a 및 e에서의 접선이 계단선이며, a e사이에서는 점 c를 변곡점으로 한 2개의 원호가 계단선이 된다. 즉, 각 단의 높이와 이 곡선의 교점에서 변형 디딤판의 분할치수를 구할 수 있다.

반원 분할도법

여기에 계단 중앙에 디딤면이 오는 홀수개의 단수가 있는 계단이 있다. 평면도에서는 오르내림 선상을 디딤면에서 각 단을 분할하고, 중앙부에 1단을 만든 다음 직선계단이 시작하는 부분을 임의로 결정한다(여기서는 3단째와 16단째). 그리고 중심축 위의 단으로서 바람직한 디딤면의 안쪽 치수를 고려한다(여기서는 10cm). 이렇게 해서 얻은 중앙의 1단의 부채꼴형인 양끝선은 축선상에서 교차되고 이 점을 a로 한다. 직선계단부(여기서는 3단째와 16단째)을 연결선의 중앙을 m로 하고 m을 중심선으로 해서 반지름 ma의 반원을 그린다. 그렇게 해서, 그 반원주를 변형단의 수로 등분할(충분히 고려한 분할)하고, 분할점을 지나 중심축과 직교하는 선을 긋는다. 축선상의 각 교점과 오르내림선상의 각 점들이 연결선에 따라서 각각의 디딤판의 형이 결정된다.

단수가 짝수인 경우에는 중심축선상에 디딤면의 가장자리가 겹치고, 점 a는 중심축의 직전이나 직후 단의 최소 디딤면 치수가 결정됨에 따라서 구할 수 있다. 그 외에는 홀수단일 때와 동일하다.

비례분할도법

점 a 및 점 m을 구하기 까지는 앞에 서술한 반원분할도법과 동일하고, 다른 것은 선분 ma의 분할법이다. 즉 단수에 따라서 선분 ma를 1:2:3:4 등의 비율로 분할한다. 여기서 구한 점과 오르내림선상에 결정된 점들을 연결하면 각 단의 형이 구해진다.

이 방법이 유효한 것은 직선계단에서 변하는 변형각단의 부분이 5, 6단까지이다.

단수가 짝수인 경우도 앞에 기술한 반원분할도법과 동일하게 점 a를 구할 수 있다.

디딤판의 수정

여기서 말한 디딤판의 수정은 대부분 목제계단인 경우에 한하며, 직각으로 꺾이는 계단참에서 2개의 디딤판의 각이 중복되지 않도록 하기 위해 사용된다. 물론 적절한 평면계획에 따라서 이 같은 해결책을 처음부터 피할 수 있는 것이 가장 바람직하다.

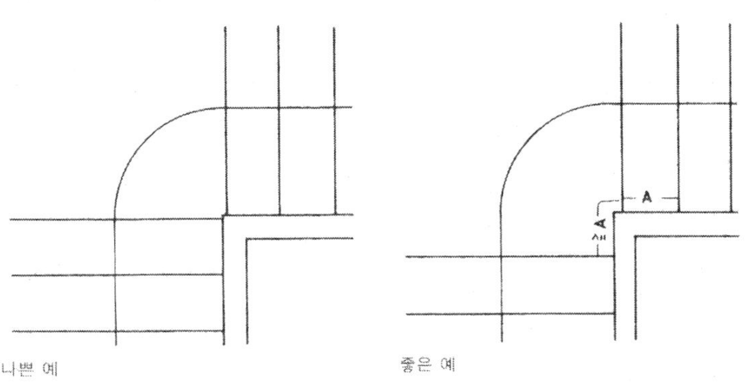

나쁜 예

좋은 예

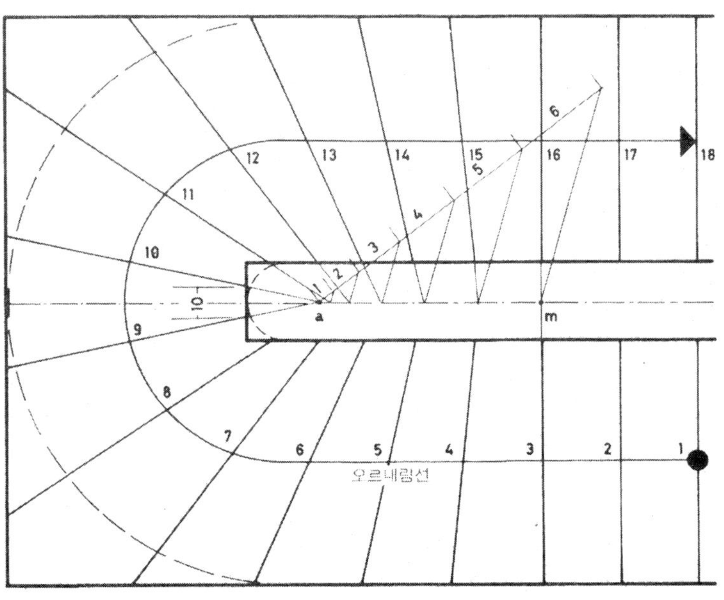

비례분할도법

오른쪽 중앙의 그림 곡선부분 a b는 비례분할에 의해 디딤판 및 계단참이 필요치수만 구하도록 분할되어 3:2.5:2:2.5:3인 비례분할로 되어 있다. 또는 디딤판 앞 가장자리는 자유로운 곡선이나 원호형이 사용되어 있다(오른쪽 그림 중앙그림 참조).

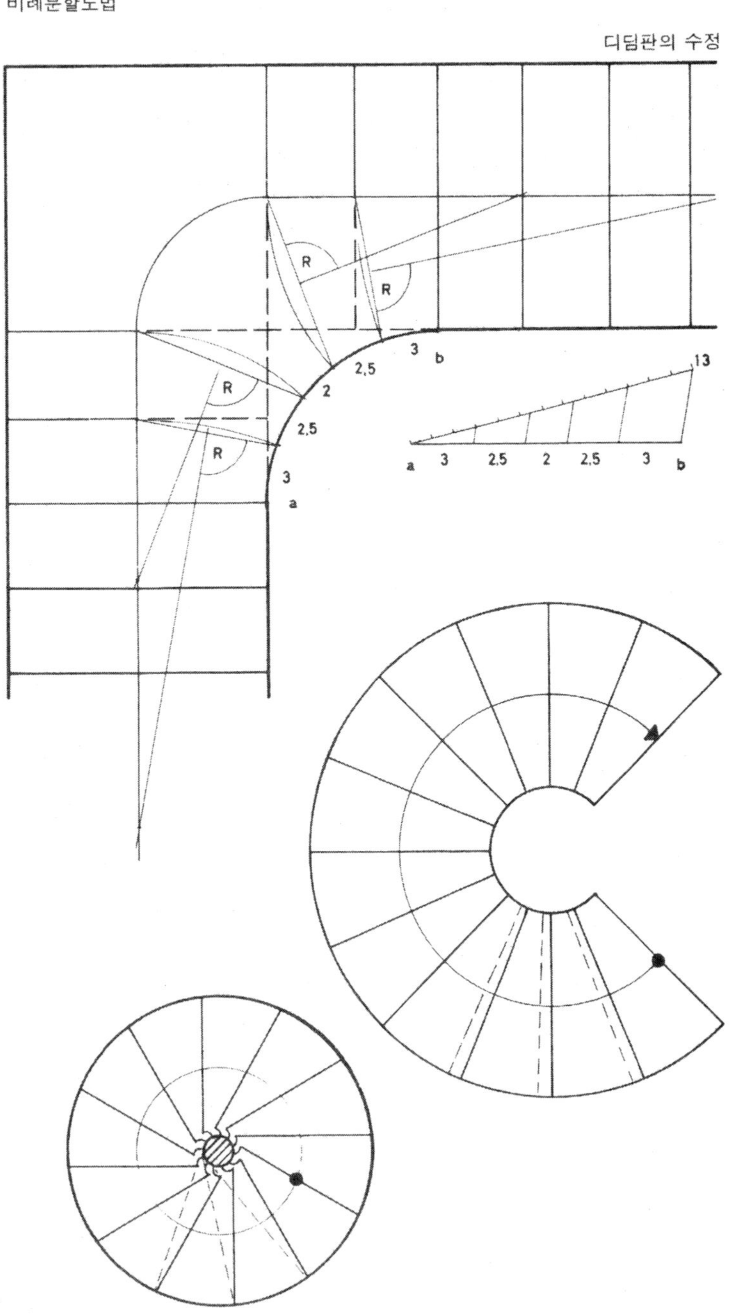

디딤판의 수정

회전계단과 꺾임계단에서의 디딤판

중심에 충분한 공간을 갖는 꺾임계단이나 회전계단에서는 각 디딤판의 앞 가장자리 대부분 원의 중심으로 향해서 그린다.

또한, 둥근 축기둥이 있는 회전계단에서는 각 디딤판의 앞 가장자리는 접선과 겹치는 것이 많다. 이러한 것들이 대체로 보다 구체적이고 상세한 아무림이 되면서 역학적으로 종종 시도되고 있다. 그래서 각 디딤판을 직접 축에서 지지하는 것도 가능하다.

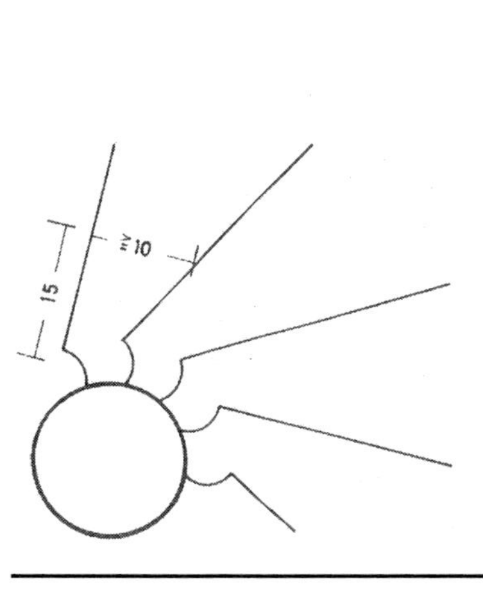

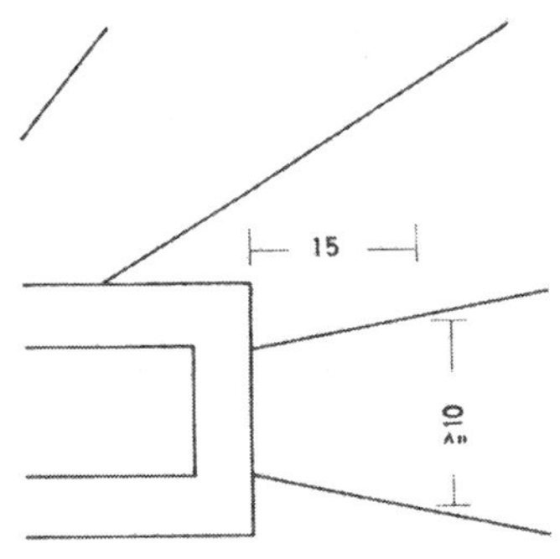

회전계단

회전계단 또는 나선형계단은 적은 면적만 필요로 함에도 불구하고, 제1단 및 맨 마지막 단의 위치관계를 바람직한 상태로 할 수 있다. 작은 계단엥서는 유효폭은 통상 80~90cm이고, 최소 50cm까지로 할 수 있다(외경 1.00m 이상). 외경이 2.50m 또는 3.00m 이상일 때는 목조 또는 철골조의 축기둥 설치의 회전계단이 아니라 중심이 크게 열린 계단으로 하는 방법이 좋다. 콘크리트조가 굵은 축기둥을 가진 회전계단은 경제적이다. 회전계단의 경사는 다른 형식의 계단에 비하여 비교적 크고, 챌면치수는 18cm 이하로 해서는 안된다. 보통

챌면치수 S=18~20cm이다.

회전계단에서는 실제 오르내림선은 계단 중앙에서가 아니라 밖쪽 난간에서 안쪽으로 약 25cm 정도 들어간 위치에 온다. 디딤판은 축기둥 또는 안쪽도리에서 15cm 떨어진 곳에서 10cm 이상의 디딤판으로 해야 한다.

계단을 오른쪽 돌기로 할 것인가, 왼쪽 돌기로 할 것인가는 평면계획에서 제1단과 최상단을 어떤 위치에 설치하느냐에 따라 다르지만 회전계단은 내려오기가 어렵다는 성격상, 오른쪽 돌기로 올라간다면 그 방법은 좋다(오른손을 난간을 디딤판의 좁은 쪽을 올라가게, 넓은 쪽을 내려가게). 원주내에 아무렴하는 단수는 12~20단(디딤면 경사 α=30~20°)으로 그 분할은 다양하다.

계단의 유효안치수 높이를 2.2m는 확보하되, 2m 이하는 안 된다. 회전계단에 계단참이 없는 경우에는 첫 디딤면의 위치와 1회전에 따라 구한 디딤면의 높이에서 디딤판의 두께를 뺀 값에 의해 유효 안치수 높이를 산출할 수 있다. 디딤판을 지지하는 가로대에 있어서 가로대가 디딤판의 밑으로 돌출된 경우에는 주의한다. 또한 계단참이 있는 경우에는 그 크기(각도)에 따르기도 하지만 단수와 챌판의 곱하여, 2~3단분, 혹은 그 이상의 단차값을 뺀다.

각 단과 접하는 계단참은 계단의 일부로서 설치되어야 한다. 철골조나 목조의 계단참인 경우에는 보통 층의 천장품보다 작으므로 더욱 더 좋은 계단의 유효 안치수 높이를 구할 수 있다. 이렇게 해서 설계하면 시공시에 어느 정도 회전하여 설치위치 조정을 할 수 있다. 최상단 출구의 넓이는 계단폭과 최소한 같아야 한다. 그 경우, 계단참 각도는 약 60°이다(2~3단분).

바닥에 구멍을 내고 설치하는 경우, 계단의 지름보다 약 10cm 큰 지름이 되어야 한다(설치 난간 등으로 인해). 설치구멍의 형상은 원형이 좋다(설치할 경우 방향조정이 가능).

계단의 설치는 층과 접하는 계단참에 따라서 직접 바닥구조와 고정하거나(견고한 바닥구조인 경우) 혹은 얇은 철판의 링으로 고정한다(목조바닥인 경우). 계단의 베이스는 대부분 스틸제의 베이스 플레이트로 약 5cm 정도 바닥에 짜넣는다.

회전계단의 계산법

평면도에 따라서 계단의 지름 및 제1단과 최상단의 위치가 거의 결정되어진다.

층고에서 단수(챌면치수 18~20cm)를 계산할 수 있다. 단수를 맞추기 한 경우, 계단의 제1단과 최상단이 적절한 위치로 된 경우에는 ±1의 단수조절에 의해 경사를 변경시킬 수 있다.

단수와 계단의 지름에 근거하여 오르내림선상의 디딤면치수를 결정한다(아래 표 참조). 물론 단수와 지름의 관계는 대단히 많고, 아래 표의 중간값에서의 계산도 가능하다.

계단참 밑에 계단의 유효안치수 높이가 확보되었는가의 여부를 평면분할의 단수에서 계단참 때문에 2~3단을 뺀 남은 단수에 챌면치수를 곱해서 계산한다. 그 결과 적어도 2m는 필요하고, 가능하다면 2.2m는 확보해야 한다. 만약 이 값이 확보되지 않으면 디딤판의 분할이나 지름을 변경할 경우의 보다 좋은 해결책을 모색하여야 한다).

회전계단의 직경	m	1.00	1.10	1.20	1.30	1.40	1.50	1.60	1.70	1.80	1.90	2.00	2.10	2.20	2.30	2.40	2.50	2.60
오르내림선의 직경	m	0.50	0.60	0.70	0.80	0.90	1.00	1.10	1.20	1.30	1.40	1.50	1.60	1.70	1.80	1.90	2.00	2.10
평면 분할	**경사**	**디딤면치수(오르내림선상)**																
11段	32° 45′	14.2	17.1	19.9	22.8	25.7	28.5	31.4	34.2									
12段	30°	13.1	15.7	18.3	20.9	23.6	26.2	28.8	31.4	34.0								
13段	27° 41′	12.1	14.5	16.9	19.3	21.8	24.2	26.6	29.0	31.4	33.8							
14段	25° 43′		13.4	15.7	17.9	20.2	22.4	24.7	27.0	29.2	31.4	33.6	35.9					
15段	24°		12.5	14.6	16.7	18.9	21.0	23.0	25.1	27.2	29.3	31.4	33.5	35.6				
16段	22° 30′			13,7	15.7	17.6	19.6	21.6	23.6	25.5	27.5	29.4	31.4	33.3	35.3			
17段	21° 12′			12,9	14.8	16,6	18.5	20.4	22.2	24.0	25.9	27.8	29.6	31.4	33.3	35.1		
18段	20°				13.9	15.7	17.4	19.2	21.0	22.7	24.4	26.2	27.9	29.7	31.4	33.1	34.9	
19段	18° 57′				13.2	14.9	16.5	18.2	19.8	21.5	23.2	24.8	26.5	28.1	29.8	31.4	33.0	34.7
20段	18°				12.7	14.1	15.7	17.3	18.7	20.4	22.0	23.6	25.2	26.7	28.3	29.9	31.4	33.0
		회전사다리계단							비상계단			표준회전계단					매우 완만한 회전계단	

예 : 계단의 지름 1.5m 층고 2.6m 선택한 단은 챌면치수 18.6cm로 14단(오른쪽 그림 참조).

평면분할 14단인 경우, 표에 의해 오르내림선상에 있어서 디딤면치수는 22.4cm이다. 이것은 급경사 계단이 된다. 계단의 유효안치수는 가장 불편한 장소(계단참의 뒤 가장자리)에서

(14-2)×18.6=223cm

가 되며, 디딤판의 두께가 얇으면 충분하다.

평면분할이 12단인 경우는 디딤면 치수가 보다 넓어지고, 표에 의해서 26.2cm가 된다. 계단의 유효 안치수 높이는

(12-2)×18.6=186cm

로 작아져서 충분하지 않다. 이와 같은 경우에는 평면분할 14단으로 하여 쾌적한 계단으로 하기 위해서 계단의 지름을 선택한다(지름 1.7m에서는 표에 의하면 디딤면은 27.0cm가 된다).

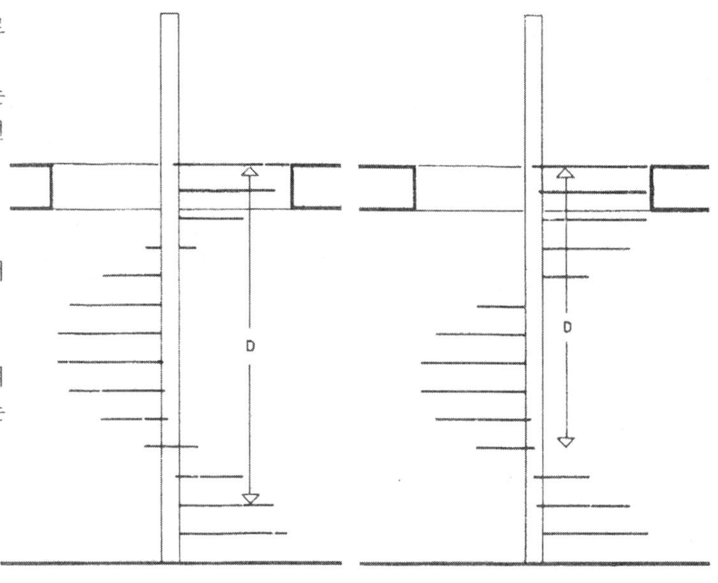

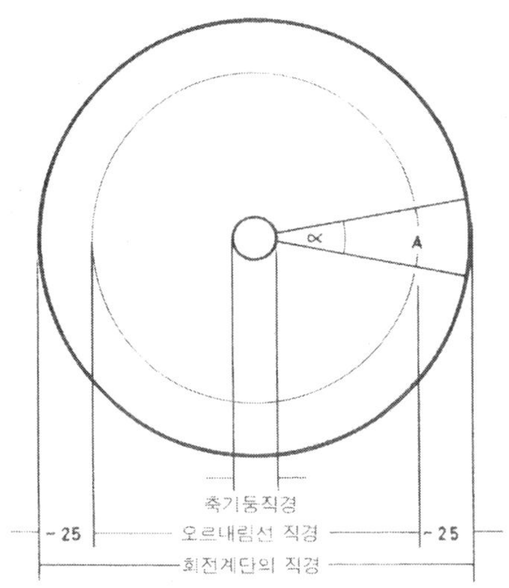

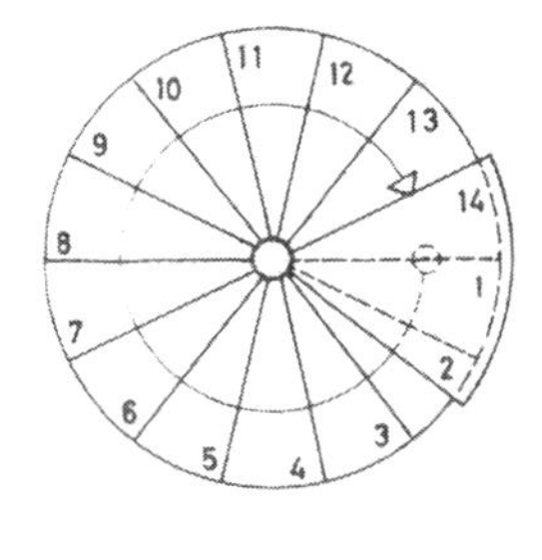

분할 14단

분할 12단

급경사 계단

스페이스가 제한되어 있어 쾌적한 계단이 아니더라도 경사가 거의 60°이고, 비교적 넓은 디딤면의 디딤판이 좌우 교대로 구성된 급경사계단(사다리계단)으로 된다. 계단폭은 약 50cm 정도로 하고, 1층분을 오르내릴 경우에만 가능하다. 보폭공식 2S+A=63cm(61~65cm)경사를 결정하는 것에 적절하게 사용된다.

예 : 층고 2.4 m로 급경사 계단을 설치해야 만 하는 경우

단수 n=12일 때, 챌면치수 S=20cm가 된다.

보폭공식 2S+A=64cm에서

디딤면치수 A=64-2×20=24cm가 되고,

계단의 수평길이 $L=n\times\frac{A}{2}=12\times12=144$cm가 된다

* 보폭공식 2S+A=63cm(61~65cm)에서

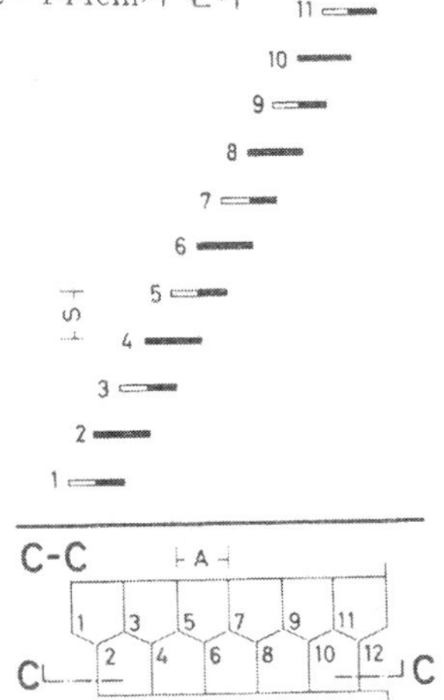

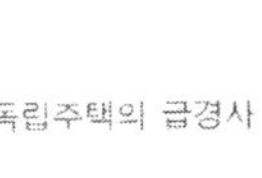

독립주택의 급경사

제1장

프리패브 계단

모든 계단은 동일 엘리먼트로 구성되어 있으므로 미리 부품화하여 만들 수 있다. 목제나 스틸제의 계단은 예전부터 작업장에서 미리 조립하여 왔고, 이어서 콘크리트제 계단이 건축이 응용되도록 되었다.

그리고 거푸집을 잘 이용하여 합리적으로 만듦에 따라 콘크리트 계단용 기성 거푸집이 발달하였다. 그 때 여러 방법이 고찰되어 목제계단의 원리를 생각해서 옆도리와 디딤판에서 구성된 것이나, 개개의 디딤판이나 도리까지 일체로 된 것(계단참설치 엘리먼트)에 이르기까지 여러 가지 방법이 있다. 건축 전체와 계단과의 관계에 늘 사려깊은 배려가 배여있다. 마찬가지로 계단이 마감전의 부품으로 들어갈 것인가 혹은 인테리어에서 마감의 일부로 들어갈 것인가 명확하게 해두어야 한다.

드문 예이긴 하지만 다음 몇 가지의 기성품 계단에 대한 중요한 포인트를 표시한다, 엄선한 작품은 다종다양한 것들의 대표적인 예들을 열거한다.

켄고트식 계단
5~8cm만큼 벽에 파넣고, 반대쪽의 자유단을 긴결한 인조석조 디딤판으로 구성한다.

25
17
18,8
A
4
7
DETAIL A Scale 1:10

콘트리트제 회전계단
물매를 자유롭게 한 2개의 타입이며, 오른돌림이나 왼돌림도 사용된다.

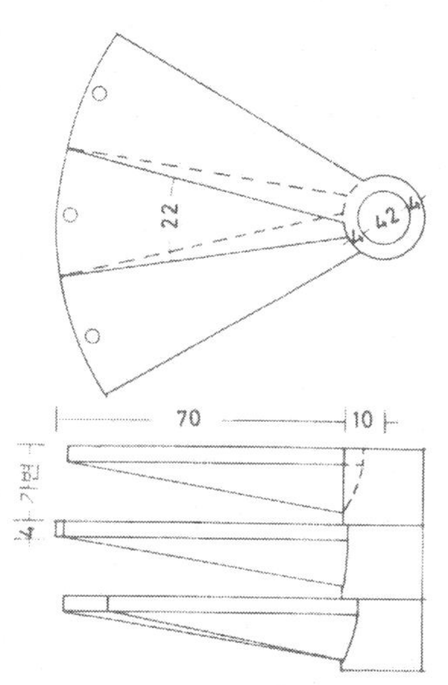

3
2
1
30
36
6
76
24

Scale 1:25

바크레식 계단
서로 접속시켜 도리재로 하였으며, 마감 전에 건축에 끼워넣었음.

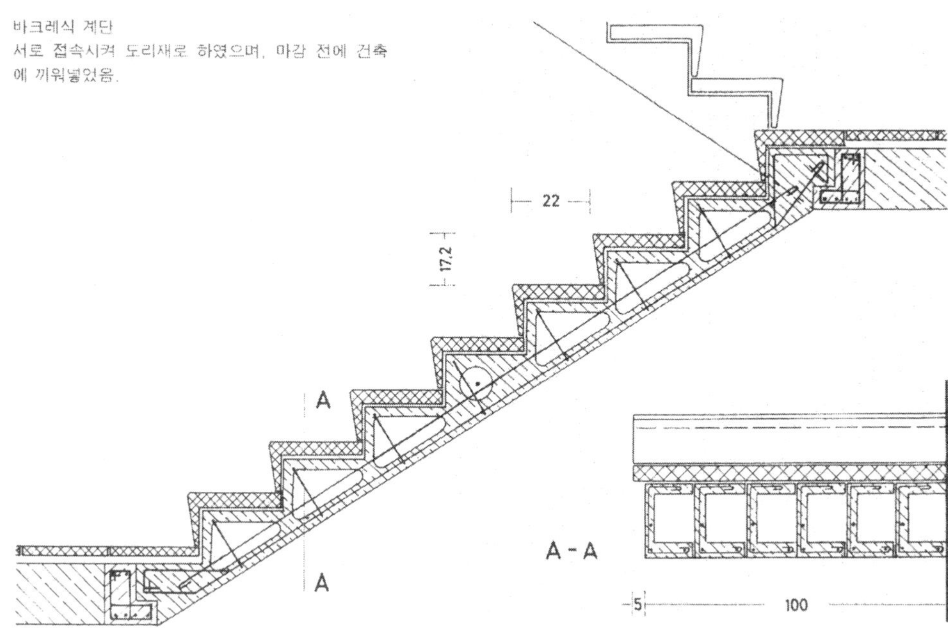

오크리트식 조립계단
옆도리와 디딤판이 기성제품으로 만들어졌다. 재료는 여러 종의 인조석이며, 5종류의 물매와 6종류의 계단폭이 준비되었다.

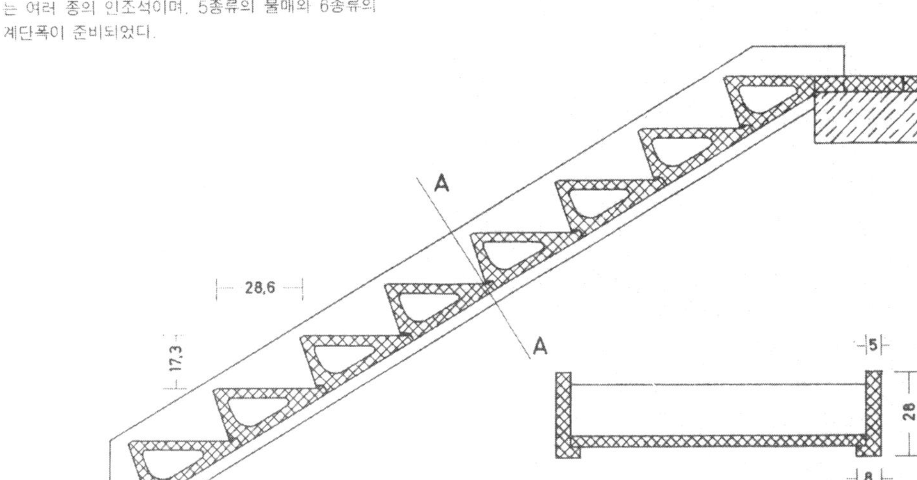

프리패브 건축용 계단

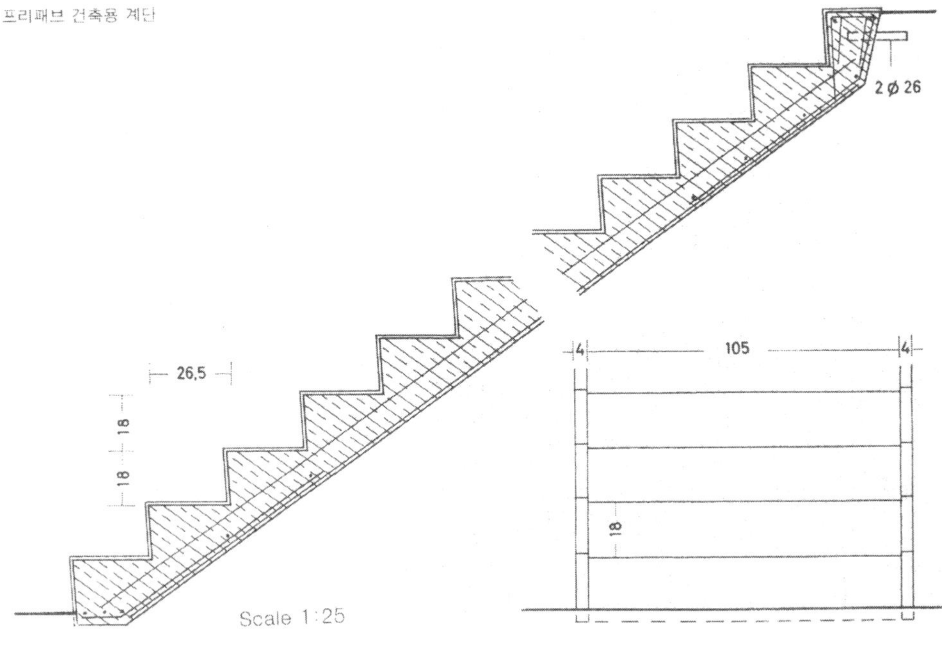

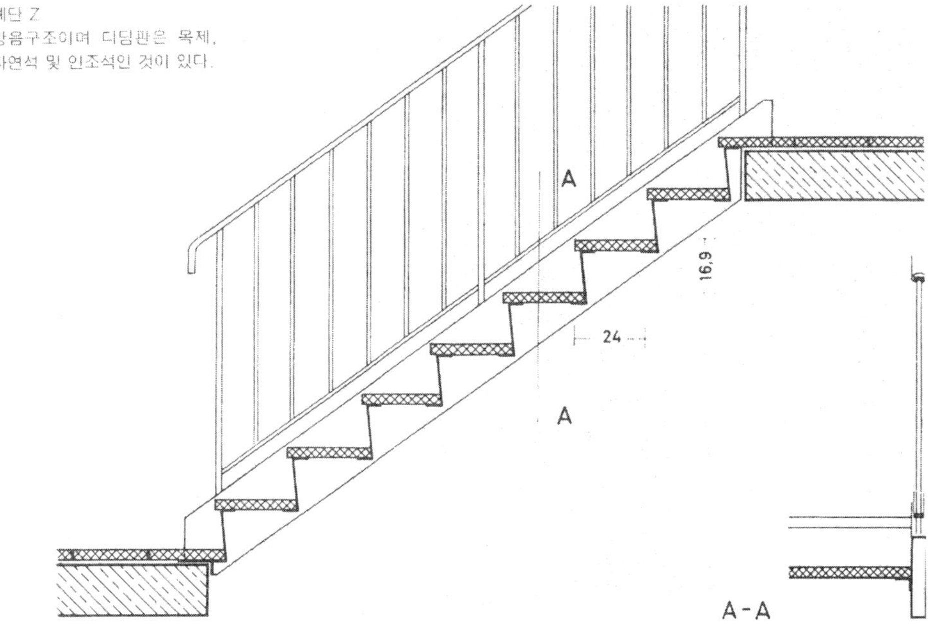

계단 Z
방음구조이며 디딤판은 목제, 자연석 및 인조석인 것이 있다.

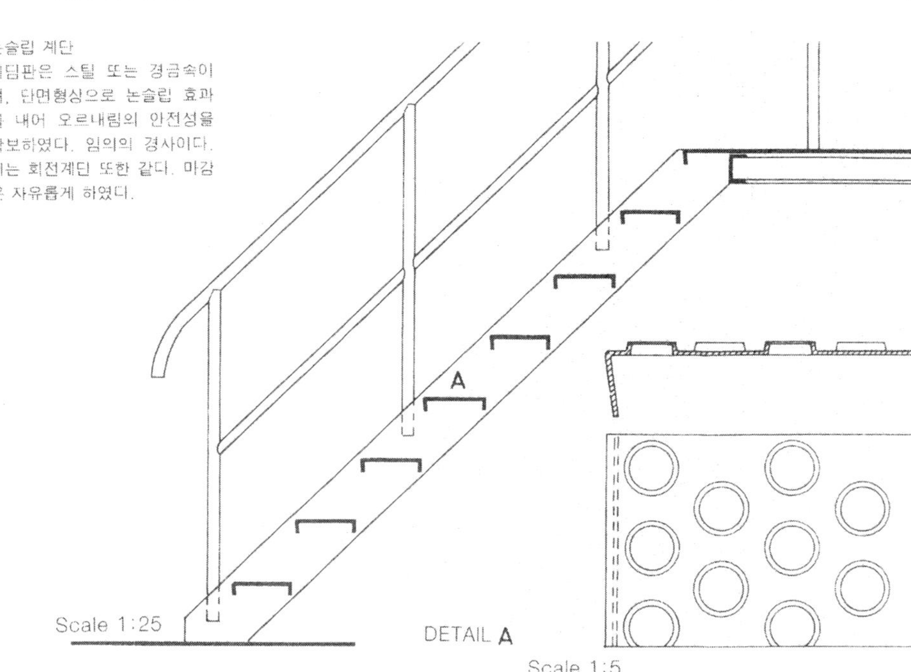

논슬립 계단
디딤판은 스틸 또는 경금속이며, 단면형상으로 논슬립 효과를 내어 오르내림의 안전성을 확보하였다. 임의의 경사이다. 이는 회전계단 또한 같다. 마감은 자유롭게 하였다.

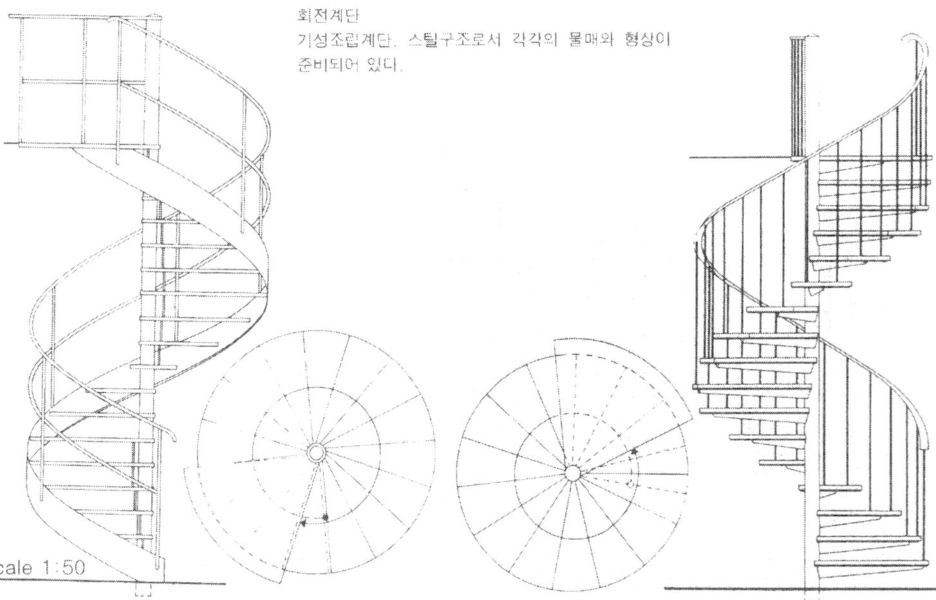

회전계단
기성조립계단. 스틸구조로서 각각의 물매와 형상이 준비되어 있다.

목제 밀고당김식 계단
단식 또는 2단식이며, 미조정부착 스프링에 의해 무게를 조성한다. 단식인 경우에는 천장 내에 개폐에 따른 회전 스페이스가 필요하다.

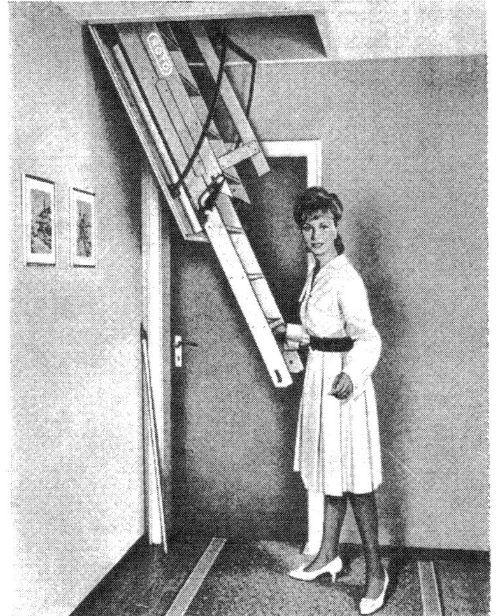

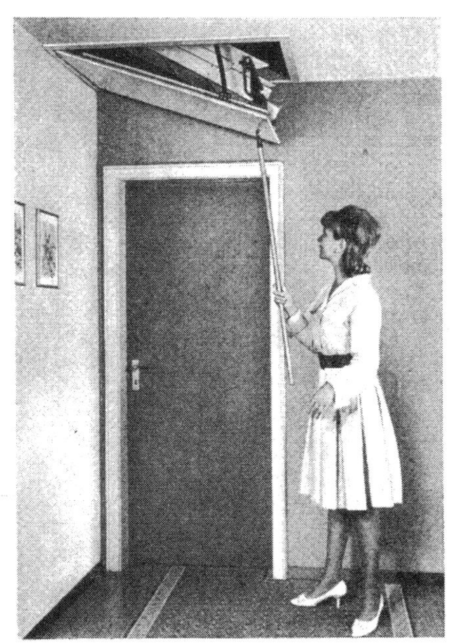

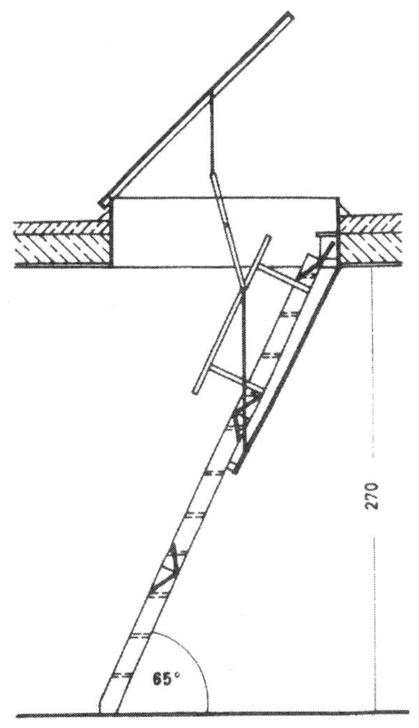

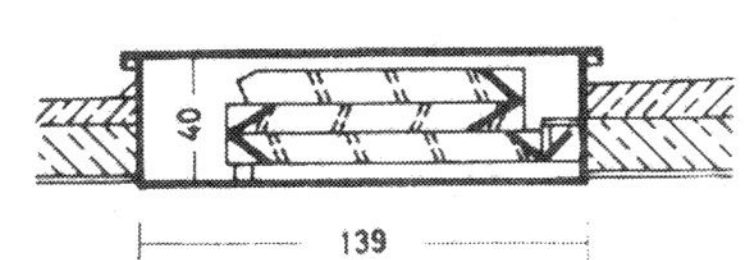

Scale 1:50

접이식 평지붕용 수납계단
계단이 천장 내로 접어놓어 수납한다. 콘크리트나 목조의 천장 안으로 접어넣는다.

경금속제 신축계단
계단은 천장 내로 단계적으로 넣는 식으로서, 개폐에 따른 회전용 스페이스는 필요하지 않다. 아래 그림에 나타낸 것처럼 상부에 조작부가 있는 방법으로서 지붕용으로 아래에서 조작하는 방법이 있다.

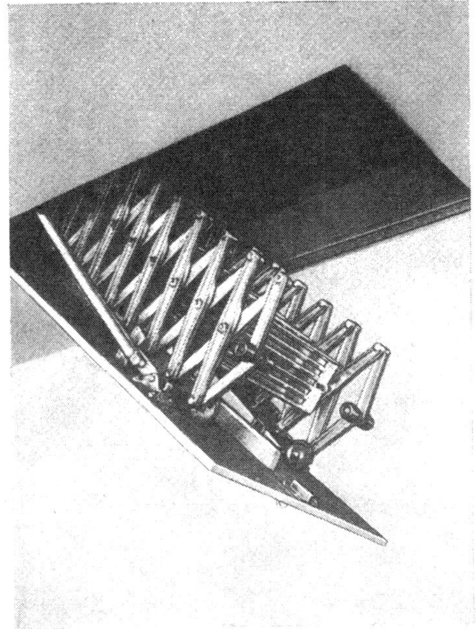

제2장

계단 실례

Scale 1:20
Scale 1:300

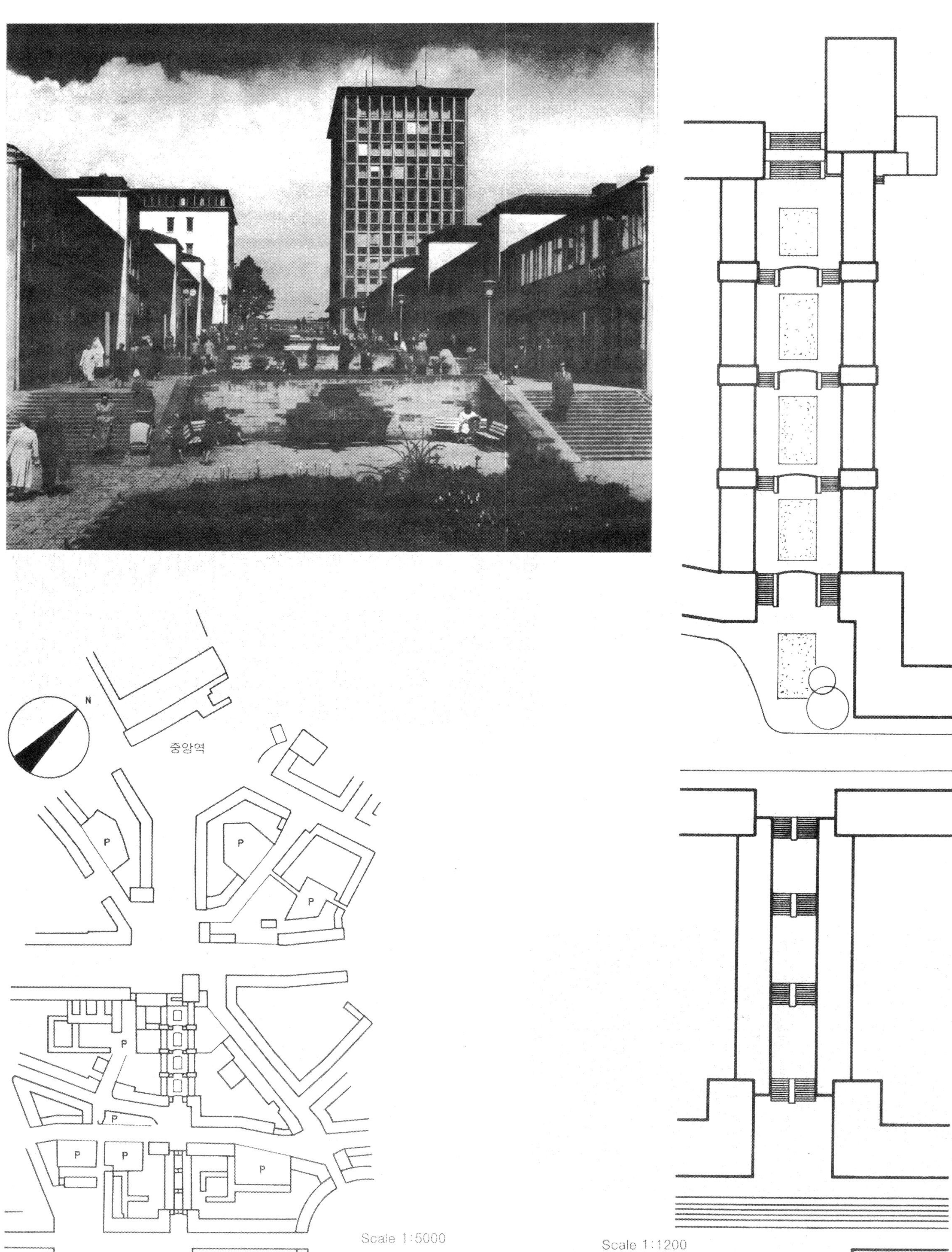
N
중앙역
P
Scale 1:5000
Scale 1:1200

Scale 1:1000

A
30.2
A
282
17.6
487
A-A
16
1
987
Scale 1:50

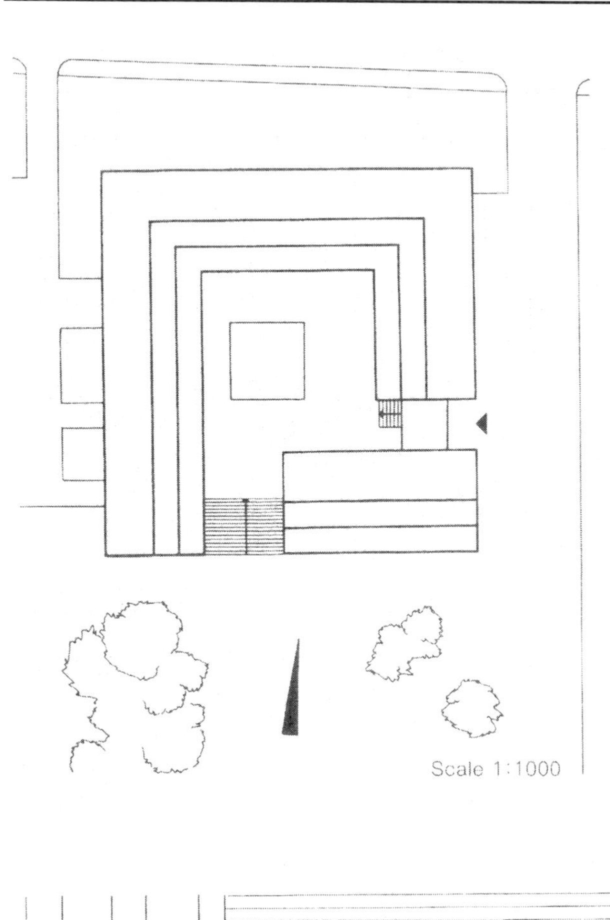

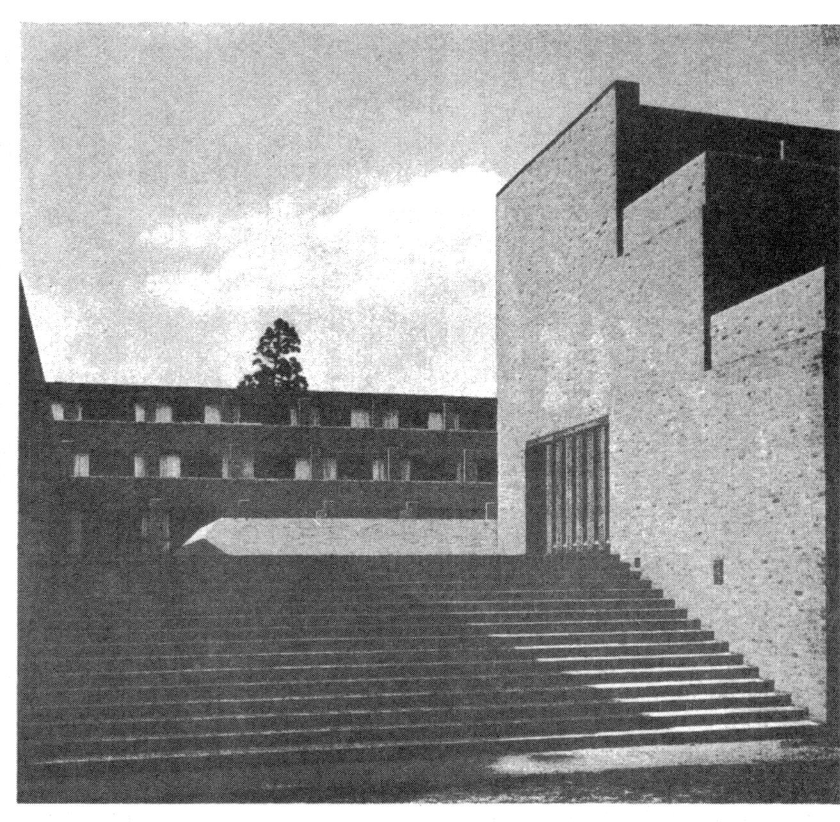

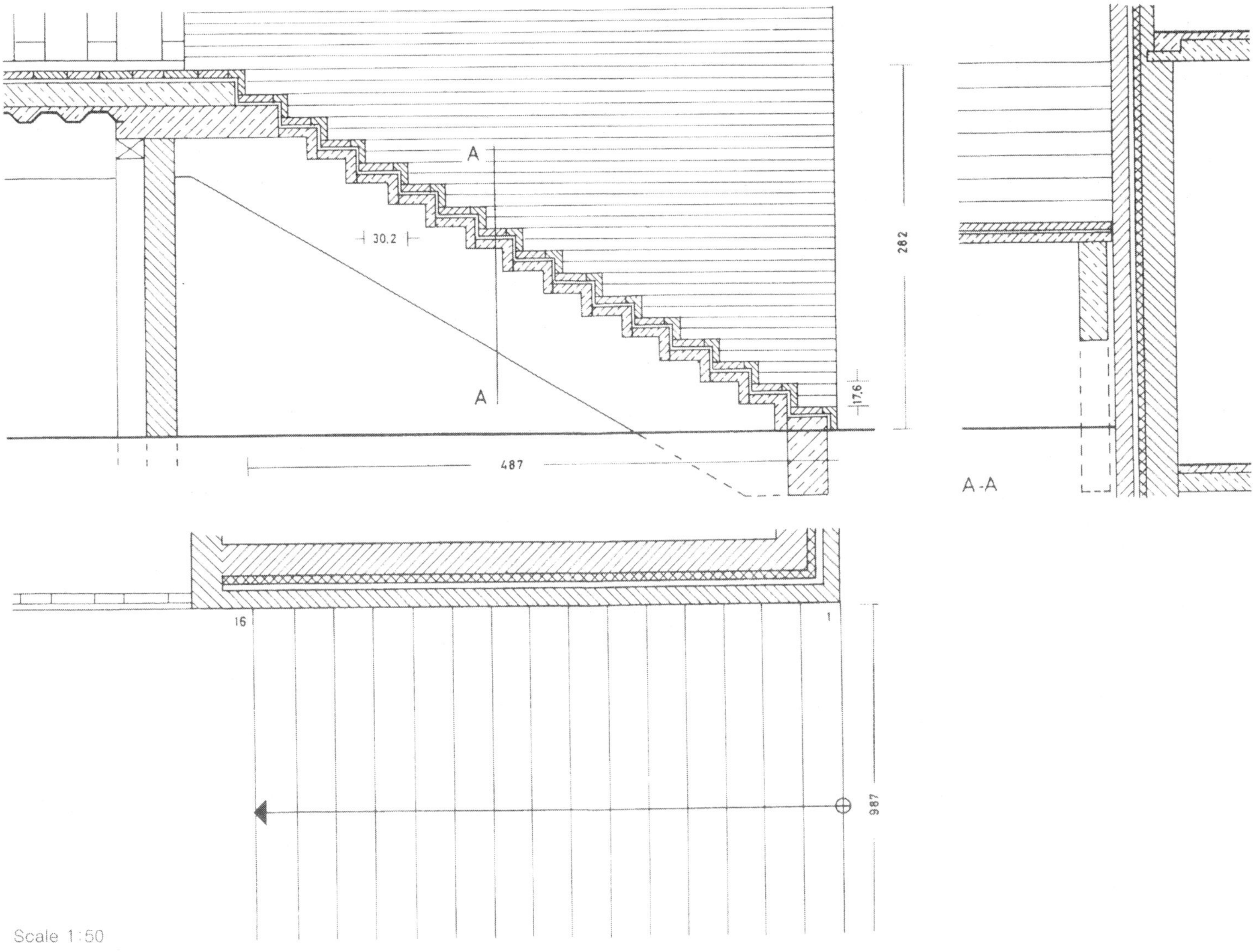

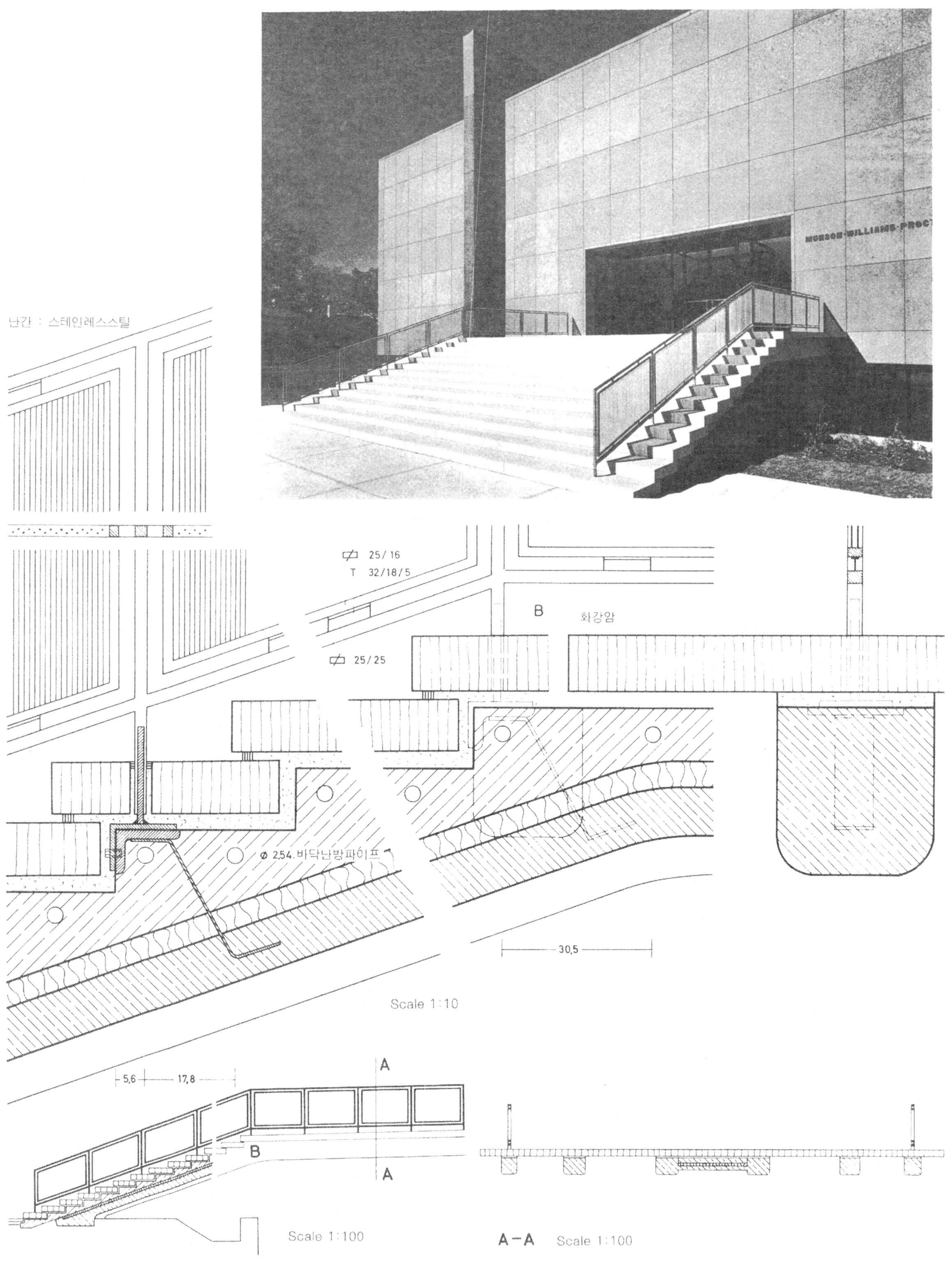
MUNSON-WILLIAMS-PROCT
난간 : 스테인레스스틸
25/16
T 32/18/5
B
화강암
25/25
Ø 2,54.바닥난방파이프
30,5
Scale 1:10
5,6
17,8
A
B
A
Scale 1:100
A-A
Scale 1:100

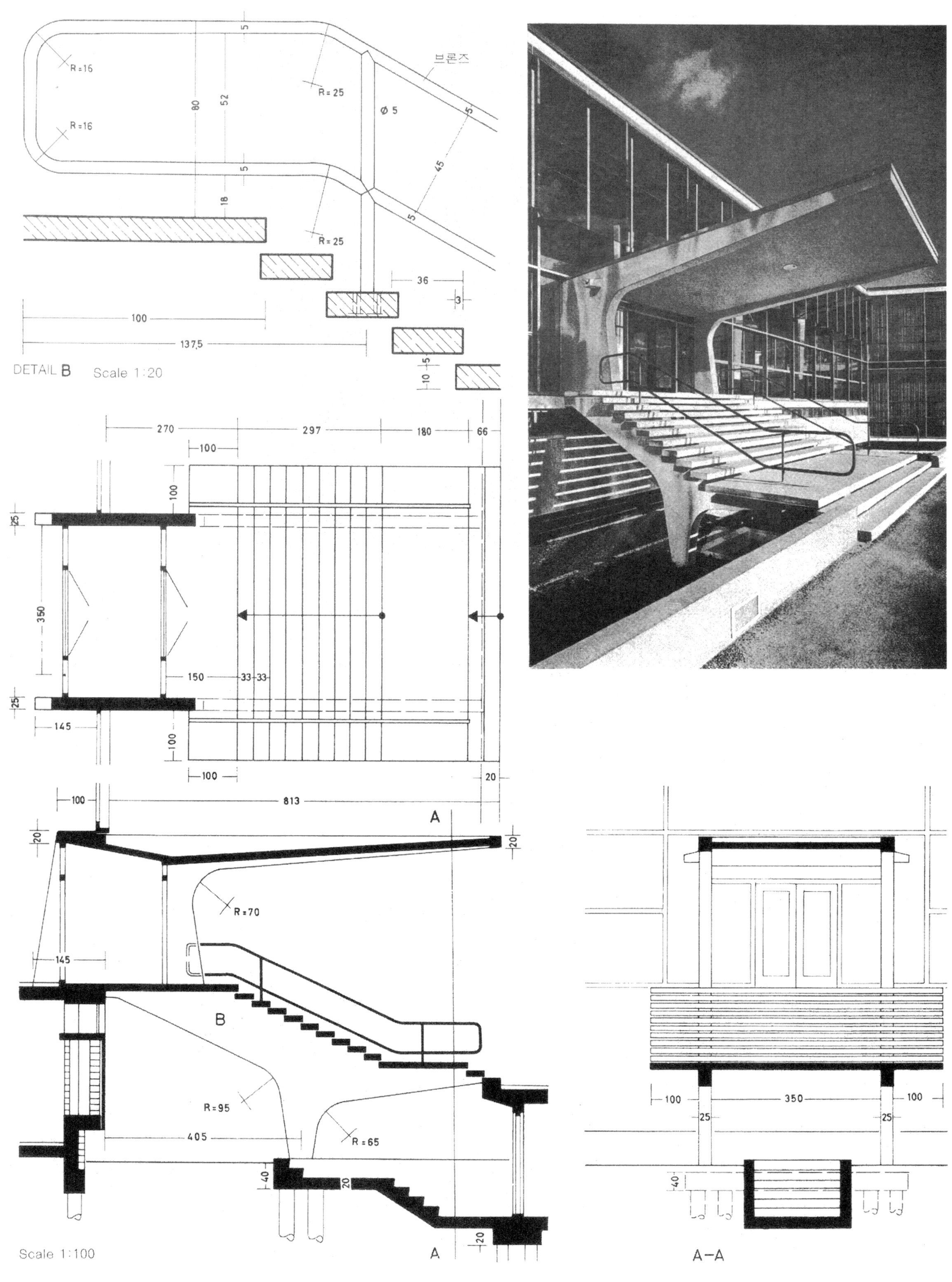
브론즈
R=16
R=16
R=25
R=25
Ø 5
DETAIL B Scale 1:20
R=70
R=95
R=65
B
A
A
A-A
Scale 1:100

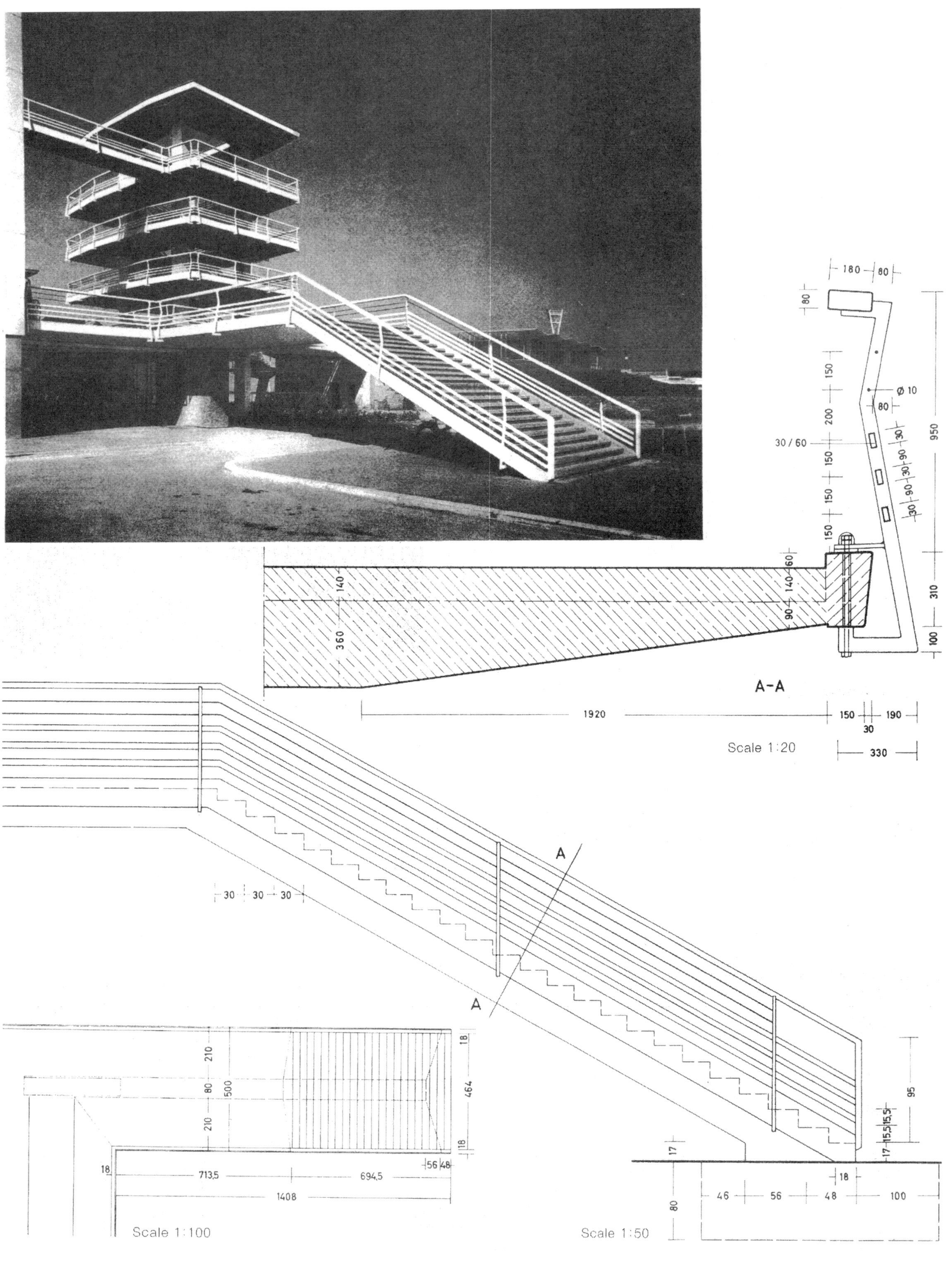
A-A
Scale 1:20
Scale 1:100
Scale 1:50

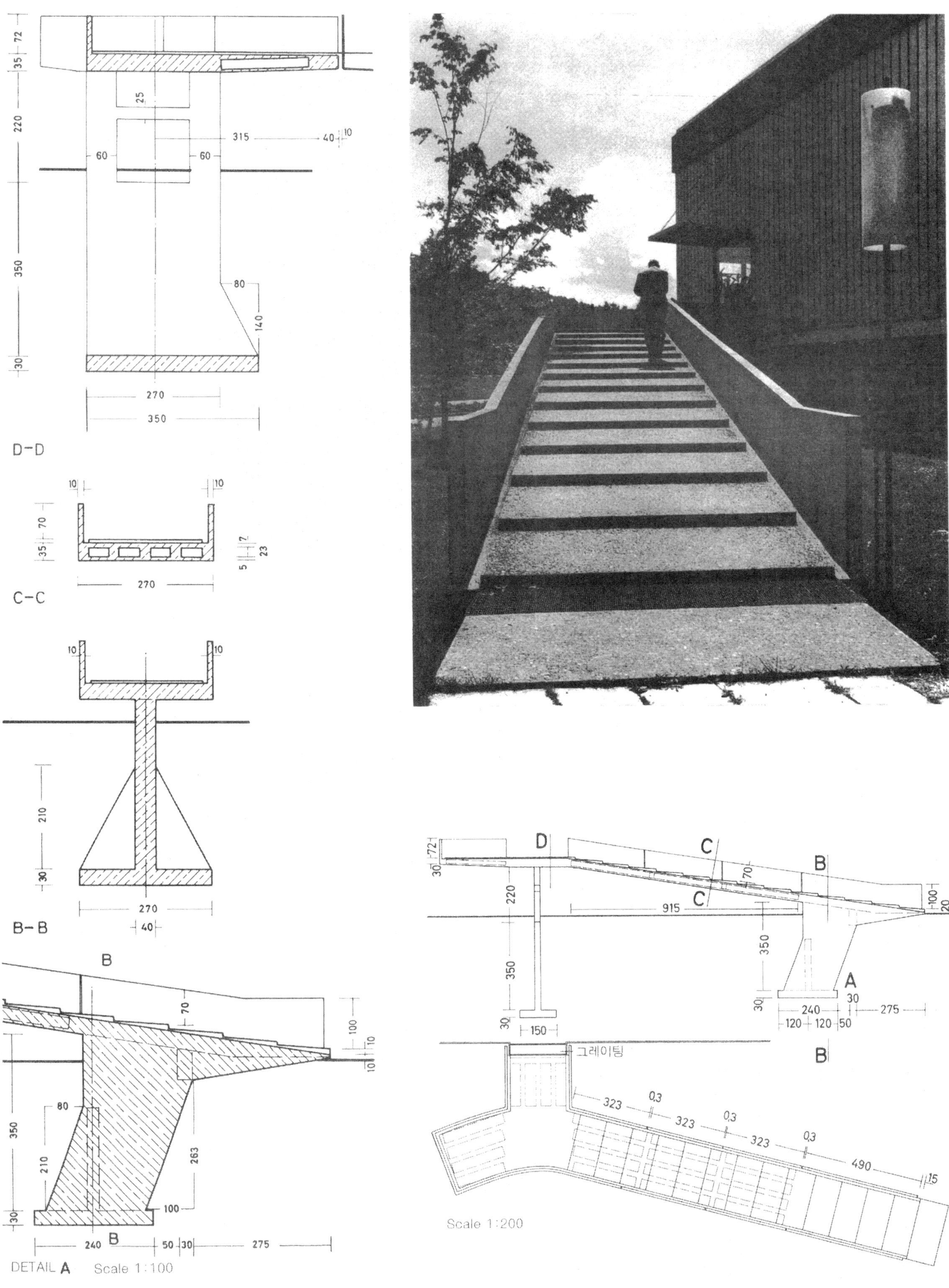
D-D
C-C
B-B
DETAIL A
Scale 1:100
그레이팅
Scale 1:200

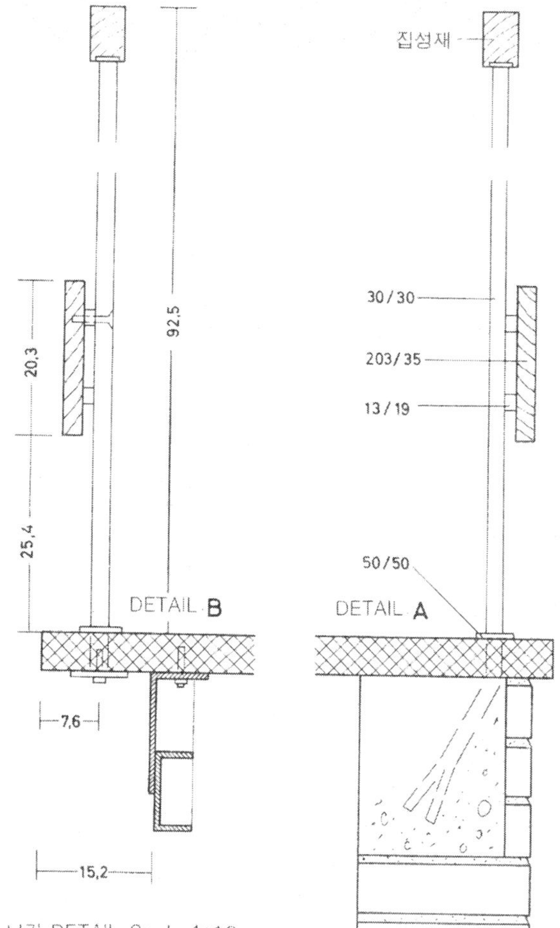

집성재

30/30

203/35

13/19

50/50

92.5

20,3

25,4

7,6

15,2

DETAIL B

DETAIL A

난간 DETAIL Scale 1:10

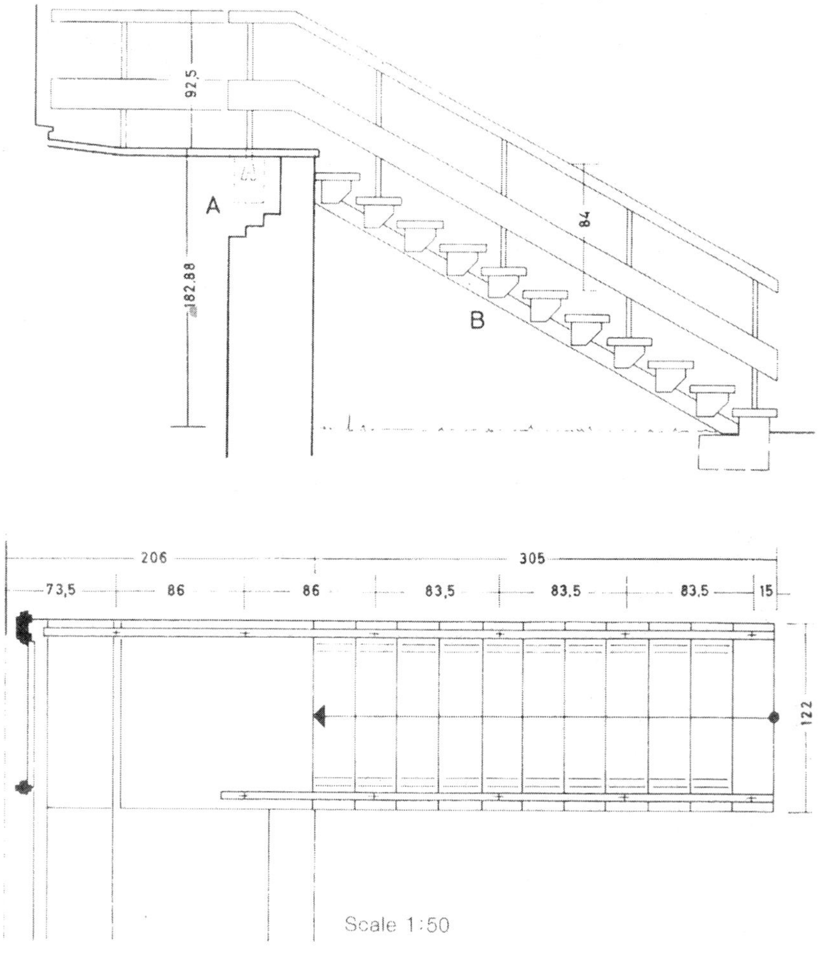

92.5

84

182.88

A

B

206 305

73,5 86 86 83,5 83,5 83,5 15

122

Scale 1:50

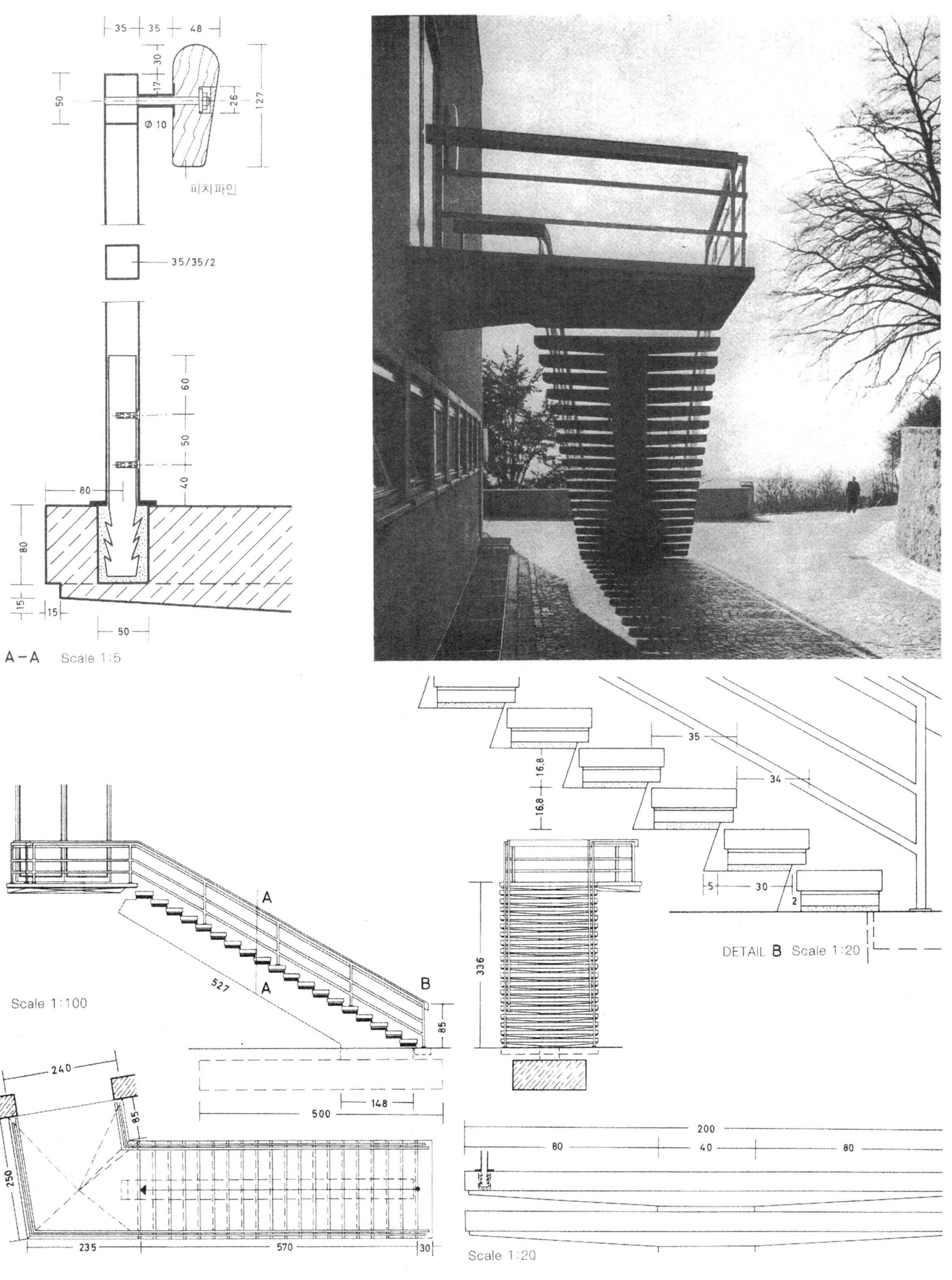
35
35
48
30
17
50
26
127
Ø 10
피치파인
35/35/2
60
50
40
80
80
15
15
50
A－A Scale 1:5
35
16.8
16.8
34
5
30
2
DETAIL B Scale 1:20
A
A
B
527
85
Scale 1:100
336
240
85
250
148
500
235
570
30
200
80
40
80
Scale 1:20

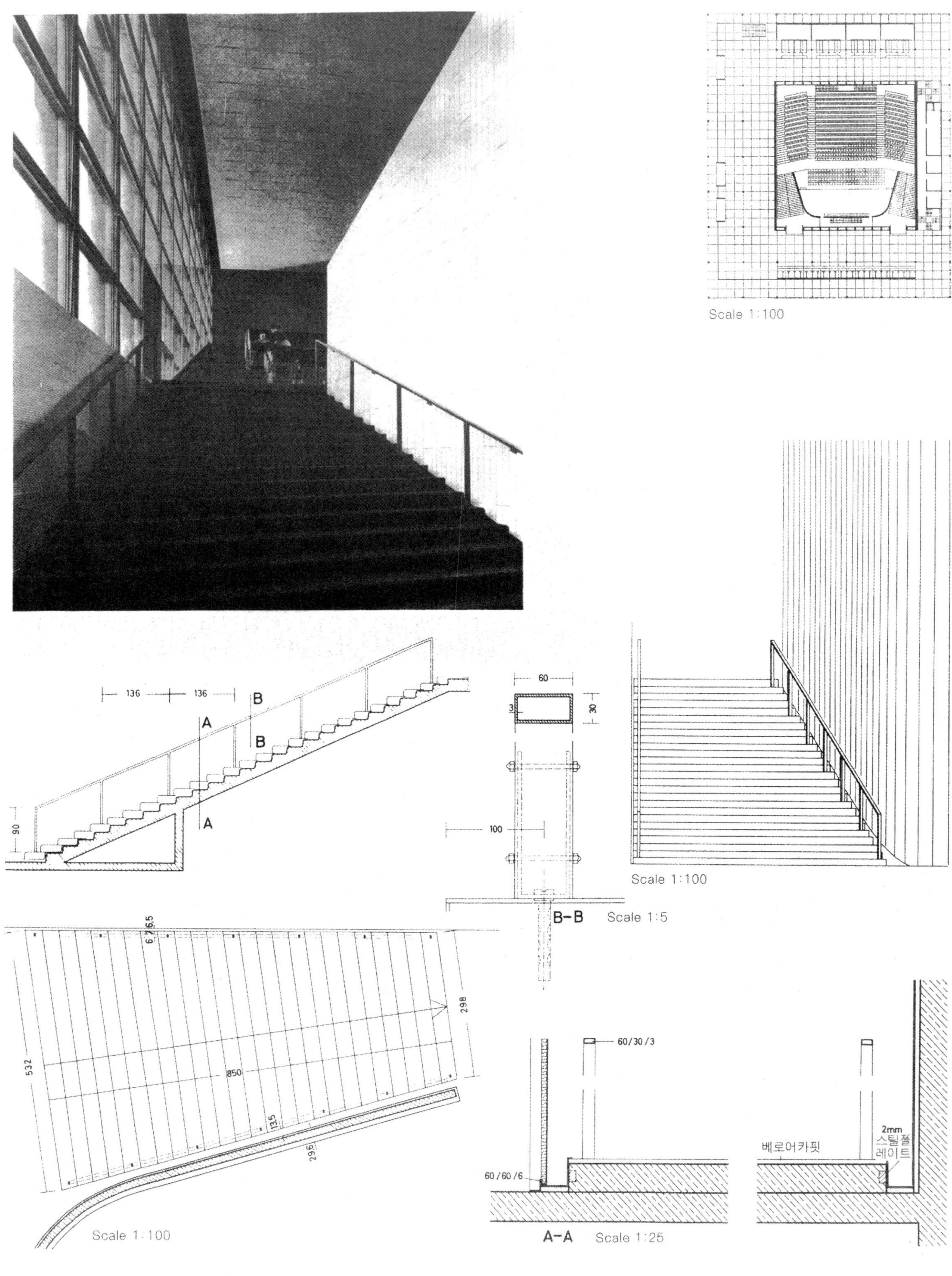
Scale 1:100
136
136
B
A
B
A
90
60
3
30
100
B-B
Scale 1:5
Scale 1:100
6
6,5
298
532
850
13,5
296
Scale 1:100
60/30/3
60/60/6
베로어카핏
2mm
스틸플
레이트
A-A
Scale 1:25

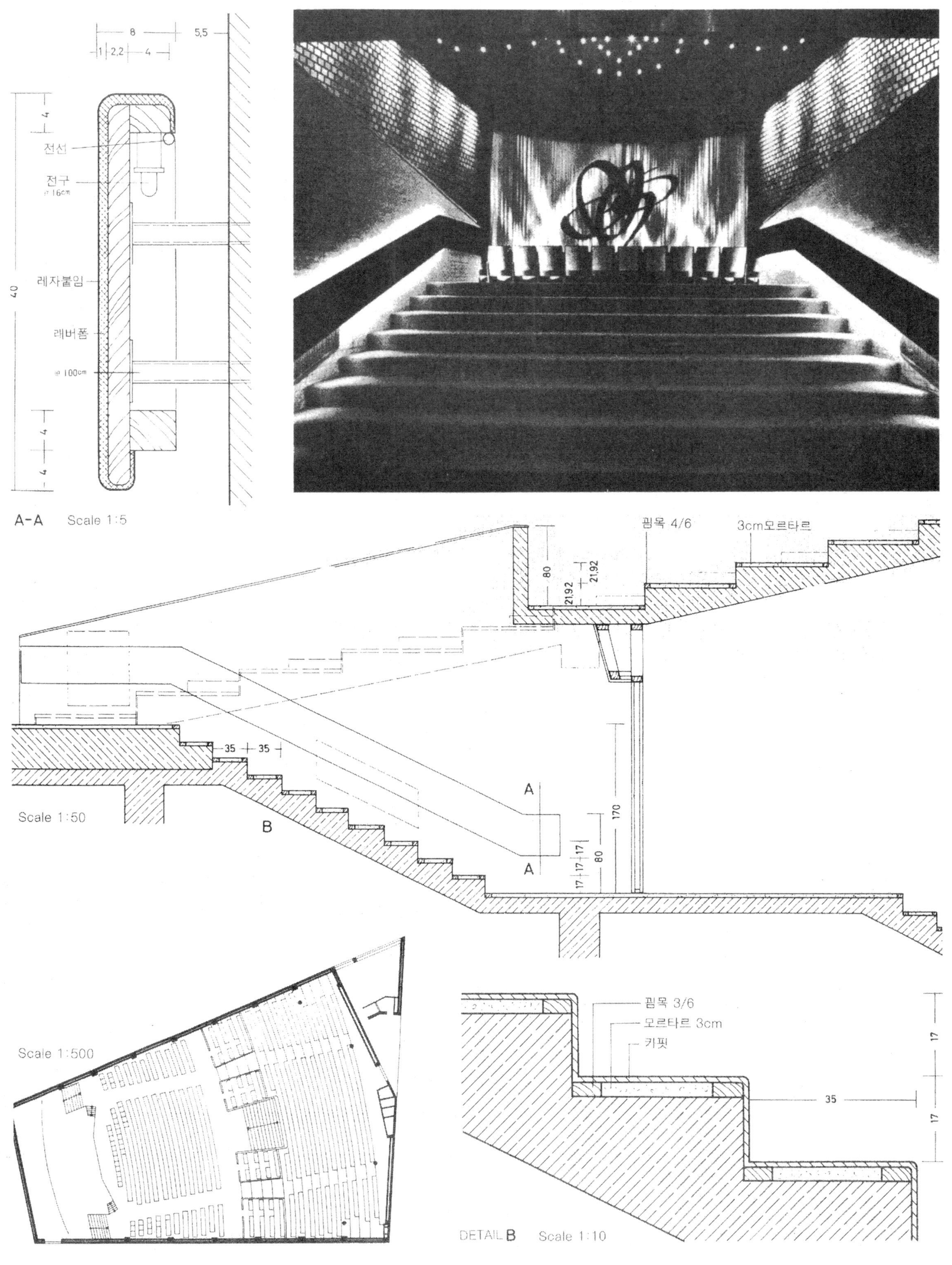
전선
전구
레자붙임
레버폼
A-A Scale 1:5
괸목 4/6
3cm모르타르
Scale 1:50
B
A
Scale 1:500
괸목 3/6
모르타르 3cm
카펫
DETAIL B Scale 1:10

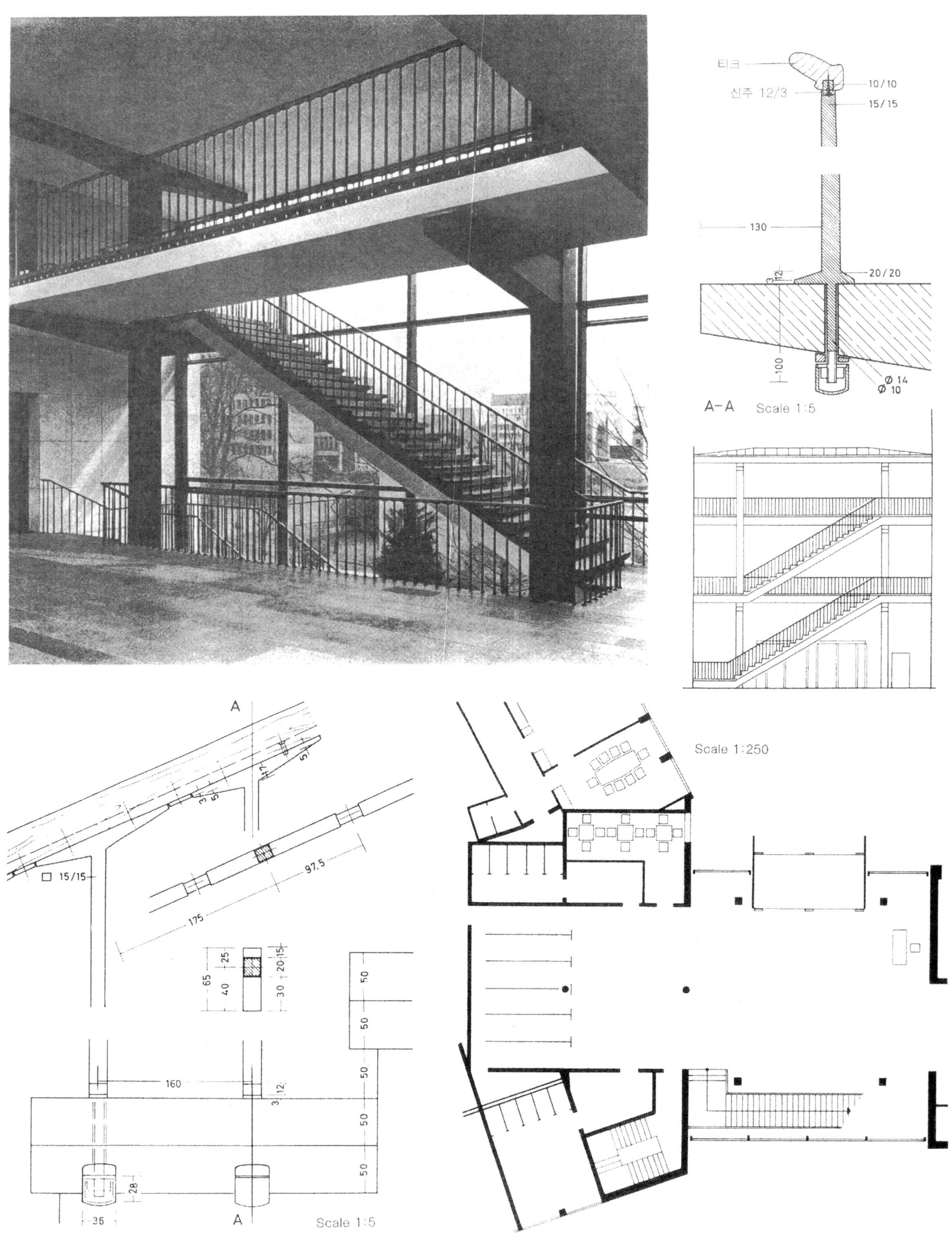
티크
신주 12/3
10/10
15/15
130
20/20
100
Ø 14
Ø 10
A-A Scale 1:5
A
15/15
97.5
175
25
65
40
20
15
30
50
160
12
3
28
36
Scale 1:5
Scale 1:250

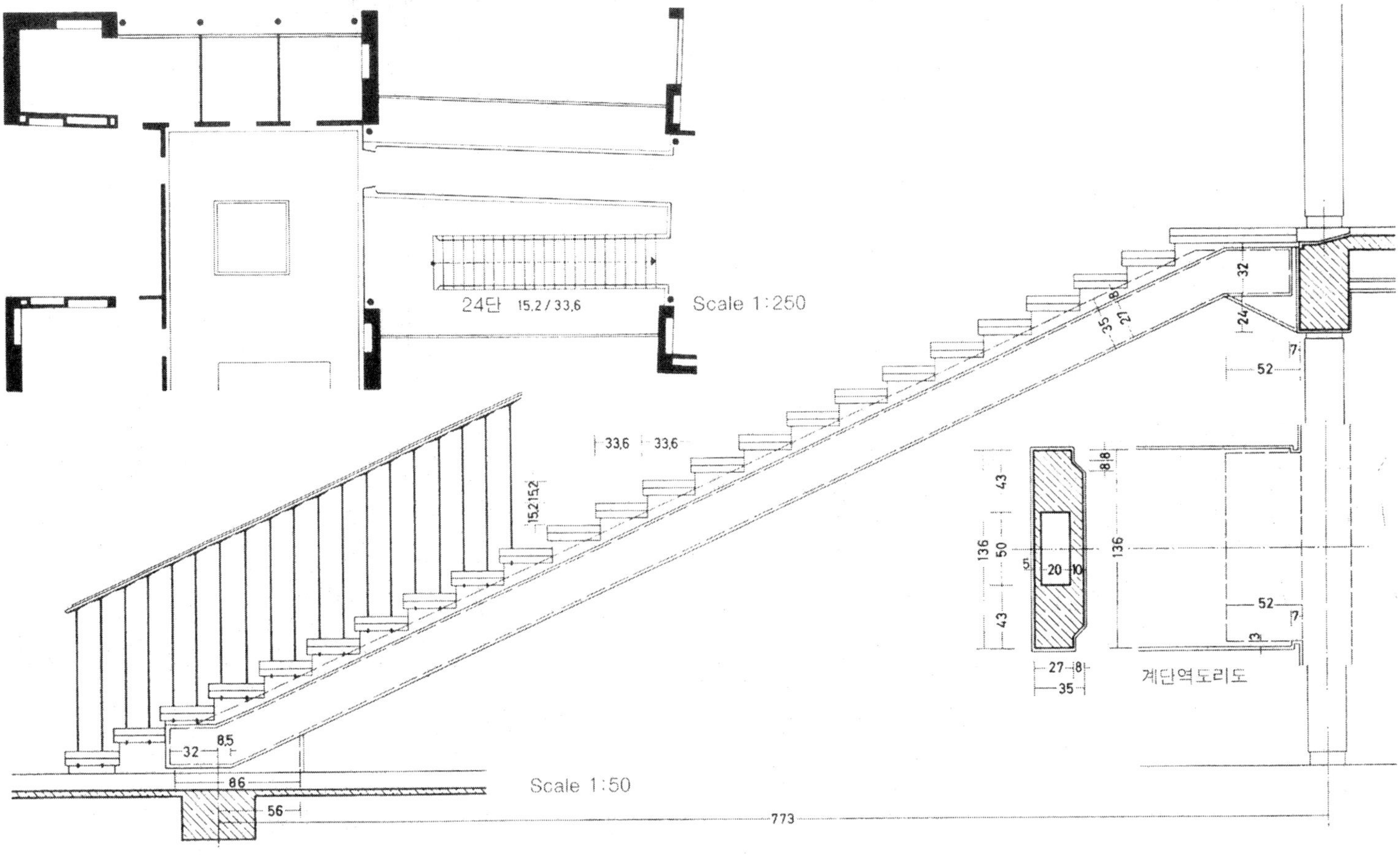

24단 15,2/33,6

Scale 1:250

계단역도리도

Scale 1:50

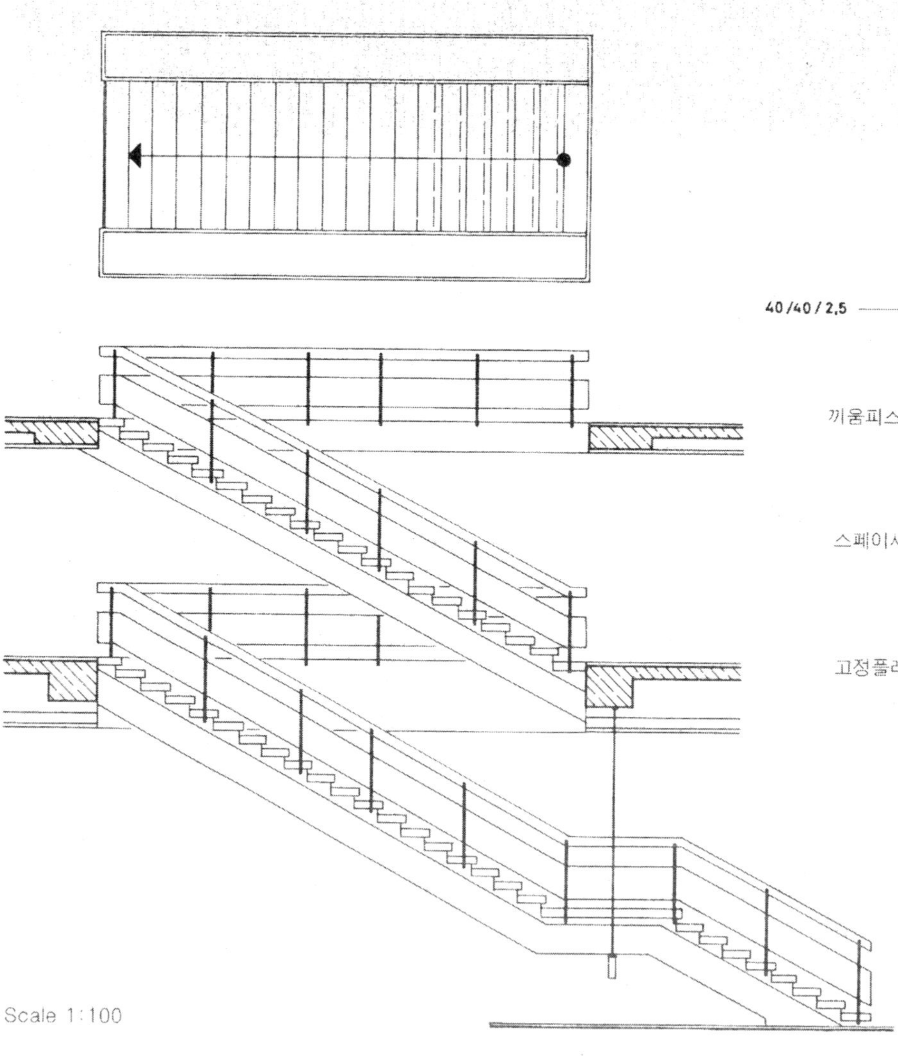

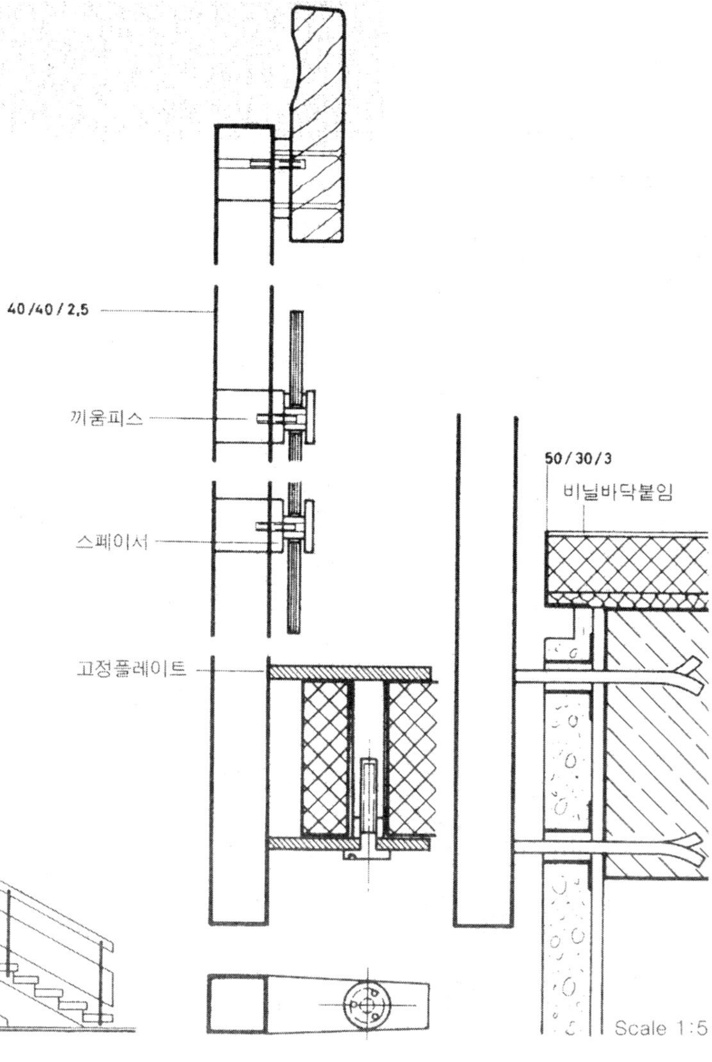

40/40/2,5

끼움피스

스페이서

고정플레이트

50/30/3

비닐바닥붙임

Scale 1:100

Scale 1:5

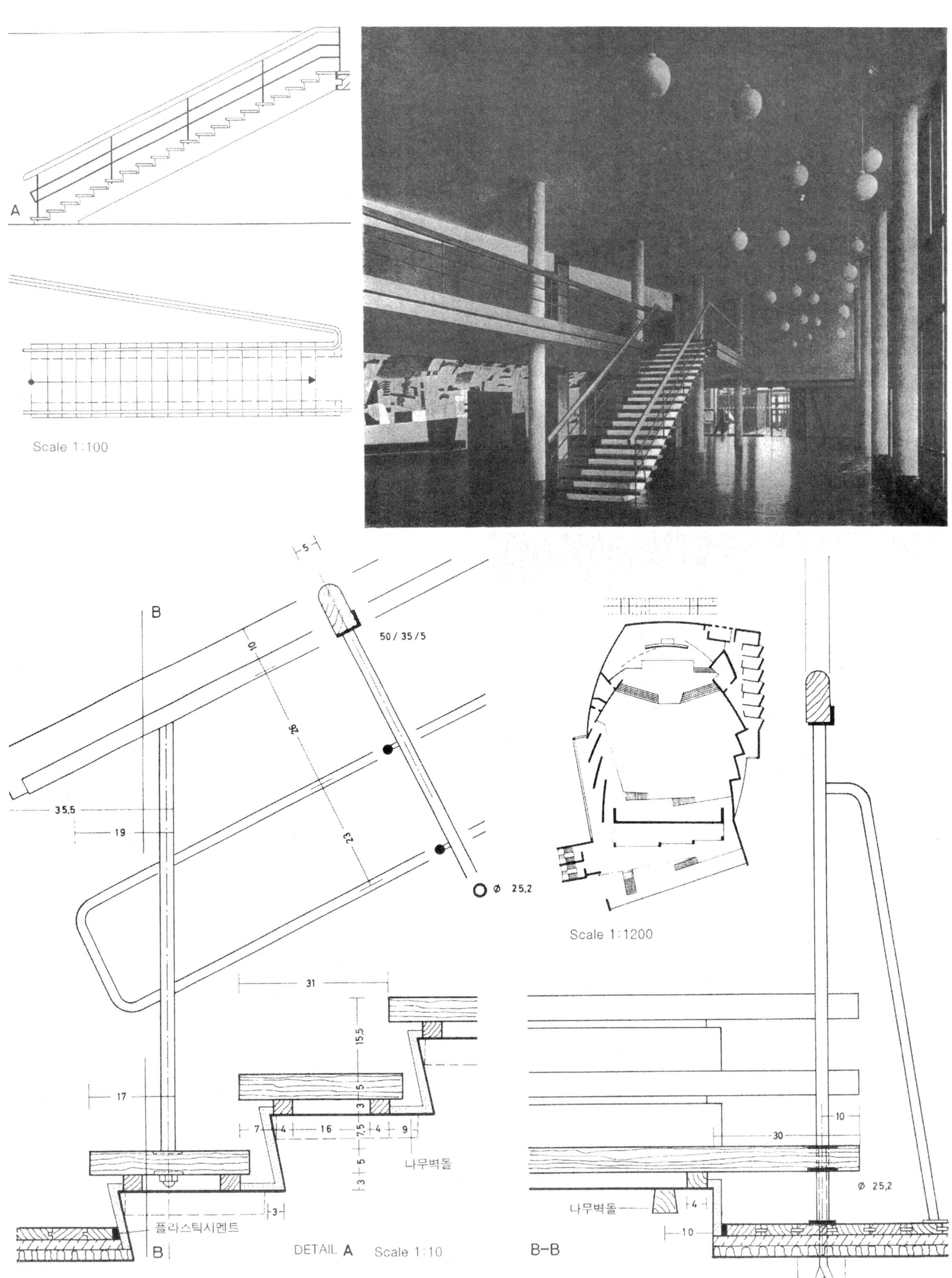
A
Scale 1:100
B
50/35/5
35,5
19
Ø 25,2
Scale 1:1200
31
15,5
17
16
7,5
나무벽돌
플라스틱시멘트
B
DETAIL A Scale 1:10
B–B
10
30
Ø 25,2
나무벽돌

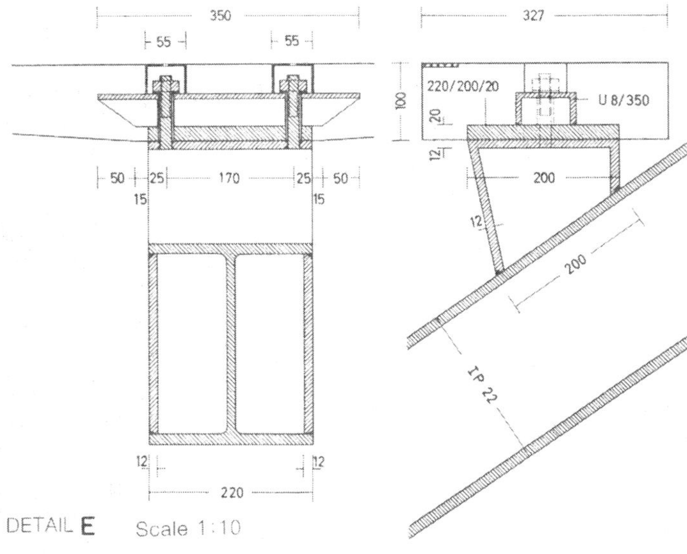
350
55
55
50
25
170
25
50
15
15
12
12
220
327
220/200/20
U 8/350
100
20
12
200
12
200
IP 22
DETAIL E
Scale 1:10

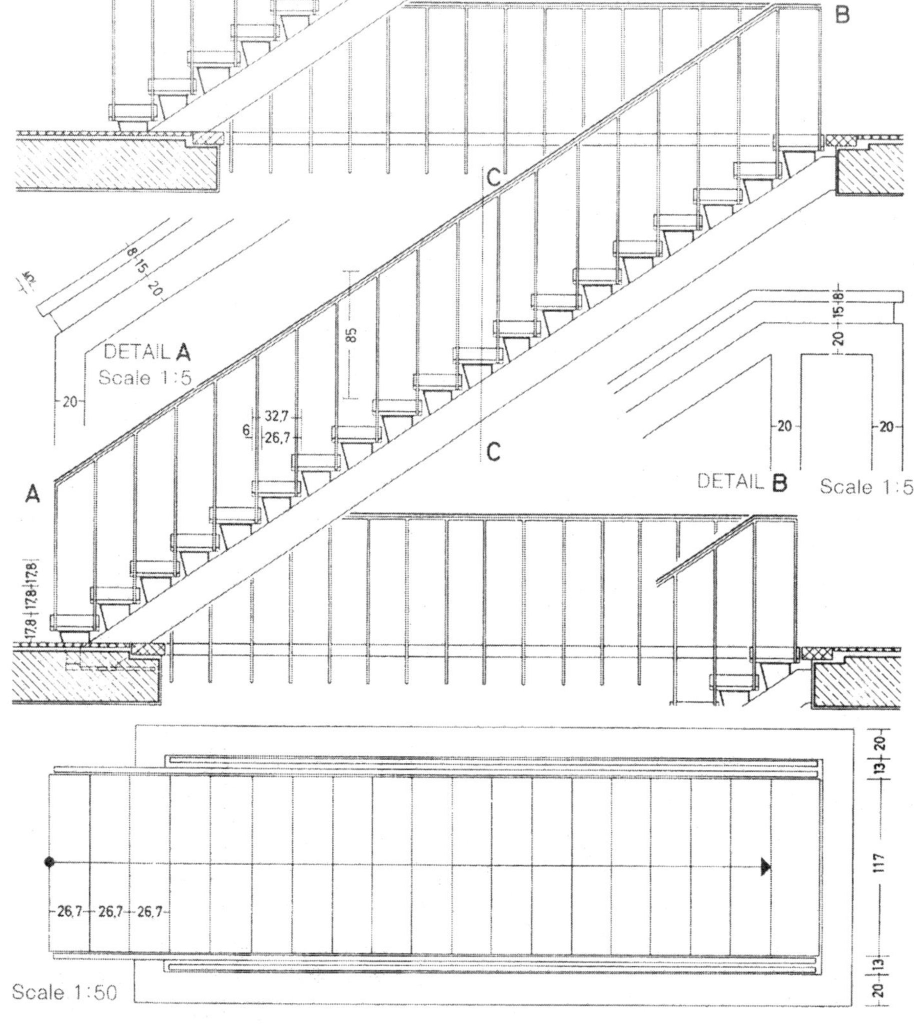
B
C
C
A
8 15 20
DETAIL A
Scale 1:5
20
85
32,7
6
26,7
17,8
17,8
17,8
15 8
20
20
20
DETAIL B
Scale 1:5
13
20
117
13
20
26,7
26,7
26,7
Scale 1:50

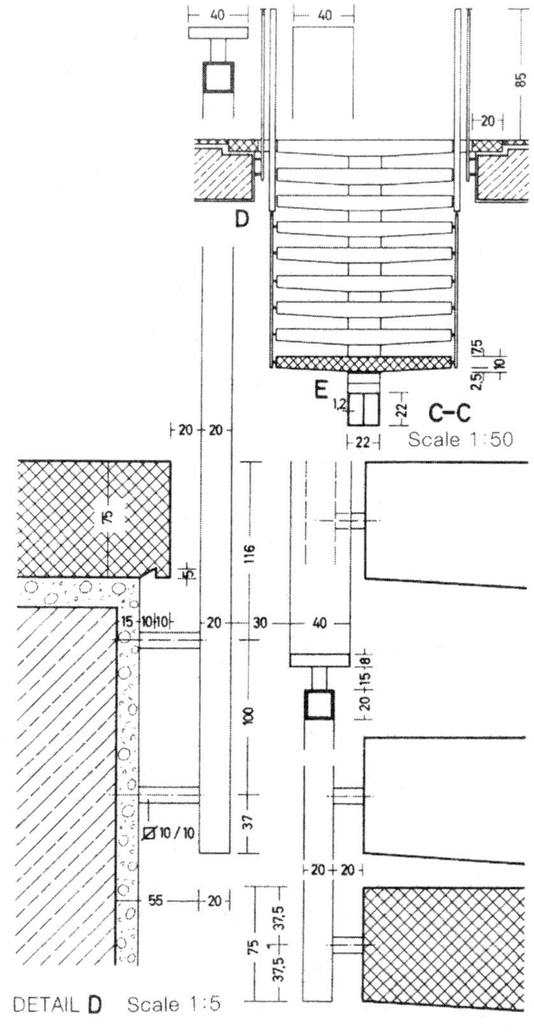
40
40
85
20
D
E
1,2
22
22
C–C
Scale 1:50
20
20
75
5
116
15
10
10
20
30
40
100
20
15
8
37
Ø10/10
55
20
20
20
75
37,5
37,5
DETAIL D
Scale 1:5

15.5
30.48
15.5
30.48
25.4
DETAIL A
Scale 1:10
B
27.5
18.4
259.08
233.7
A
304.8
122
122
91.5
83.8
Scale 1:50
27.5
5
18.4
리놀륨
피치파인
소나무
DETAIL B
Scale 1:10

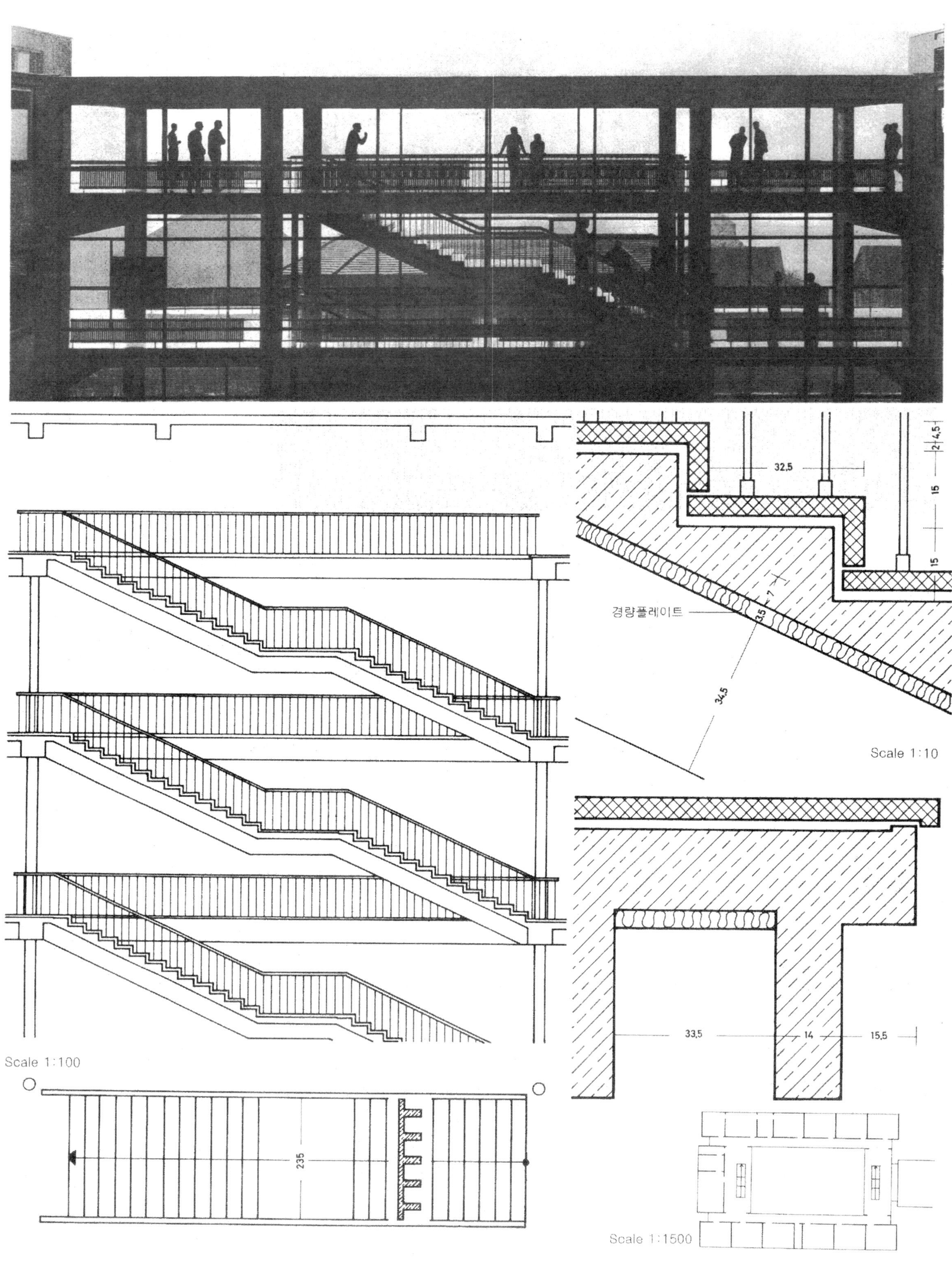
32,5
2
4,5
15
15
7
3,5
경량플레이트
34,5
Scale 1:10
Scale 1:100
235
33,5
14
15,5
Scale 1:1500

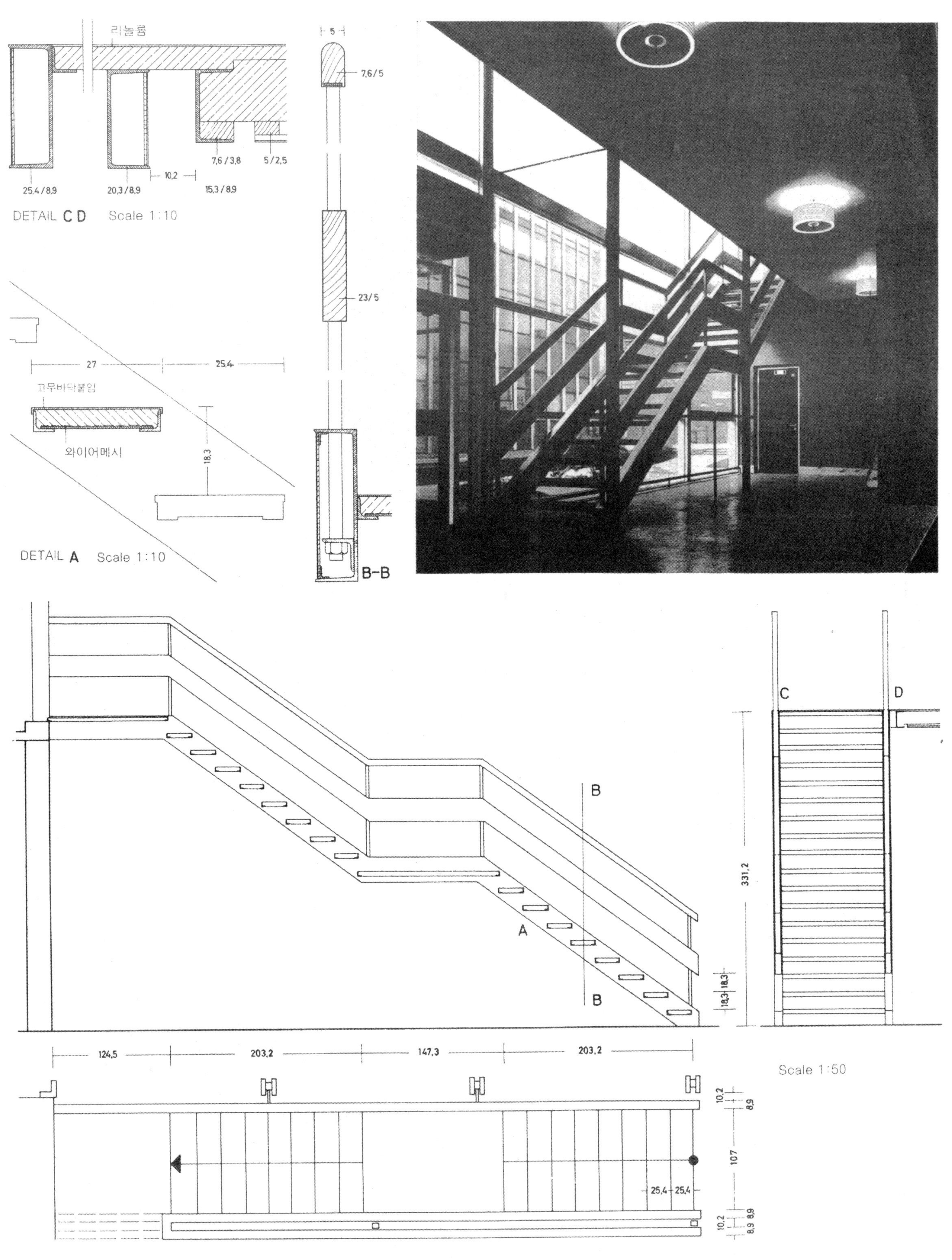
리놀륨
7,6/3,8
5/2,5
10,2
25,4/8,9
20,3/8,9
15,3/8,9
DETAIL C D Scale 1:10
5
7,6/5
23/5
27
25,4
고무바닥붙임
와이어메시
18,3
DETAIL A Scale 1:10
B-B
B
A
B
C
D
331,2
18,3
18,3
124,5
203,2
147,3
203,2
Scale 1:50
10,2
8,9
107
25,4
25,4
10,2
8,9
8,9

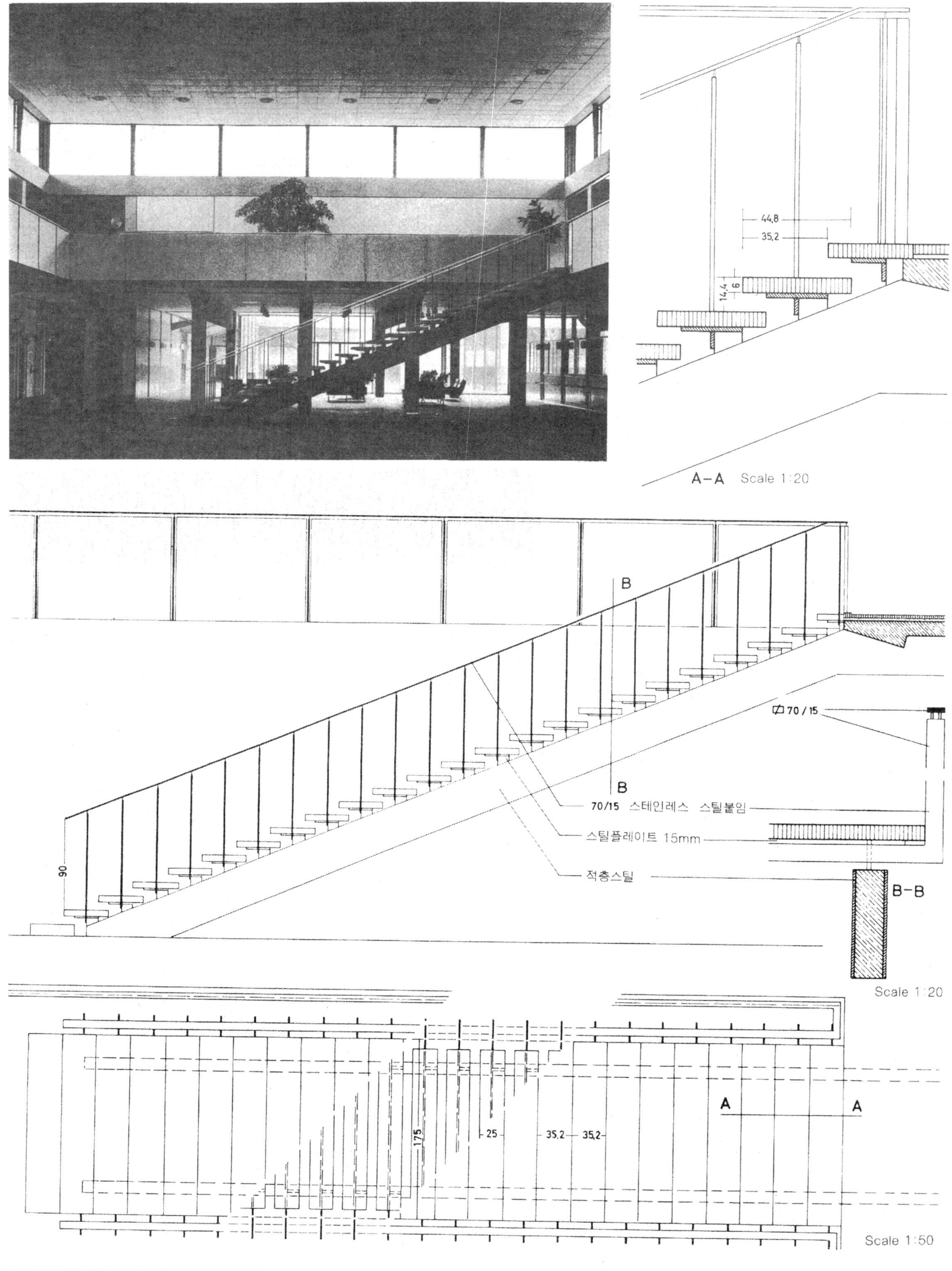
44,8
35,2
14,4
6
A–A Scale 1:20
B
B
70/15 스테인레스 스틸붙임
스틸플레이트 15mm
적층스틸
90
70 / 15
B–B
Scale 1:20
A
A
175
25
35,2
35,2
Scale 1:50

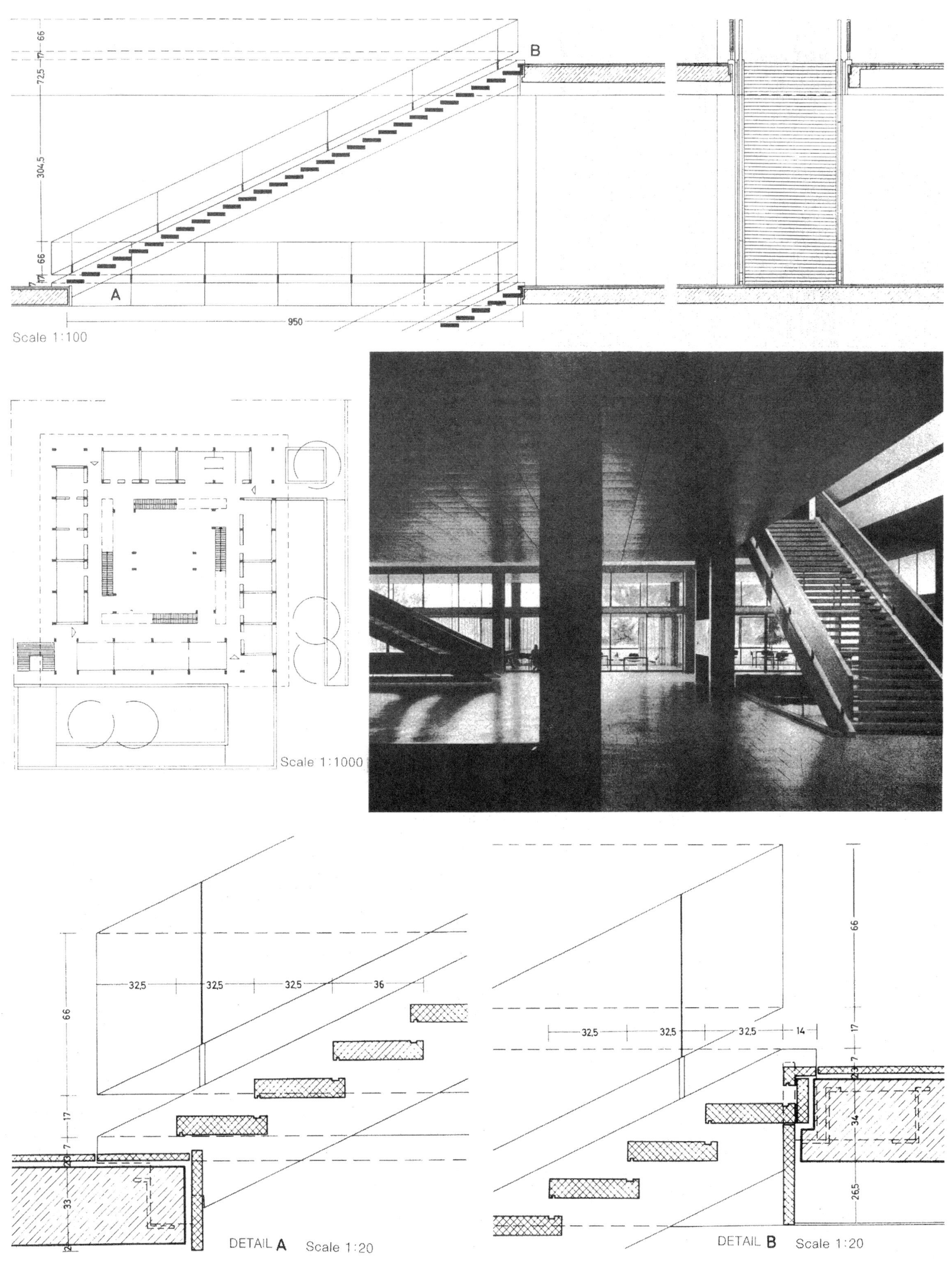
B
A
66
17
72,5
304,5
950
Scale 1:100
Scale 1:1000
32,5
36
33
23
DETAIL A
Scale 1:20
14
34
26,5
DETAIL B
Scale 1:20

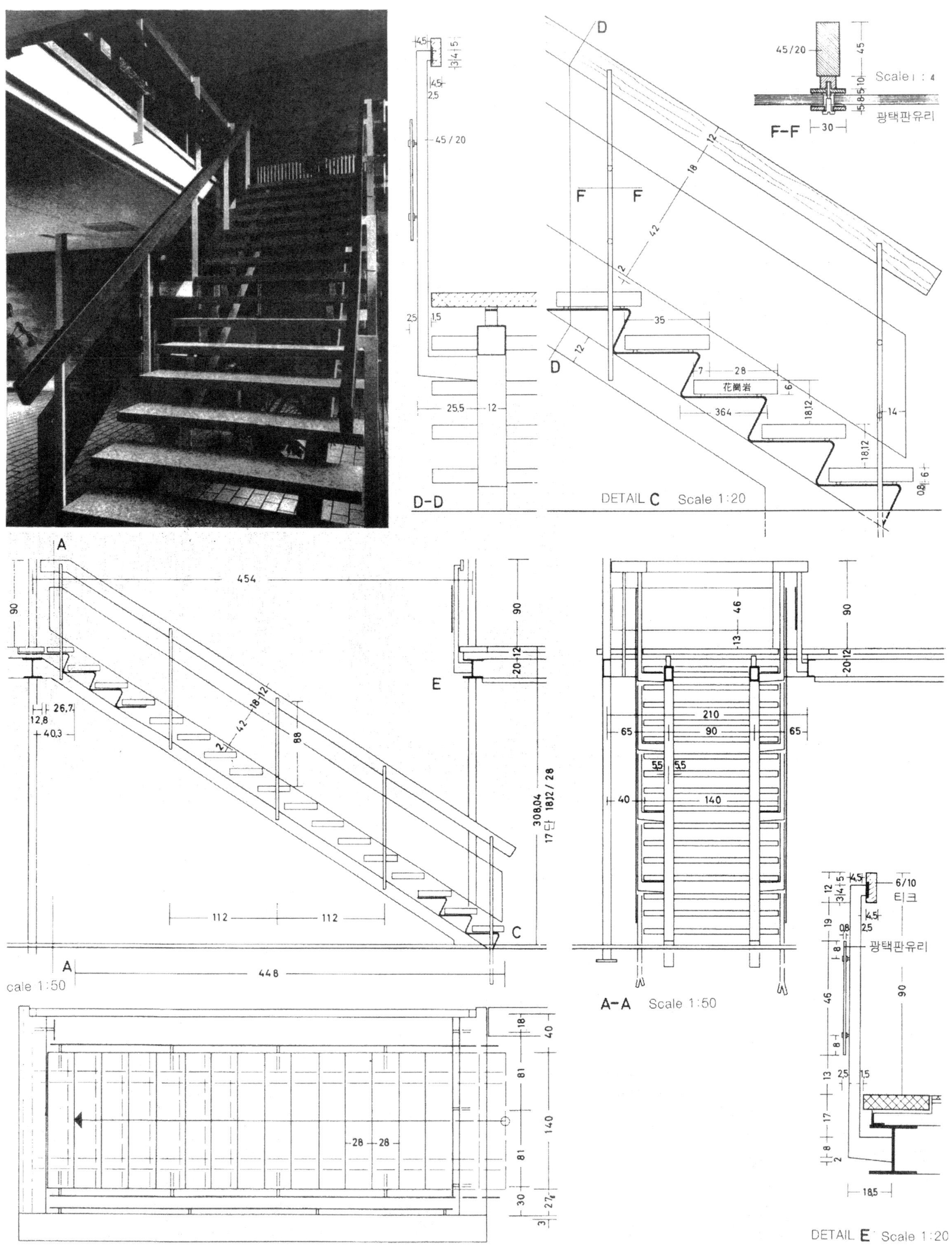
D-D
45/20
DETAIL C Scale 1:20
花崗岩
F-F
Scale 1 : 4
광택판유리
454
448
17단 18,12/28
308,04
cale 1:50
A-A Scale 1:50
6/10
티크
광택판유리
DETAIL E Scale 1:20

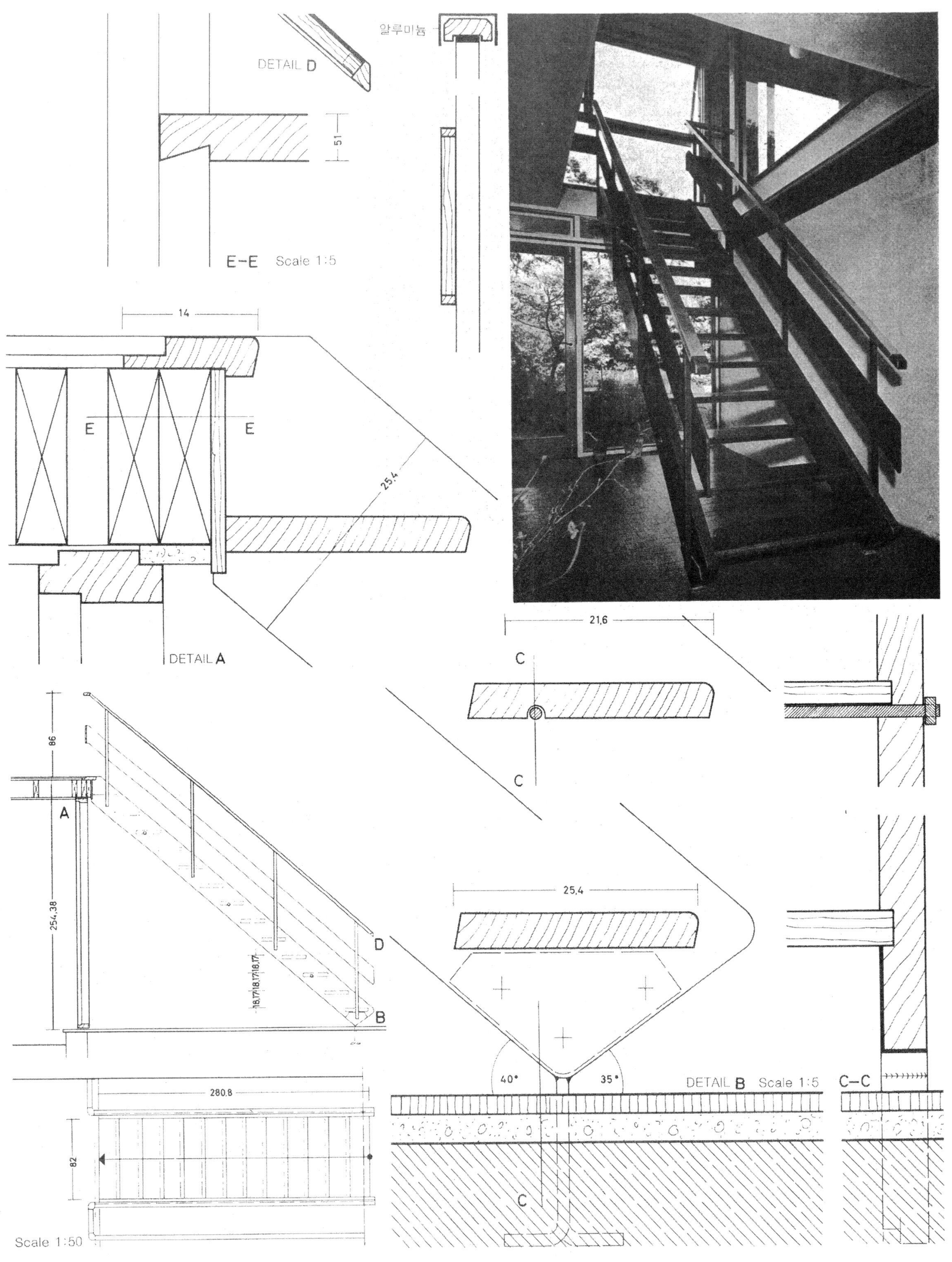
알루미늄
DETAIL D
51
E-E Scale 1:5
14
E
E
25,4
DETAIL A
21,6
C
C
86
A
254,38
D
B
25,4
40°
35°
DETAIL B Scale 1:5
C-C
280,8
82
C
Scale 1:50

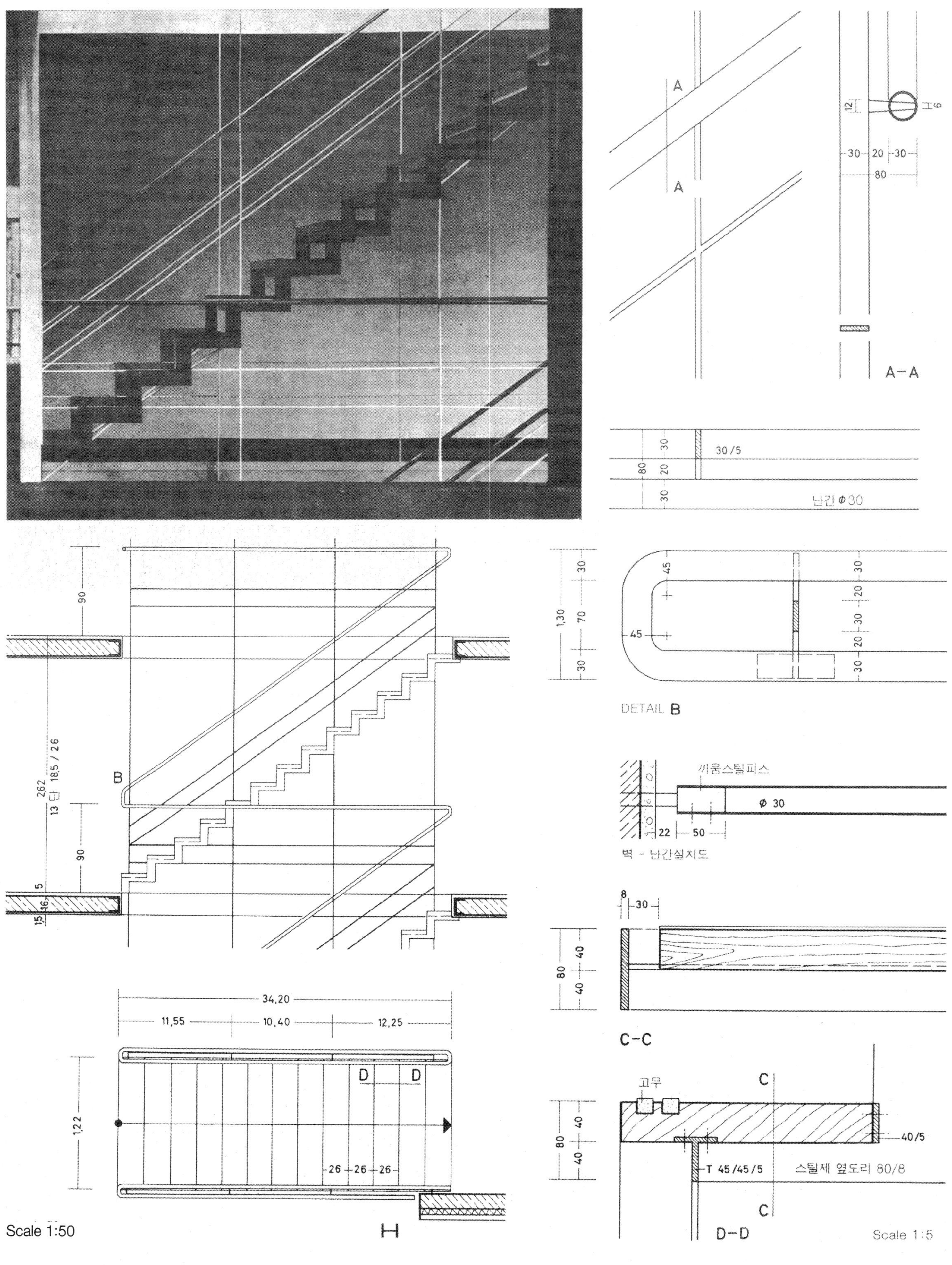

A
A
12
6
30 20 30
80
A-A
30/5
80
30
20
30
난간 Φ30
1,30
30
70
30
45
45
30
20
30
20
30
DETAIL B
끼움스틸피스
Φ 30
22
50
벽 - 난간설치도
8
30
80
40
40
C-C
고무
C
C
80
40
40
40/5
T 45/45/5
스틸제 옆도리 80/8
D-D
Scale 1:5
90
262
13 단 18,5 / 26
B
90
5
15
16
34,20
11,55
10,40
12,25
D
D
1,22
26
26
26
Scale 1:50
H

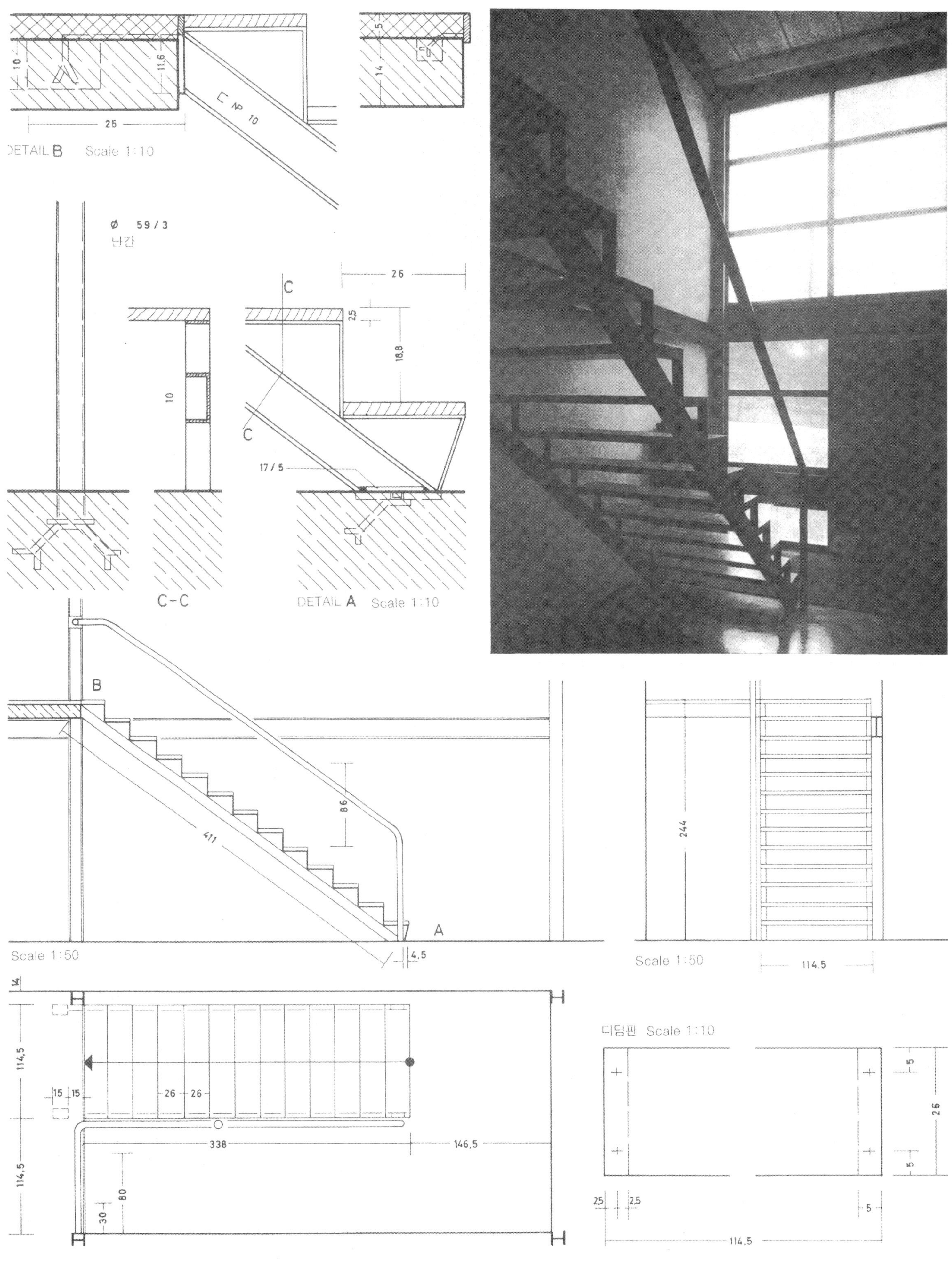
DETAIL B Scale 1:10
25
10
11,6
14
5
ㄷ № 10
ø 59/3
난간
26
C
2,5
18,8
10
C
17/5
C-C
DETAIL A Scale 1:10
B
86
411
A
4,5
Scale 1:50
244
Scale 1:50
114,5
14
114,5
15 15
26 26
338
146,5
114,5
80
30
디딤판 Scale 1:10
5
26
5
2,5 2,5
5
114,5

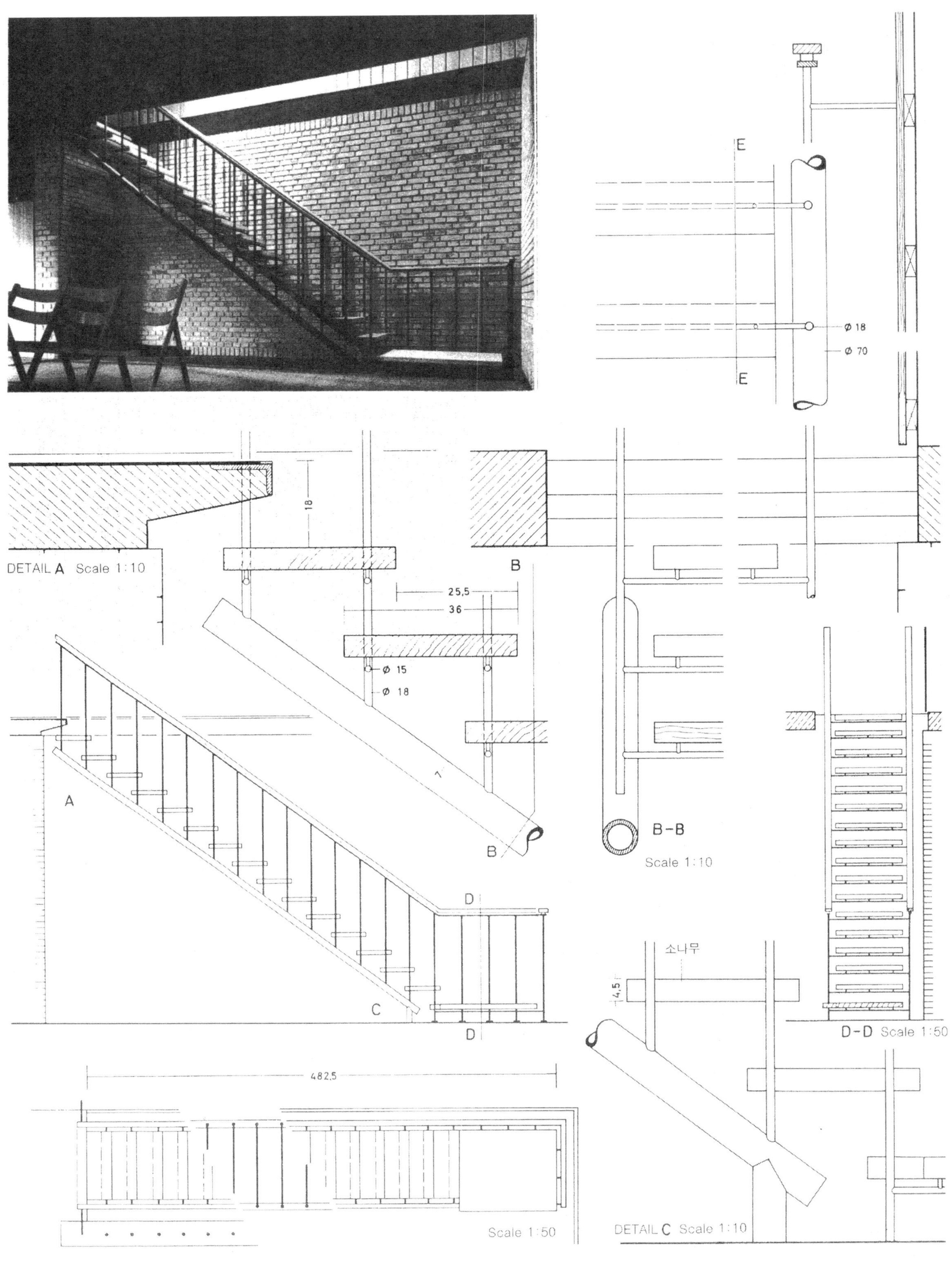
E
E
ø 18
ø 70
18
DETAIL A Scale 1:10
B
25,5
36
ø 15
ø 18
A
B
B-B
Scale 1:10
D
C
D
D-D Scale 1:50
소나무
4,5
482,5
Scale 1:50
DETAIL C Scale 1:10

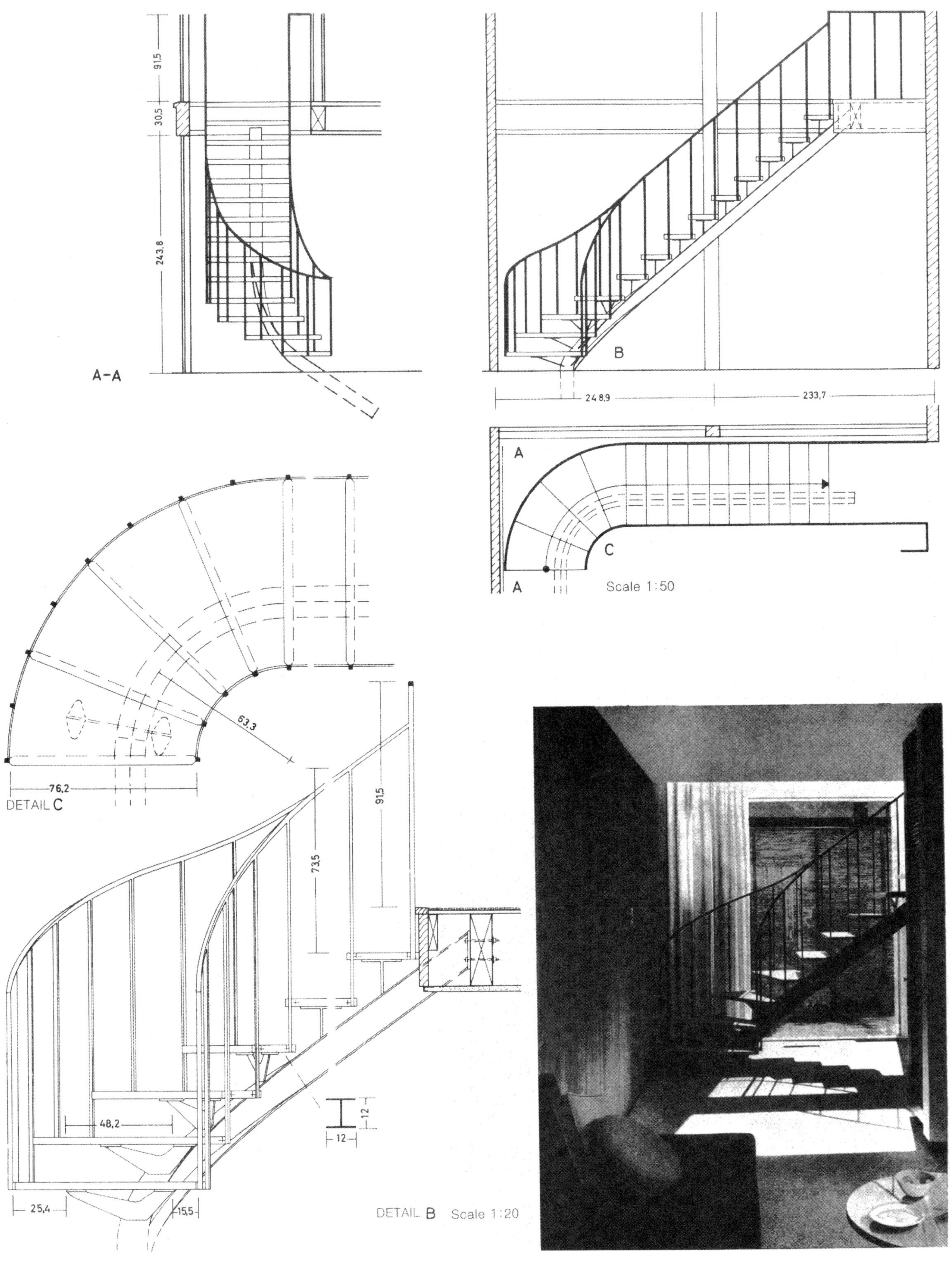
91,5
30,5
243,8
A-A
B
248,9
233,7
A
C
A
Scale 1:50
63,3
76,2
DETAIL C
91,5
73,5
48,2
12
12
25,4
15,5
DETAIL B Scale 1:20

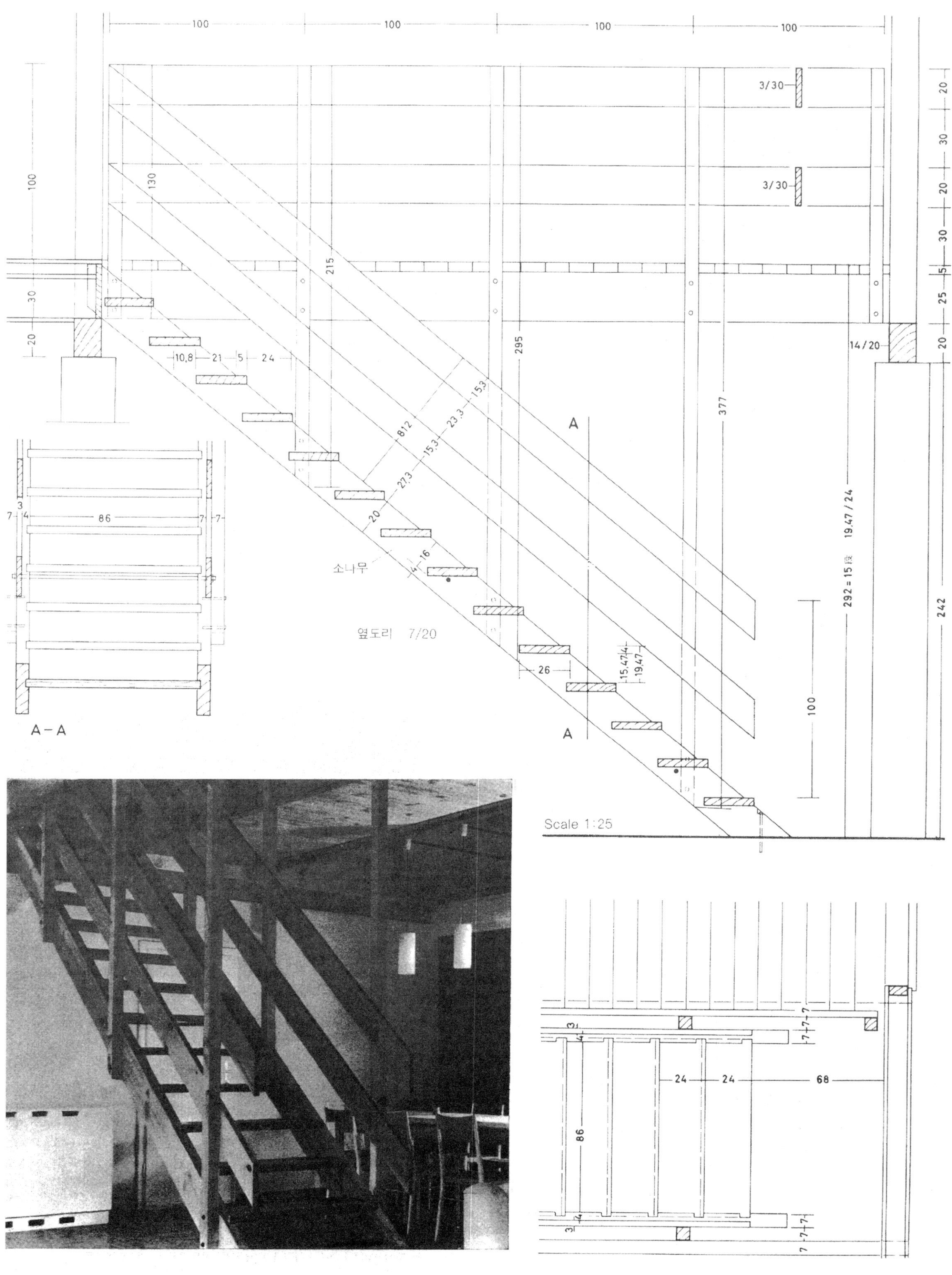
A-A
A
소나무
옆도리 7/20
Scale 1:25

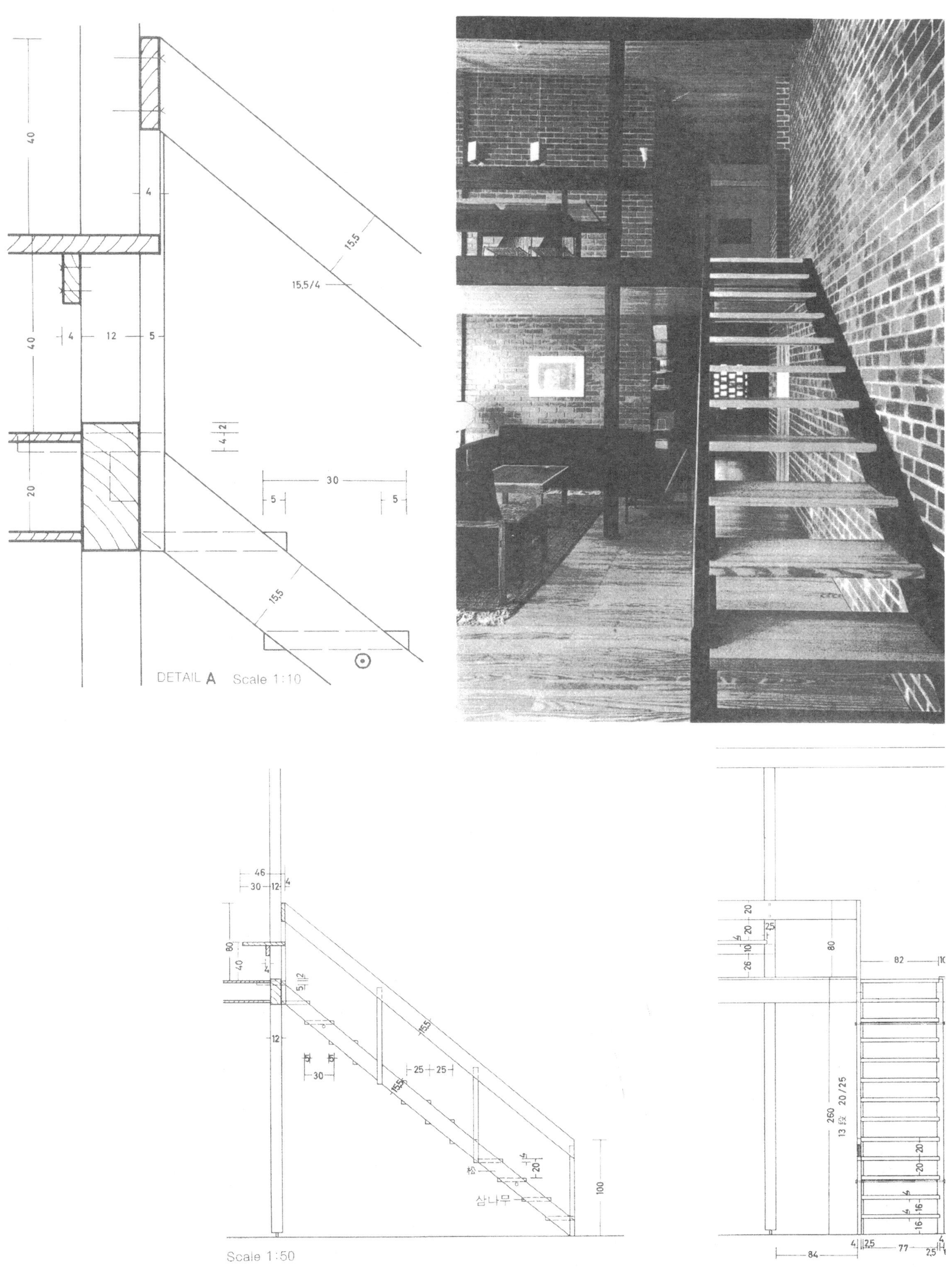
DETAIL A Scale 1:10
15,5
15,5/4
30
Scale 1:50
삼나무
13 段 20/25
260

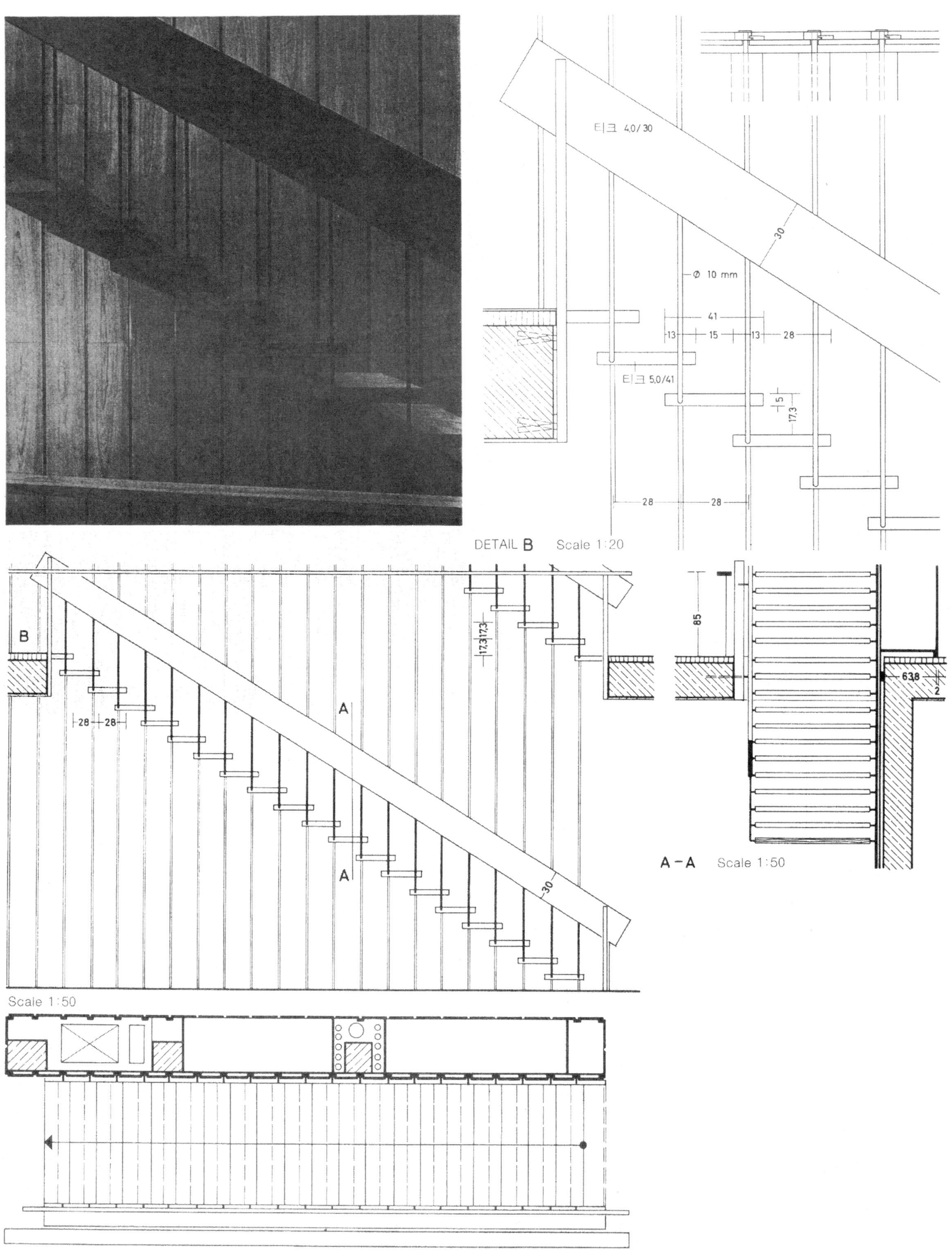
티크 4,0/30
30
Ø 10 mm
41
13
15
13
28
티크 5,0/41
5
17,3
28
28
DETAIL B Scale 1:20
B
17,3
17,3
28
28
A
A
30
85
63,8
2
A - A Scale 1:50
Scale 1:50

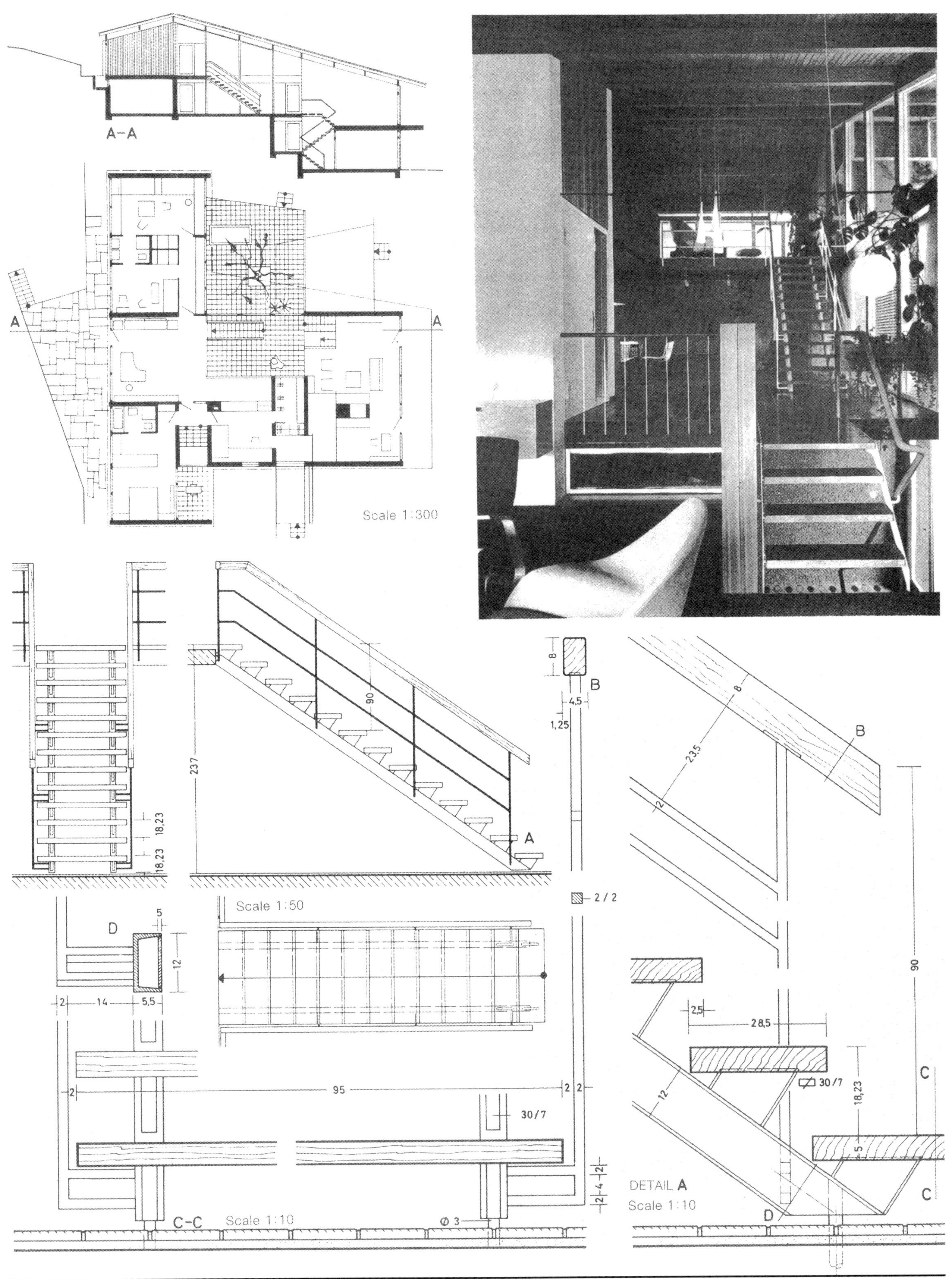
A-A
A
A
Scale 1:300
237
90
18,23
18,23
A
8
B
4,5
1,25
23,5
8
2
B
90
2/2
Scale 1:50
D
5
12
2
14
5,5
2
95
2
2
30/7
2
4
2
C-C
Scale 1:10
Ø 3
2,5
28,5
30/7
18,23
5
12
C
C
D
DETAIL A
Scale 1:10

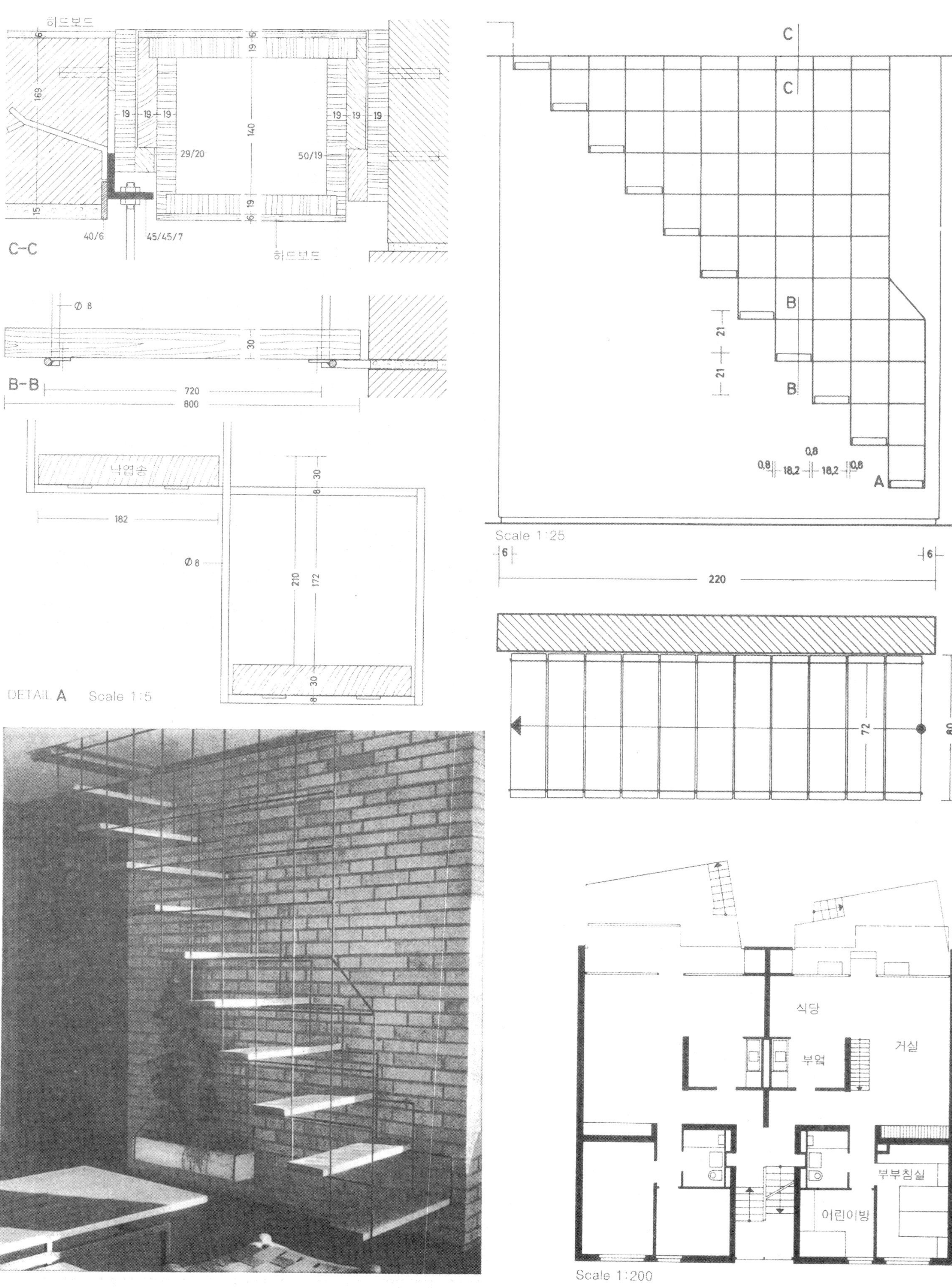
하드보드
C-C
B-B
720
800
182
DETAIL A Scale 1:5
Scale 1:25
220
식당
부엌
거실
부부침실
어린이방
Scale 1:200

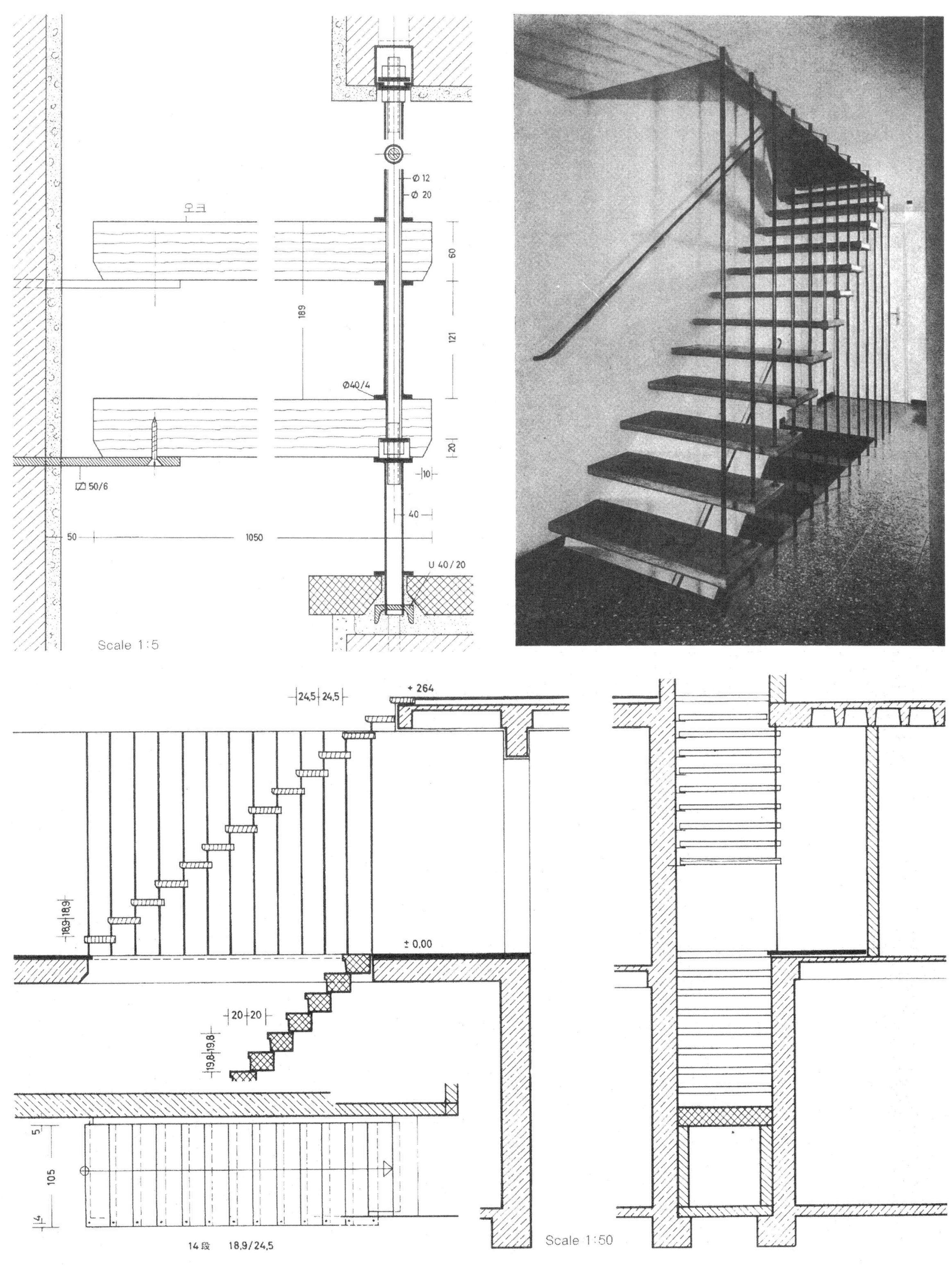
오크
Ø 12
Ø 20
60
189
121
Ø40/4
20
10
40
50/6
50
1050
U 40/20
Scale 1:5
24,5 24,5
+ 264
18,9 18,9
± 0,00
20 20
19,8 19,8
5
105
4
14段 18,9/24,5
Scale 1:50

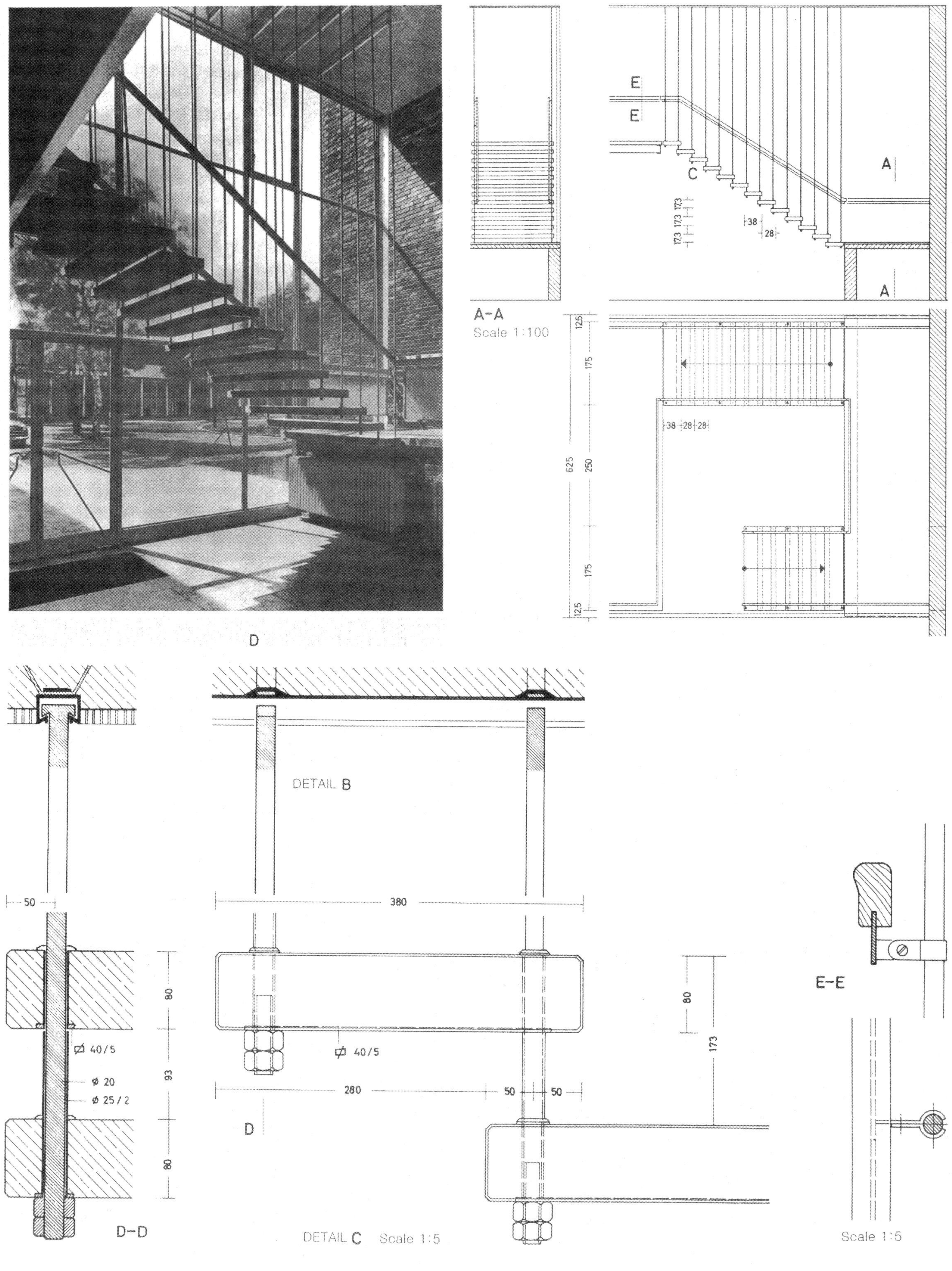
E
E
A
C
A
173
173
173
38
28
A–A
Scale 1:100
12,5
175
625
250
175
12,5
38
28
28
D
DETAIL B
50
380
80
93
80
40/5
ø 20
ø 25/2
40/5
280
50
50
80
173
D
D–D
DETAIL C Scale 1:5
E–E
Scale 1:5

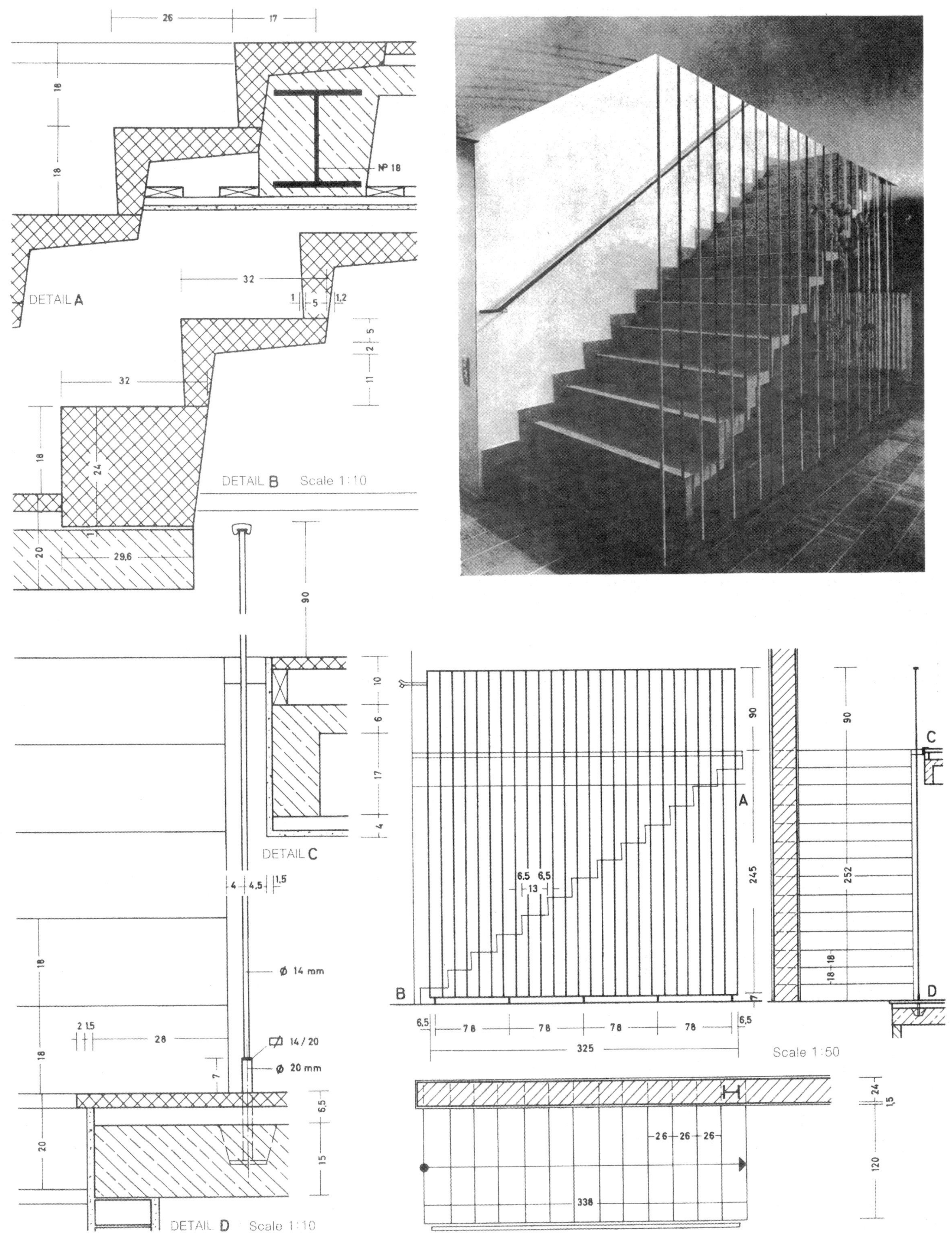
DETAIL A
DETAIL B Scale 1:10
DETAIL C
DETAIL D Scale 1:10
Scale 1:50
Ø 14 mm
Ø 20 mm
14/20
325
338

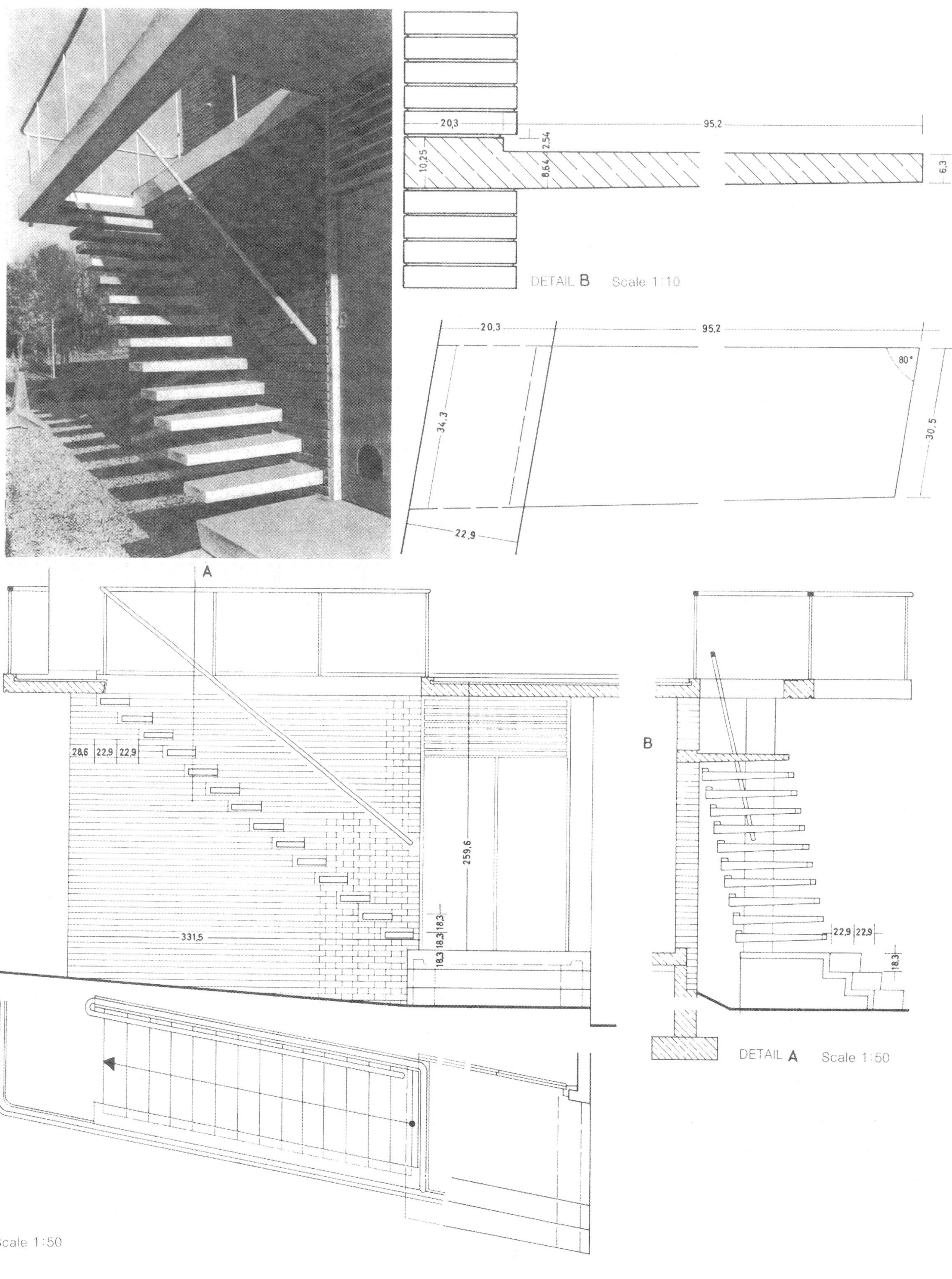
20,3
95,2
2,54
10,25
8,64
6,3
DETAIL B Scale 1:10
20,3
95,2
80°
34,3
30,5
22,9
A
28,6
22,9
22,9
259,6
18,3
18,3
18,3
331,5
B
22,9
22,9
18,3
DETAIL A Scale 1:50
Scale 1:50

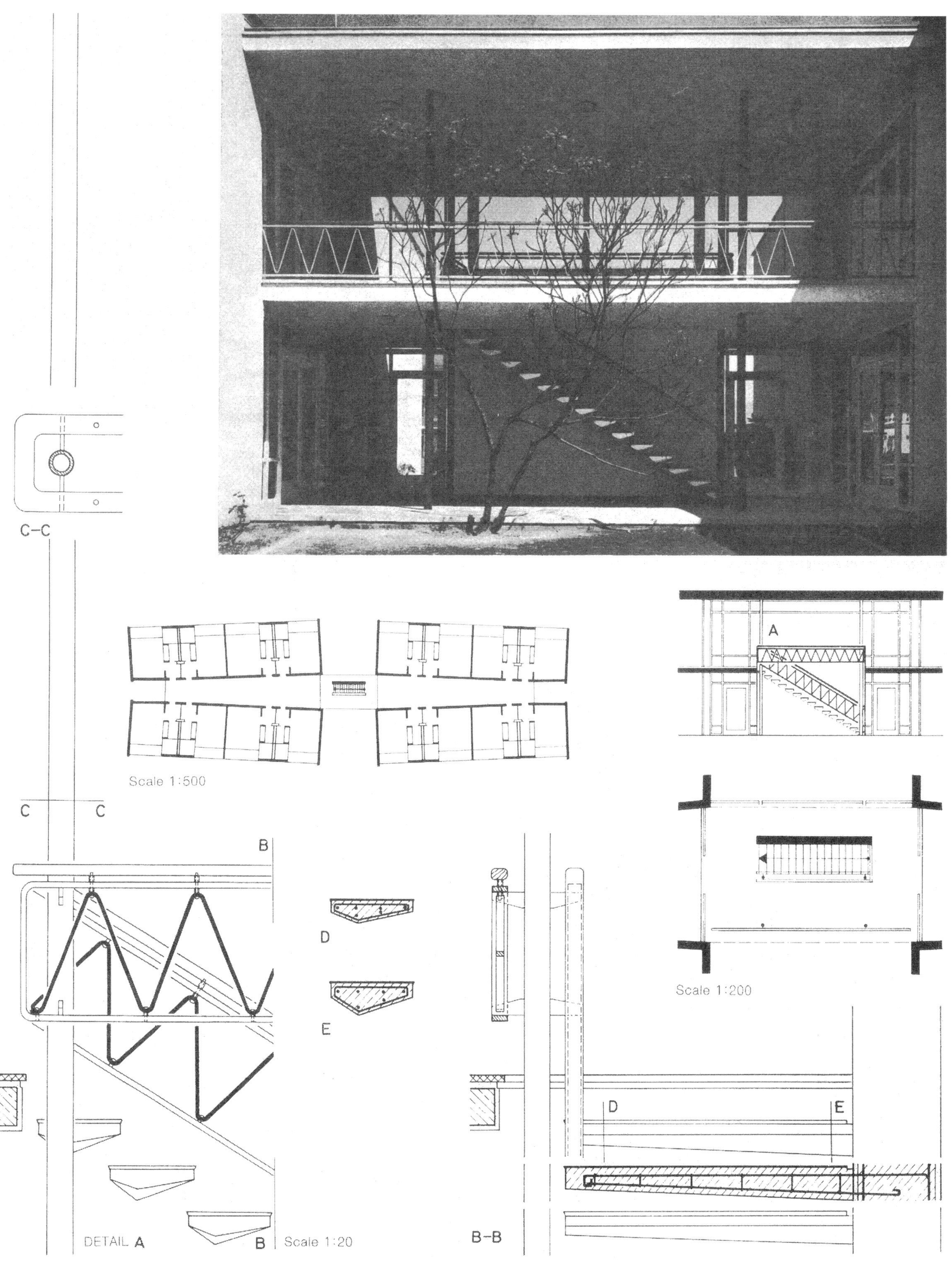
C–C
Scale 1:500
A
Scale 1:200
C
C
B
D
E
DETAIL A
B
Scale 1:20
B–B
D
E

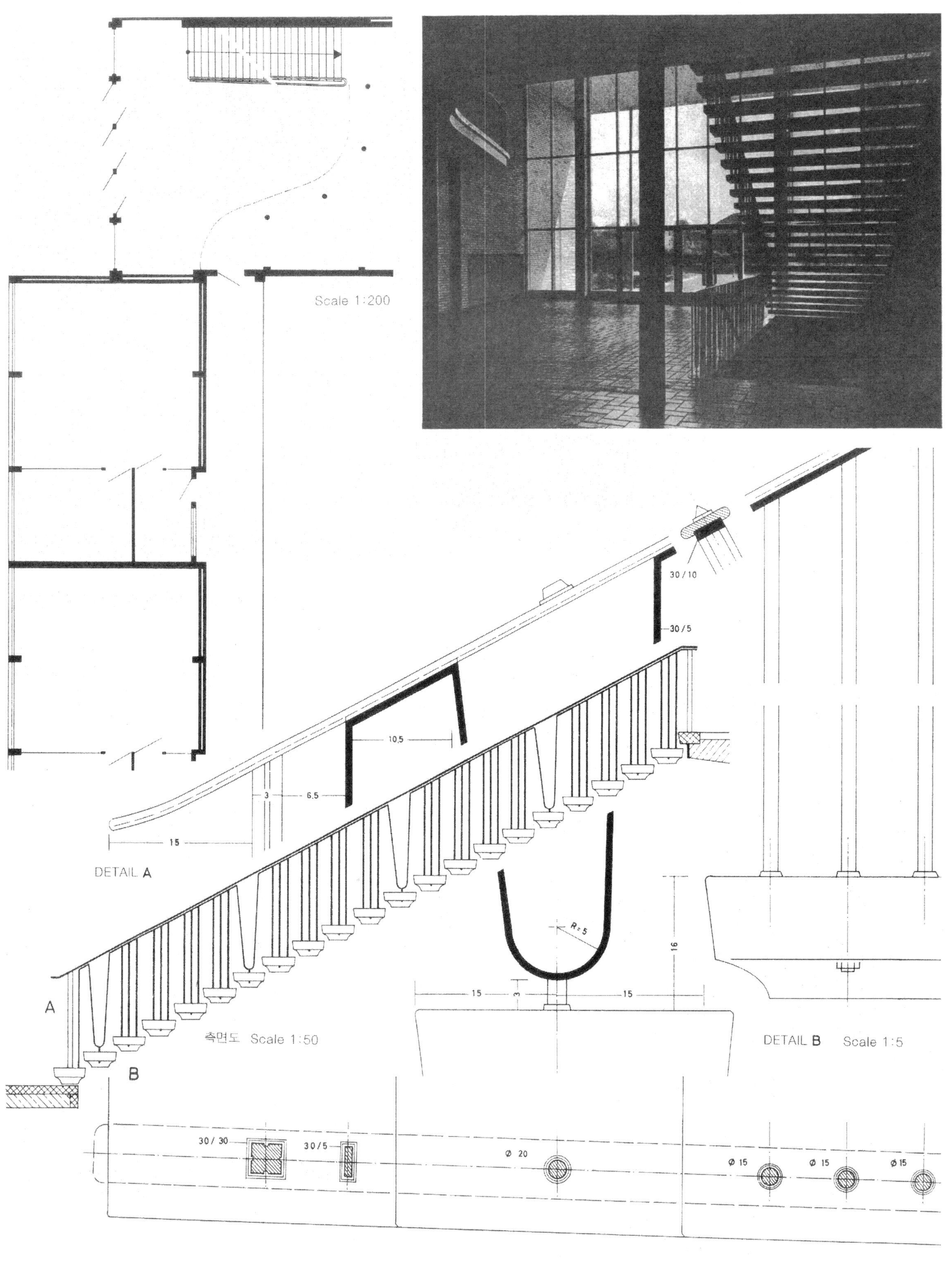
Scale 1:200
30/10
30/5
10,5
3
6,5
15
DETAIL A
A
B
측면도 Scale 1:50
R=5
16
15
3
15
DETAIL B Scale 1:5
30/30
30/5
Ø 20
Ø 15
Ø 15
Ø 15

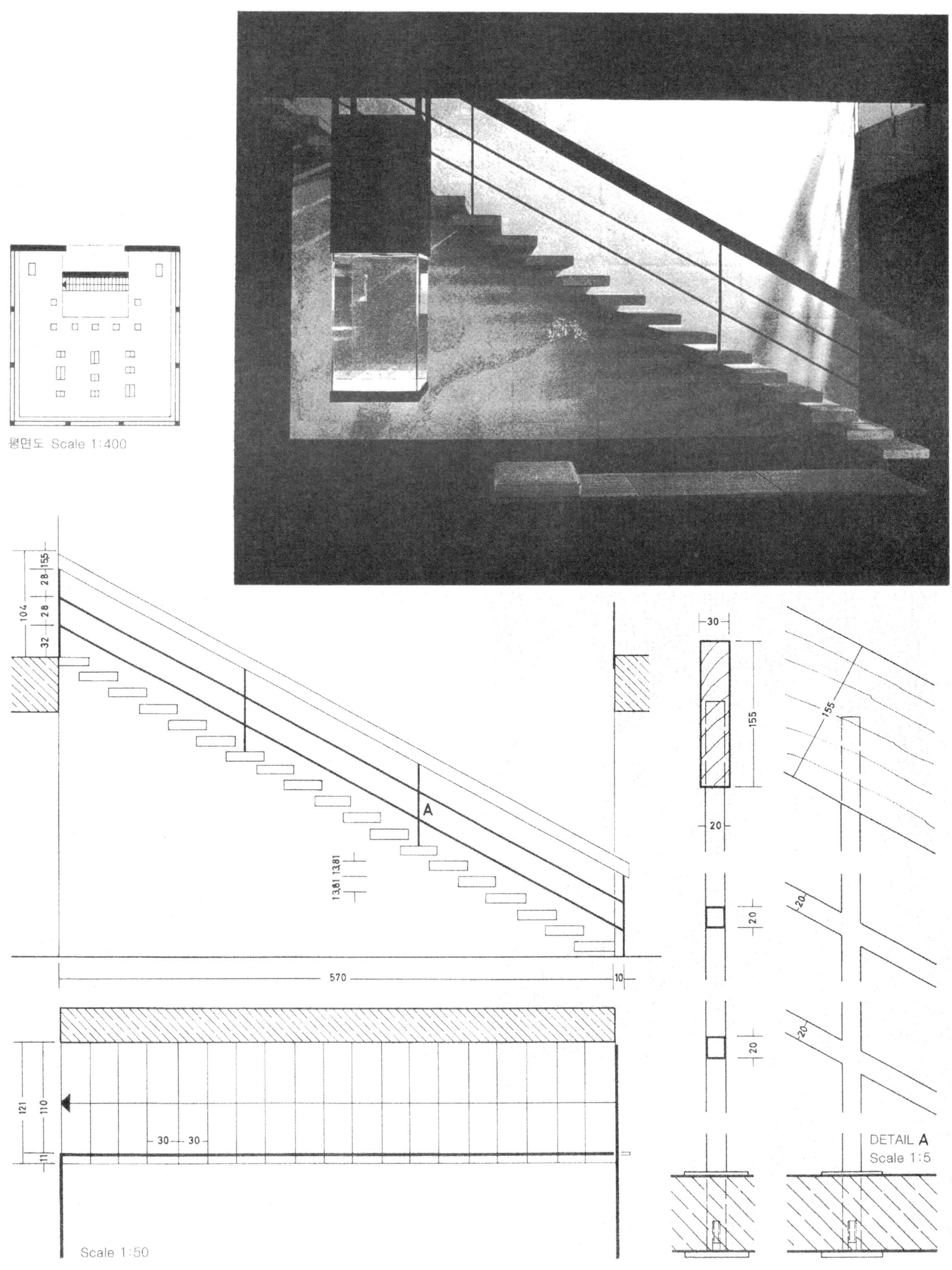

평면도 Scale 1:400

Scale 1:50

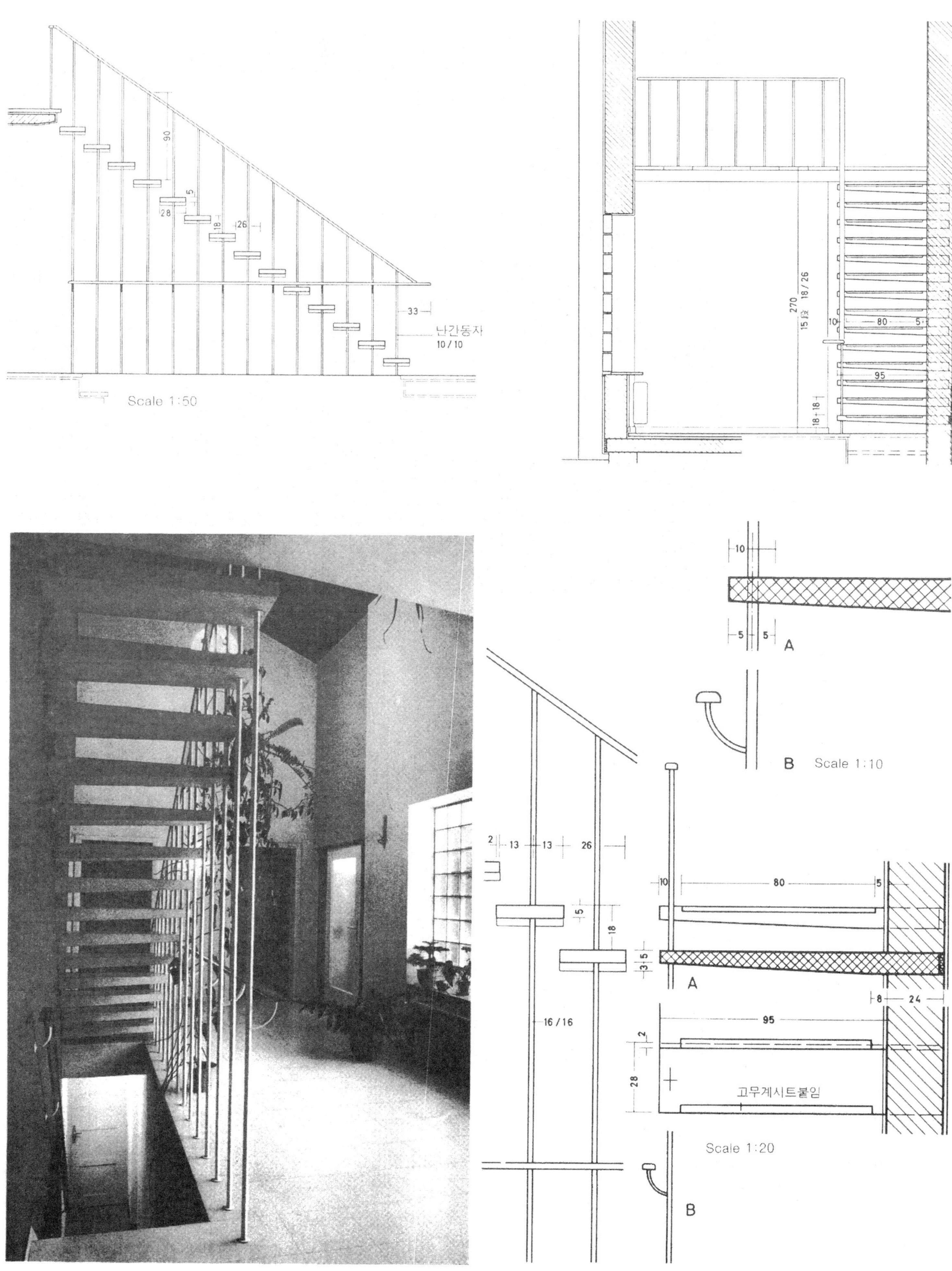
90
5
28
18
26
33
난간동자
10/10
Scale 1:50
270
15 단
18/26
10
80
5
95
18
18
10
5
5
A
B
Scale 1:10
2
13
13
26
10
80
5
5
18
3
5
A
8
24
16/16
95
2
28
고무계시트붙임
Scale 1:20
B

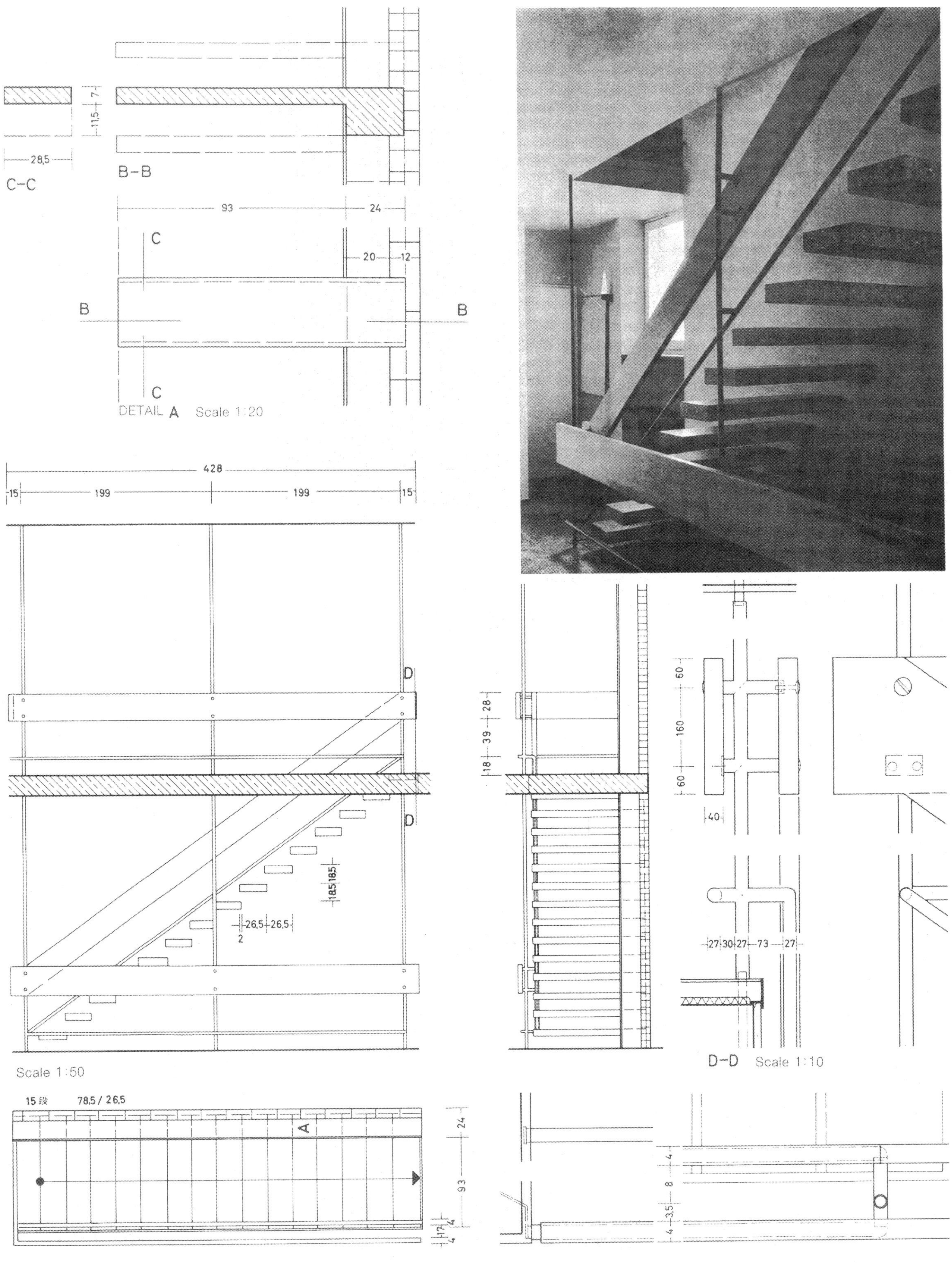
C–C
B–B
28,5
11,5
7
93
24
20
12
C
B
B
C
DETAIL A Scale 1:20
428
15
199
199
15
D
D
18,5
18,5
26,5
26,5
2
Scale 1:50
15 段 78,5 / 26,5
A
24
93
28
39
18
60
160
60
40
27 30 27 73 27
D–D Scale 1:10
4
8
3,5
4

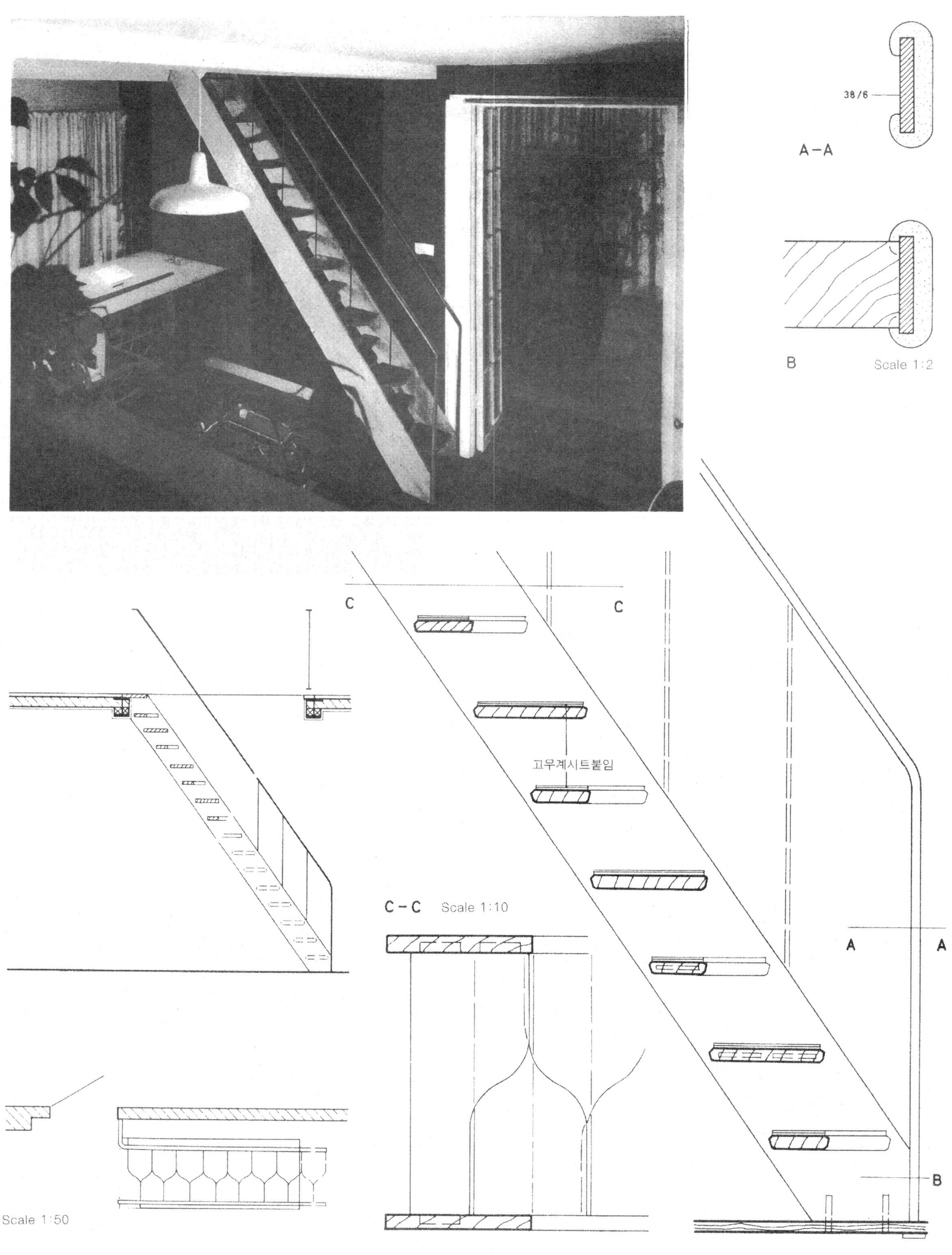
38/6
A–A
B
Scale 1:2
C
C
고무계시트붙임
C–C Scale 1:10
A
A
B
Scale 1:50

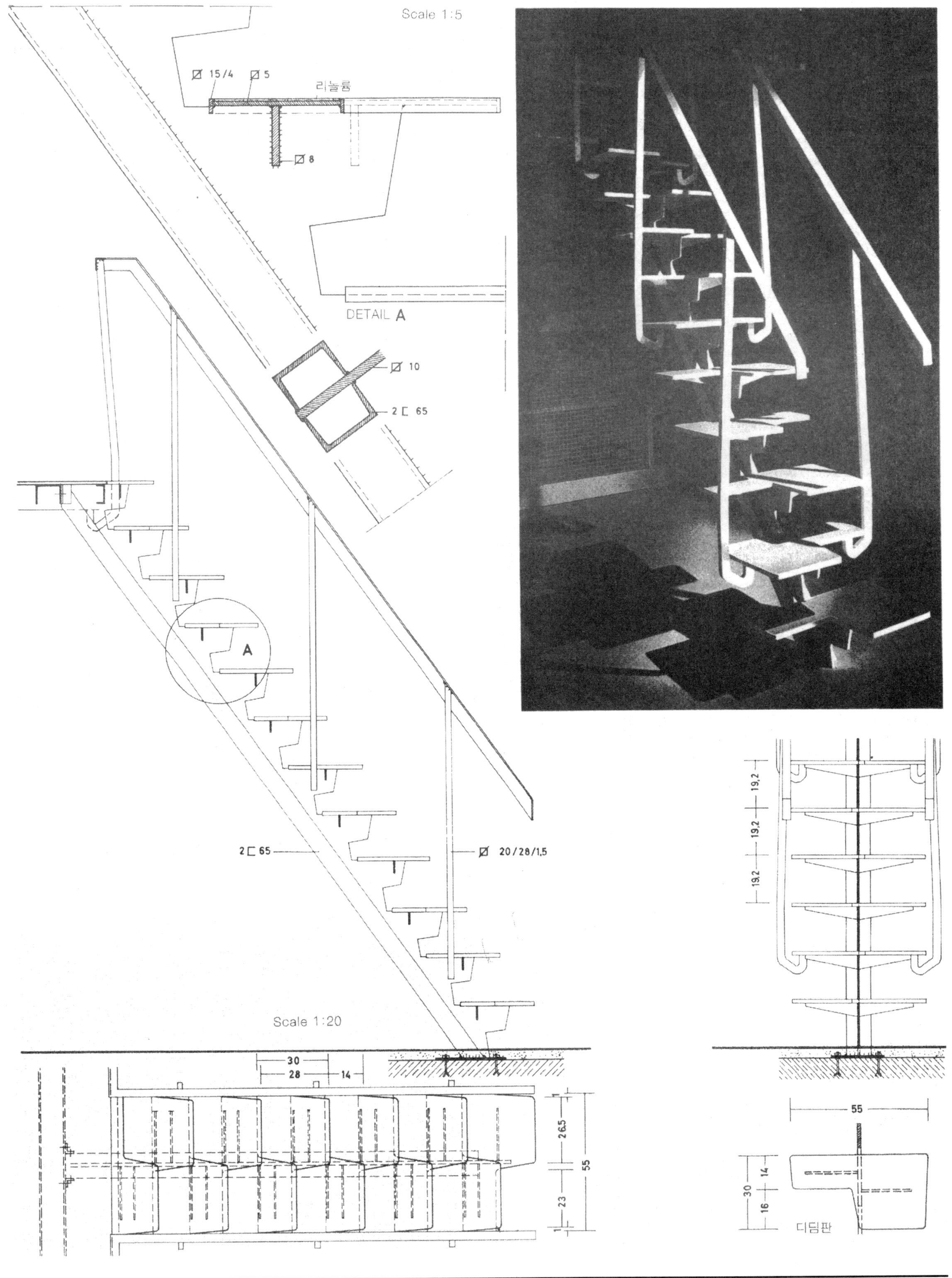
Scale 1:5
15/4
5
리놀륨
8
DETAIL A
10
2 [65
A
2 [65
20/28/1,5
Scale 1:20
30
28
14
26,5
55
23
19,2
19,2
19,2
55
30
14
16
디딤판

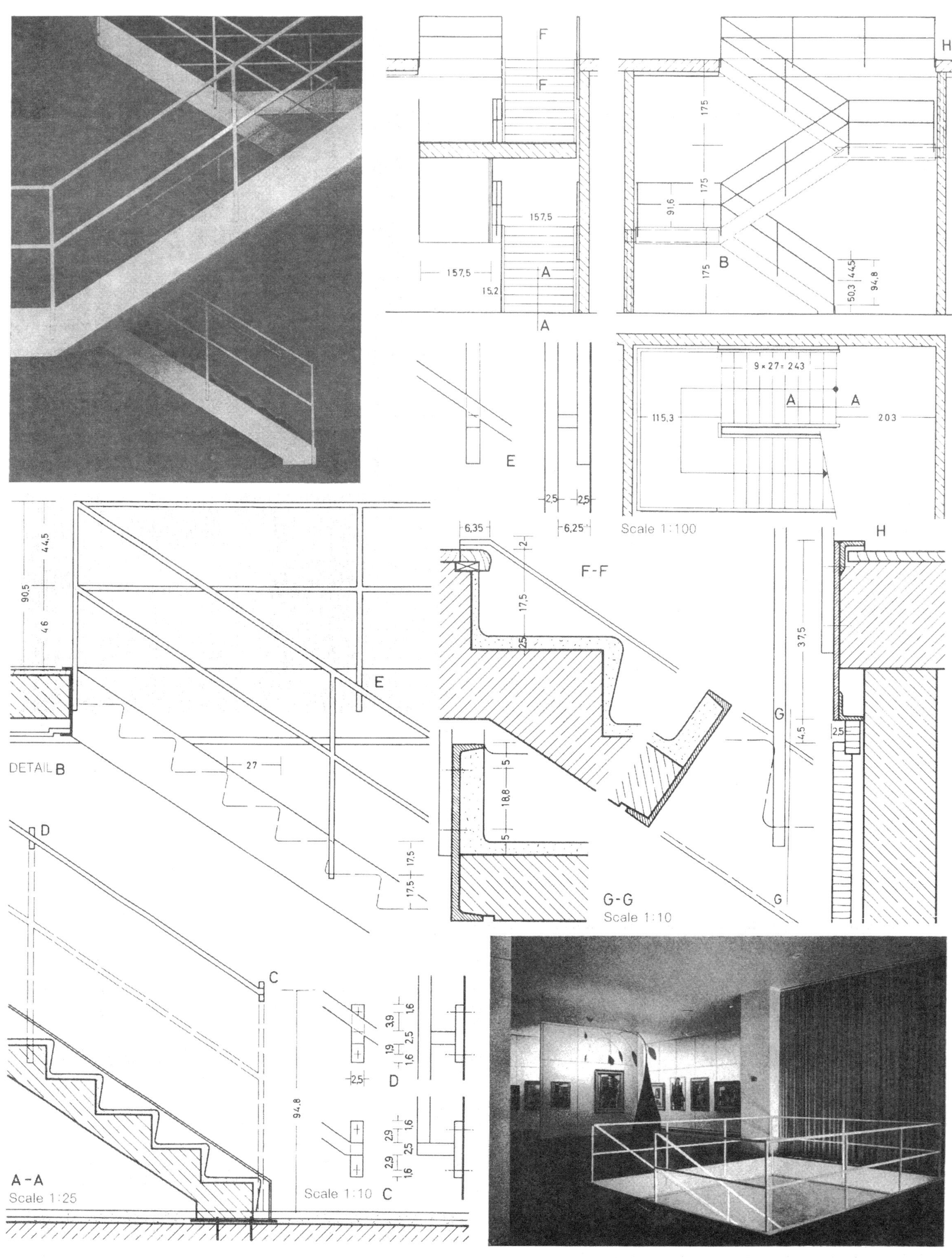

F
F
157,5
157,5
15,2
A
A
H
175
175
91,6
175
B
44,5
50,3
94,8
9 × 27 = 243
A
A
115,3
203
E
2,5
2,5
6,25
Scale 1:100
6,35
H
F-F
17,5
2,5
37,5
G
4,5
2,5
18,8
5
5
G-G
Scale 1:10
G
90,5
44,5
46
E
DETAIL B
27
17,5
17,5
D
C
94,8
3,9
1,6
2,5
1,9
1,6
2,5
D
2,9
1,6
2,5
2,9
1,6
C
A-A
Scale 1:25
Scale 1:10

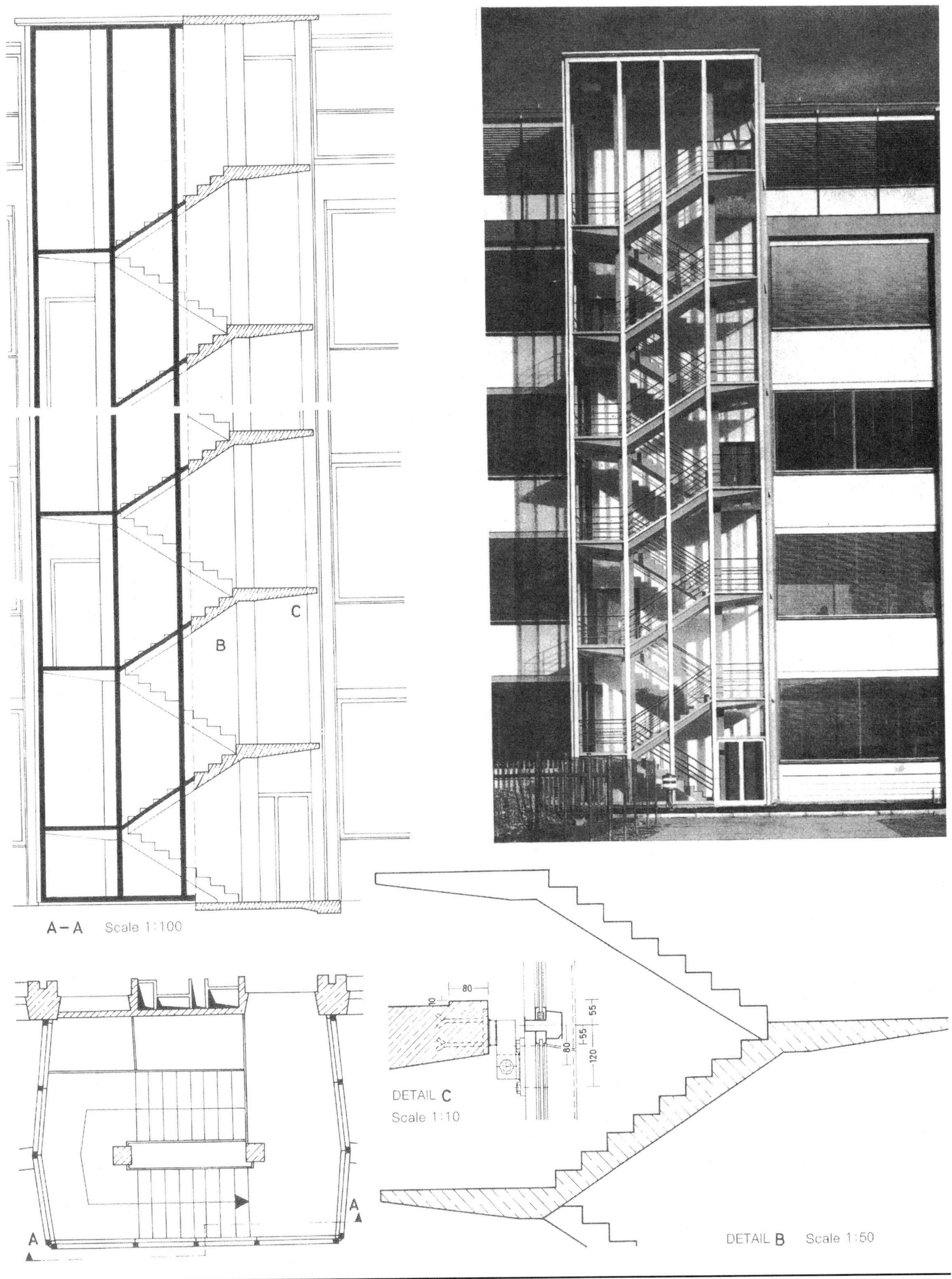
C
B
A–A Scale 1:100
80
10
55
55
80
120
DETAIL C
Scale 1:10
A
A
DETAIL B Scale 1:50

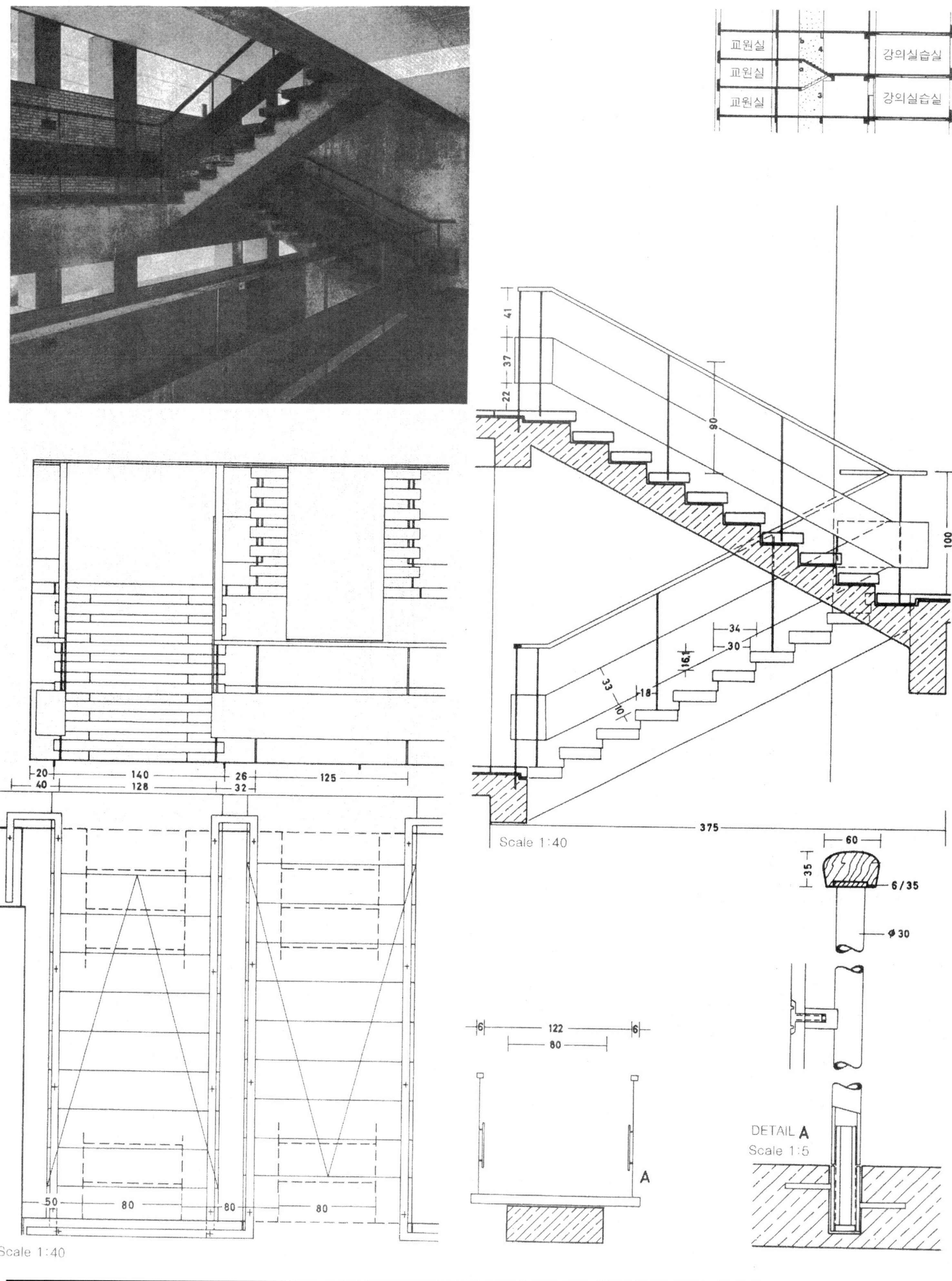
교원실
교원실
교원실
강의실습실
강의실습실
Scale 1:40
375
60
35
6/35
ø30
122
80
A
DETAIL A
Scale 1:5
50
80
80
80
Scale 1:40

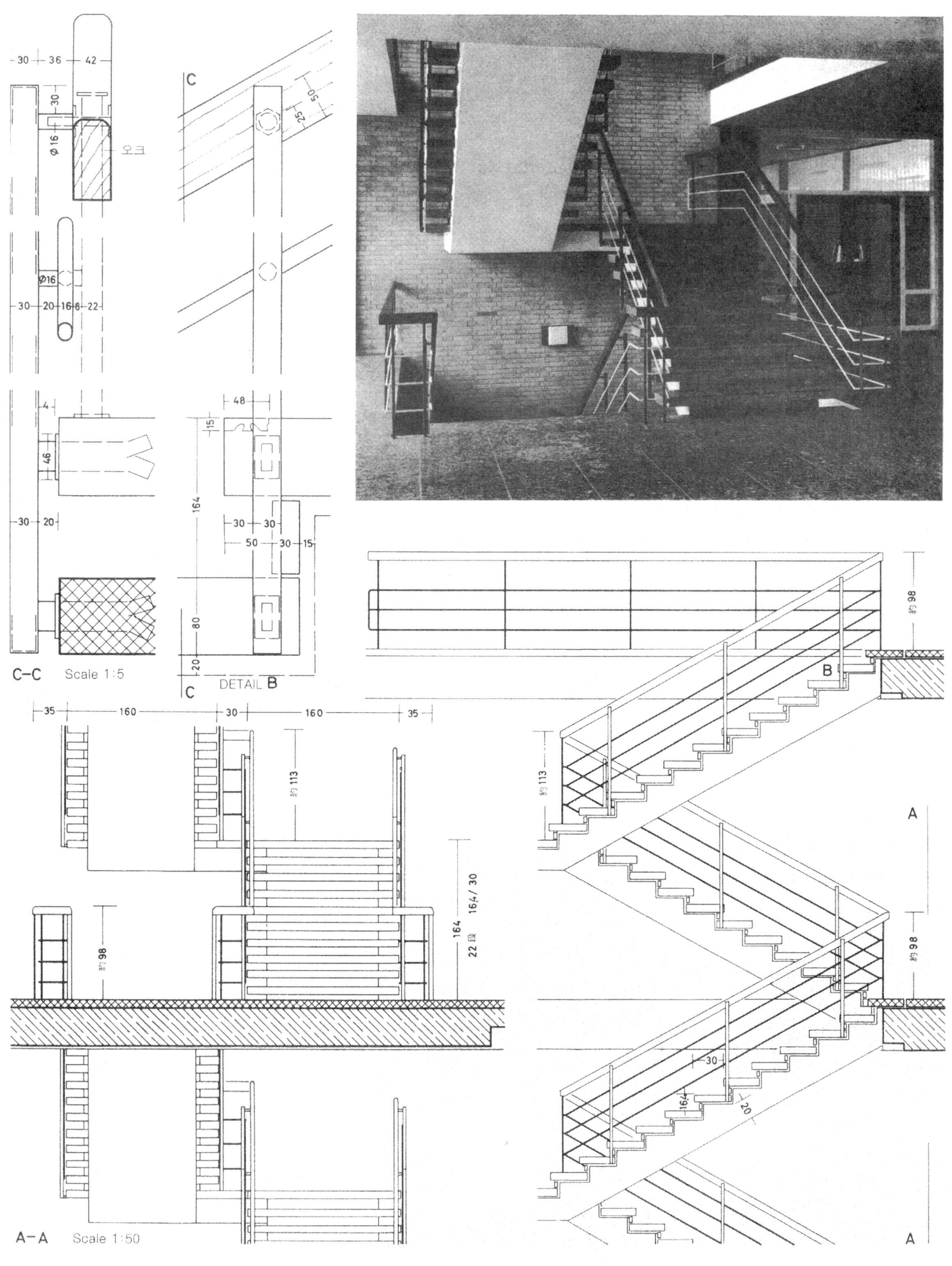

C-C Scale 1:5
DETAIL B
A-A Scale 1:50

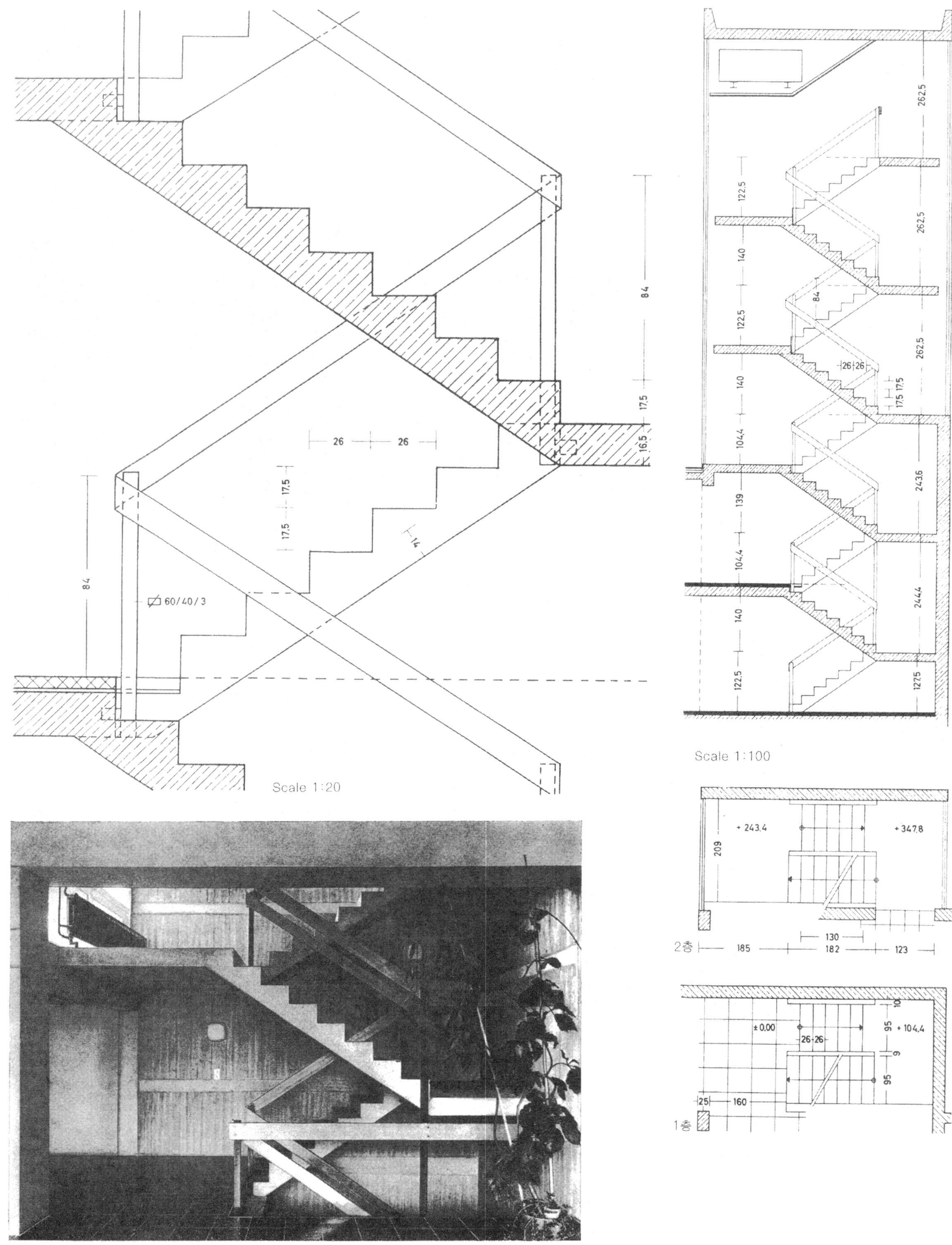
Scale 1:20
26 26
17,5 17,5
84
60/40/3
16,5
Scale 1:100
262,5
122,5
140
104,4
139
243,6
244,4
127,5
+243,4
+347,8
209
130
2층 185 182 123
±0,00
+104,4
26 26
25 160
1층

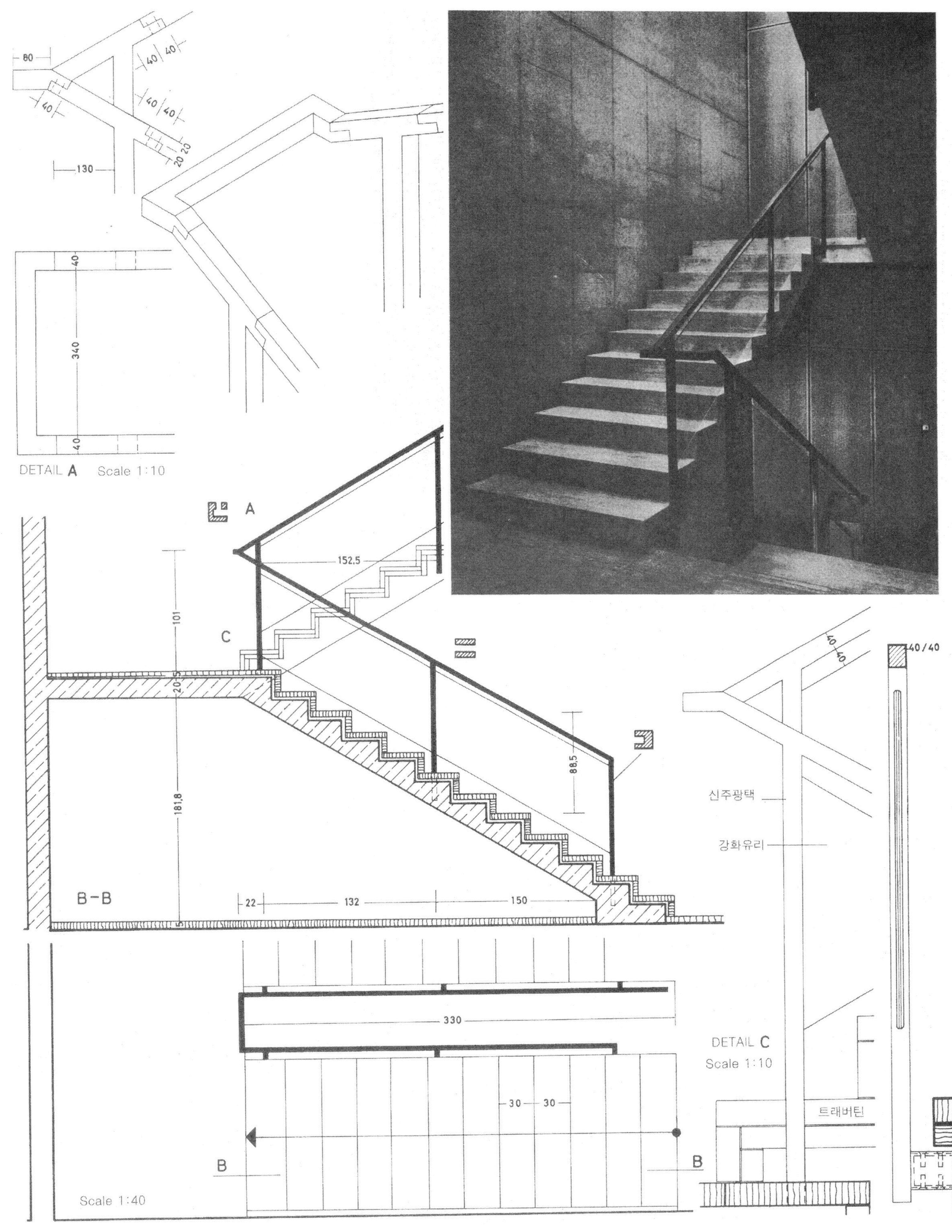

80
40
40
40
40
40
20
20
130
40
340
40
DETAIL A Scale 1:10
A
152.5
101
C
20.5
181.8
88.5
B-B
22
132
150
5
330
30
30
B
B
Scale 1:40
40
40
40/40
신주광택
강화유리
DETAIL C
Scale 1:10
트래버틴

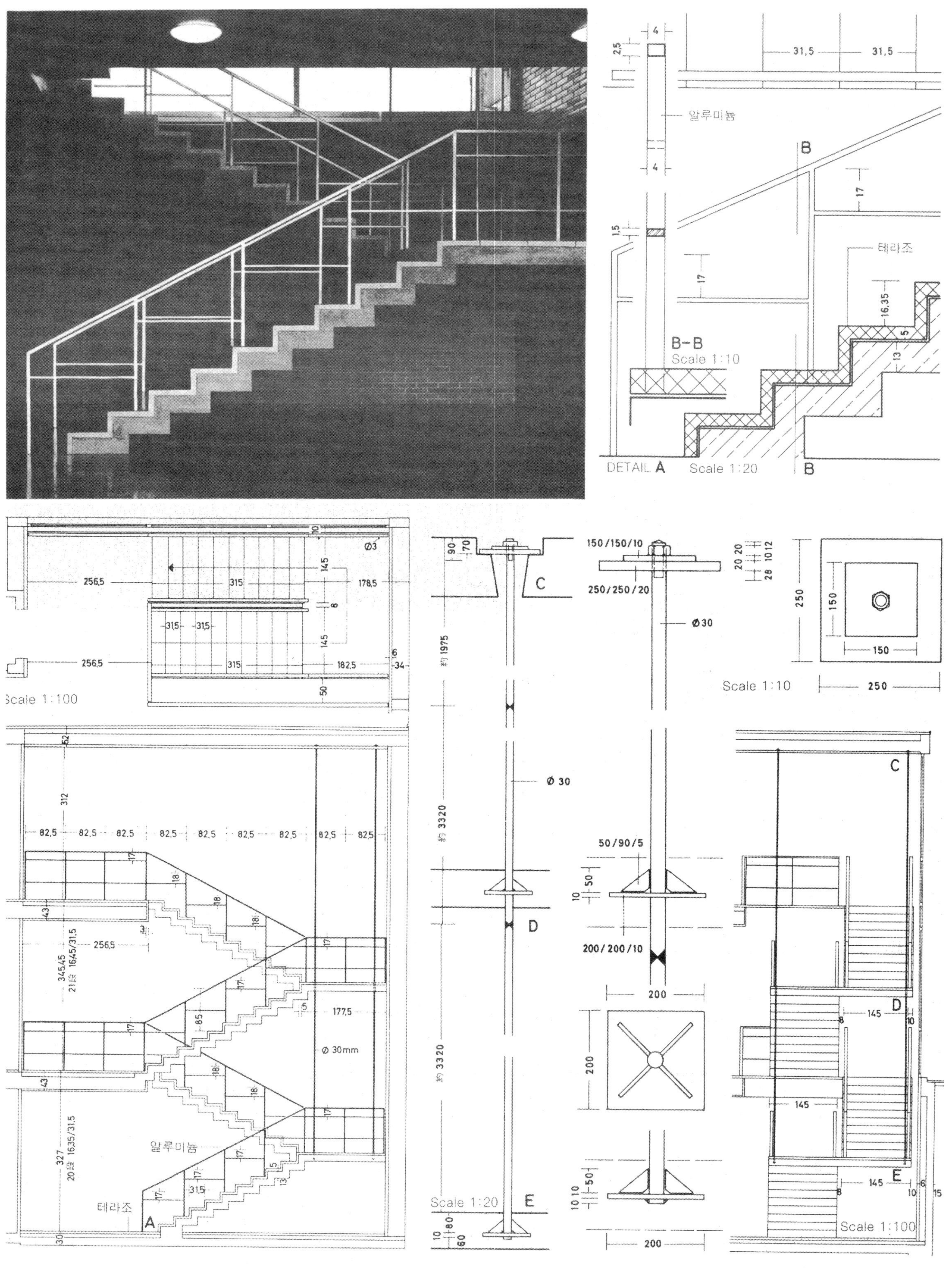
31,5
31,5
알루미늄
B
17
테라조
16,35
5
13
B-B
Scale 1:10
DETAIL A
Scale 1:20
B
Ø3
256,5
315
178,5
145
8
31,5
31,5
145
256,5
315
182,5
34
50
Scale 1:100
C
約 1975
Ø 30
約 3320
D
約 3320
Scale 1:20
E
150/150/10
250/250/20
Ø30
50/90/5
200/200/10
200
200
200
250
150
150
Scale 1:10
250
82,5
345,45
21段 1645/31,5
256,5
177,5
Ø 30mm
327
20段 16,35/31,5
알루미늄
테라조
A
31,5
C
145
D
145
145
E
Scale 1:100

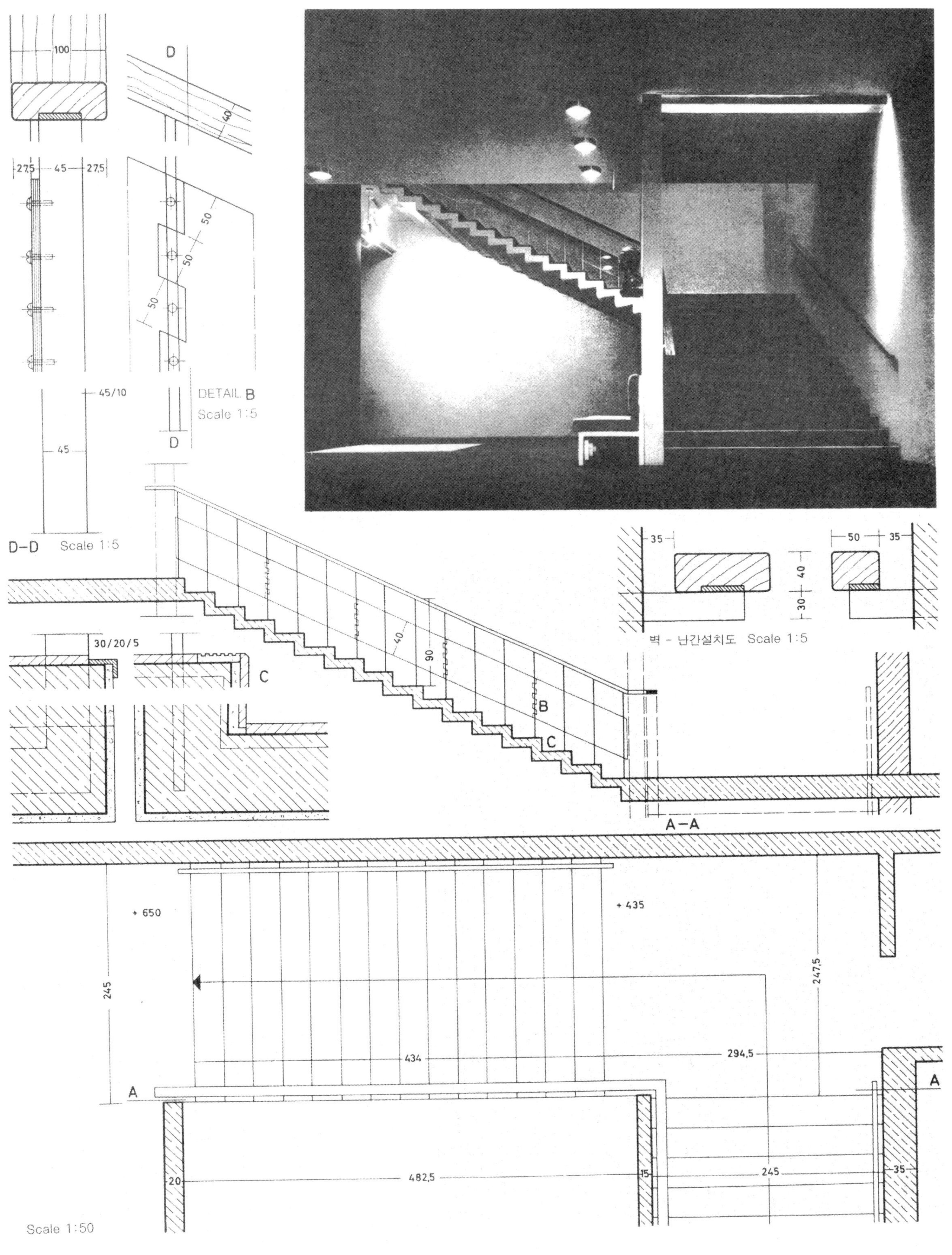
100
D
40
27,5
45
27,5
50
50
50
45/10
DETAIL B
Scale 1:5
D
45
D-D Scale 1:5
35
50
35
40
30
벽 - 난간설치도 Scale 1:5
30/20/5
C
40
90
B
C
A-A
+ 650
+ 435
245
247,5
434
294,5
A
A
20
482,5
15
245
35
Scale 1:50

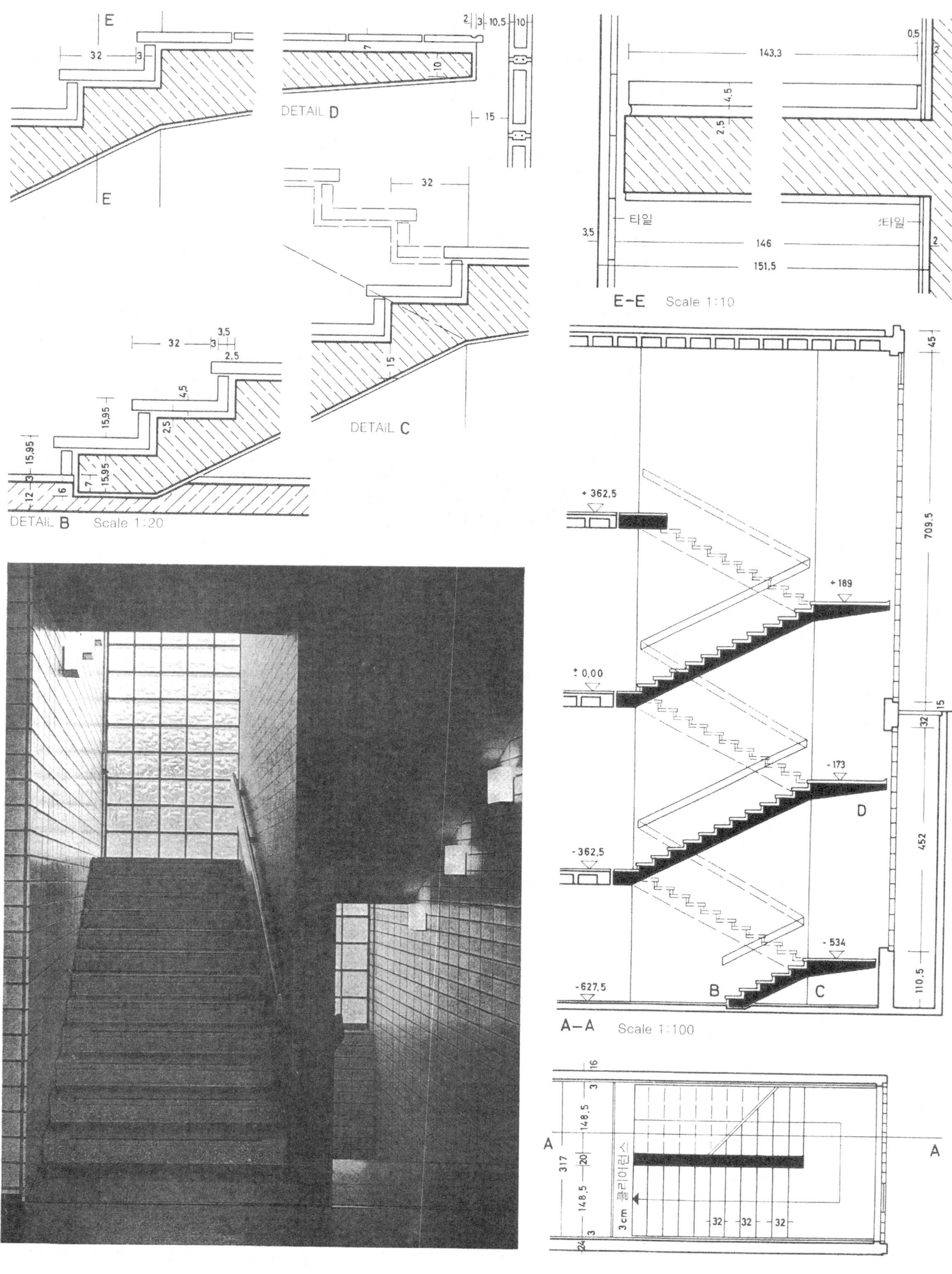
DETAIL D
DETAIL C
DETAIL B Scale 1:20
E-E Scale 1:10
타일
A-A Scale 1:100
클리어런스
3cm

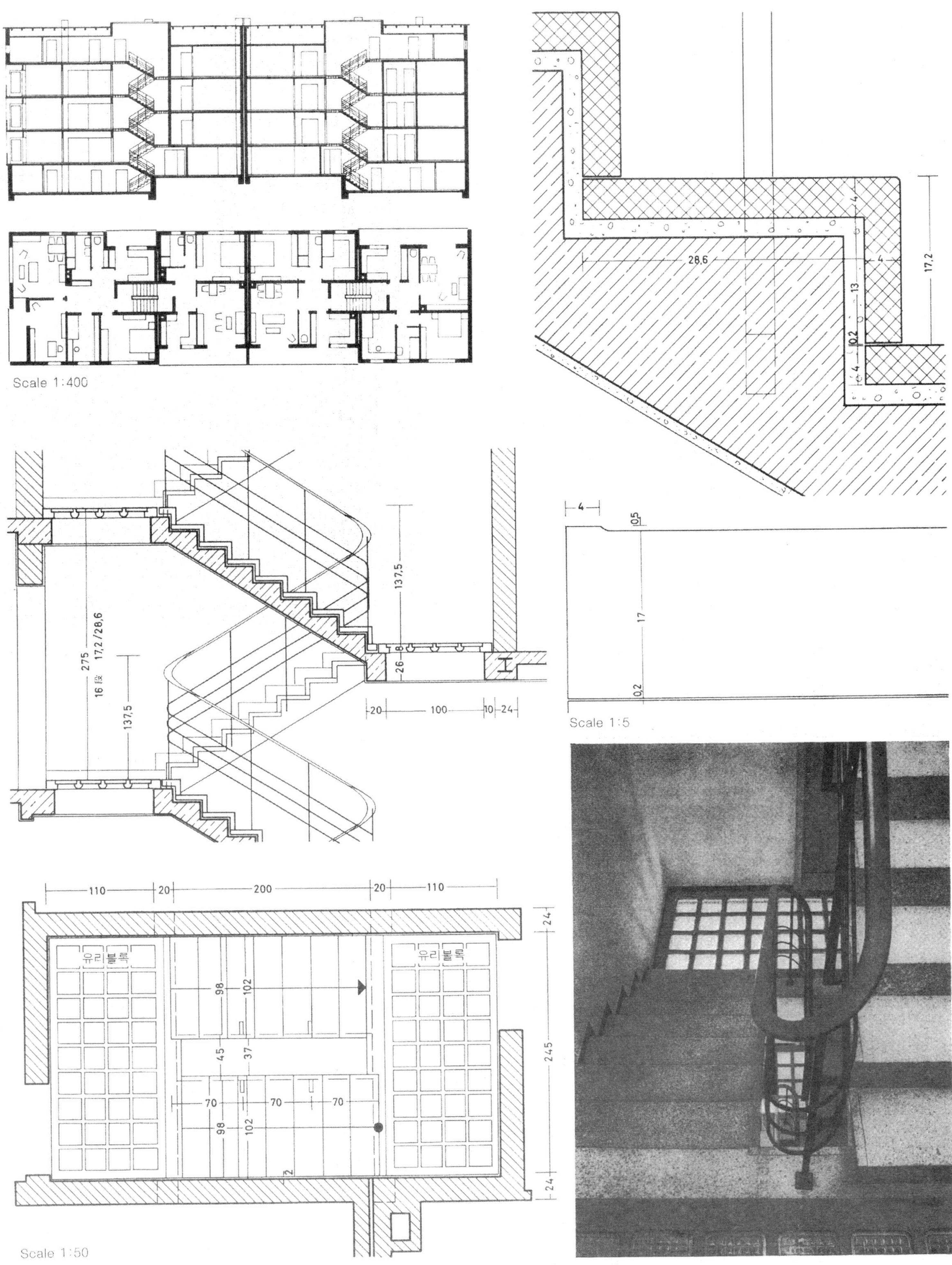
Scale 1:400
28,6
17,2
13
0,2
275
16段 17,2/28,6
137,5
26
8
20
100
10
24
4
0,5
17
Scale 1:5
110
200
유리블록
98
102
45
37
70
245
Scale 1:50

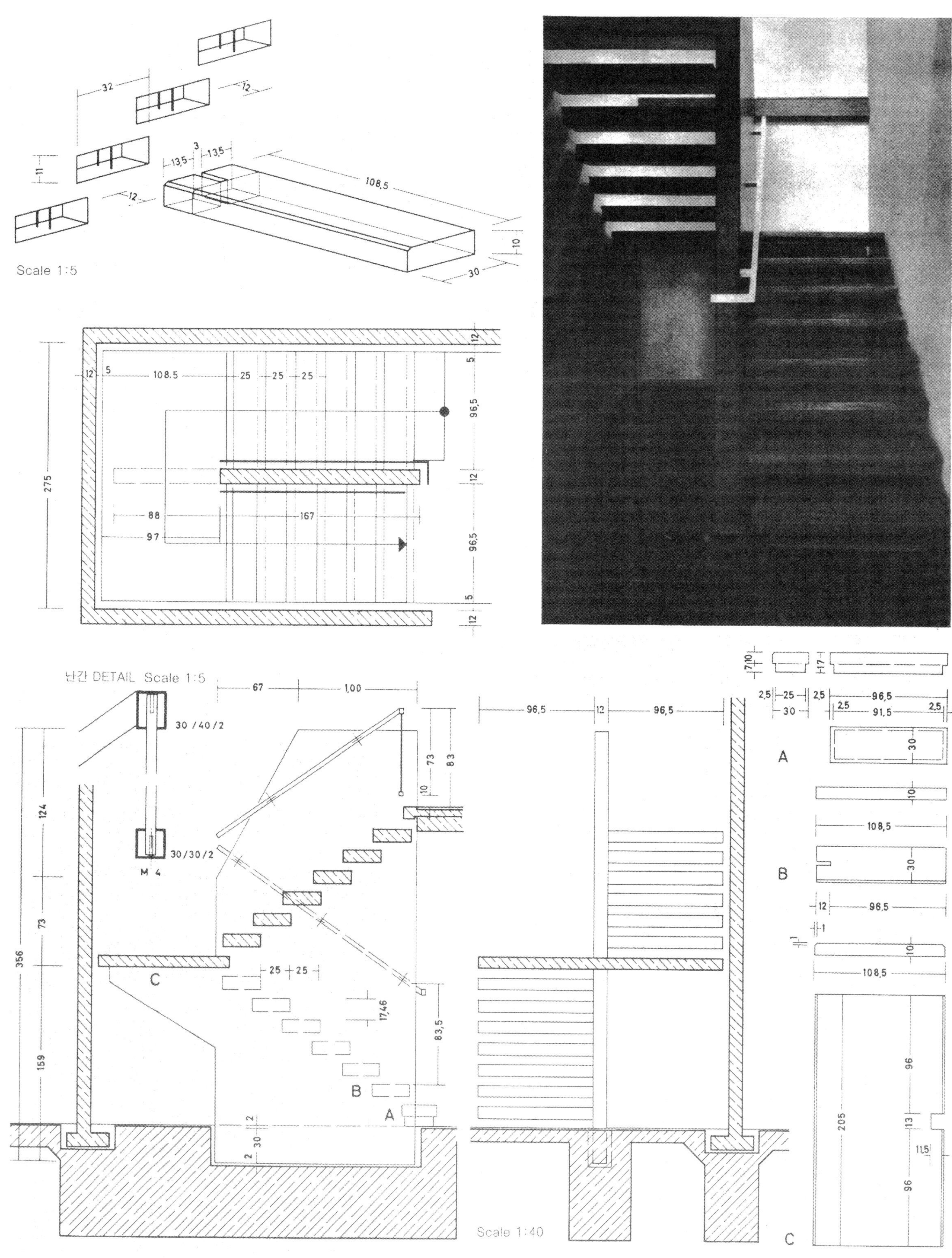
Scale 1:5
난간 DETAIL Scale 1:5
30 /40 /2
30/30/2
M 4
Scale 1:40
A
B
C

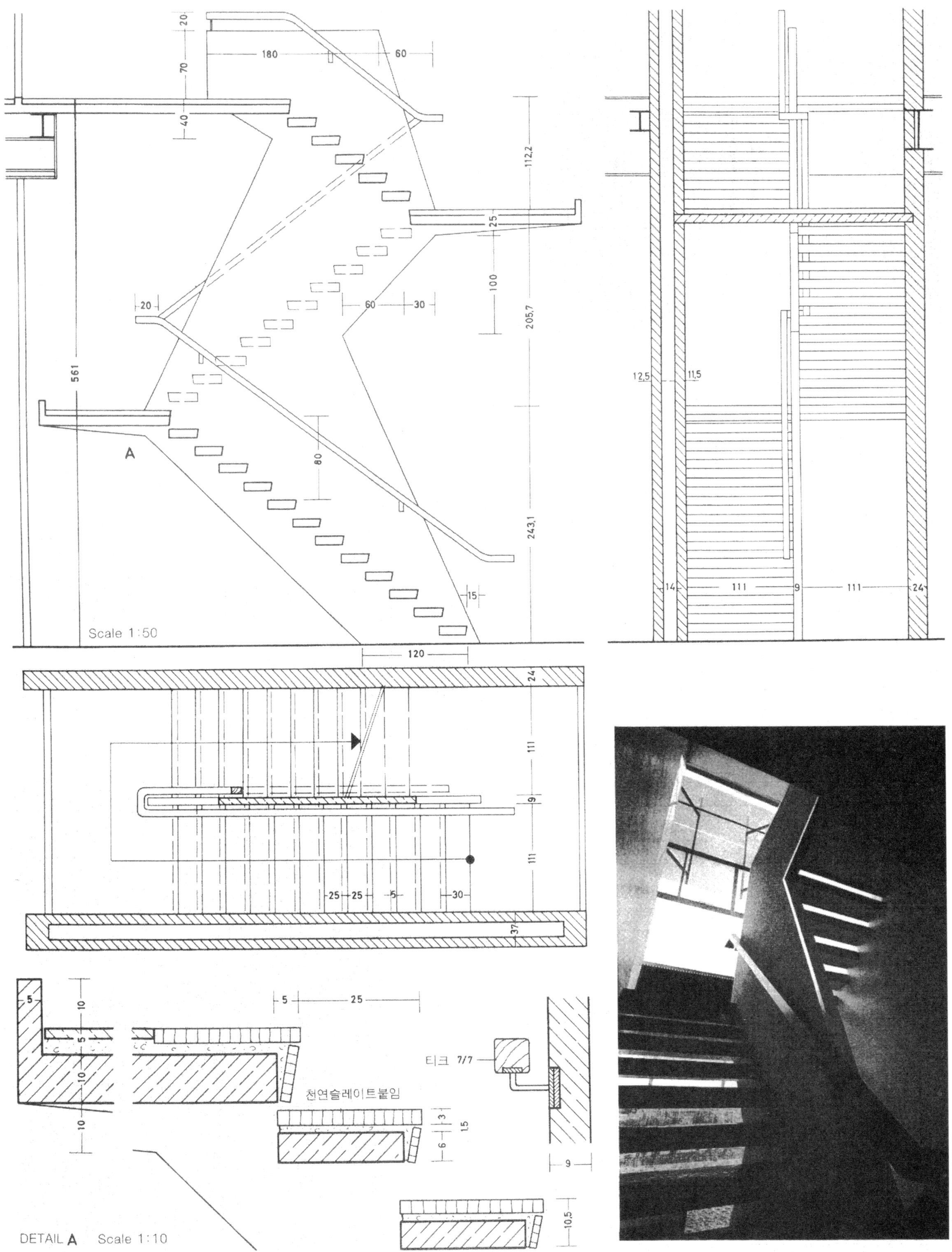
Scale 1:50
A
561
112,2
205,7
243,1
180
60
20
70
40
25
100
60
30
80
15
120
12,5
11,5
14
111
9
111
24
111
9
111
25
25
5
30
37
티크 7/7
천연슬레이트붙임
DETAIL A Scale 1:10
5
10
5
10
10
25
3
1,5
6
9
10,5

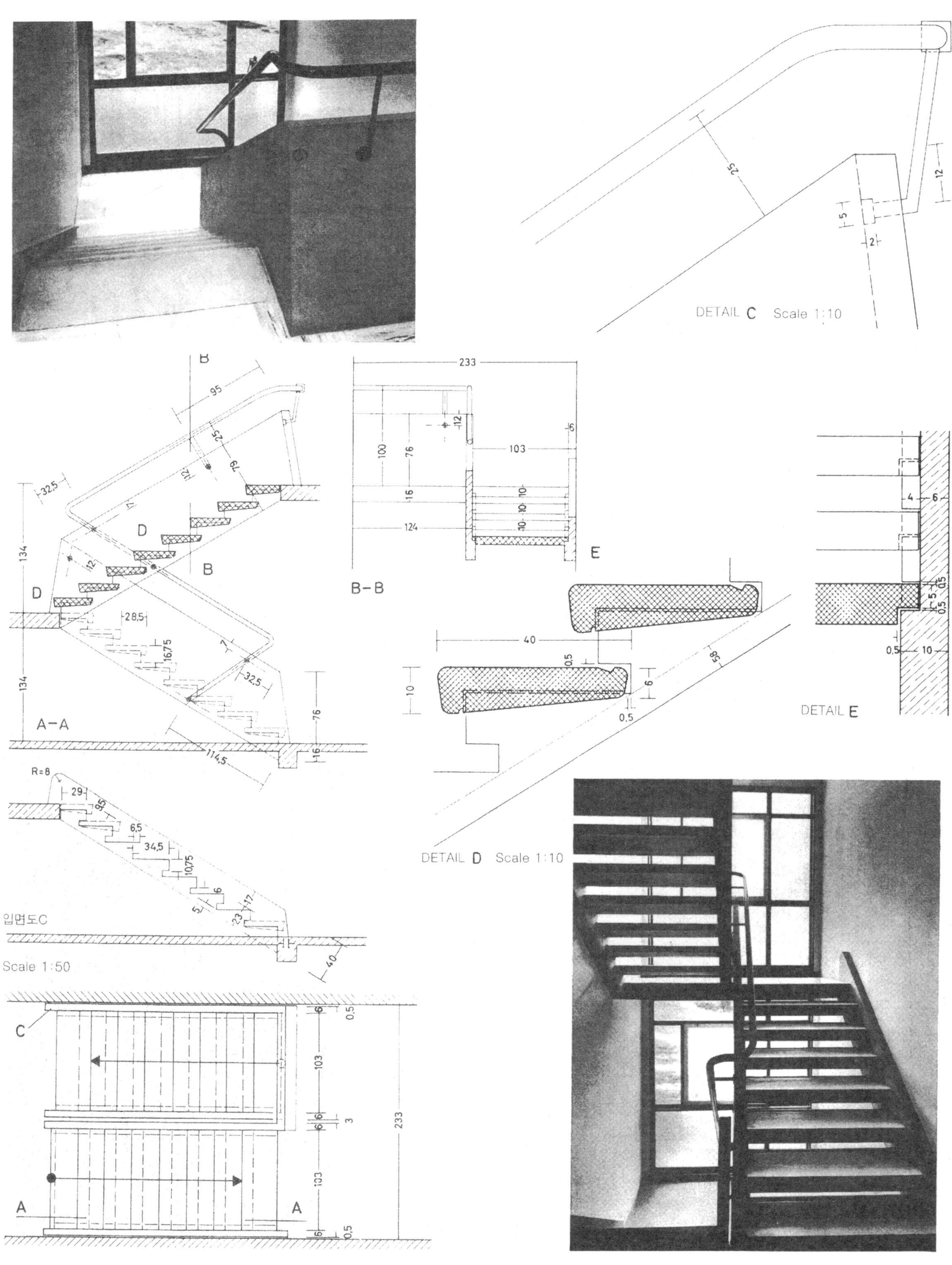
DETAIL C Scale 1:10
A-A
B-B
DETAIL D Scale 1:10
DETAIL E
입면도C
Scale 1:50

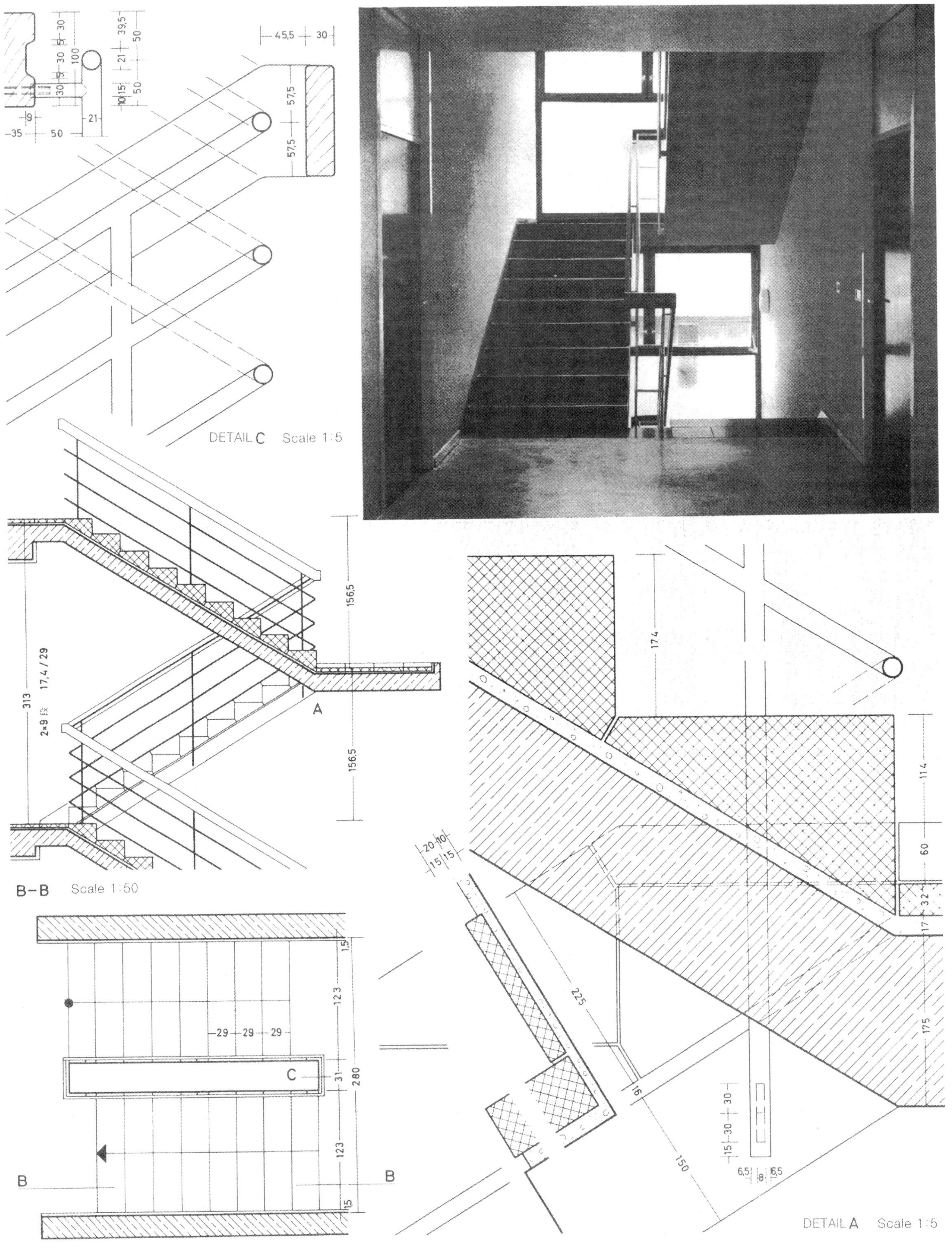
DETAIL C Scale 1:5
B-B Scale 1:50
DETAIL A Scale 1:5
2×9 段 17,4 / 29
313
156,5
29 — 29 — 29
123
31
280
C
A
B
B
225
150
175
174
114
60
32
17
45,5 — 30
57,5
57,5

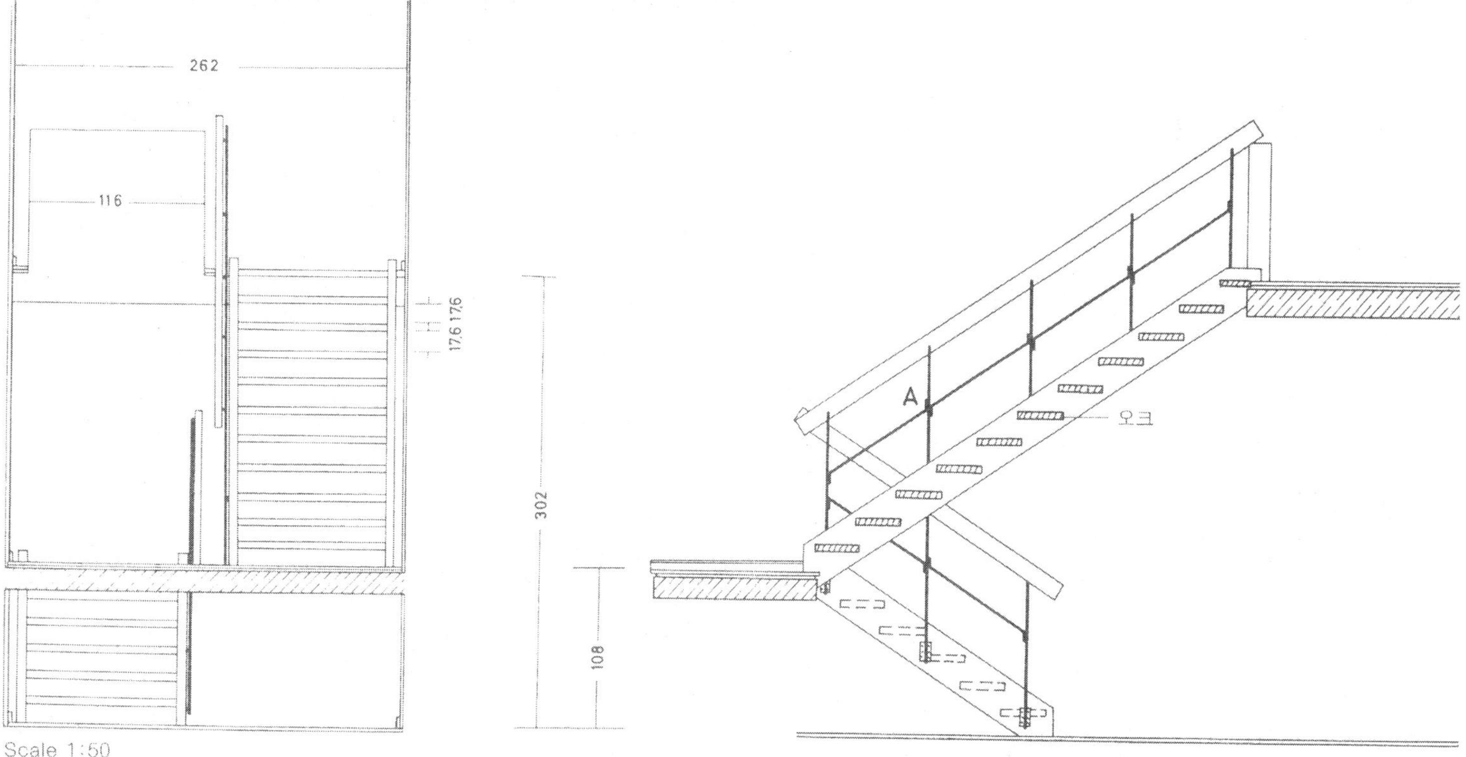
262
116
17,6 17,6
302
108
A
오크
Scale 1:50

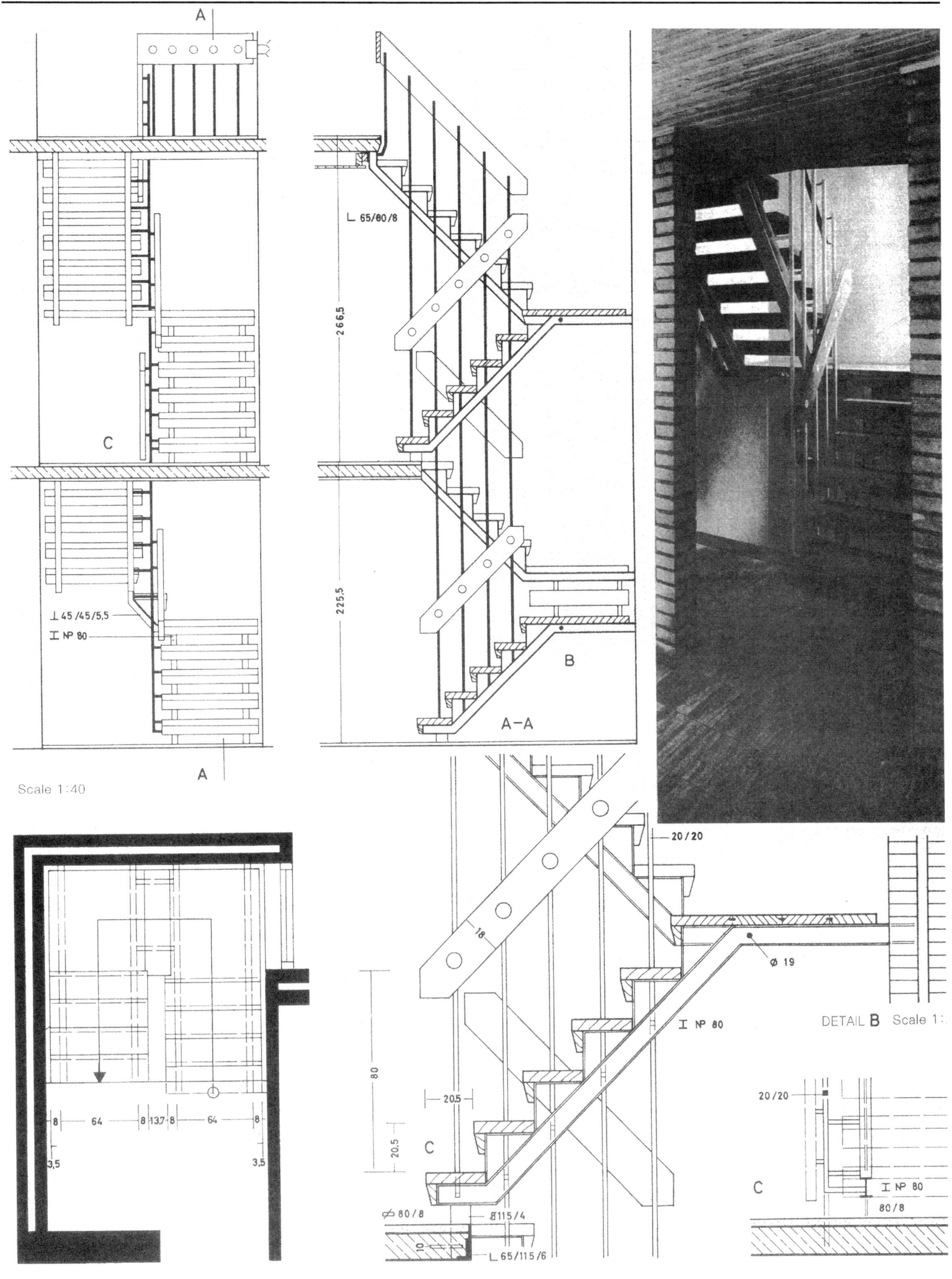
A
C
⊥ 45/45/5,5
I NP 80
A
Scale 1:40
L 65/80/8
266,5
225,5
B
A–A
20/20
18
Ø 19
I NP 80
DETAIL B Scale 1:
80
20,5
20,5
C
Ø 80/8
115/4
10
L 65/115/6
8
64
8
13,7
8
64
8
3,5
3,5
20/20
C
I NP 80
80/8

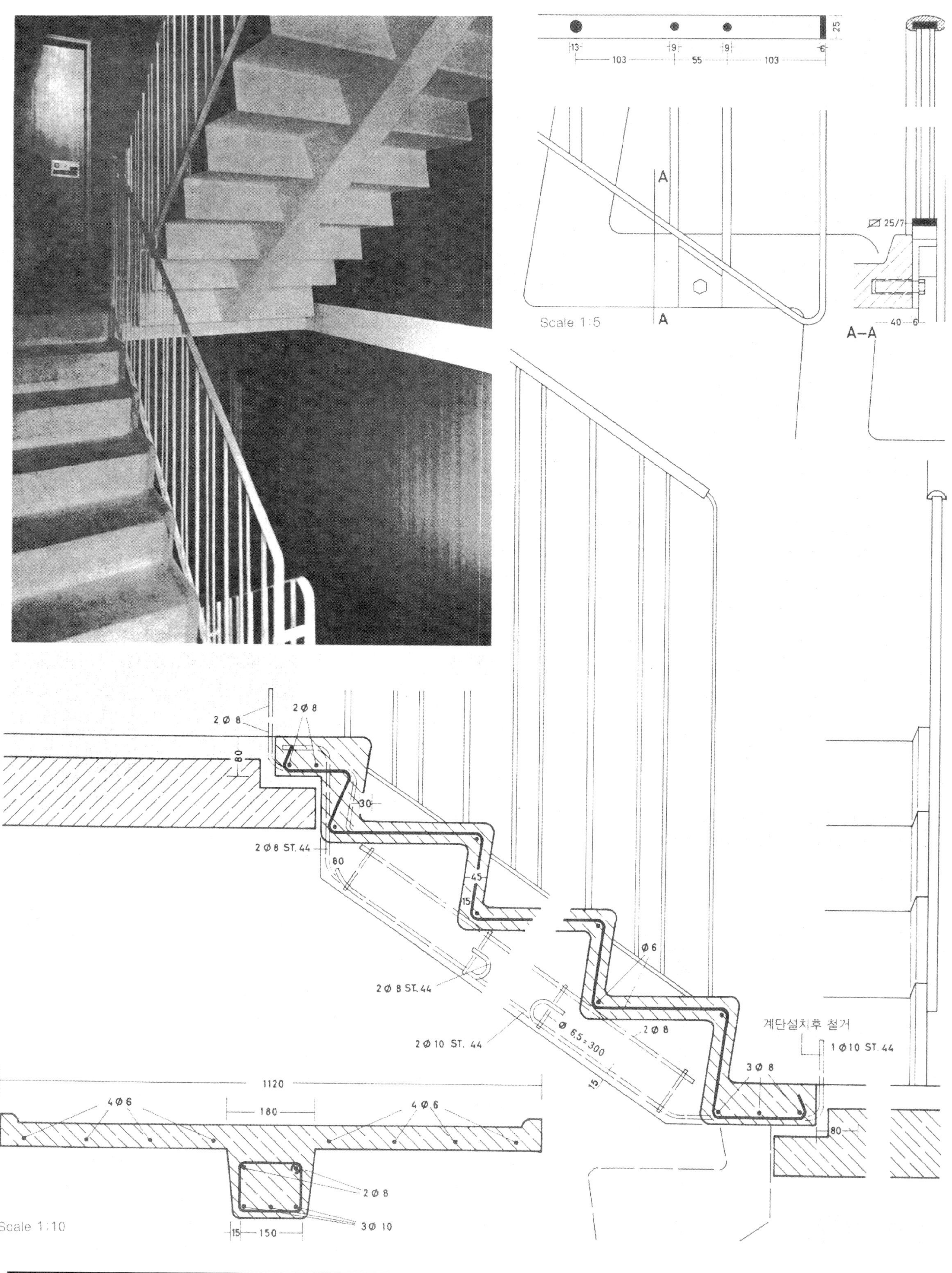

13
103
9
55
9
103
6
25
A
A
Scale 1:5
25/7
A–A
40
6
2 Ø 8
2 Ø 8
80
30
2 Ø 8 ST. 44
80
45
15
2 Ø 8 ST. 44
Ø 6
2 Ø 10 ST. 44
Ø 6,5 ≐ 300
2 Ø 8
15
계단설치후 철거
1 Ø 10 ST. 44
3 Ø 8
80
1120
4 Ø 6
180
4 Ø 6
2 Ø 8
3 Ø 10
15
150
Scale 1:10

층고 H	단수 n	챌면치수 S	디딤면치수 A	계단의수평길이 L	설치홀 안치수수평길이 La	계단폭 B	중량 (kg)
2800	16	175	257	3857	3897	max. 1150	1560
2700	16	169	257	3857	3897	max. 1150	1550
2700	15	180	257	3600	3640	max. 1250	1480

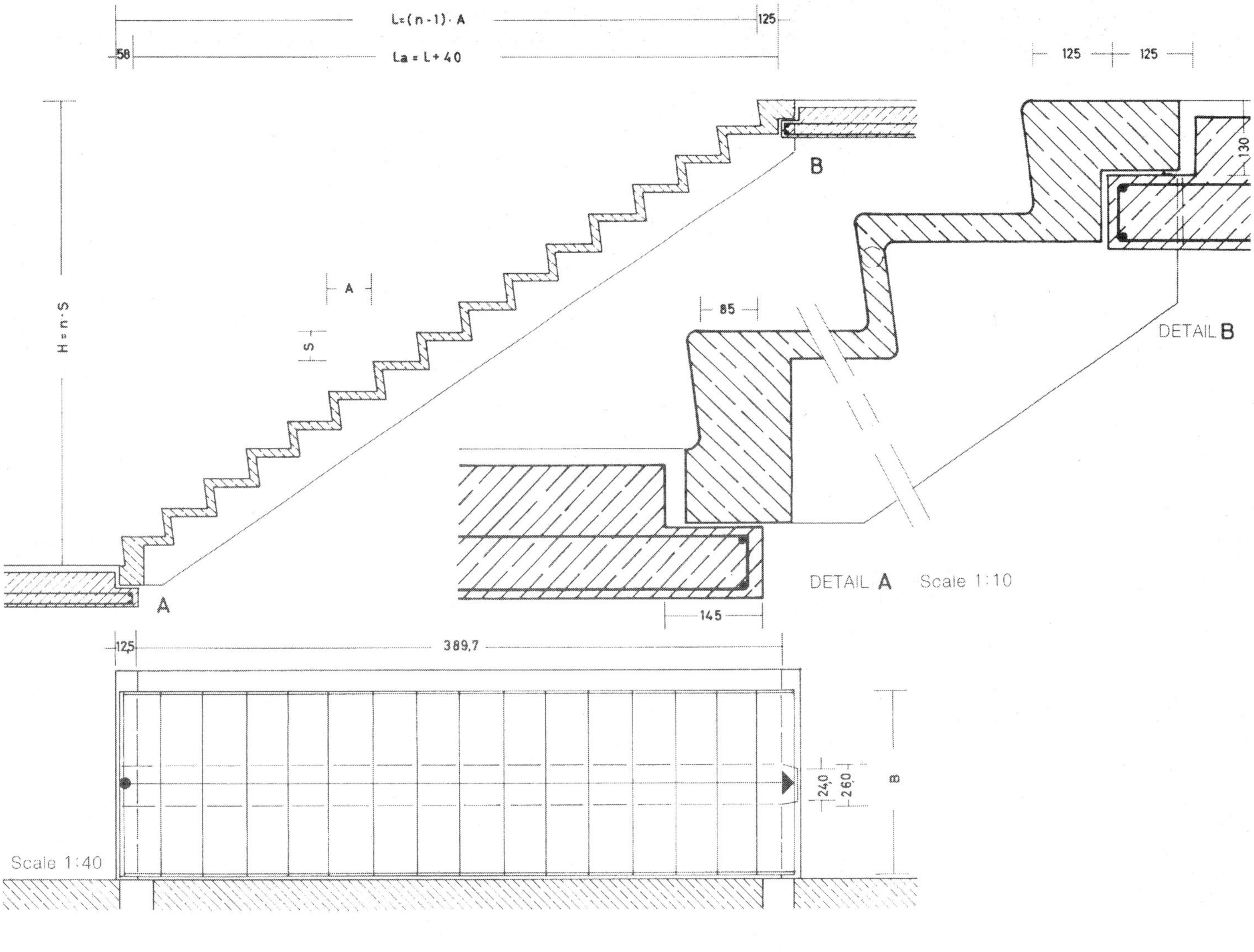

L=(n-1)·A
125
58
La = L+40
125 125
H=n·S
A
S
B
85
130
DETAIL B
A
145
DETAIL A Scale 1:10
125
389,7
240
260
B
Scale 1:40

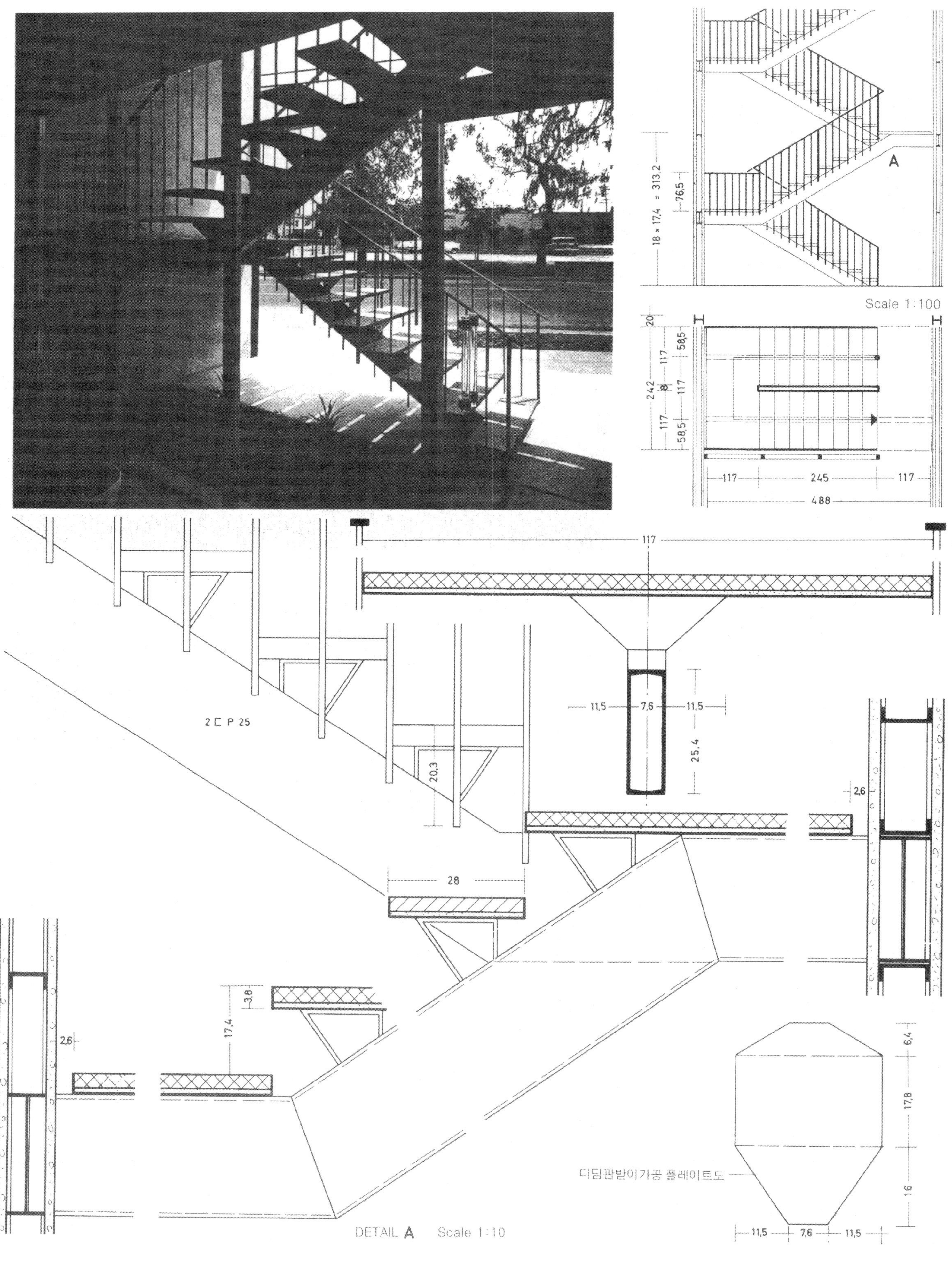

18 × 17,4 = 313,2
76,5
A
Scale 1:100
20
58,5
117
242
8
117
117
58,5
117
245
117
488
117
11,5
7,6
11,5
25,4
2 ⊏ P 25
20,3
2,6
28
3,8
17,4
2,6
6,4
17,8
디딤판받이가공 플레이트도
16
11,5
7,6
11,5
DETAIL A Scale 1:10

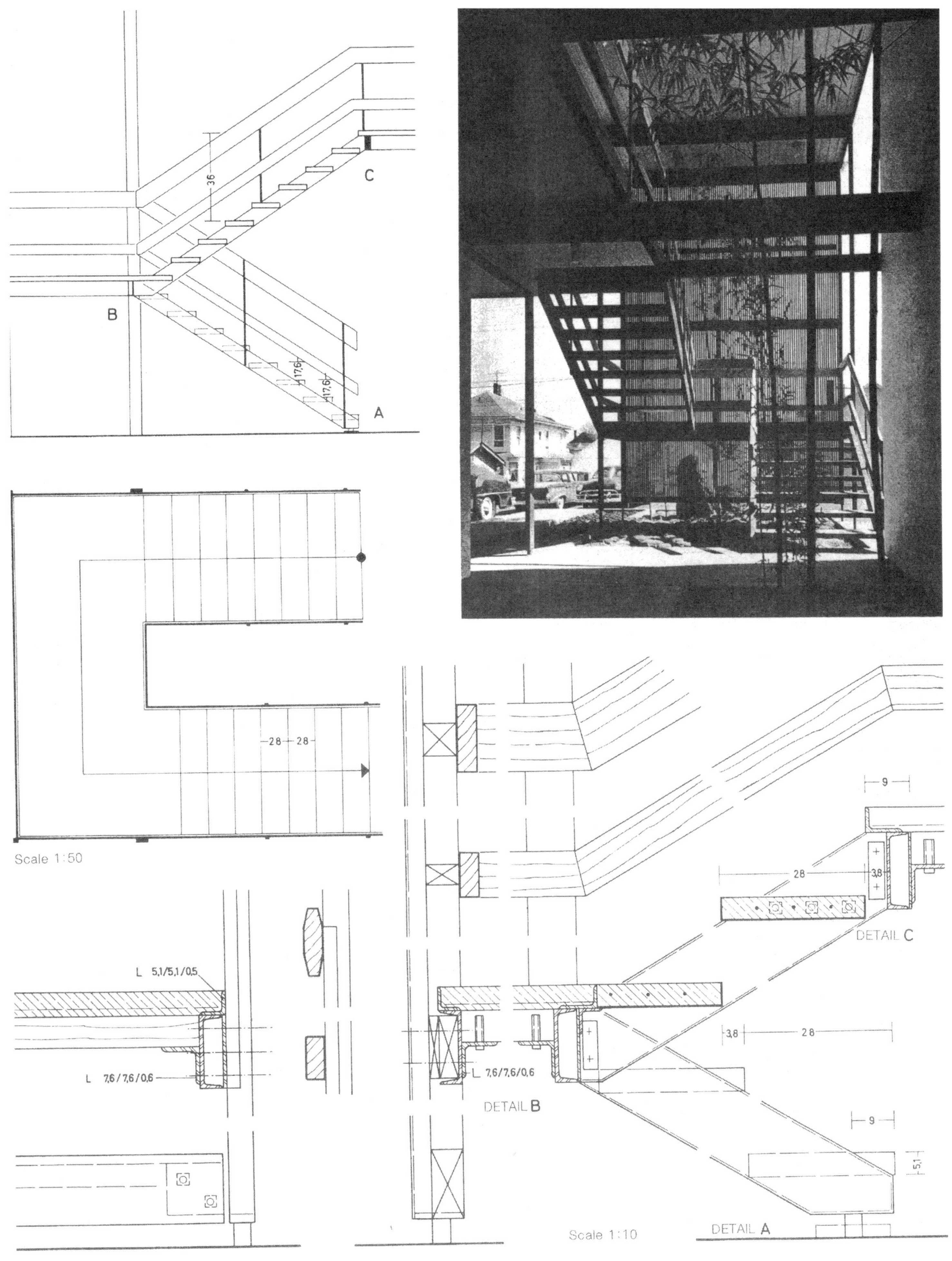
36
C
B
17,6
17,6
A
28
28
Scale 1:50
9
28
3,8
DETAIL C
L 5,1/5,1/0,5
L 7,6/7,6/0,6
L 7,6/7,6/0,6
3,8
28
DETAIL B
9
5,1
Scale 1:10
DETAIL A

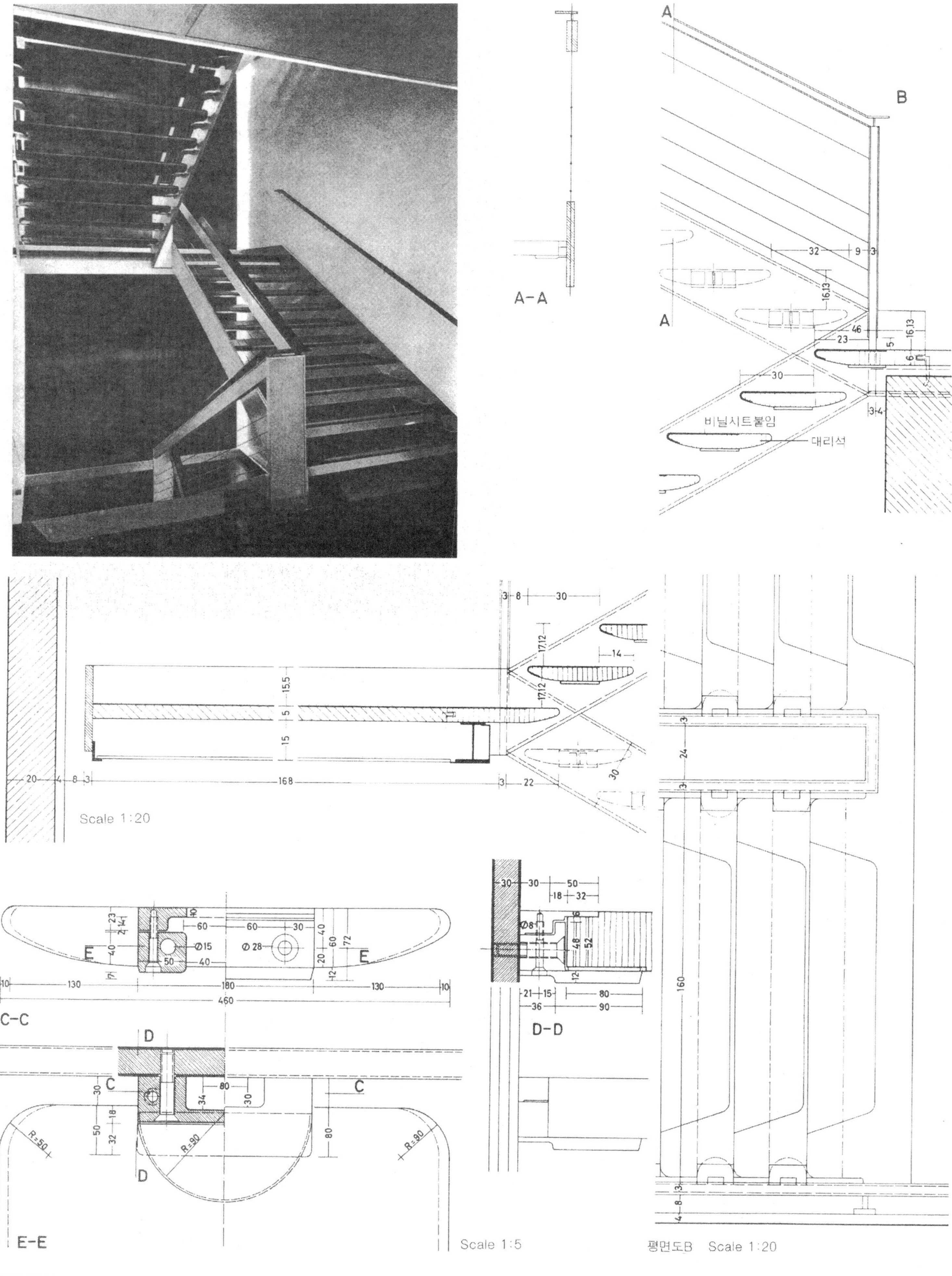
A-A
A
B
비닐시트붙임
대리석
Scale 1:20
C-C
D-D
E-E
Scale 1:5
평면도B Scale 1:20

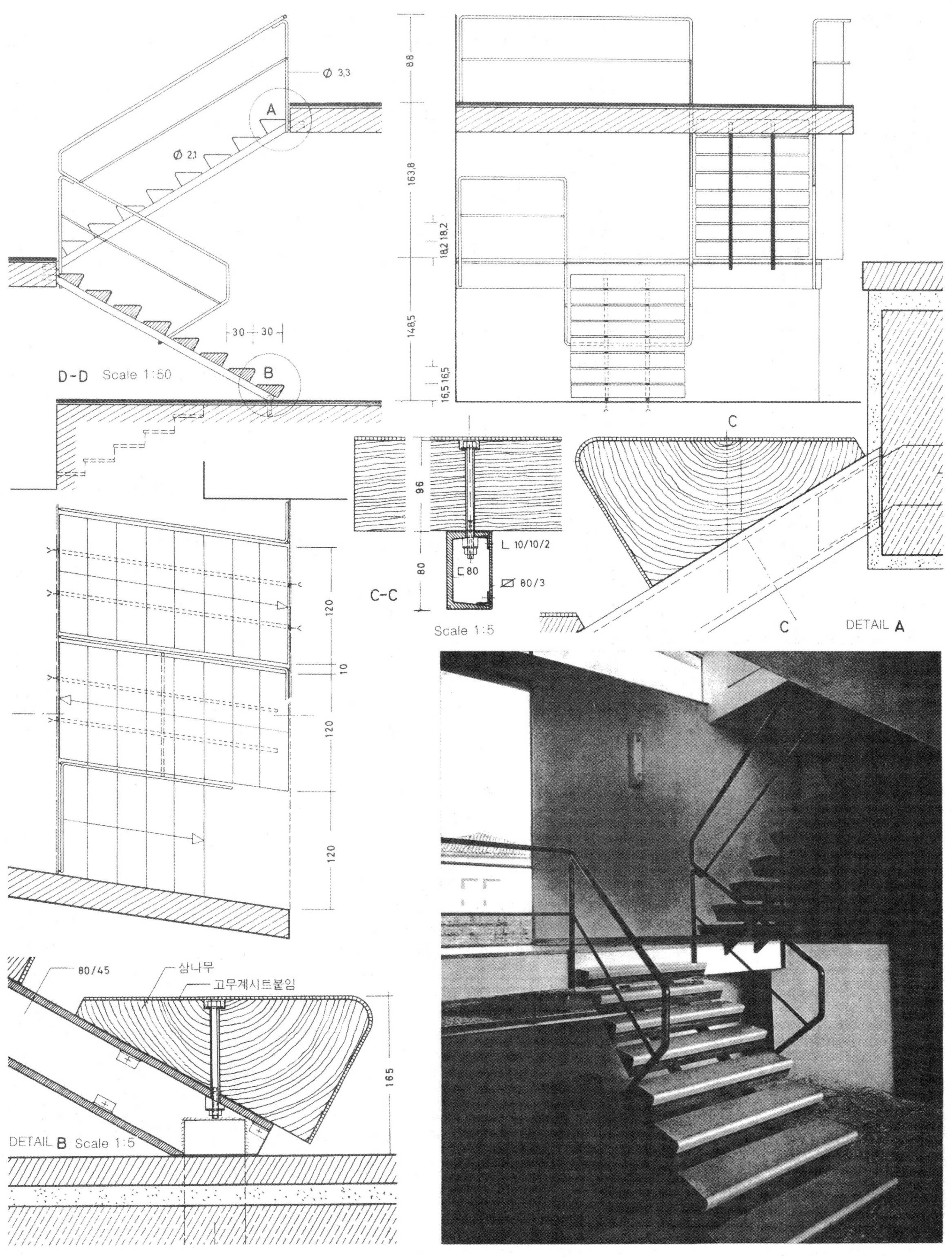

Ø 3,3
A
Ø 2,1
30
30
D-D Scale 1:50
B
88
163,8
18,2 18,2
148,5
16,5 16,5
C
96
L 10/10/2
80
⊏ 80
80/3
C-C
Scale 1:5
C
DETAIL A
120
10
120
120
80/45
삼나무
고무계시트붙임
165
DETAIL B Scale 1:5

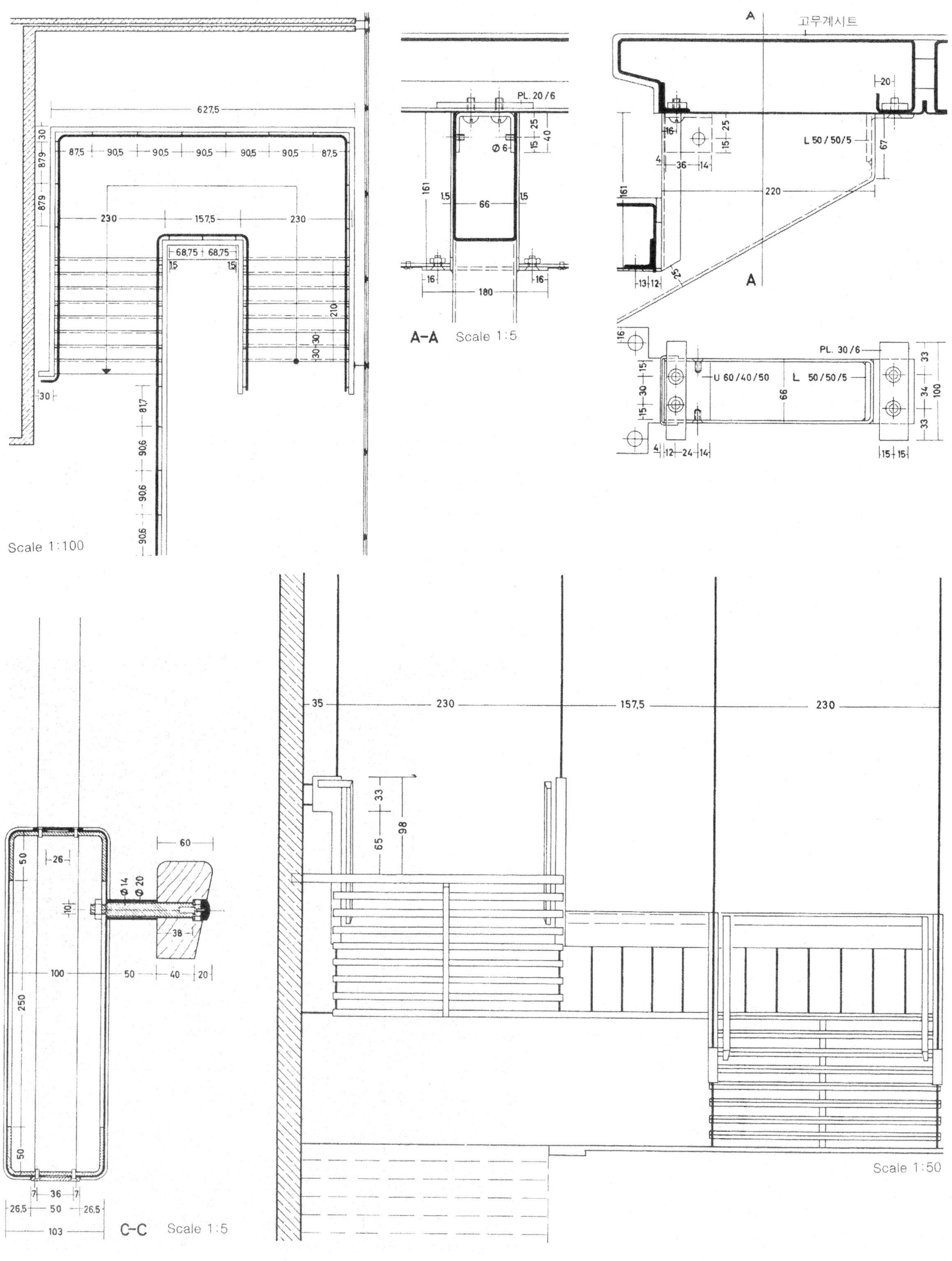
Scale 1:100
A–A Scale 1:5
고무계시트
PL. 20/6
PL. 30/6
L 50/50/5
U 60/40/50
C–C Scale 1:5
Scale 1:50

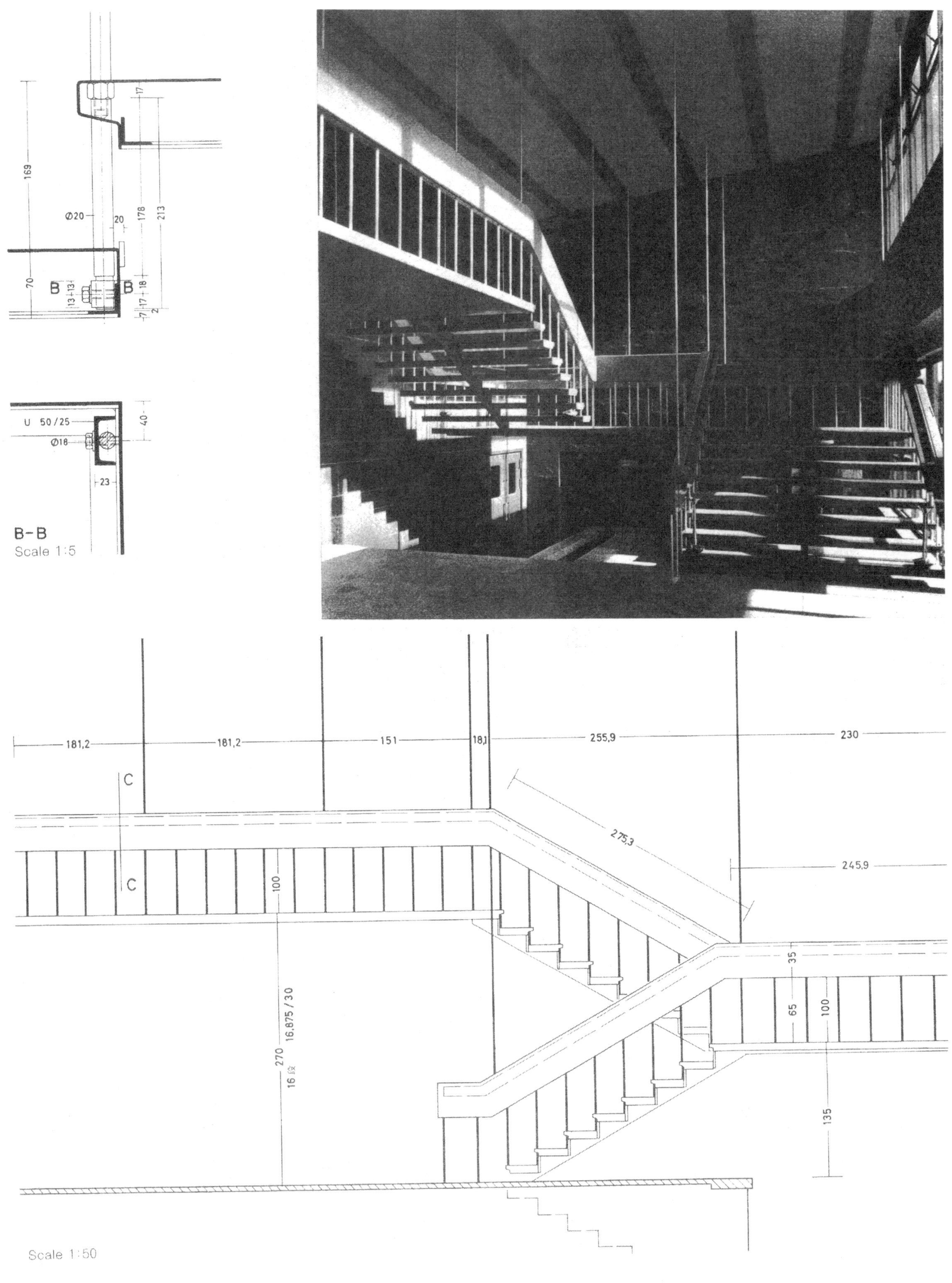
169
Ø20
20
178
213
17
70
B
B
13
13
7
17
18
2
U 50/25
Ø18
40
23
B-B
Scale 1:5
181,2
181,2
151
18,1
255,9
230
C
C
275,3
245,9
100
35
65
100
270
16,875/30
16 段
135
Scale 1:50

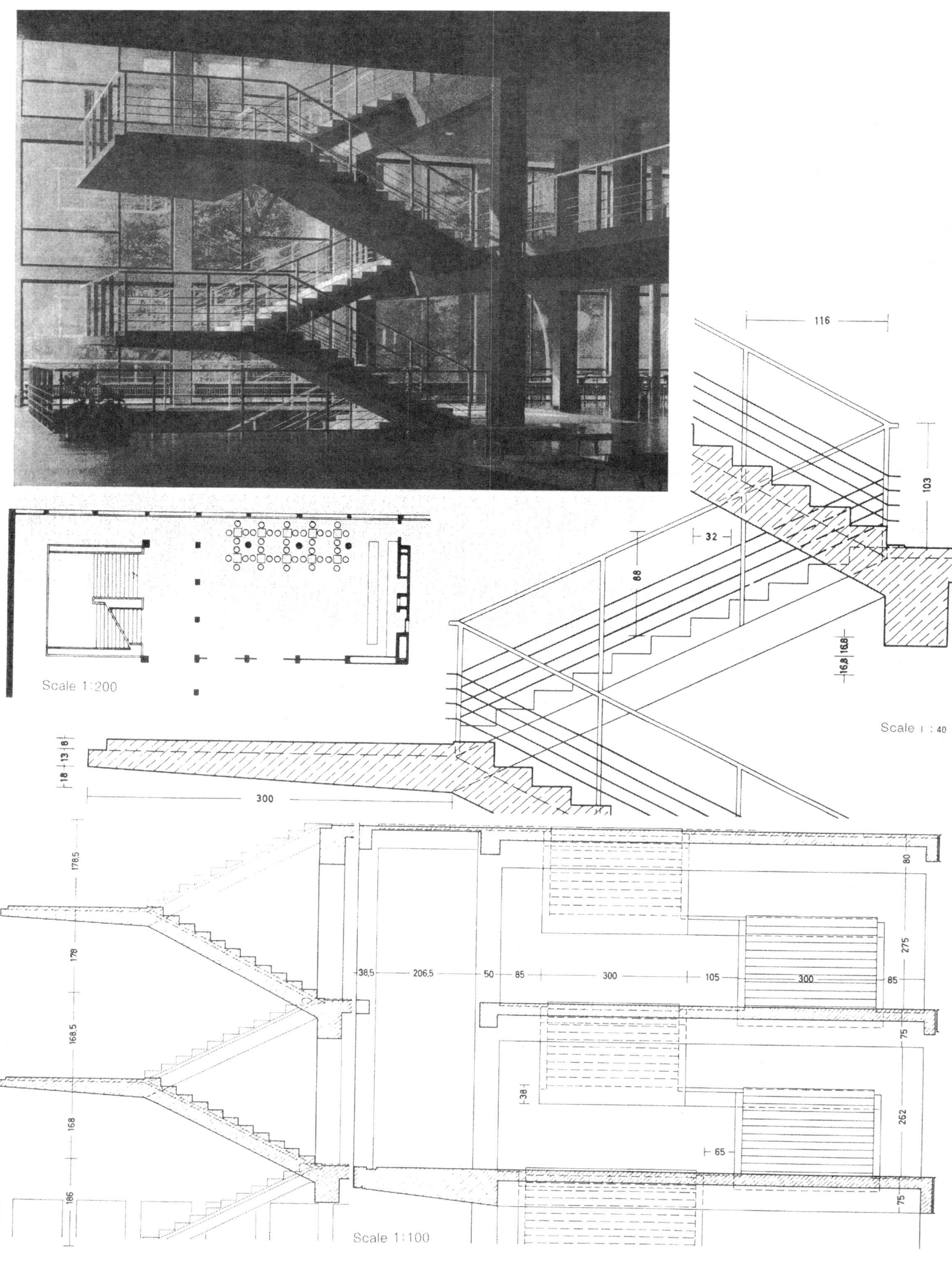
Scale 1:200
116
103
32
88
16,8 16,8
Scale 1 : 40
18 13 8
300
178,5
178
168,5
168
186
38,5
206,5
50
85
300
105
300
85
80
275
75
38
262
65
75
Scale 1:100

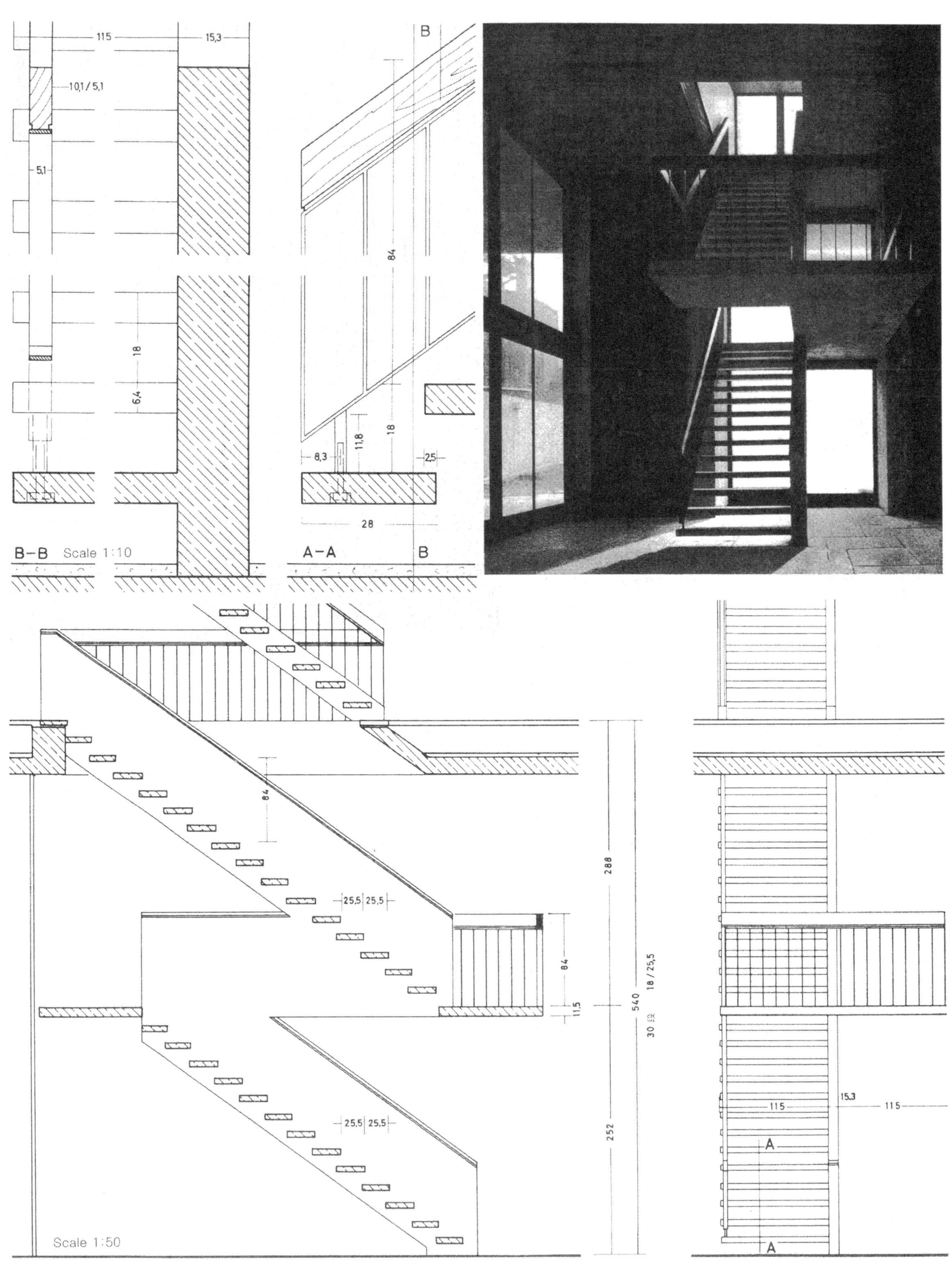
115
15,3
10,1 / 5,1
5,1
18
6,4
B–B Scale 1:10
B
84
18
11,8
8,3
25
28
A–A
B
84
25,5 25,5
84
11,5
288
540
18 / 25,5
30 段
252
25,5 25,5
Scale 1:50
15,3
115
115
A
A

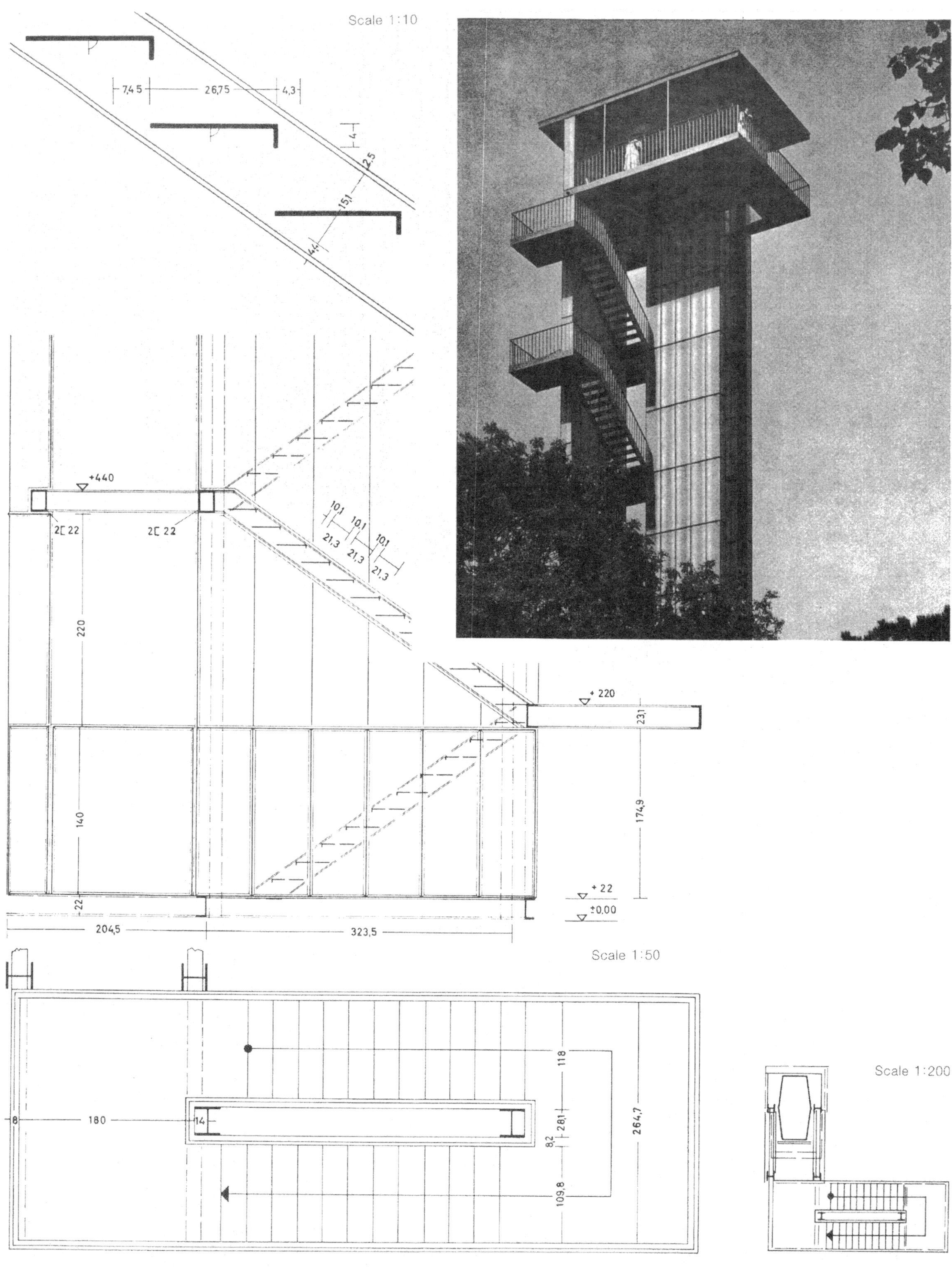
Scale 1:10
7,4 5
26,75
4,3
4
2,5
15,1
4,4
+440
2[22
2[22
10,1
10,1
10,1
21,3
21,3
21,3
220
+ 220
23,1
140
174,9
22
+ 22
±0,00
204,5
323,5
Scale 1:50
180
14
118
28,1
8,2
264,7
109,8
Scale 1:200

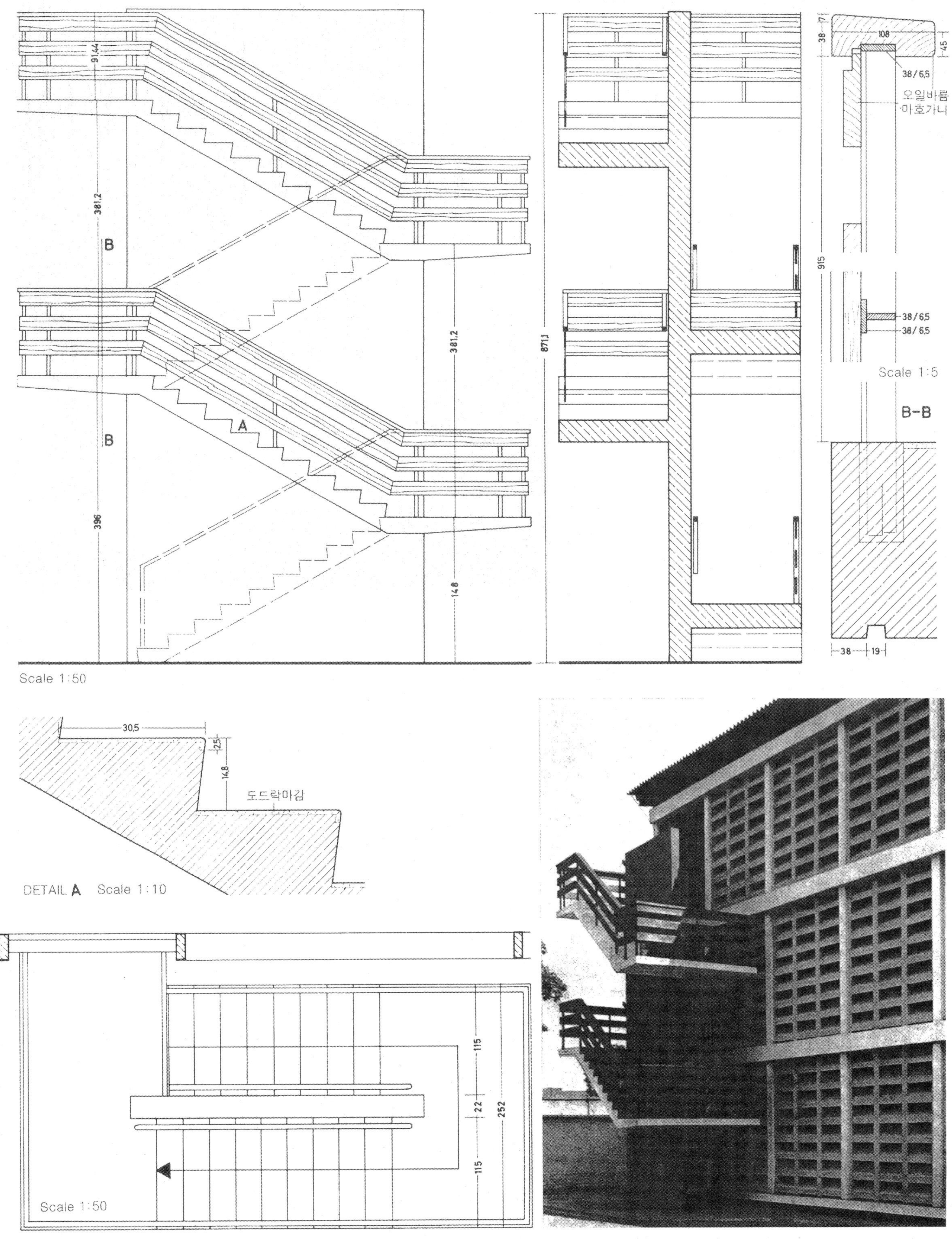
91,44
381,2
B
381,2
871,1
B
A
396
148
108
45
38
7
38/6,5
오일바름
마호가니
915
38/6,5
38/6,5
Scale 1:5
B-B
38
19
Scale 1:50
30,5
2,5
14,8
도드락마감
DETAIL A Scale 1:10
115
22
252
115
Scale 1:50

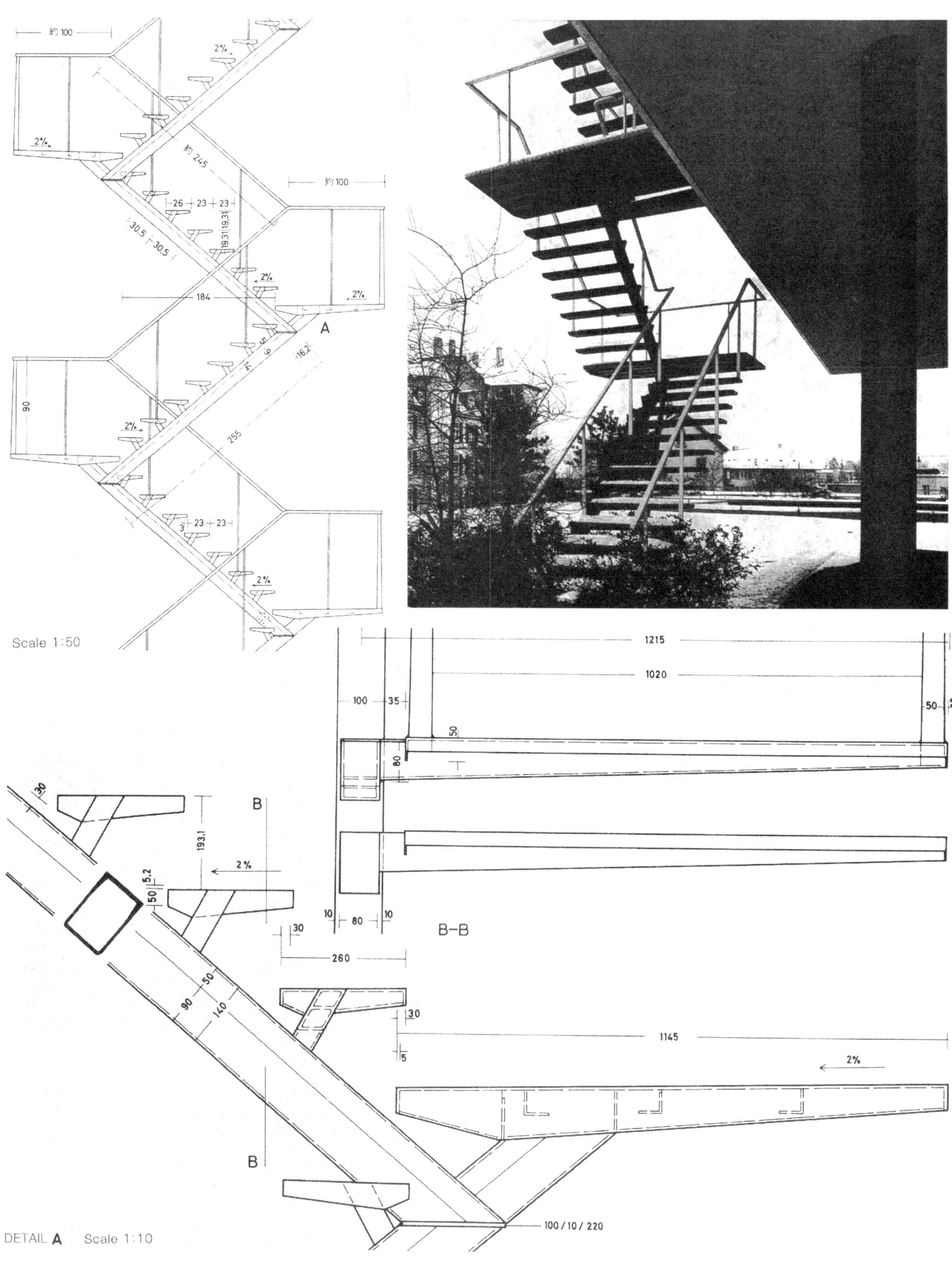
約 100
2%
約 245
約 100
26
23
23
19.31
19.31
30.5
30.5
184
2%
2%
A
16.2
255
90
2%
23
23
2%
Scale 1:50
1215
1020
100
35
50
80
B
193.1
2%
5.2
50
30
260
10
80
10
B-B
50
90
140
30
1145
5
2%
B
100 / 10 / 220
DETAIL A Scale 1:10

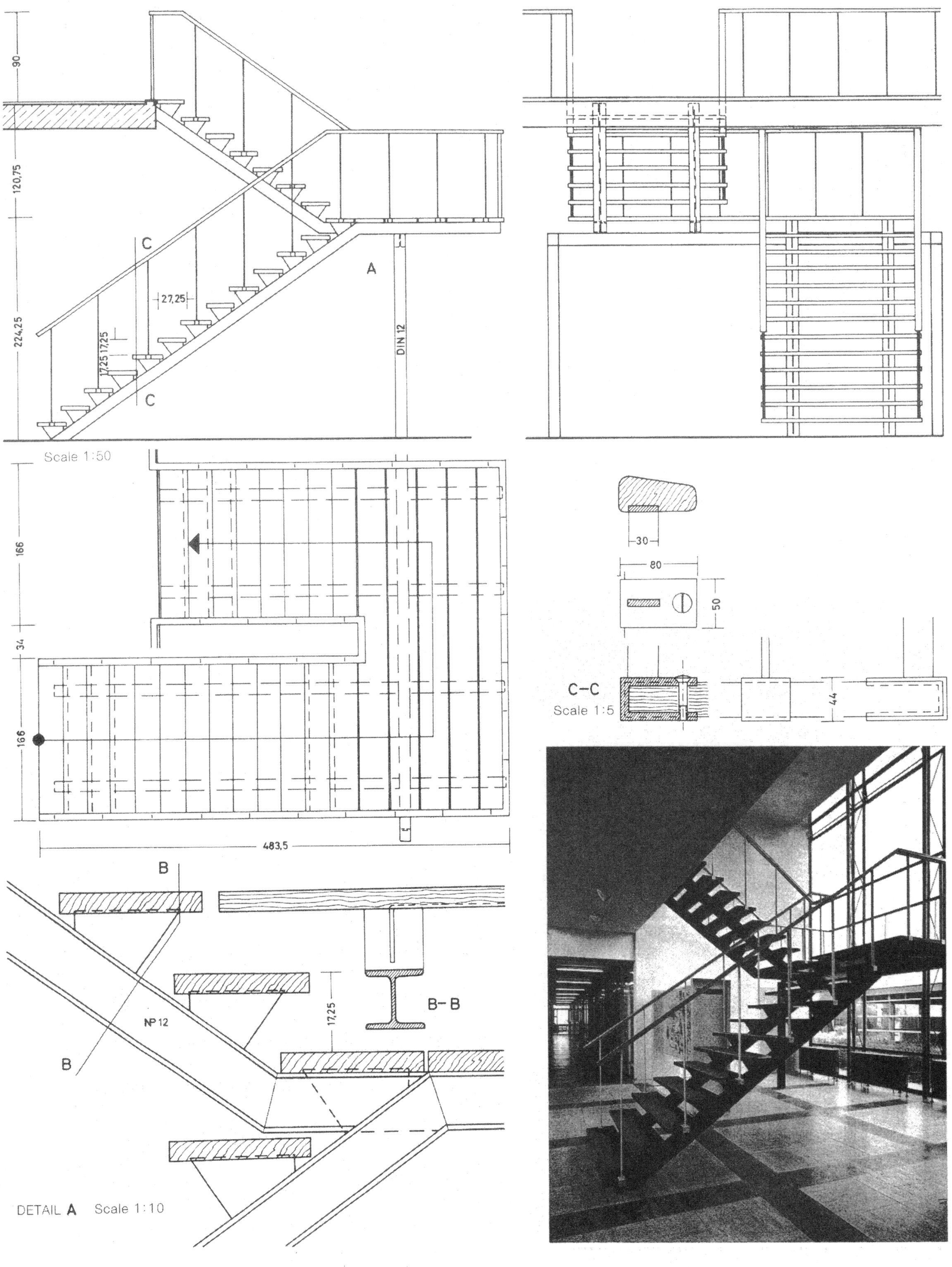
90
120,75
224,25
C
C
A
27,25
17,25 17,25
DIN 12
Scale 1:50
166
34
166
483,5
30
80
50
C–C
Scale 1:5
44
B
B
Nº 12
17,25
B–B
DETAIL A
Scale 1:10

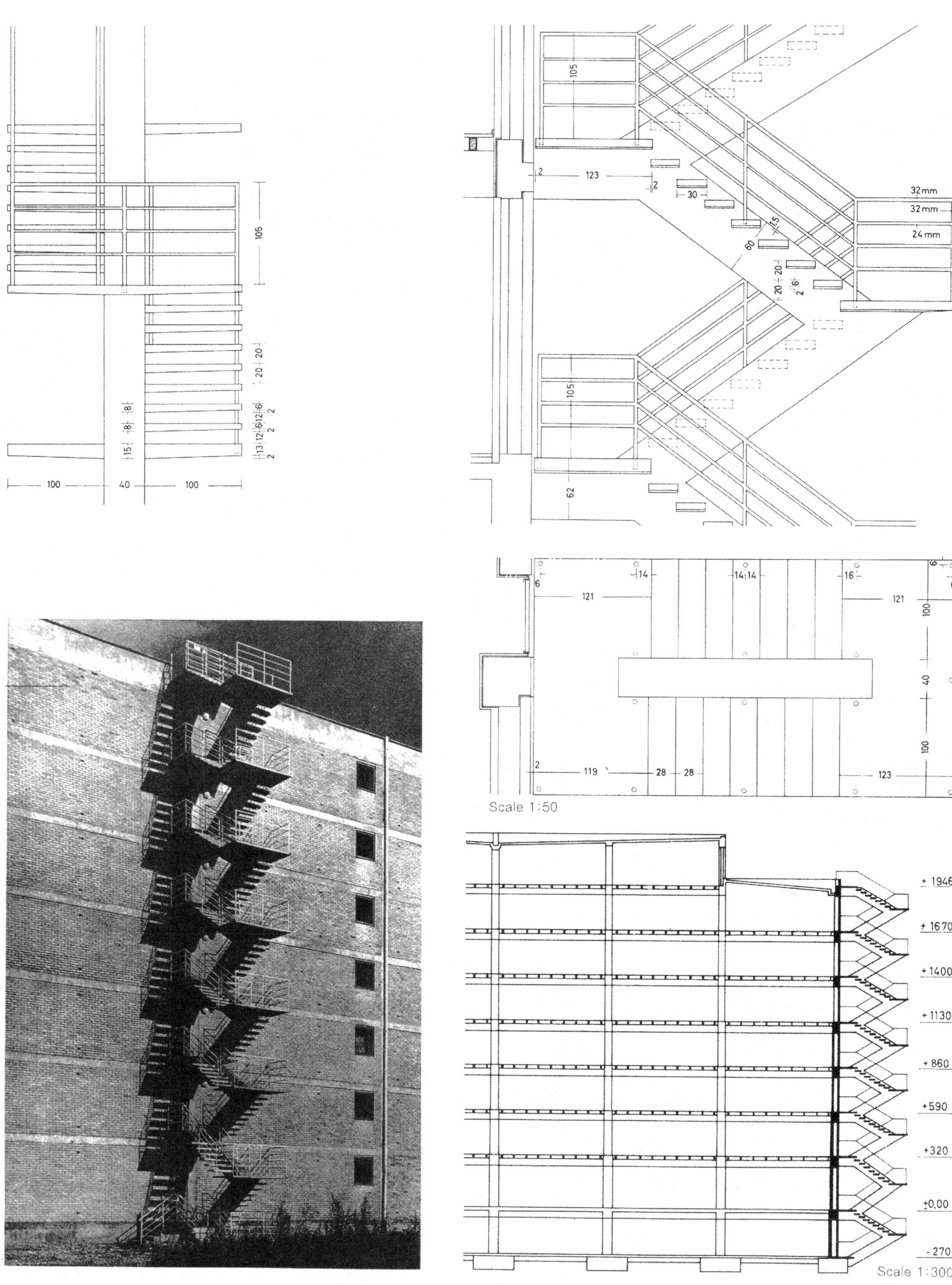

Scale 1:50

Scale 1:300

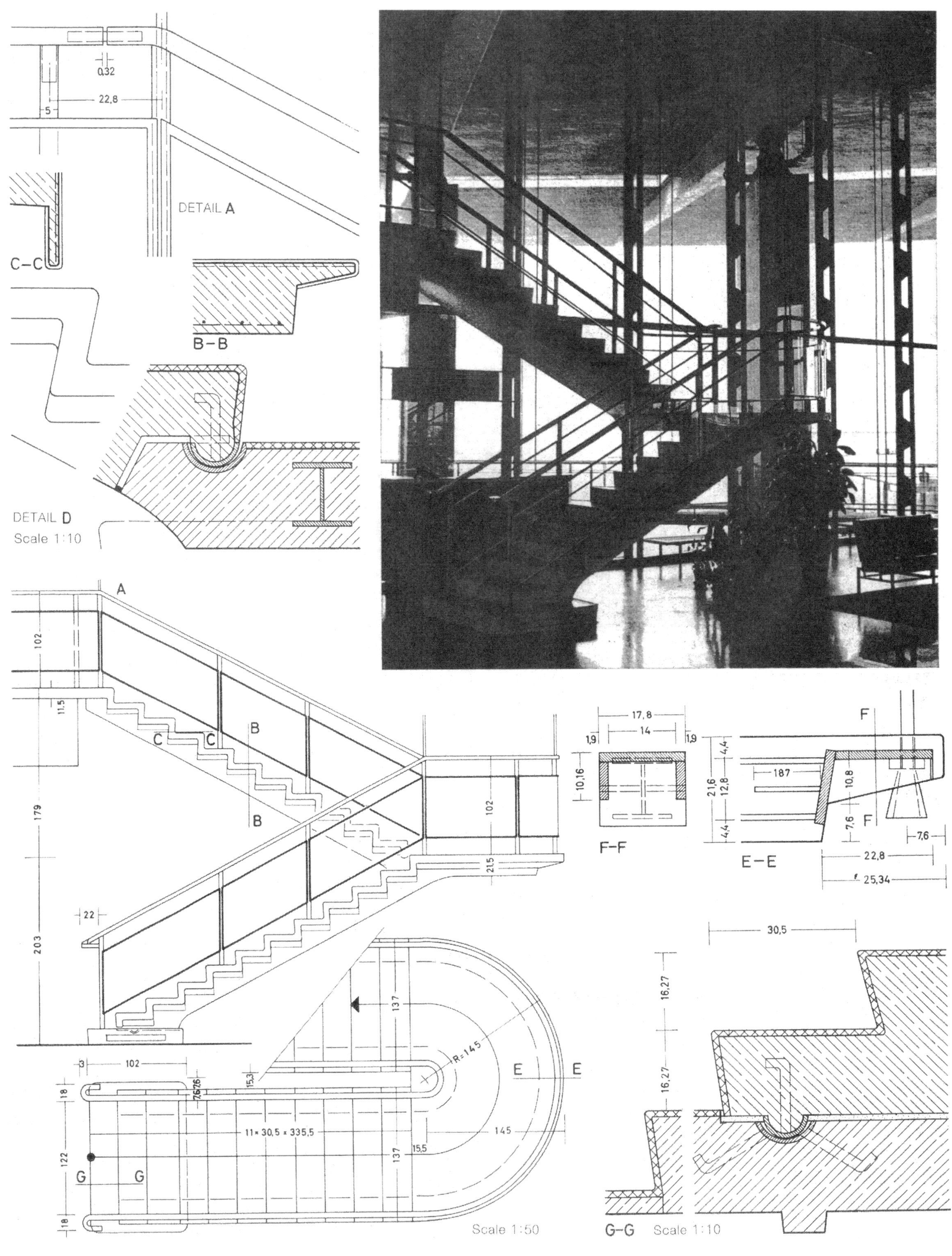
DETAIL A
C–C
B–B
DETAIL D
Scale 1:10
A
B
C
F–F
E–E
F
E
G
G–G
Scale 1:50
Scale 1:10
11 × 30,5 = 335,5
R=145

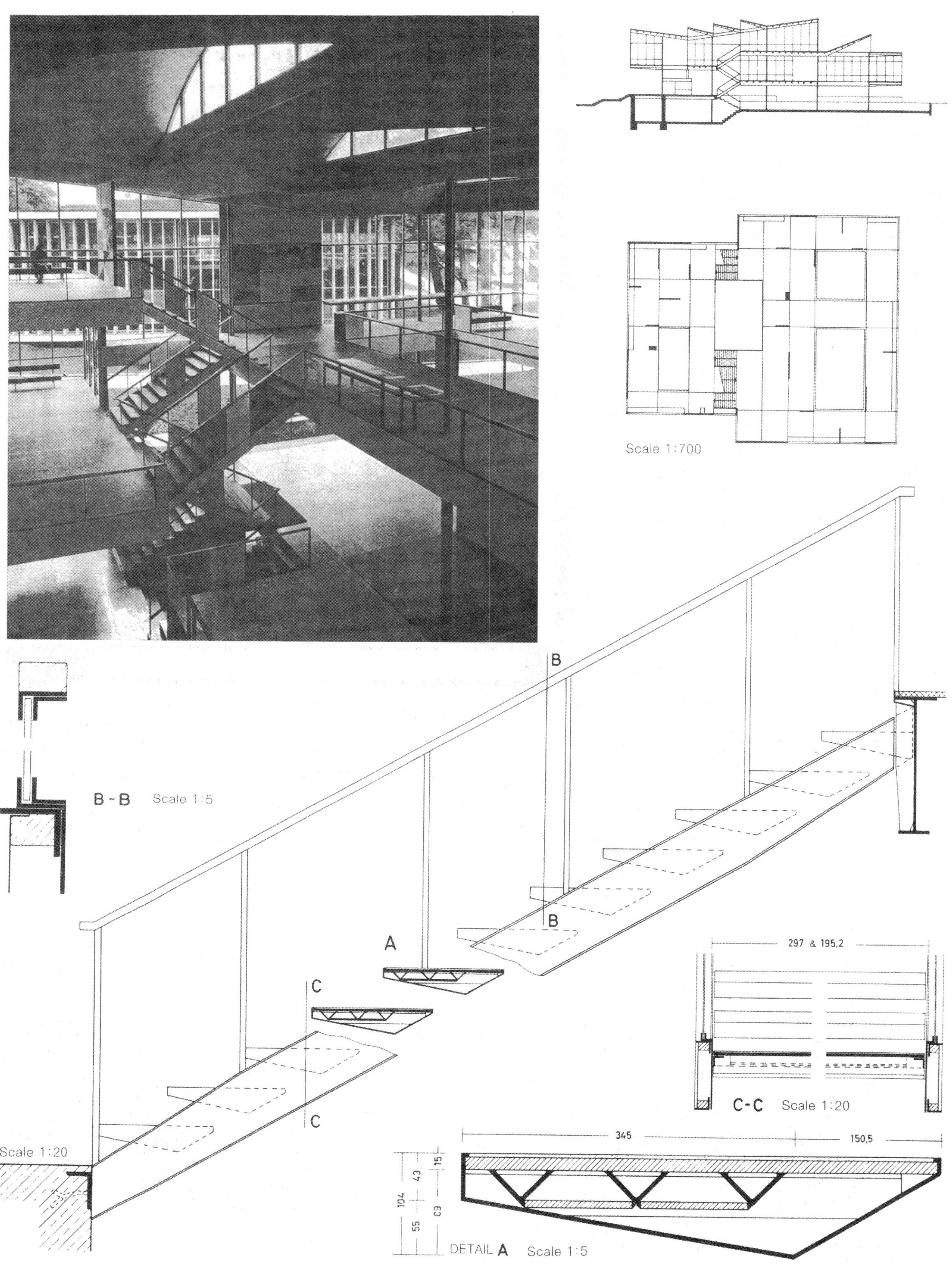
Scale 1:700
B-B Scale 1:5
B
B
A
C
C
297 & 195,2
C-C Scale 1:20
Scale 1:20
345
150,5
104
43
63
55
15
DETAIL A Scale 1:5

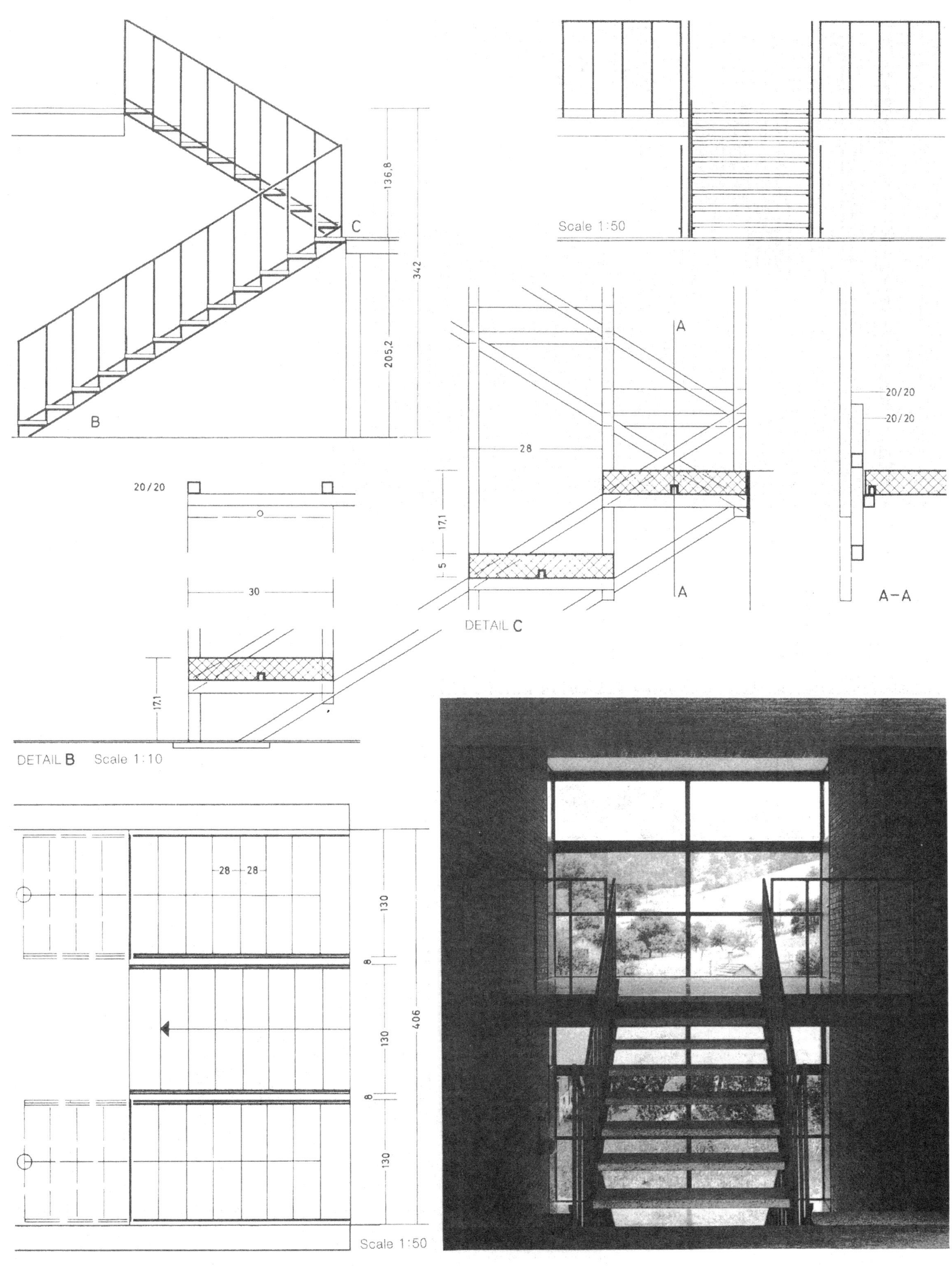
136,8
342
205,2
C
B
Scale 1:50
A
A
20/20
20/20
28
17,1
5
A-A
DETAIL C
20/20
30
17,1
DETAIL B Scale 1:10
28 28
130
8
406
130
8
130
Scale 1:50

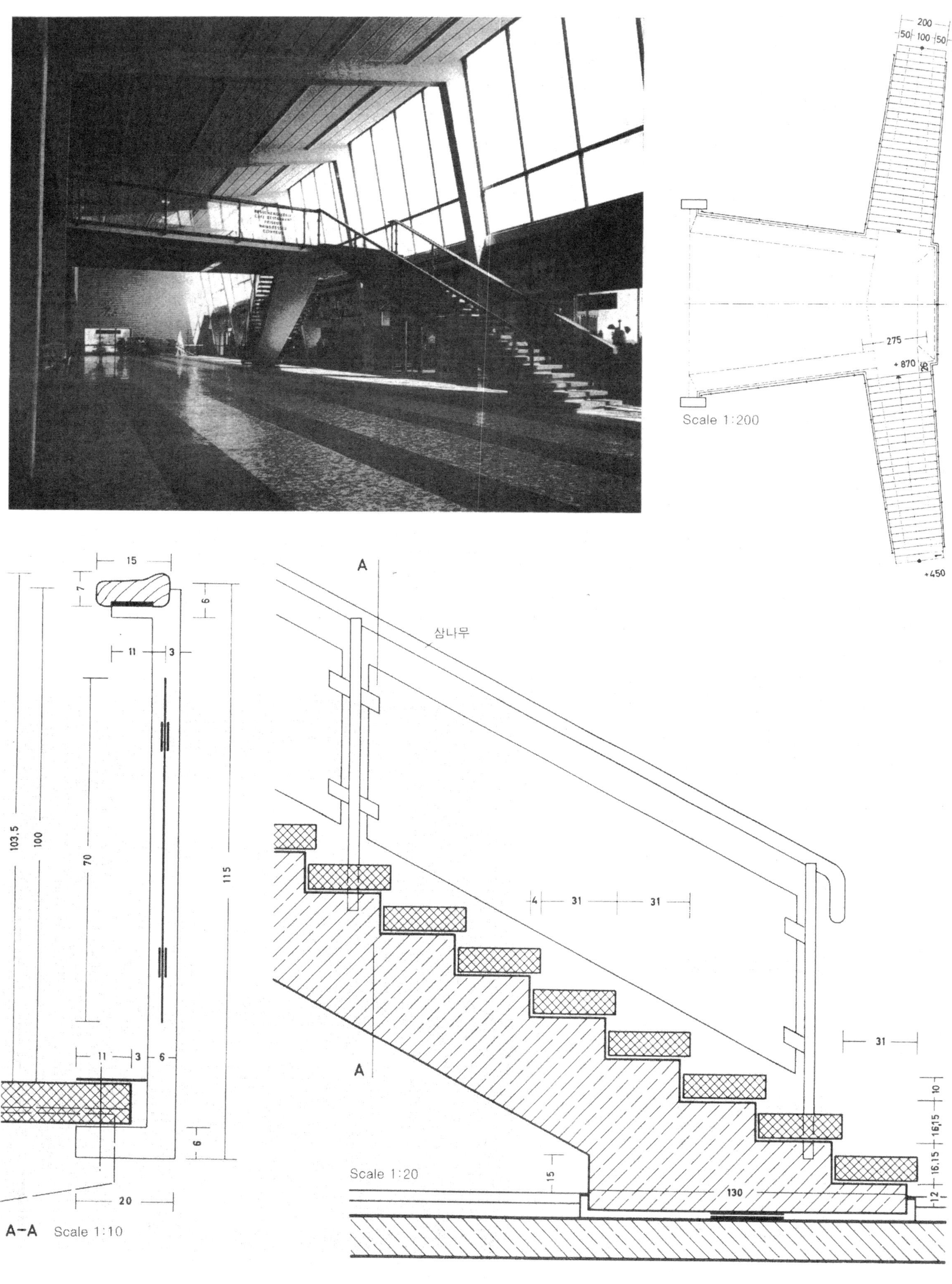
200
50 100 50
275
+870
+450
Scale 1:200
15
7
6
11
3
103,5
100
70
115
11
3
6
6
20
A–A Scale 1:10
A
A
삼나무
4
31
31
31
10
16,15
16,15
15
12
130
Scale 1:20

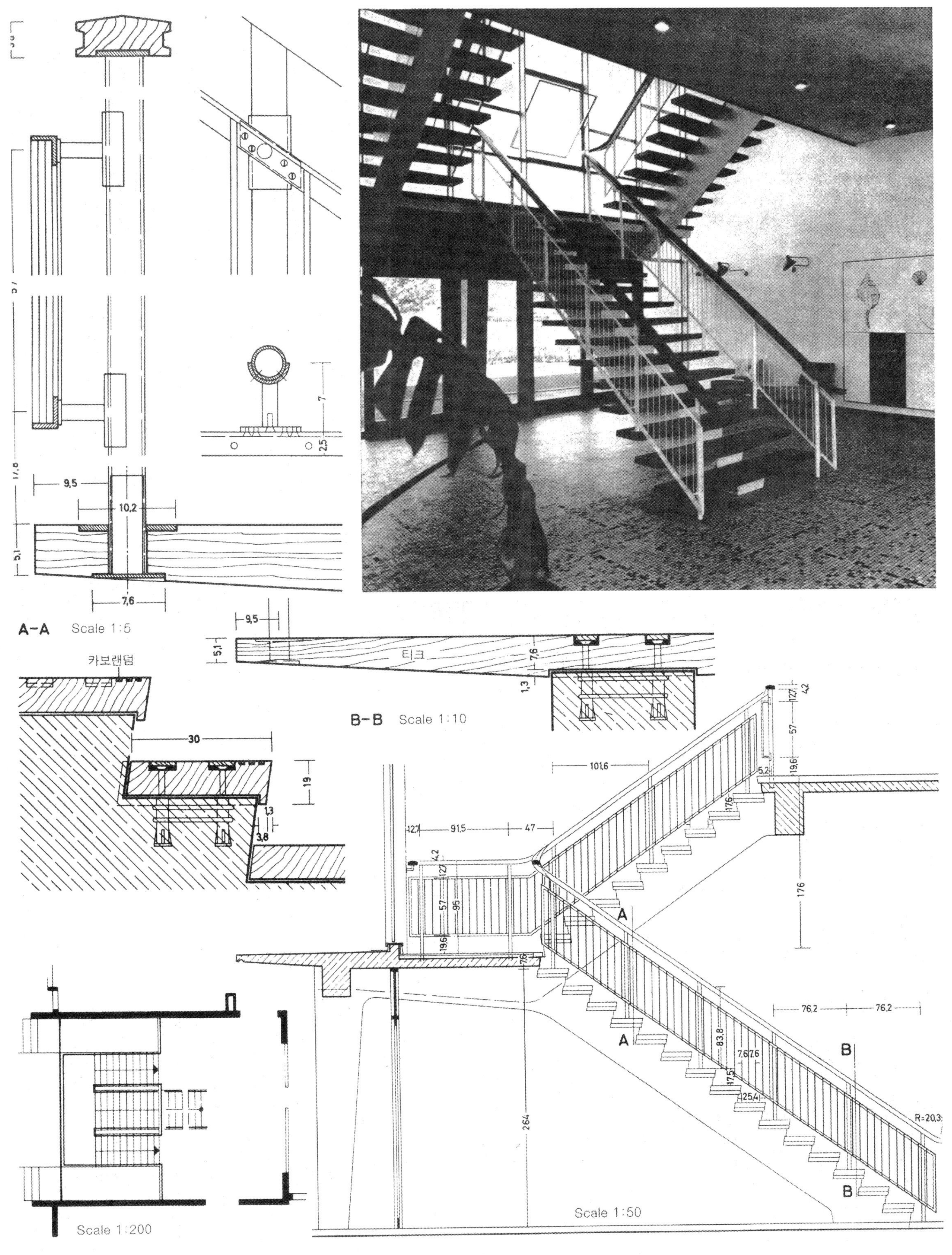
9,5
10,2
5,1
7,6
7
2,5
A-A Scale 1:5
9,5
5,1
티크
7,6
1,3
B-B Scale 1:10
카보랜덤
30
19
1,3
3,8
101,6
127
91,5
47
4,2
127
57
95
19,6
7,6
5,2
176
A
A
264
83,8
7,6 7,6
17,5
25,4
76,2
76,2
B
B
R=20,3
Scale 1:50
Scale 1:200

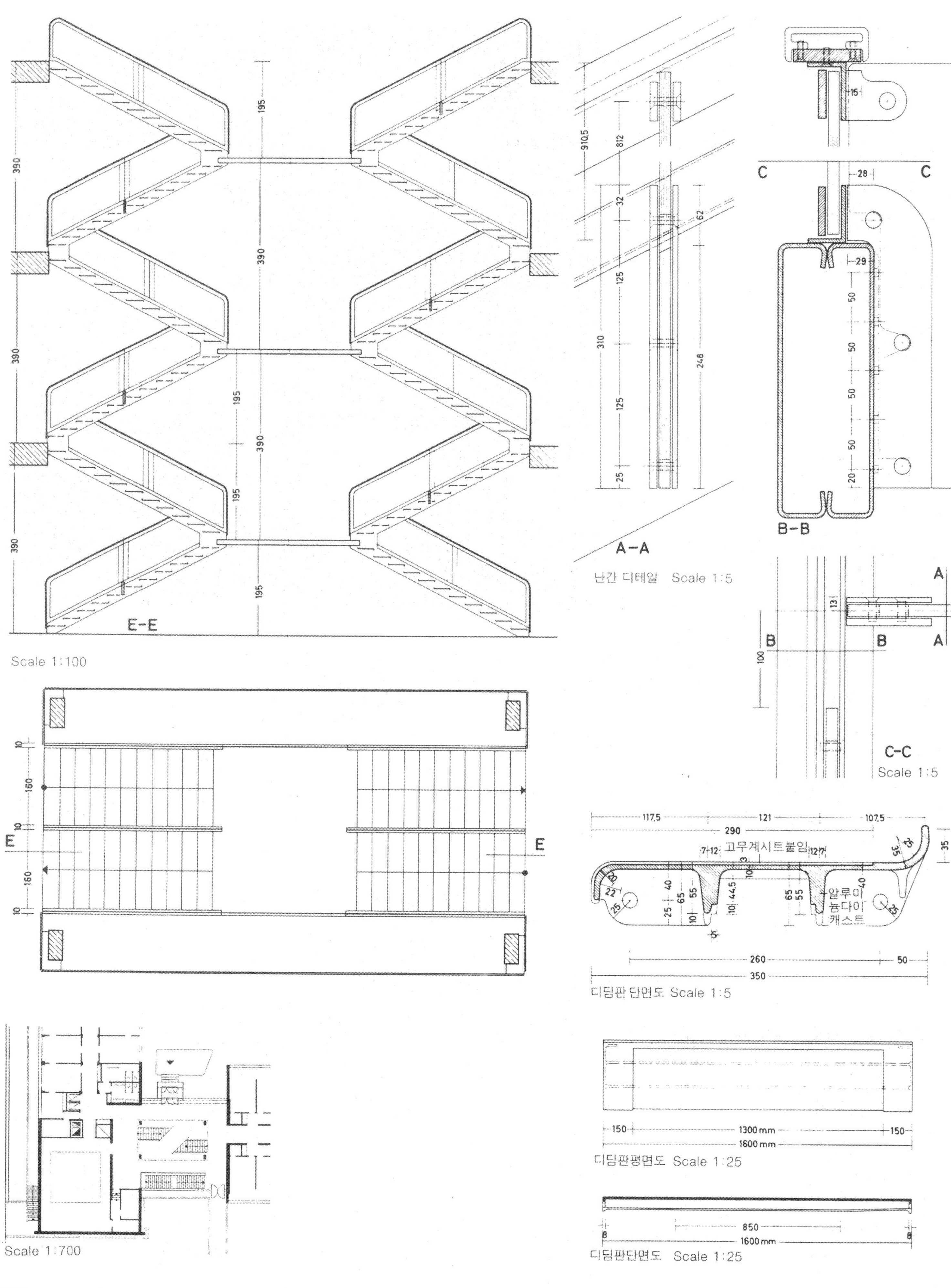
E-E
Scale 1:100
A-A
난간 디테일 Scale 1:5
C
C
B-B
B
B
A
A
C-C
Scale 1:5
고무계시트붙임
알루미늄다이캐스트
디딤판 단면도 Scale 1:5
디딤판평면도 Scale 1:25
디딤판단면도 Scale 1:25
Scale 1:700

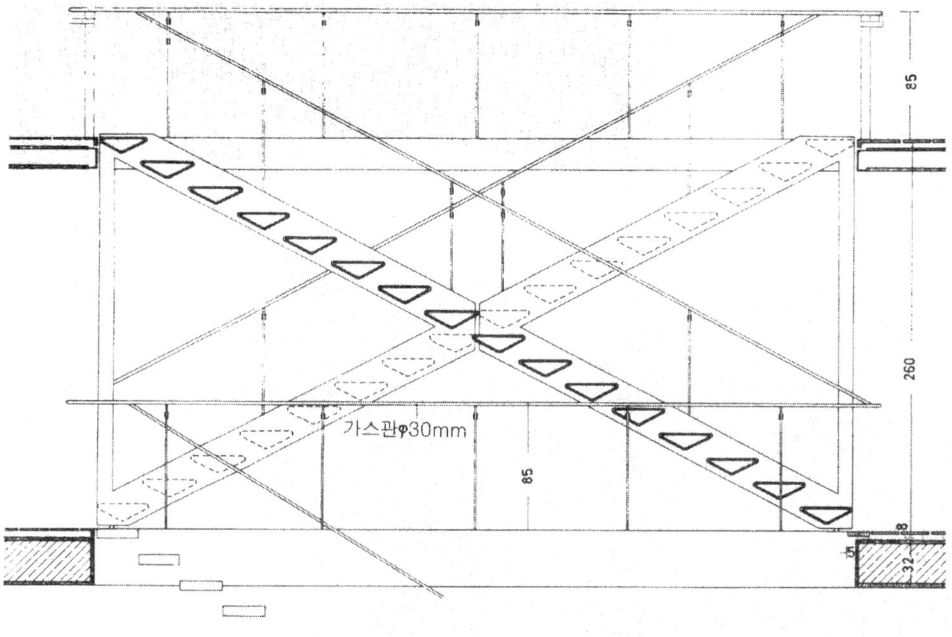

가스관φ30mm

Scale 1:50

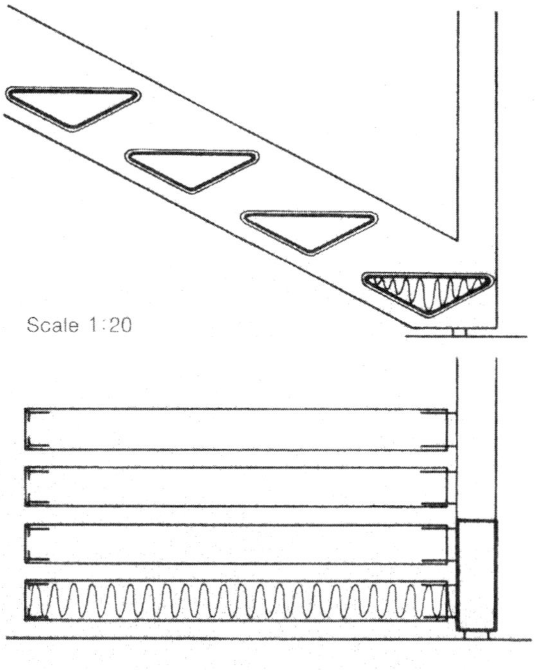

Scale 1:20

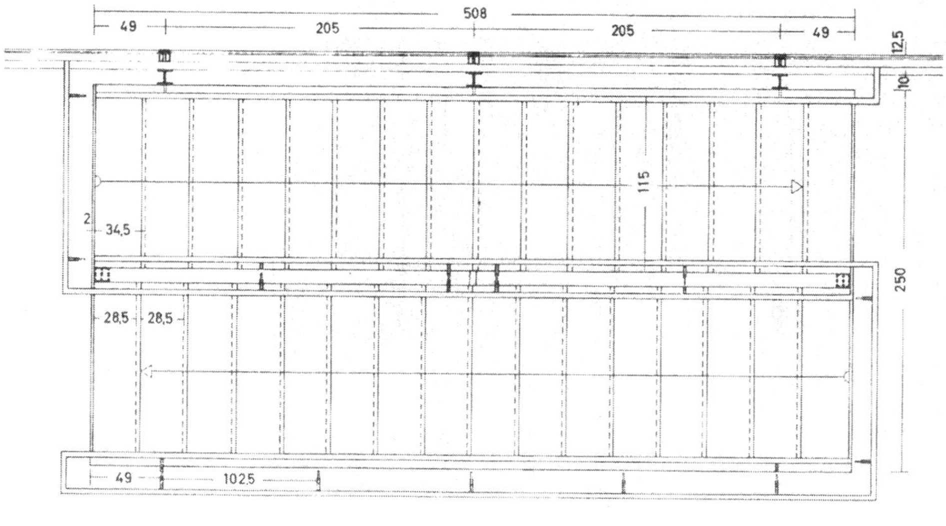

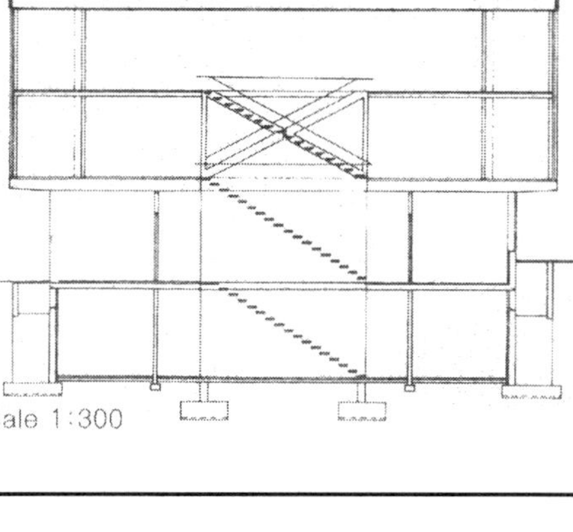

Scale 1:300

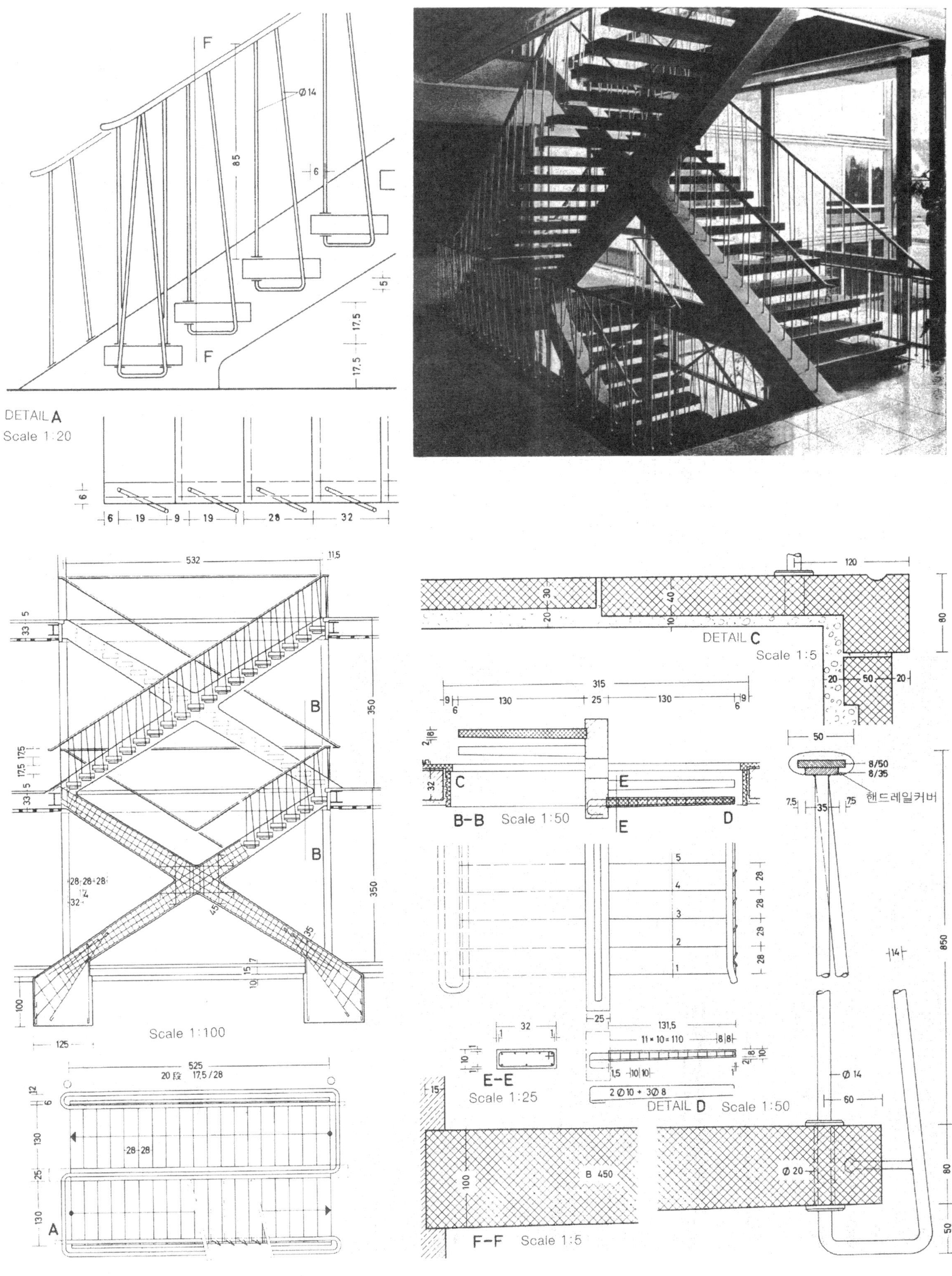
DETAIL A
Scale 1:20
DETAIL C
Scale 1:5
B-B Scale 1:50
E-E
Scale 1:25
DETAIL D Scale 1:50
F-F Scale 1:5
Scale 1:100
핸드레일커버

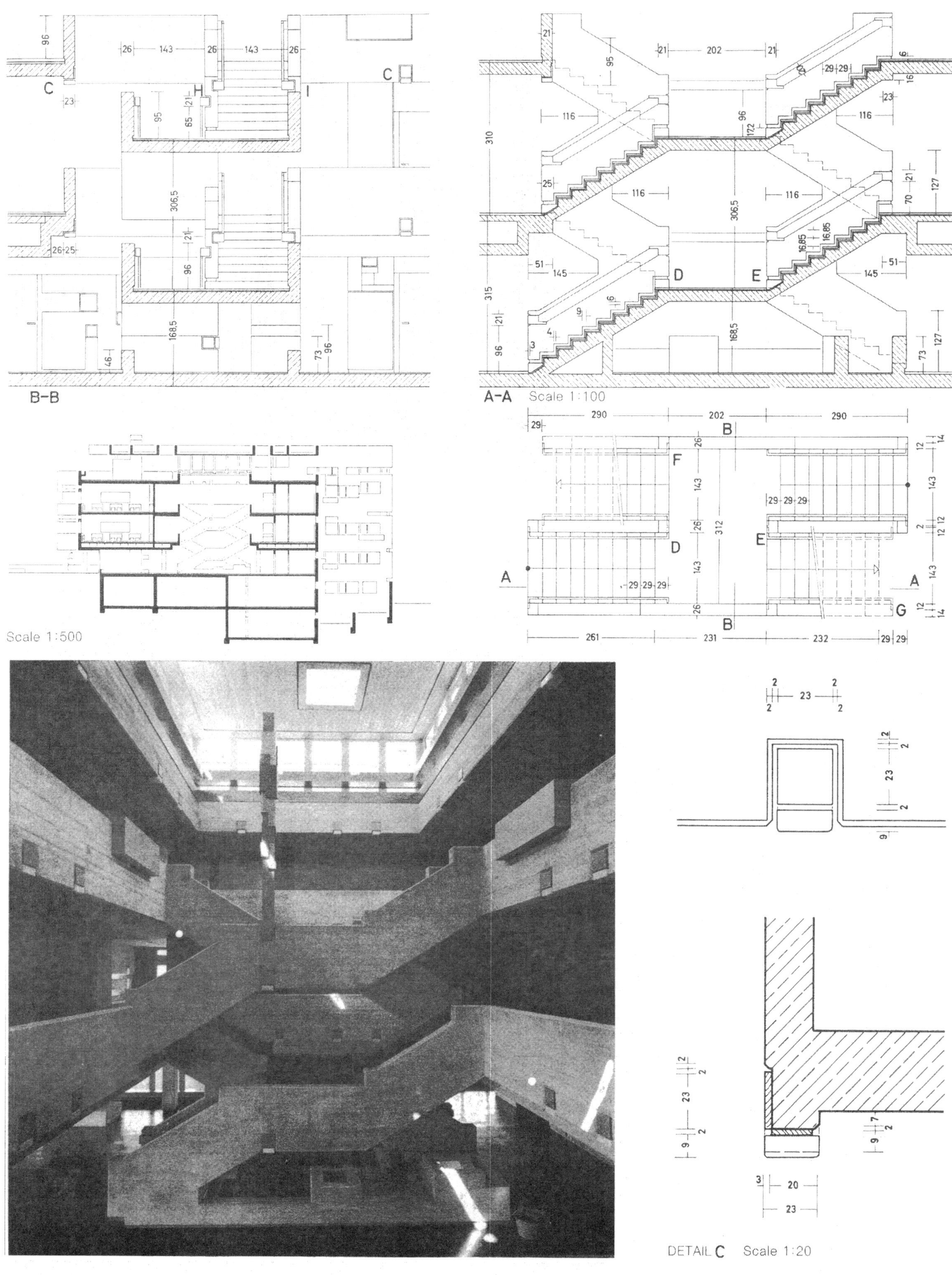
B-B
A-A Scale 1:100
Scale 1:500
DETAIL C Scale 1:20

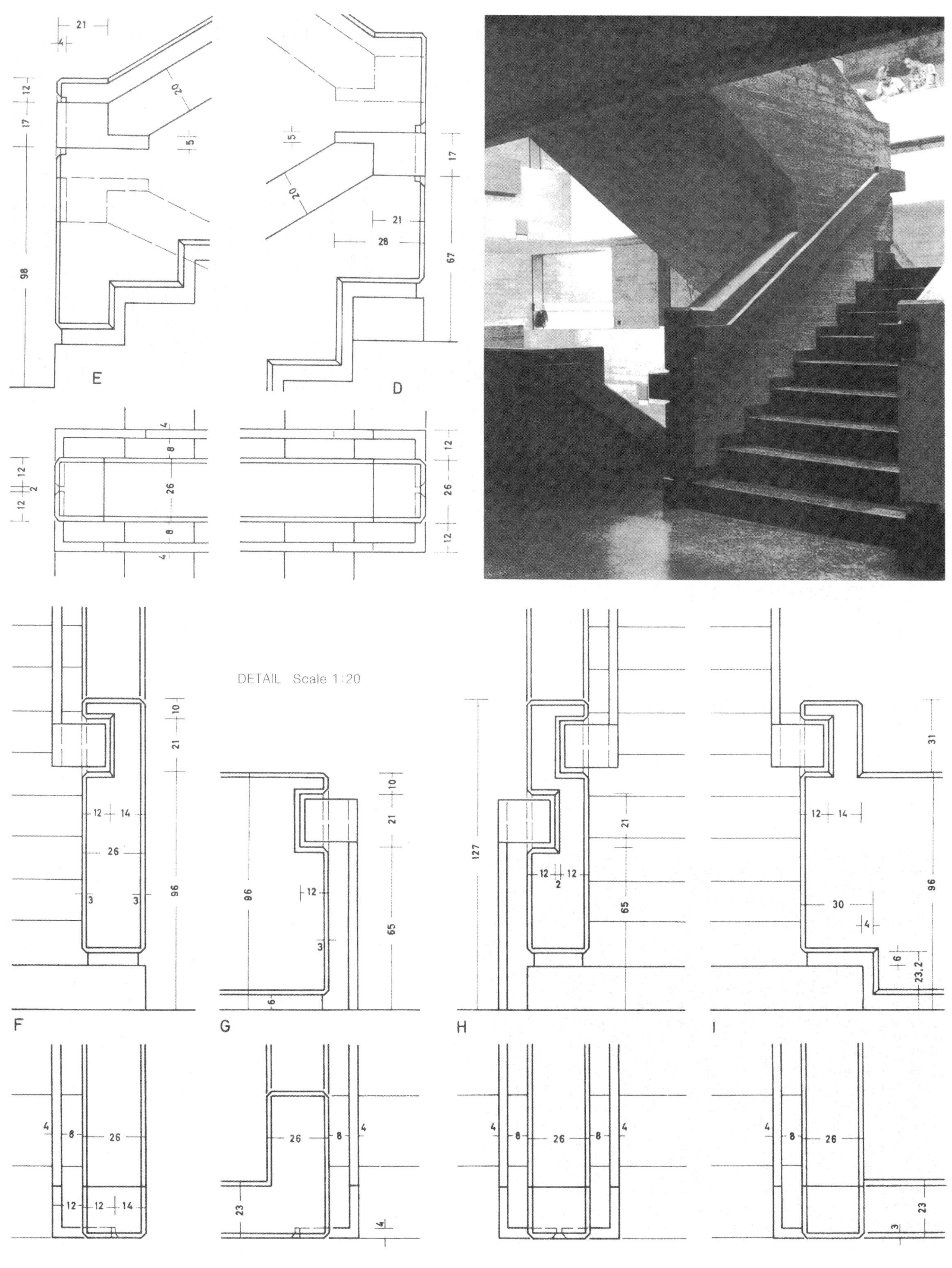
E
D
DETAIL Scale 1:20
F
G
H
I

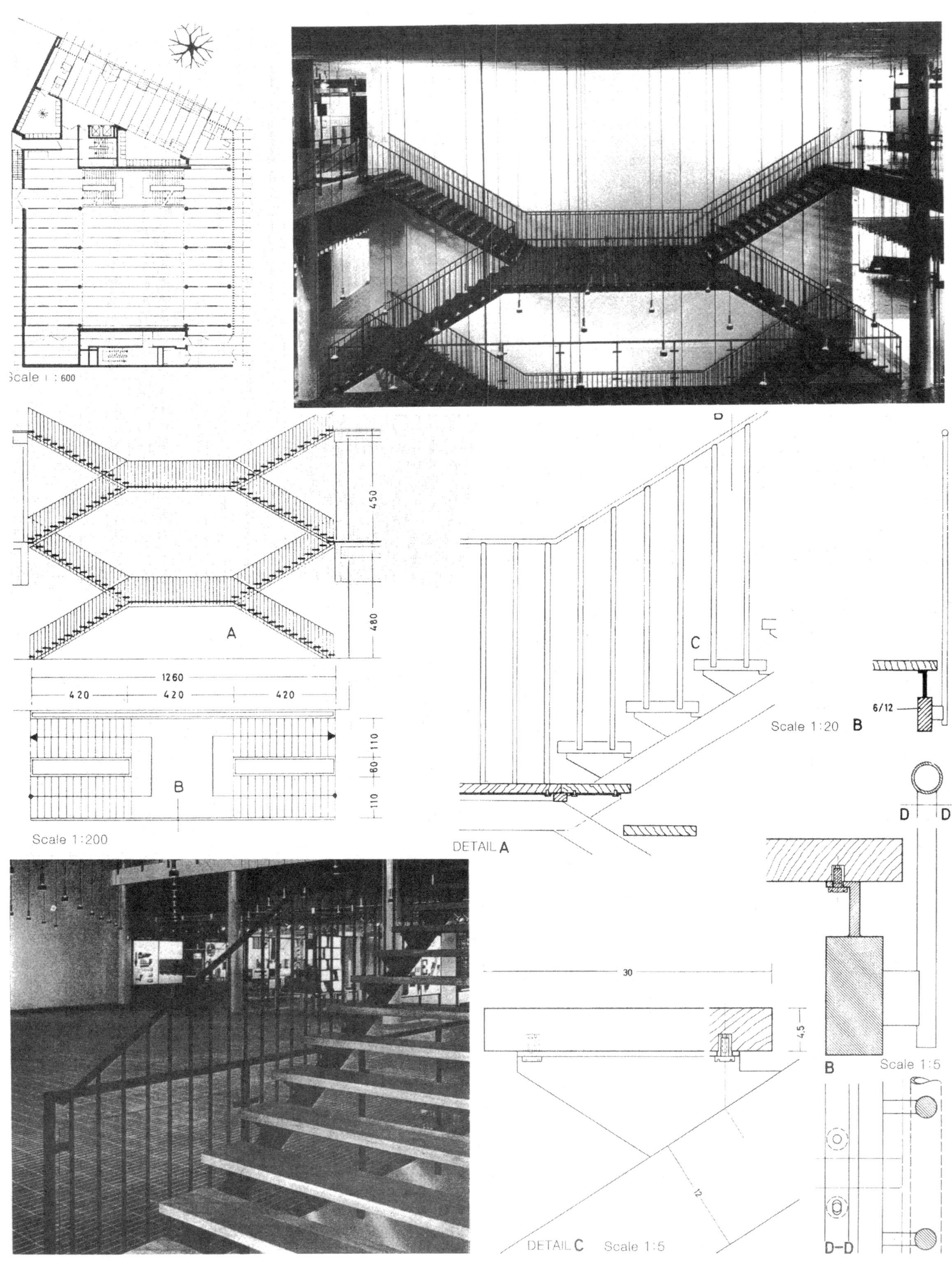
Scale 1 : 600
450
480
A
1260
420
420
420
B
110
80
110
Scale 1:200
C
Scale 1:20 B
6/12
DETAIL A
D
D
30
4,5
12
B
Scale 1:5
DETAIL C Scale 1:5
D-D

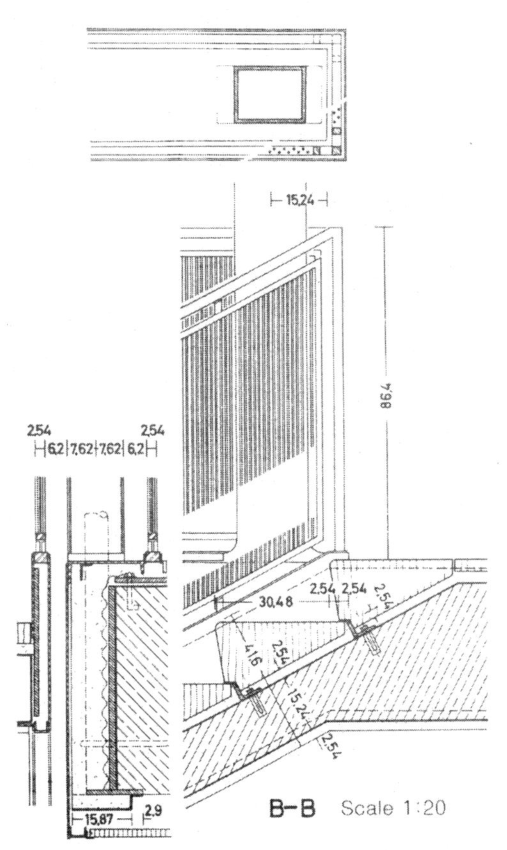
B–B Scale 1:20

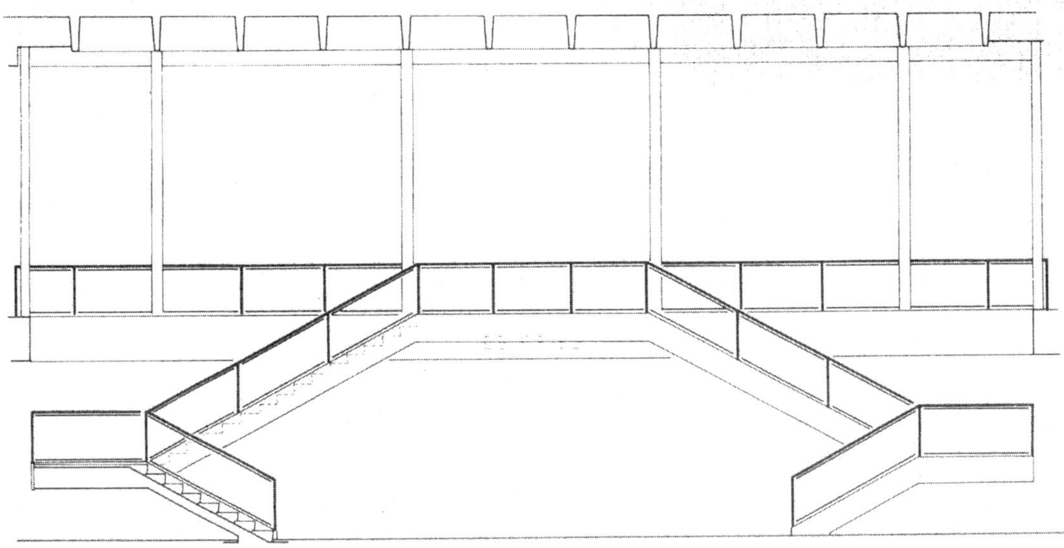

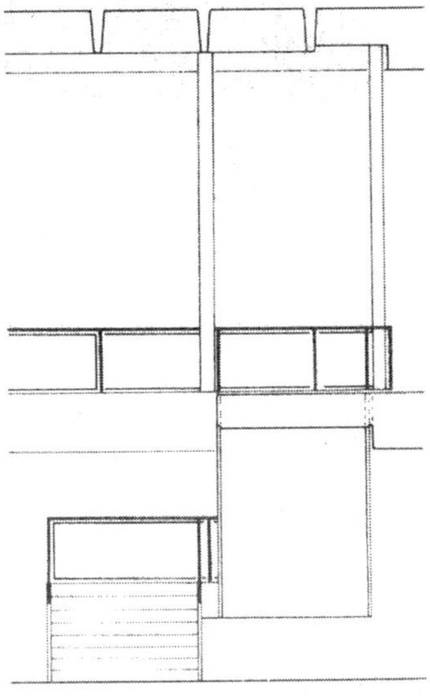

Scale 1:125

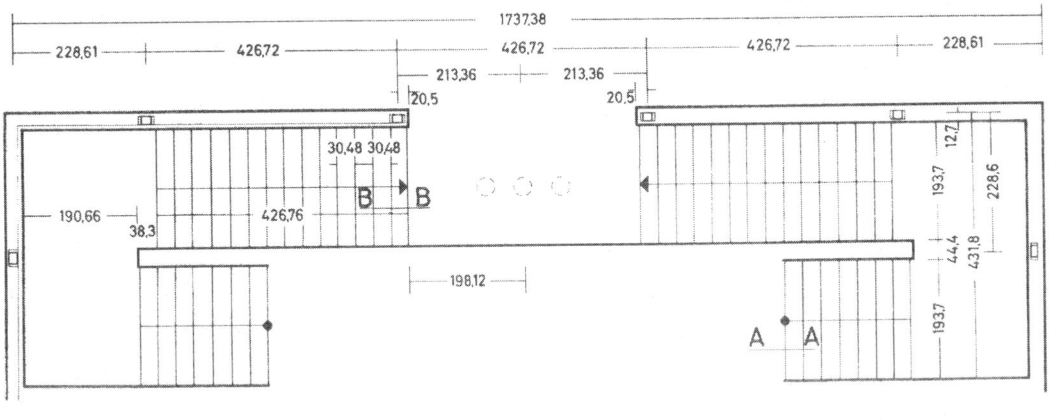

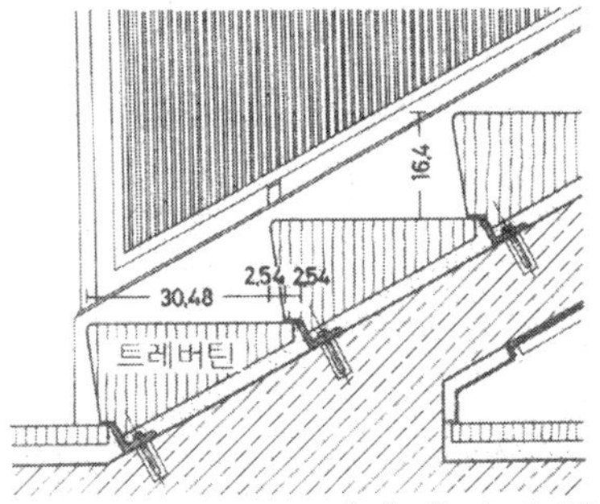

트레버틴

A–A Scale 1:20

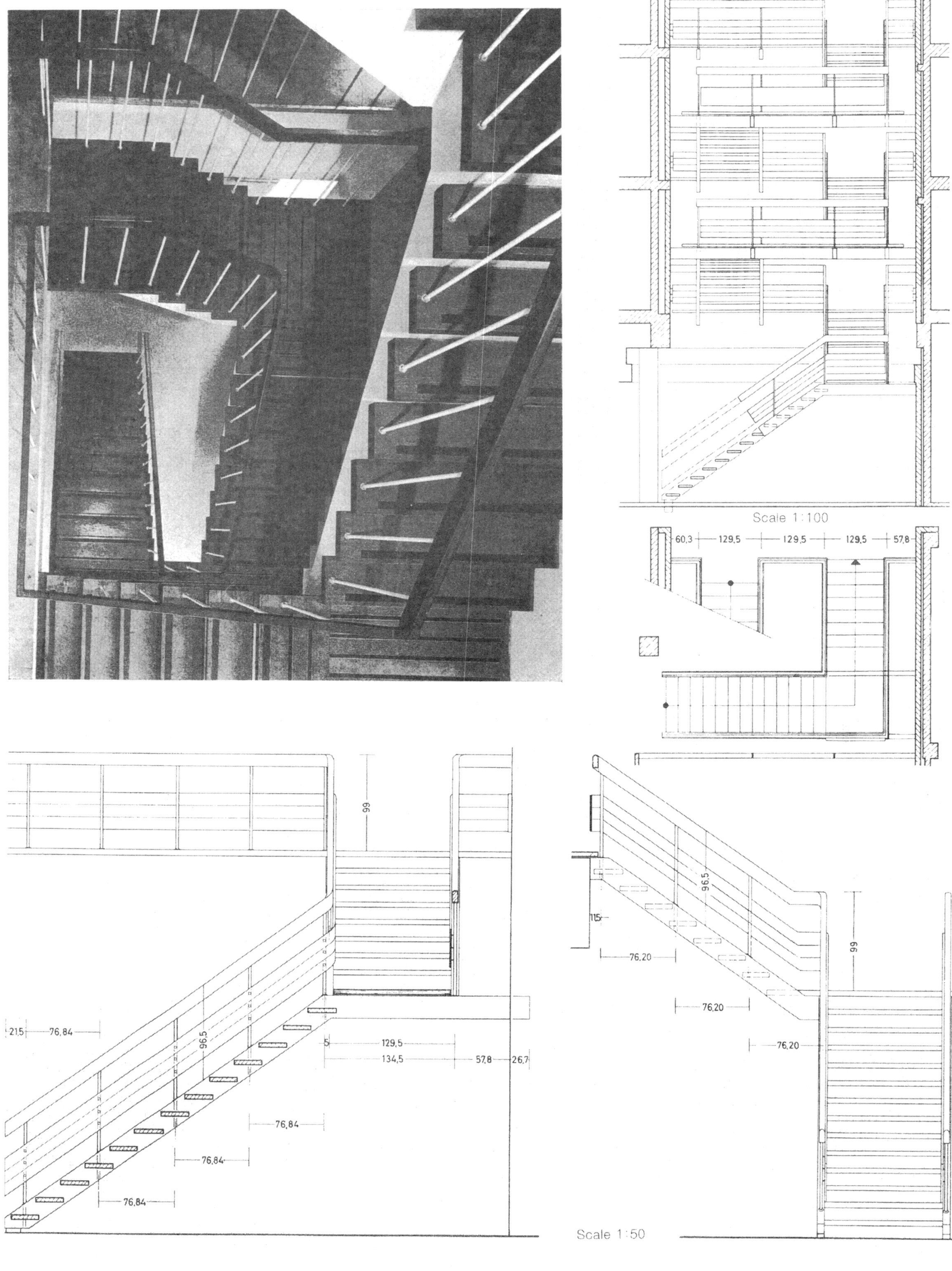
Scale 1:100
60,3
129,5
129,5
129,5
57,8
99
96,5
21,5
76,84
129,5
134,5
57,8
26,7
76,84
76,84
76,84
115
76,20
76,20
76,20
96,5
99
Scale 1:50

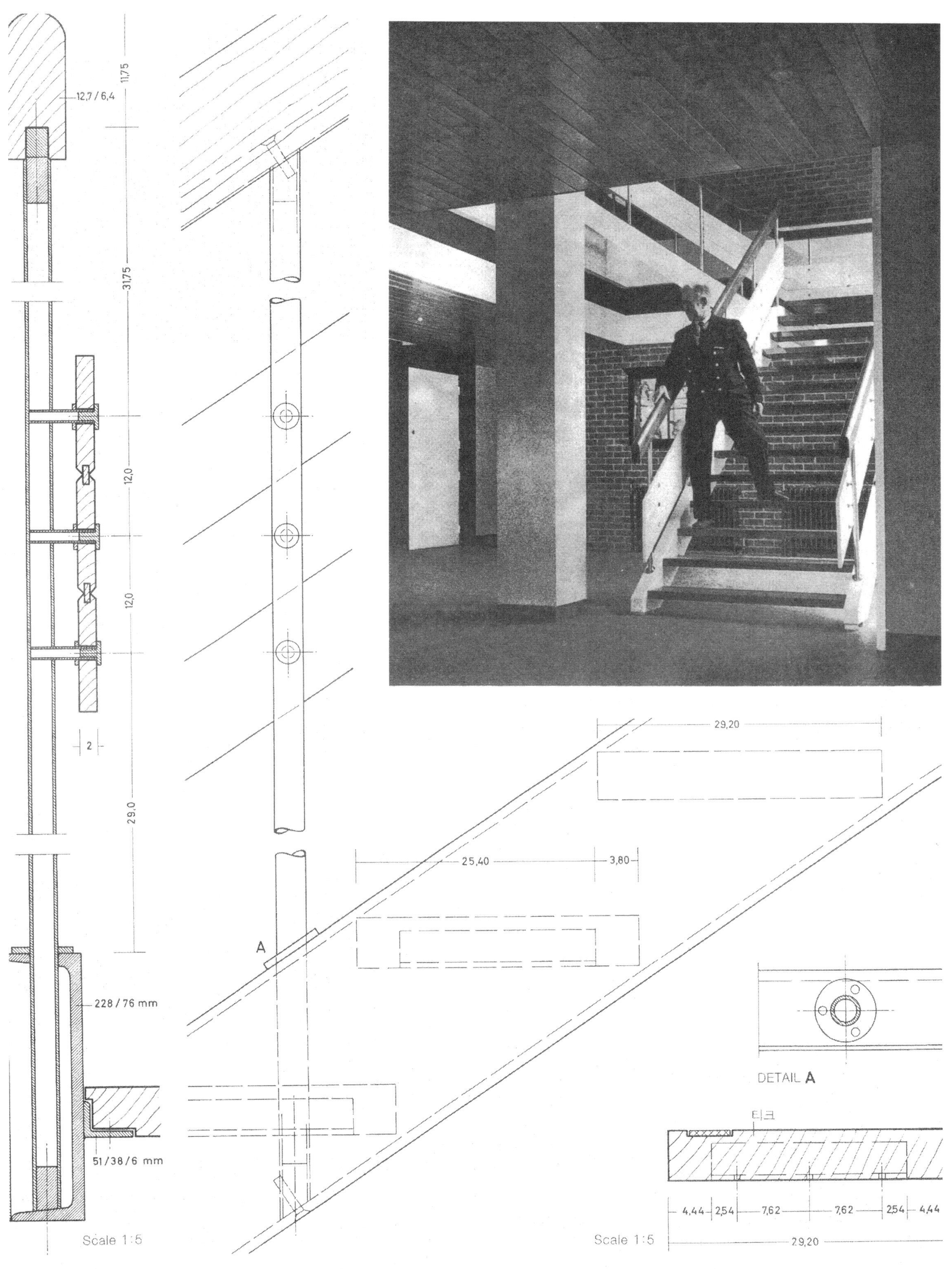
12,7 / 6,4
11,75
31,75
12,0
12,0
2
29,0
228 / 76 mm
51/38/6 mm
Scale 1:5
A
29,20
25,40
3,80
DETAIL A
티크
4,44
2,54
7,62
7,62
2,54
4,44
29,20
Scale 1:5

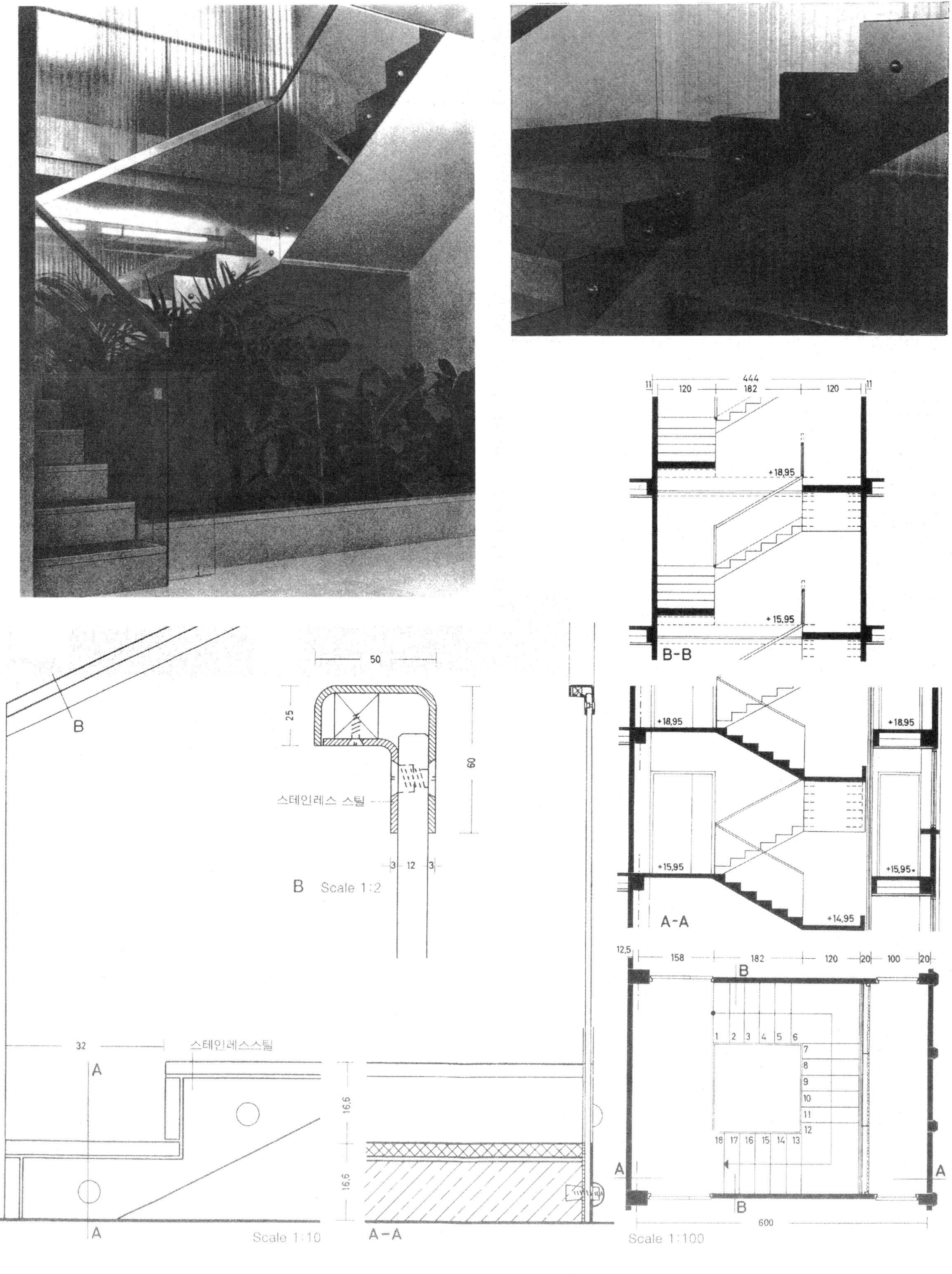
444
120
182
120
11
+18,95
+15,95
B-B
+18,95
+15,95
+14,95
A-A
12,5
158
182
120
20
100
20
B
1 2 3 4 5 6
7
8
9
10
11
12
18 17 16 15 14 13
A
A
B
600
Scale 1:100
50
25
60
스테인레스 스틸
3 12 3
B Scale 1:2
B
32
스테인레스스틸
A
16,6
16,6
A
Scale 1:10
A-A

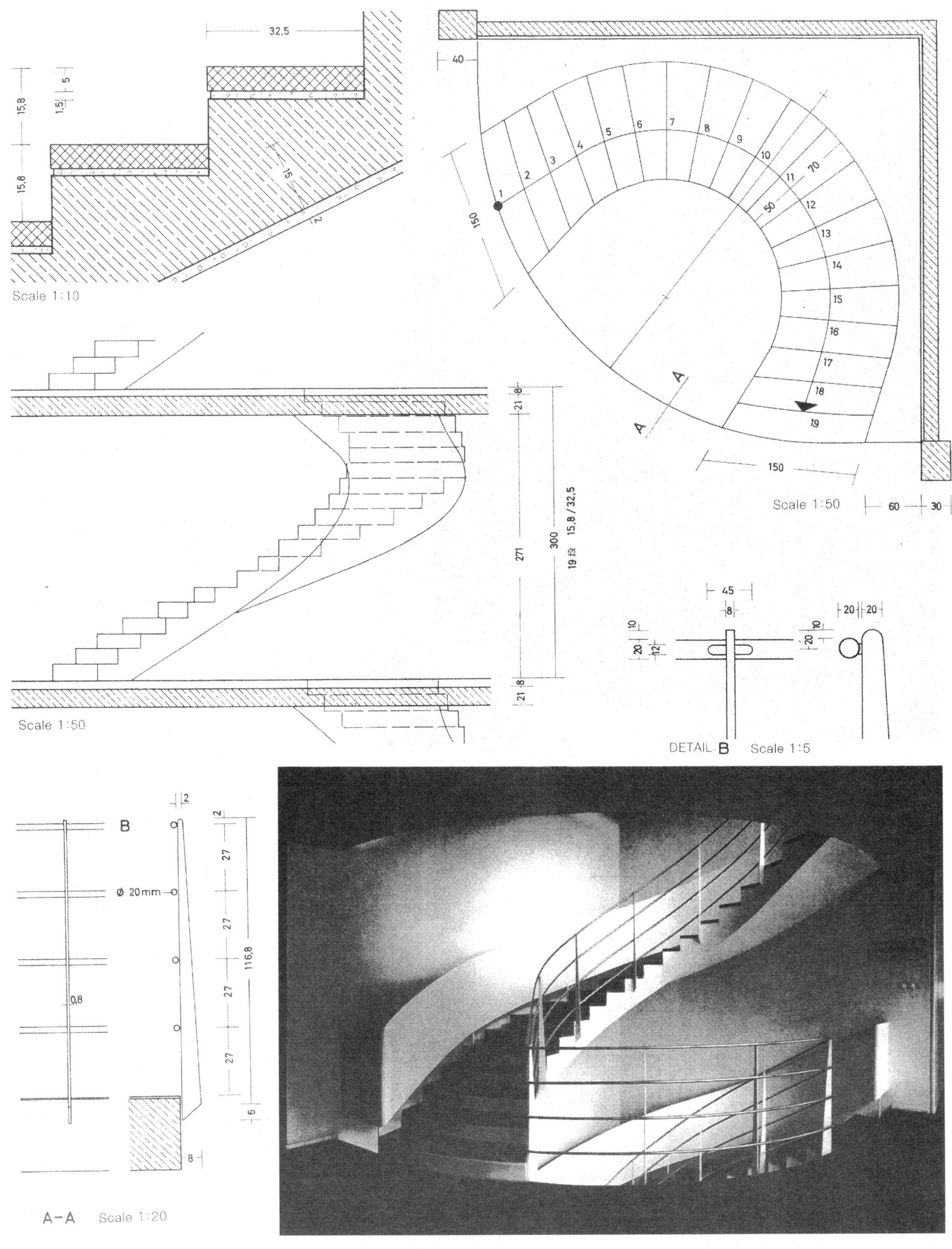
32,5
15,8
15,8
1,5
5
15
2
Scale 1:10
40
150
150
Scale 1:50
60
30
A
A
Scale 1:50
21
8
271
300
19 段 15,8 / 32,5
DETAIL B Scale 1:5
45
8
20
20
B
ø 20mm
0,8
27
116,8
A–A Scale 1:20

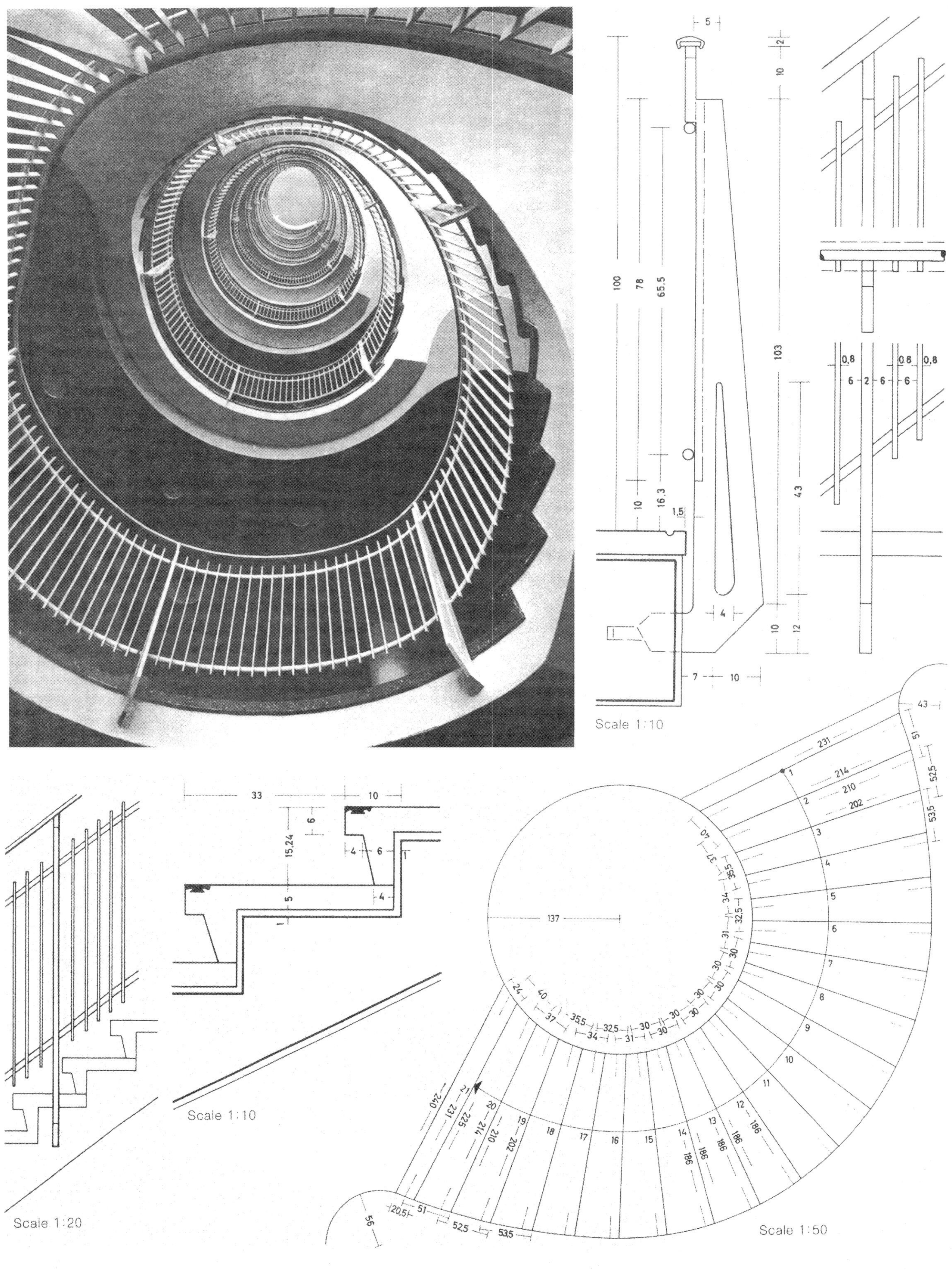
Scale 1:10
Scale 1:20
Scale 1:10
Scale 1:50

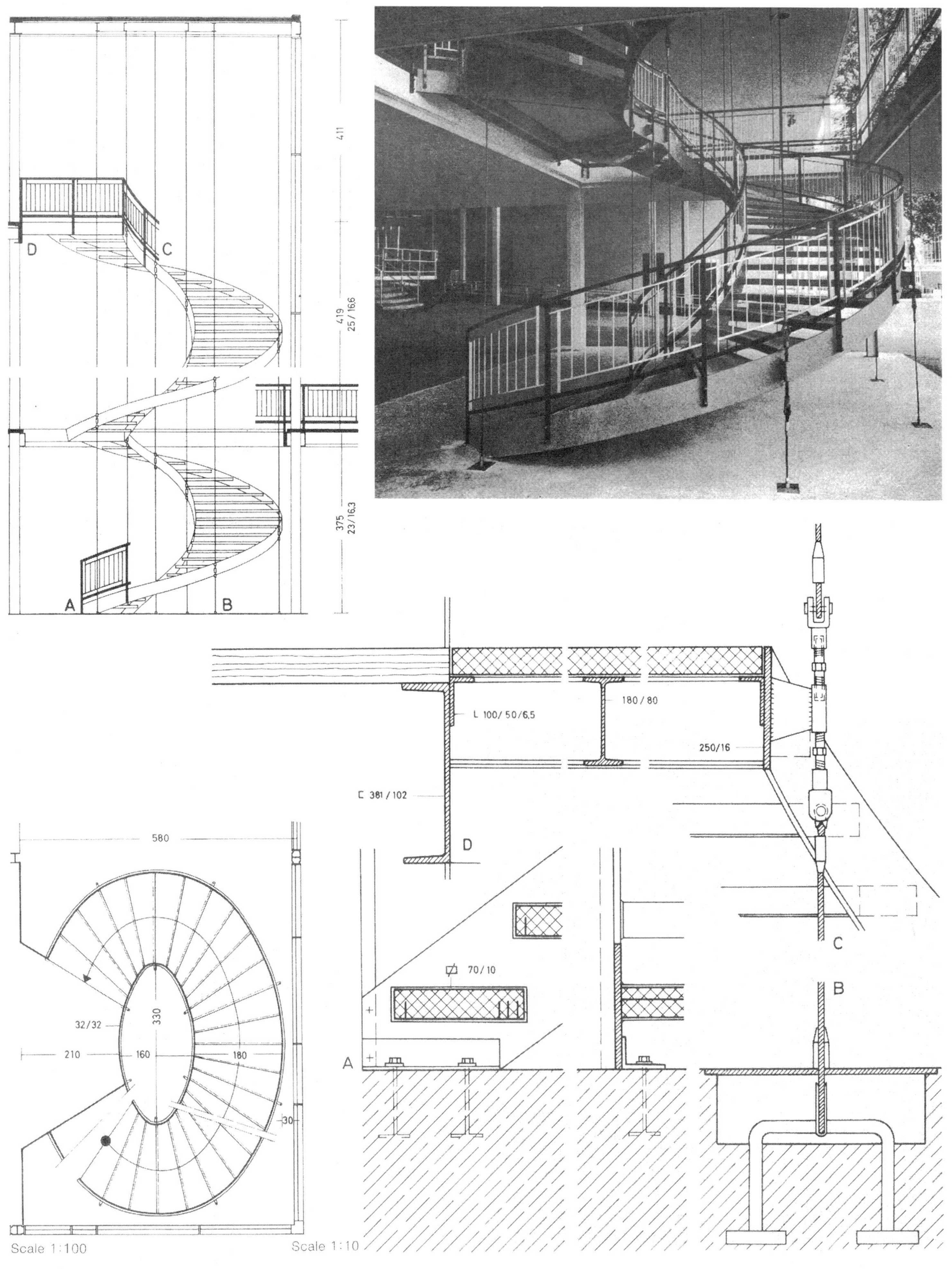

411
419
25/16,6
375
23/16,3
D
C
A
B
L 100/50/6,5
180/80
250/16
[381/102
D
C
B
70/10
A
580
330
32/32
210
160
180
30
Scale 1:100
Scale 1:10

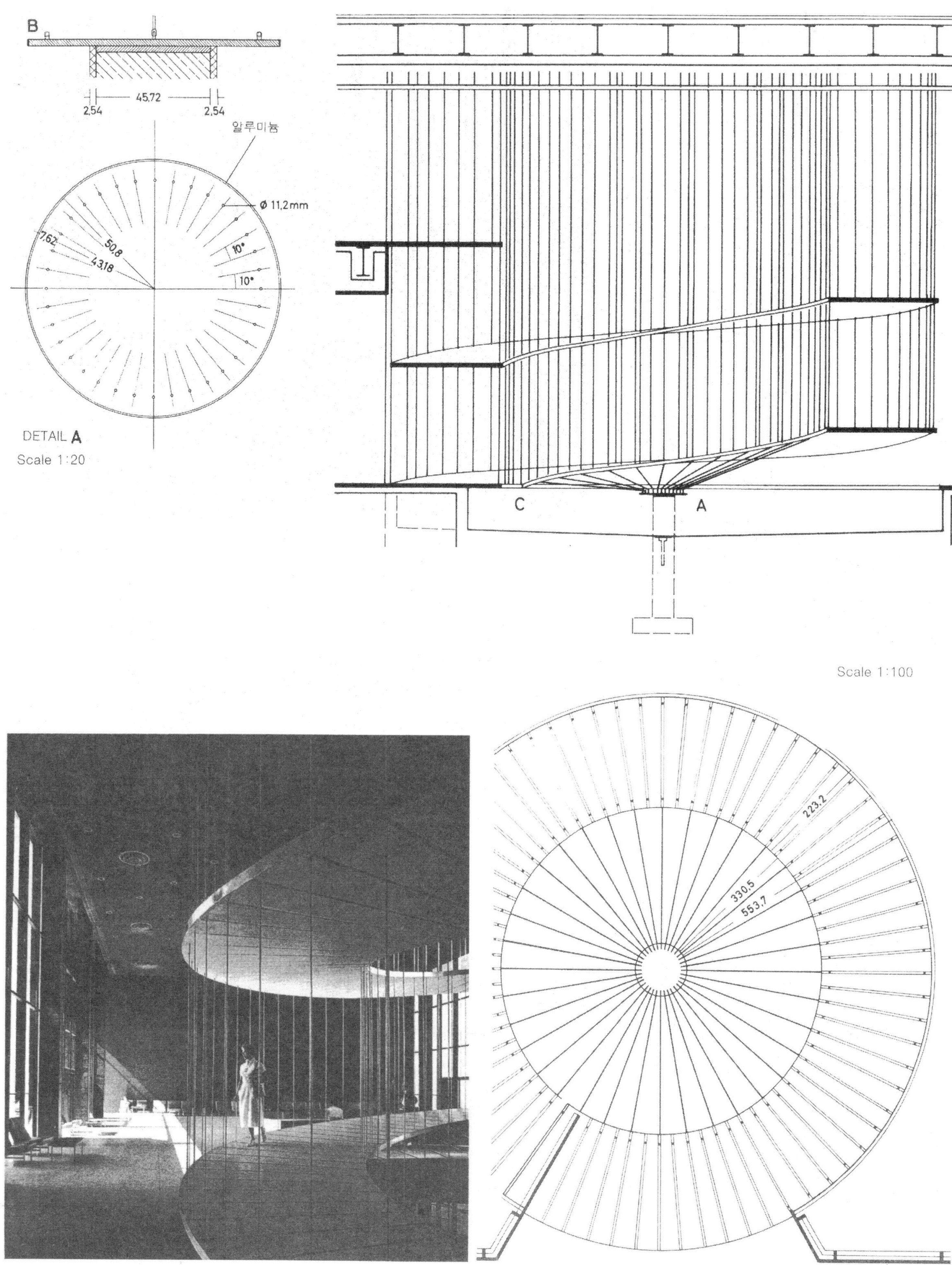
B
45,72
2,54
2,54
알루미늄
Ø 11,2mm
7,62
50,8
43,18
10°
10°
DETAIL A
Scale 1:20
C
A
Scale 1:100
223.2
330.5
553.7

2,54
2,54
13,97
26,67
10,16
3,17
57,78
45,72
10,16
10,16
5,08
Ø 11,2 mm
0,951
5,25
3,17
C
9,6 mm
DETAIL B
Scale 1:10
Scale 1:500

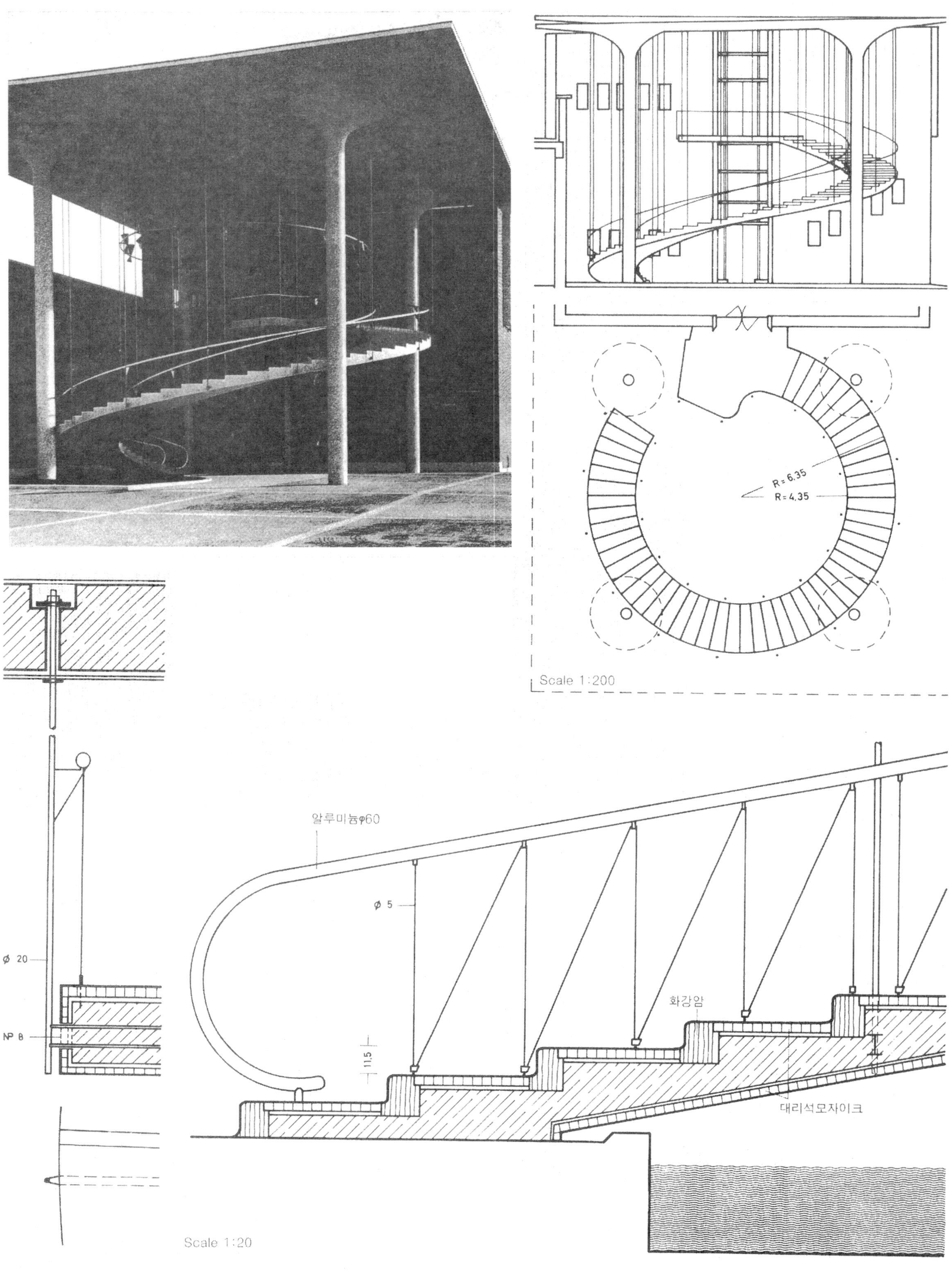
R=6.35
R=4.35
Scale 1:200
알루미늄φ60
φ 5
φ 20
NP 8
11,5
화강암
대리석모자이크
Scale 1:20

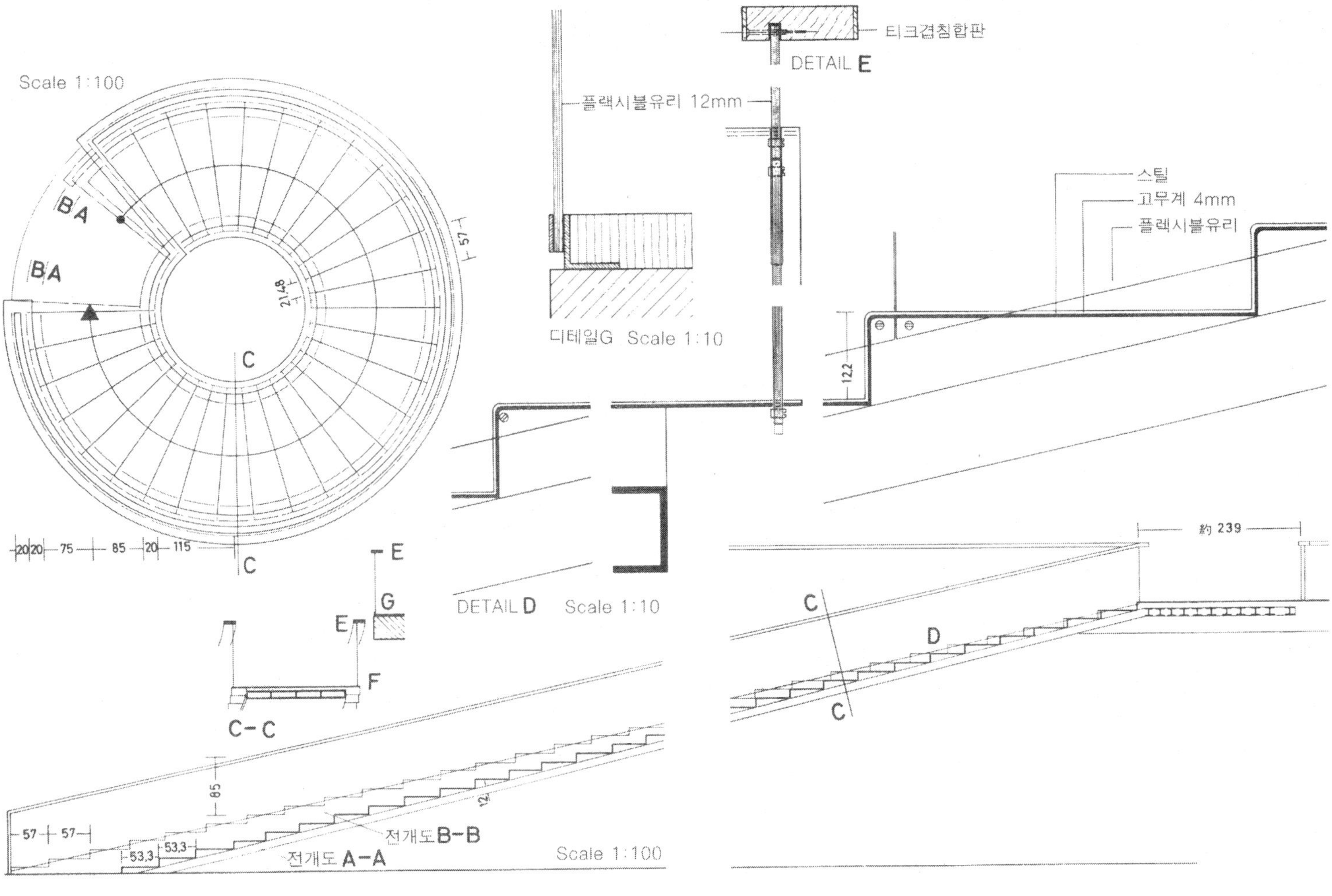

Scale 1:100

B A

B A

21.48

57

C

C

20 20 75 85 20 115

E

G

E

F

C-C

85

12

57 57

53.3 53.3

전개도 B-B

전개도 A-A

Scale 1:100

플랙시블유리 12mm

디테일G Scale 1:10

티크겹침합판

DETAIL E

스틸

고무계 4mm

플렉시블유리

122

DETAIL D Scale 1:10

約 239

C

D

C

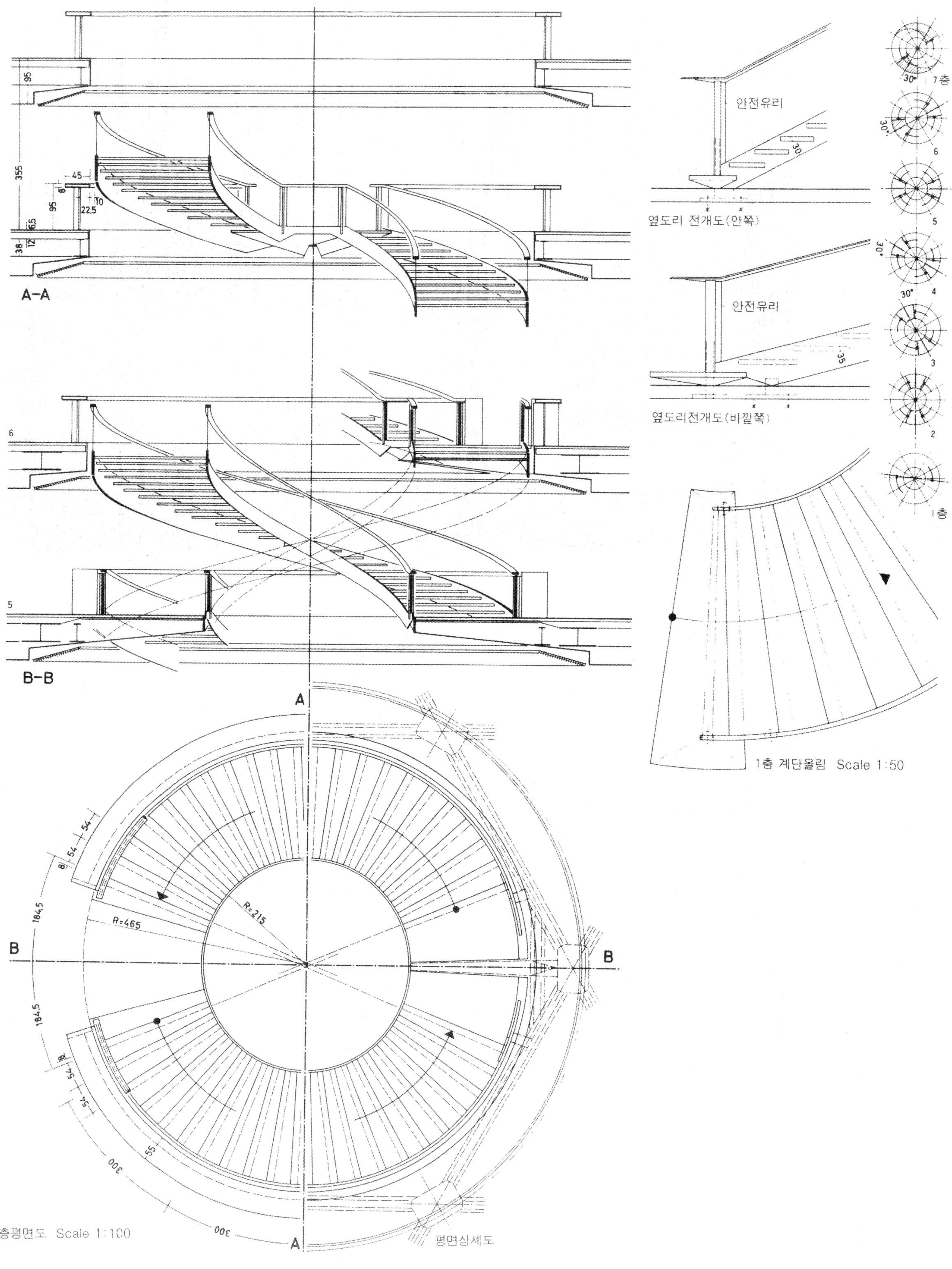
A-A
B-B
안전유리
옆도리 전개도(안쪽)
안전유리
옆도리전개도(바깥쪽)
7층
6
5
4
3
2
1층
1층 계단올림 Scale 1:50
R=215
R=465
평면상세도
5층평면도 Scale 1:100

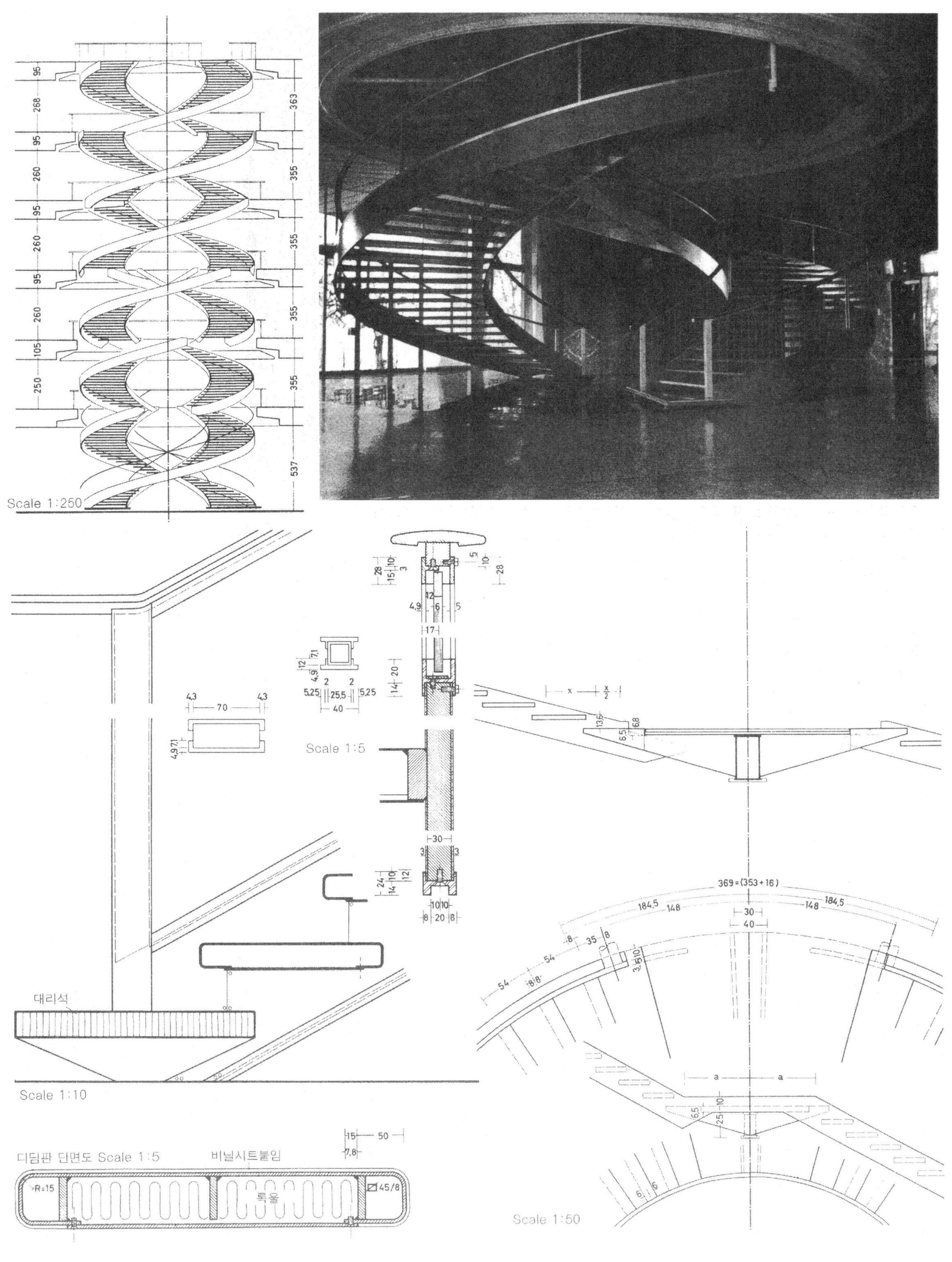
Scale 1:250
대리석
Scale 1:10
Scale 1:5
Scale 1:50
디딤판 단면도 Scale 1:5
비닐시트붙임
R=15
45/8
369=(353+16)

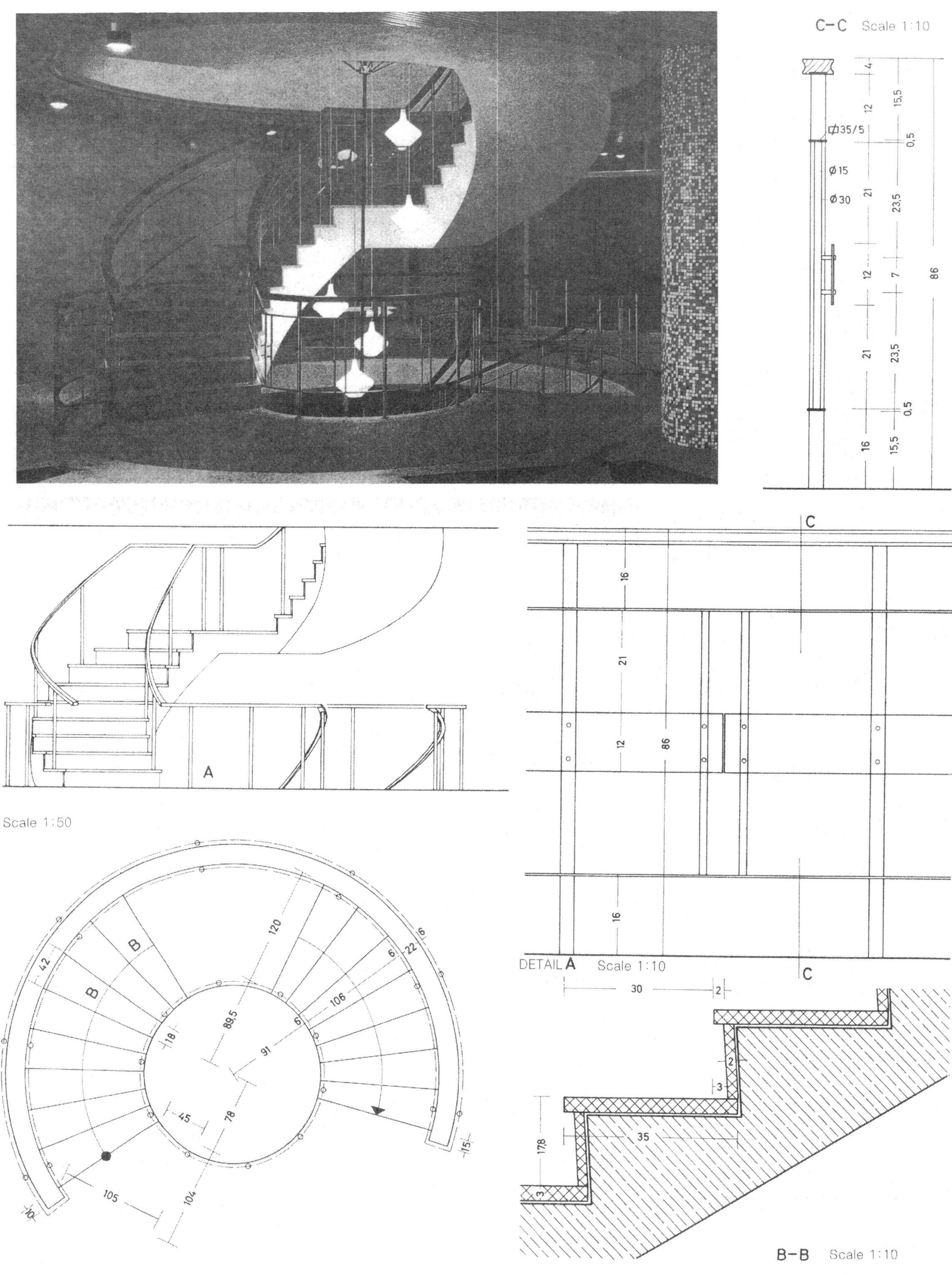
C-C Scale 1:10
35/5
Ø15
Ø30
DETAIL A Scale 1:10
Scale 1:50
B-B Scale 1:10

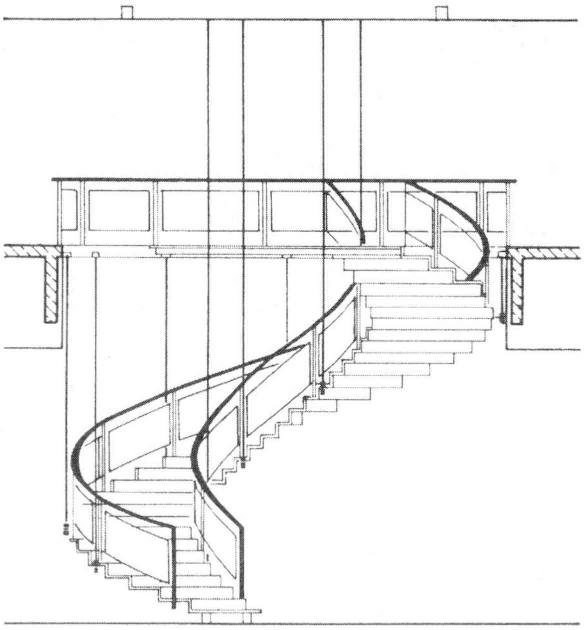

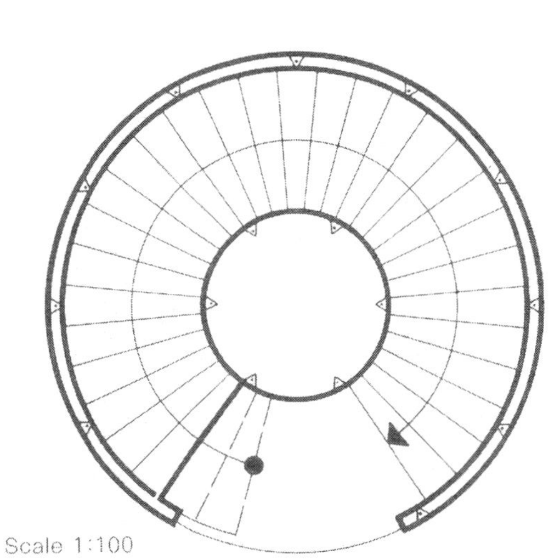

Scale 1:100

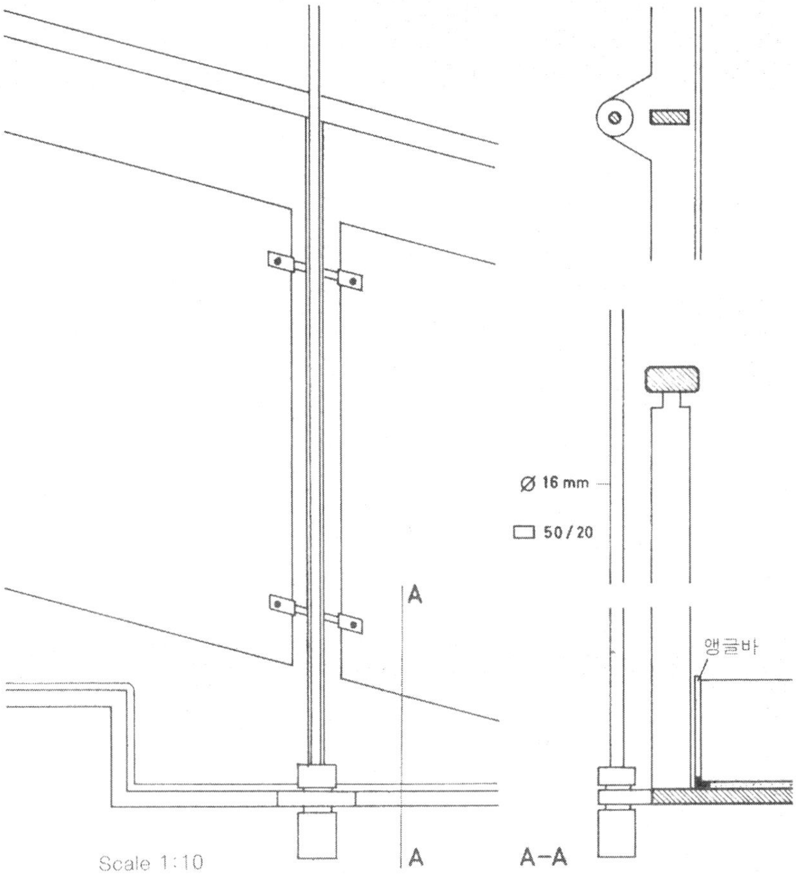

Ø 16 mm

▭ 50/20

앵글바

A

A

Scale 1:10

A–A

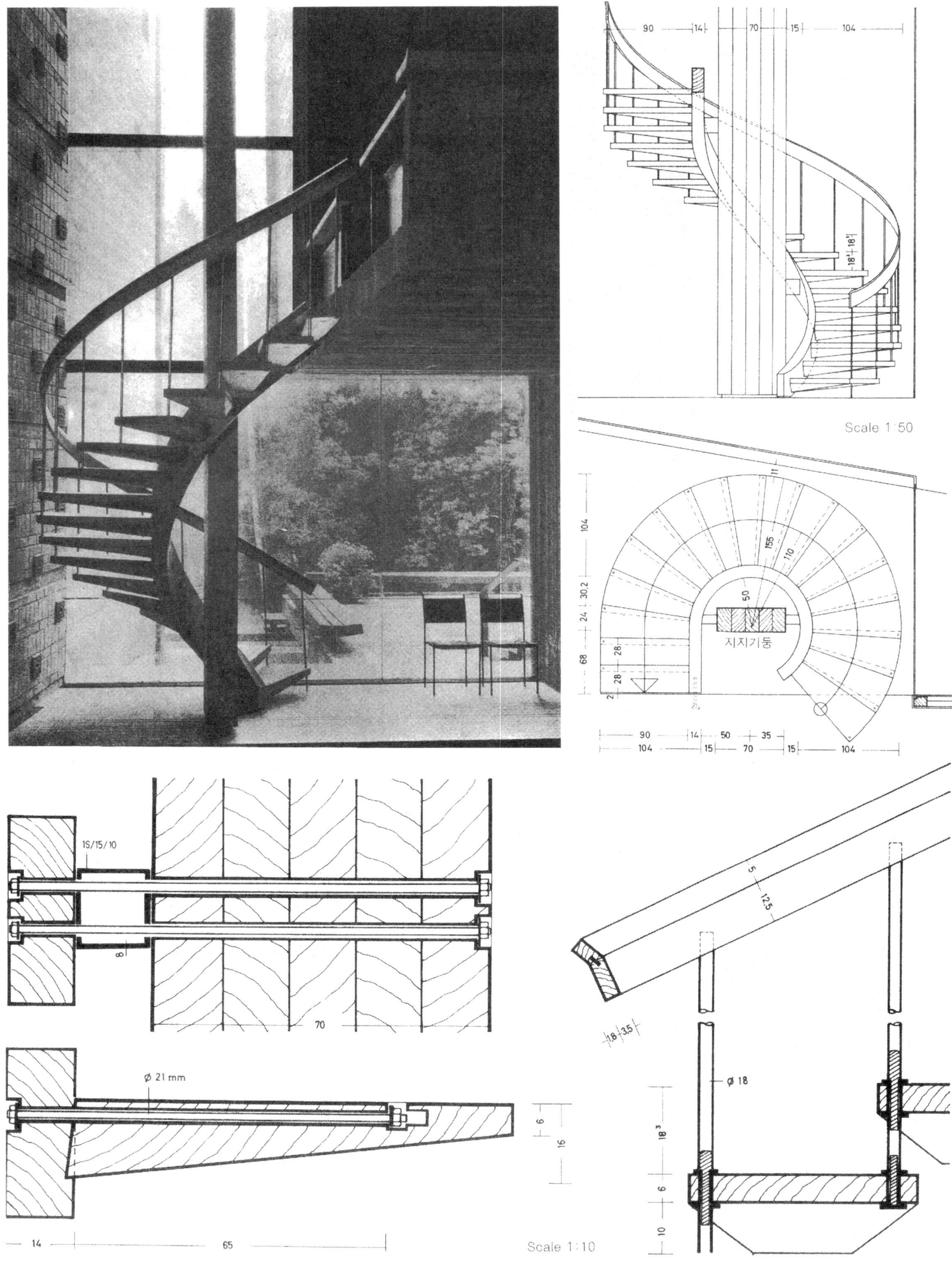
90
14
70
15
104
18¹/₂ 18¹/₂
Scale 1:50
104
30,2
24
68
28
28
2
155
110
50
11
지지기둥
90
14
50
35
104
15
70
15
104
1S/15/10
8
70
ø 21 mm
6
16
14
65
Scale 1:10
5
12,5
1,8
3,5
ø 18
18³
6
10

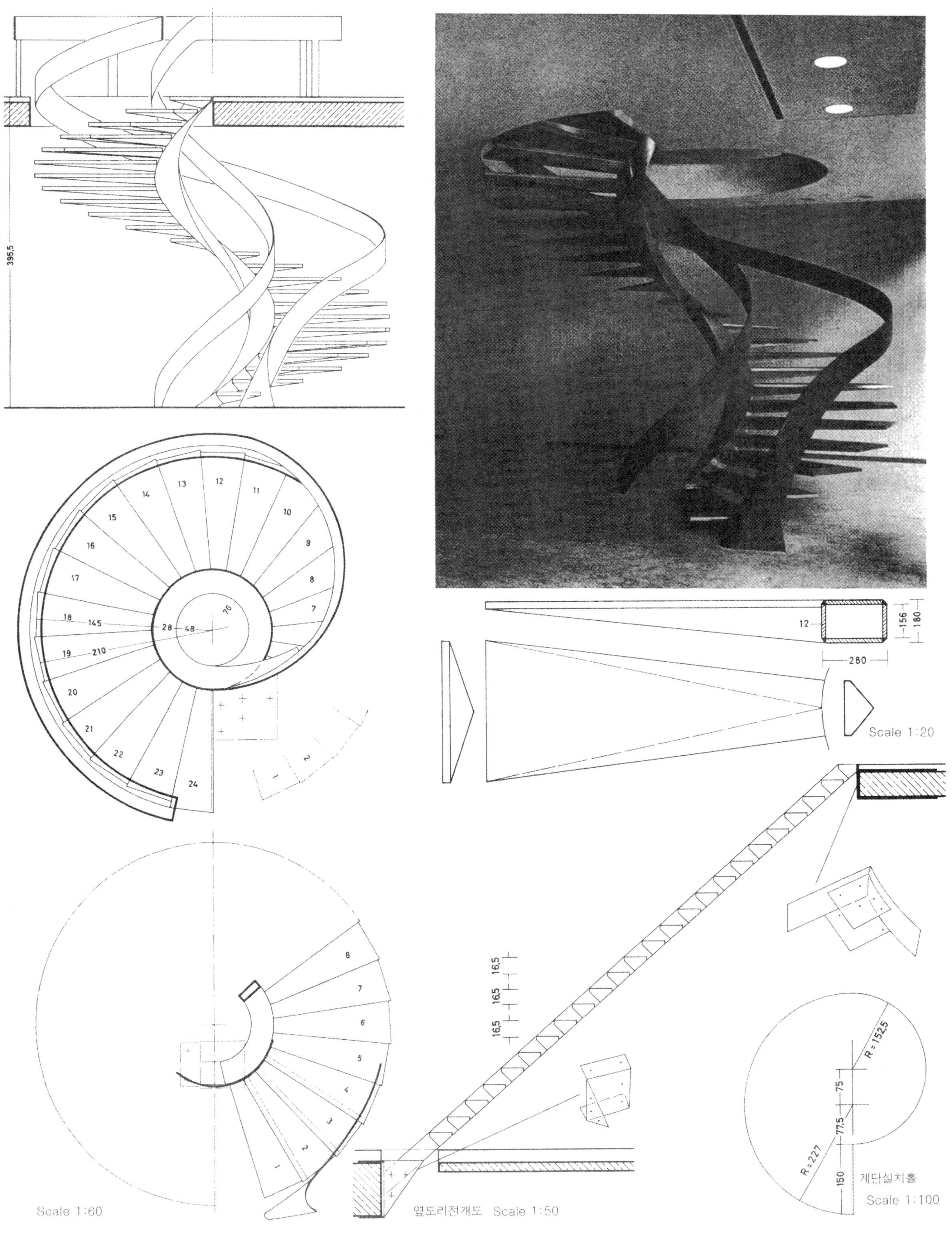
395,5
145
210
28
48
76
Scale 1:20
Scale 1:60
옆도리전개도 Scale 1:50
계단실치홀
Scale 1:100
R=152,5
R=227
75
77,5
150
16,5
12
156
180
280

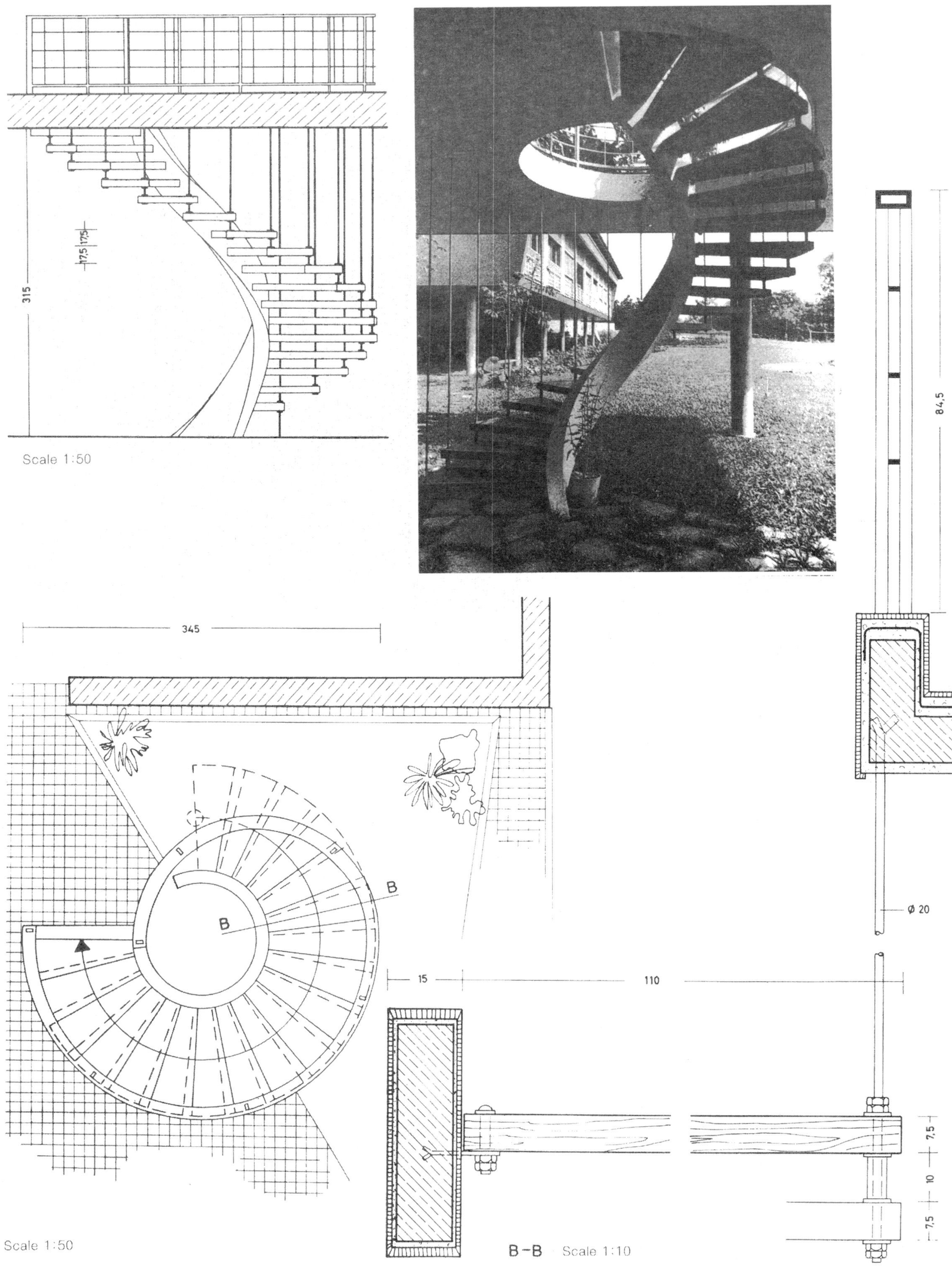
315
17,5
17,5
Scale 1:50
345
B
B
Scale 1:50
84,5
Ø 20
15
110
7,5
10
7,5
B-B
Scale 1:10

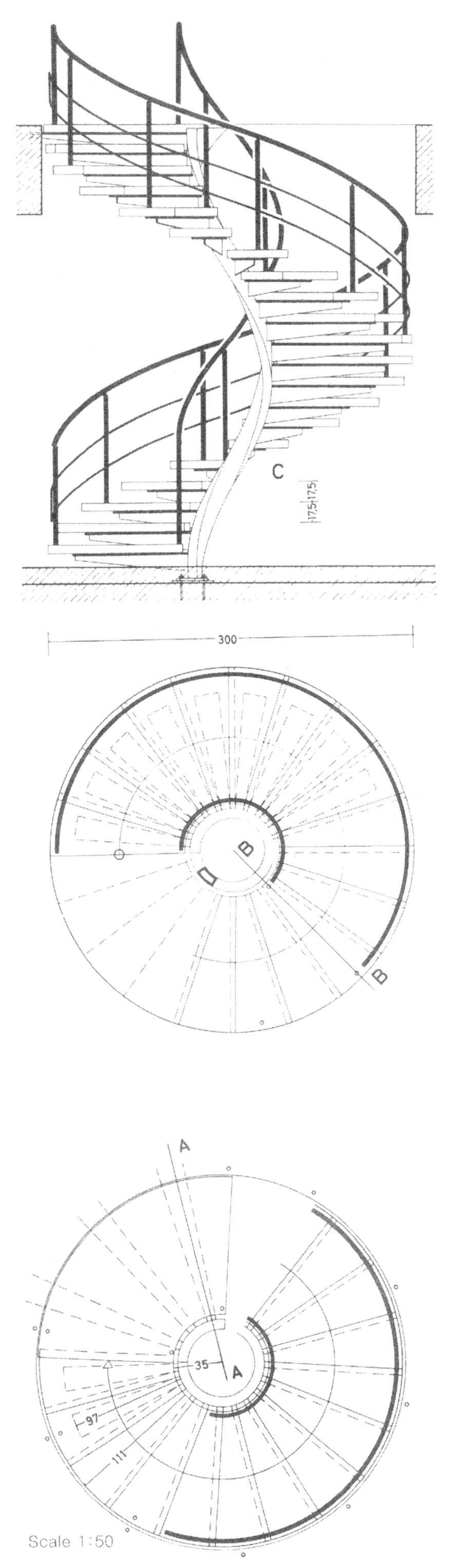
C
17,5|17,5
300
B
B
A
35
A
97
111
Scale 1:50

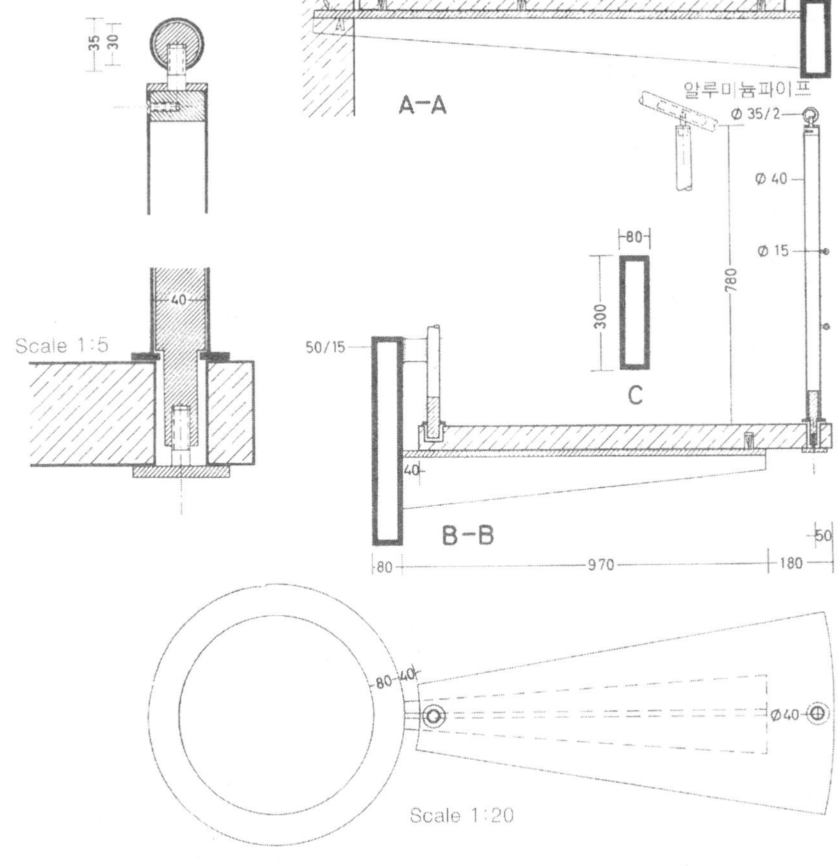
35
30
A–A
알루미늄파이프
Ø 35/2
Ø 40
Ø 15
80
300
780
C
40
Scale 1:5
50/15
40
B–B
50
80
970
180
80
40
Ø40
Scale 1:20

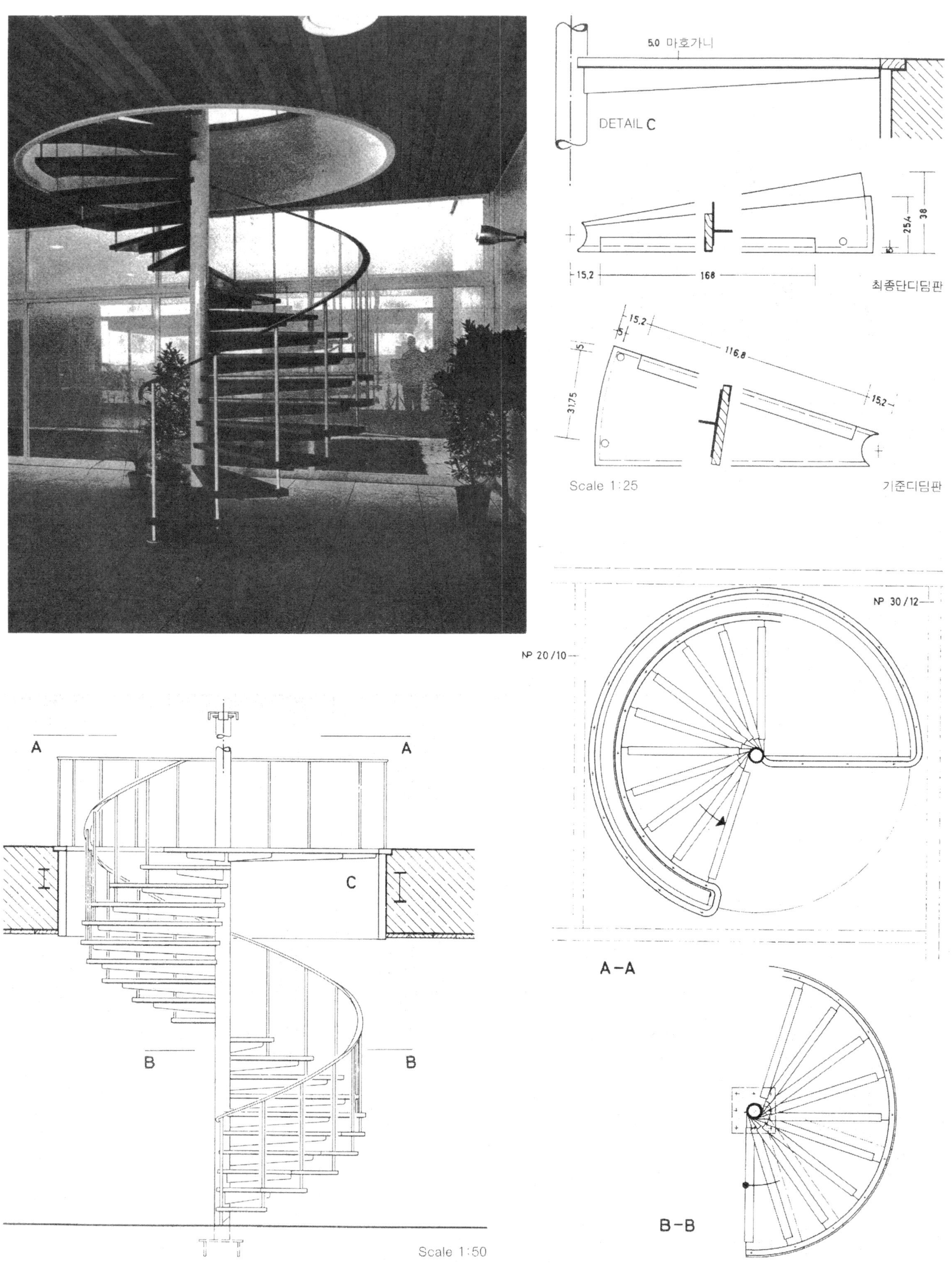
5.0 마호가니
DETAIL C
15,2
168
25,4
38
최종단디딤판
15,2
5
116,8
15,2
31,75
Scale 1:25
기준디딤판
NP 30/12
NP 20/10
A-A
A
A
C
B
B
Scale 1:50
B-B

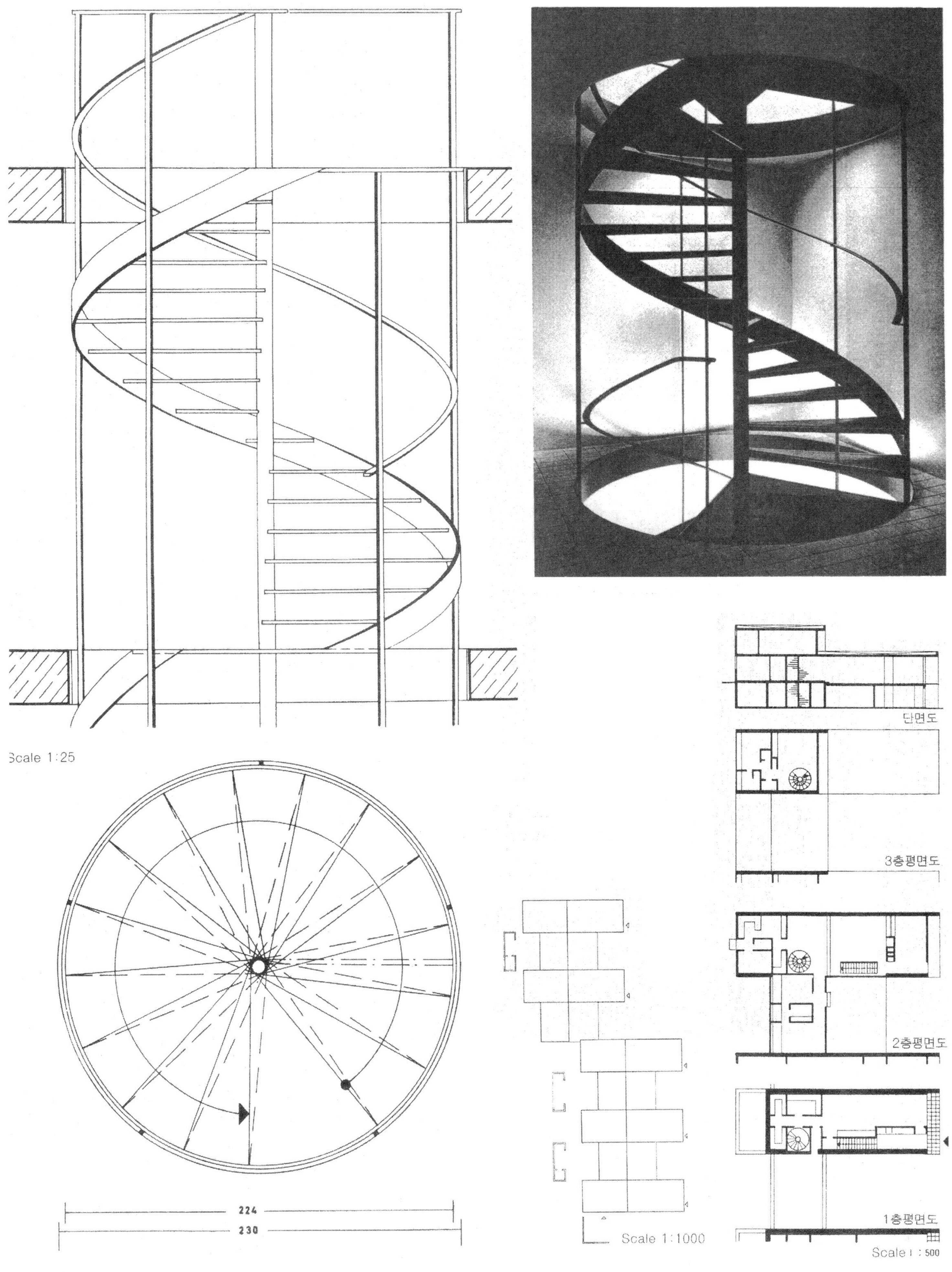
Scale 1:25
224
230
단면도
3층평면도
2층평면도
1층평면도
Scale 1:1000
Scale 1 : 500

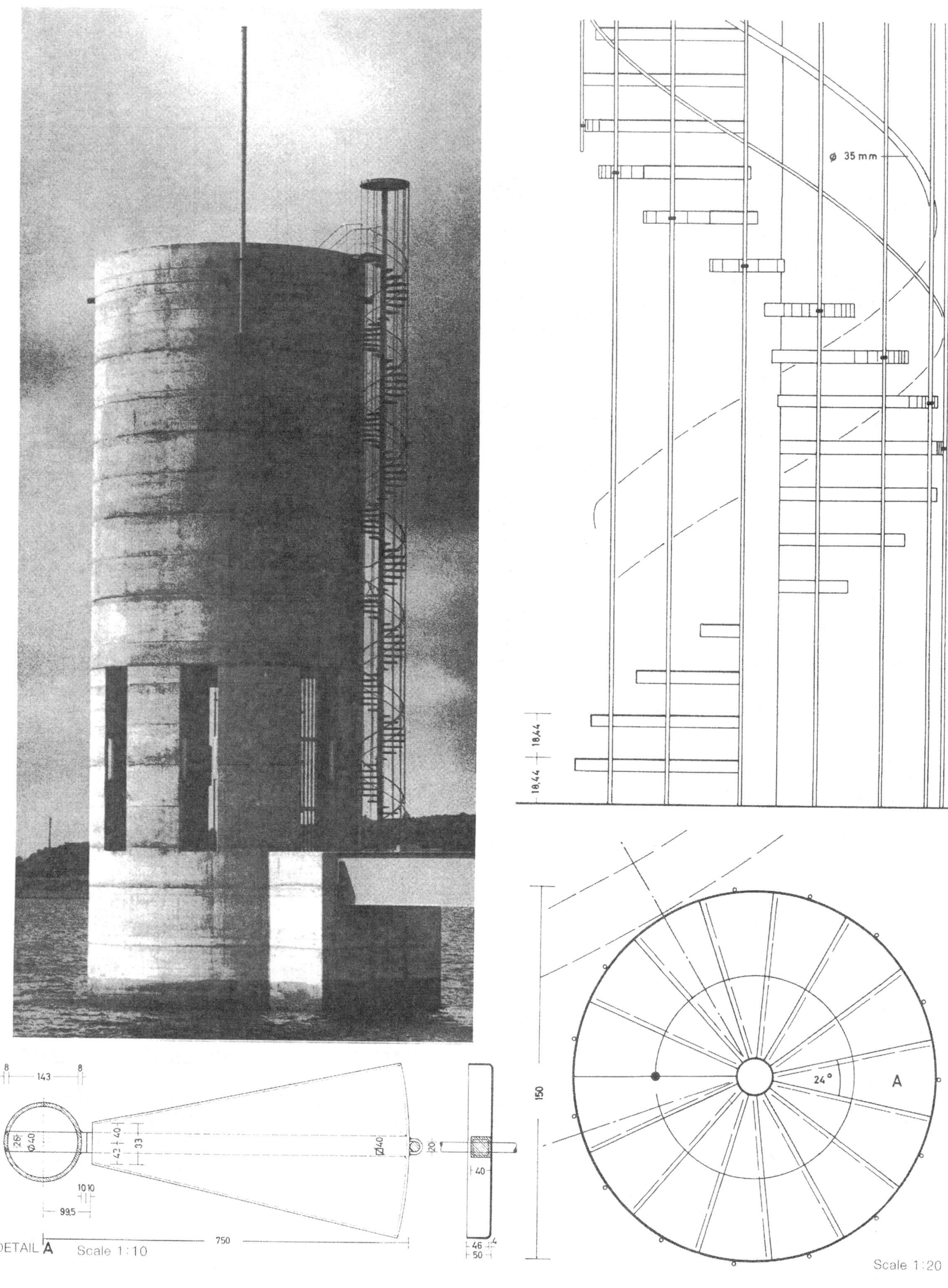
ø 35 mm
18,44
18,44
8
143
8
26
ø40
43
40
33
ø40
20
40
10 10
99,5
750
46
4
50
DETAIL A
Scale 1:10
24°
A
150
Scale 1:20

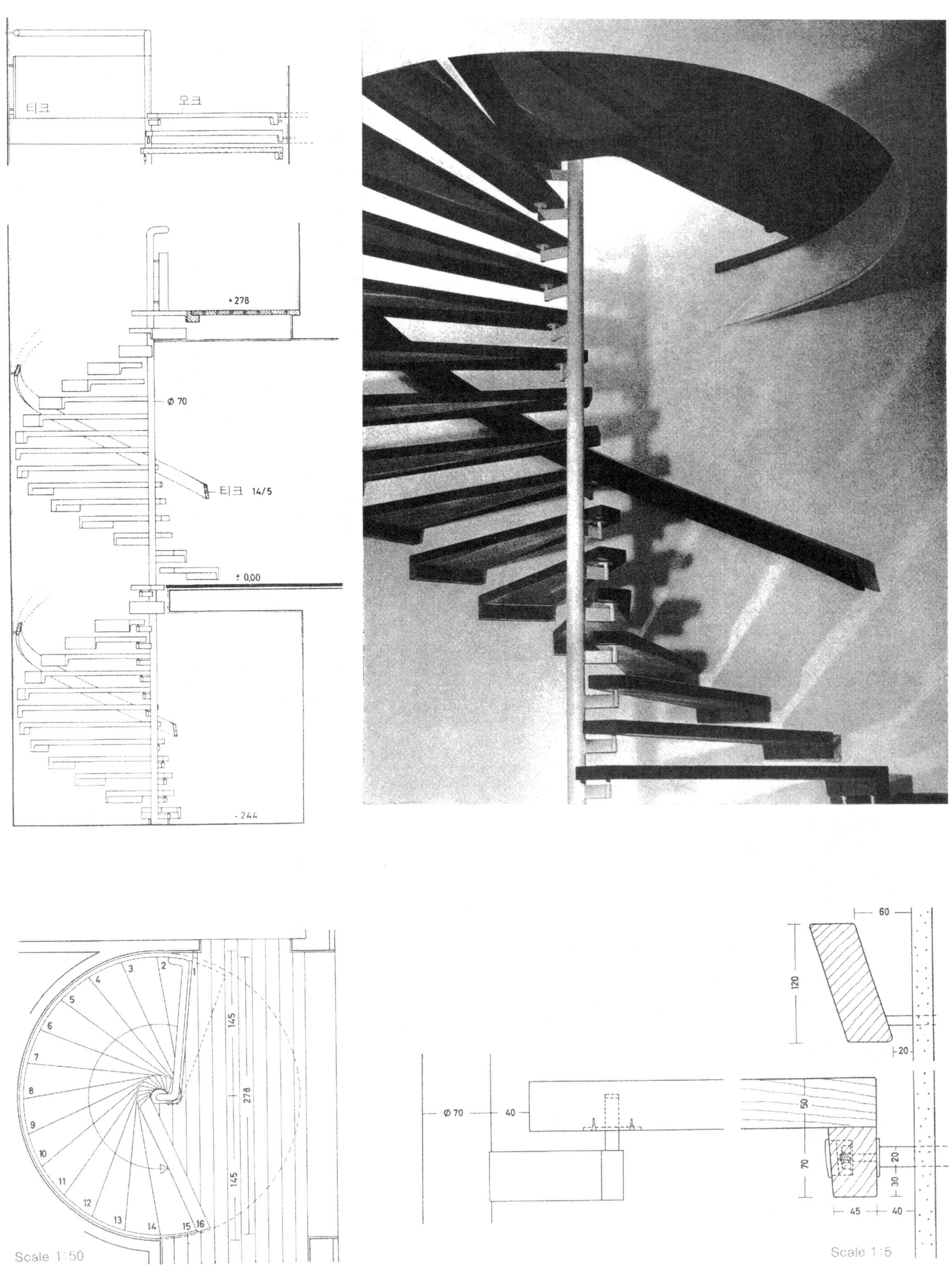
티크
오크
+278
Ø 70
티크 14/5
± 0,00
-244
1
2
3
4
5
6
7
8
9
10
11
12
13
14
15
16
145
278
145
Scale 1:50
60
120
20
Ø 70
40
50
70
20
30
45
40
Scale 1:5

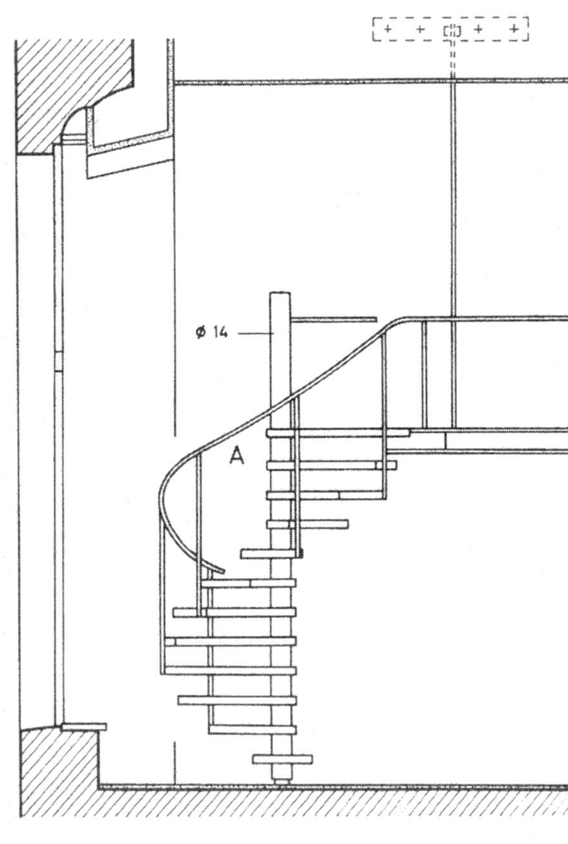

Scale 1:50

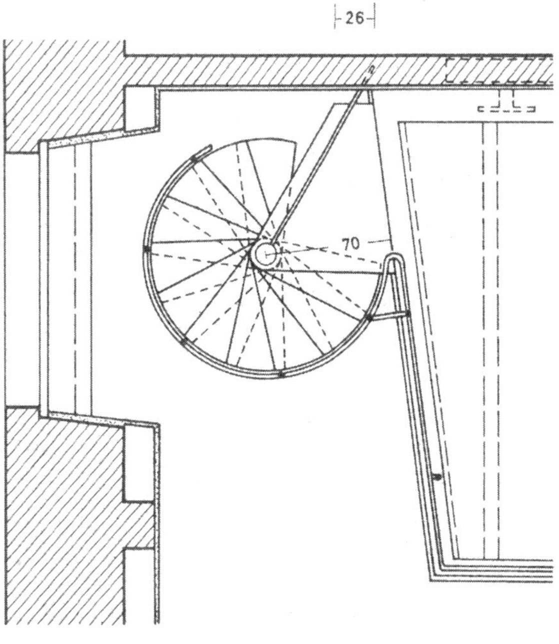

ø 80 mm
10 mm
3 mm
50
140
50
140
140
50
ø 20
25
ø 20
17,5
15
17,5
50
5
30

DETAIL A Scale 1:10

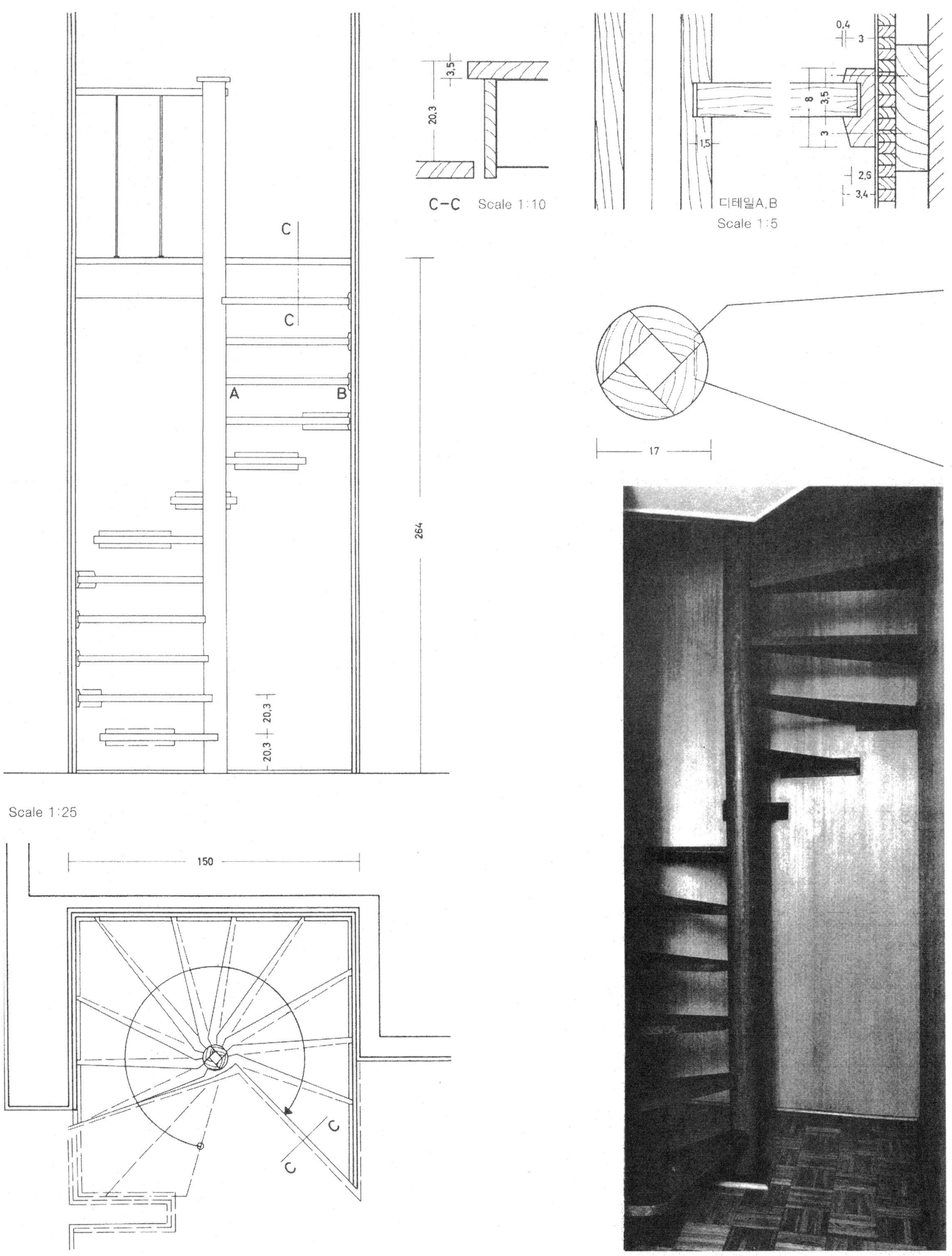
C-C Scale 1:10
3,5
20,3
0,4
3
8
3,5
3
1,5
2,6
3,4
디테일A,B
Scale 1:5
C
C
A
B
264
20,3
20,3
17
Scale 1:25
150

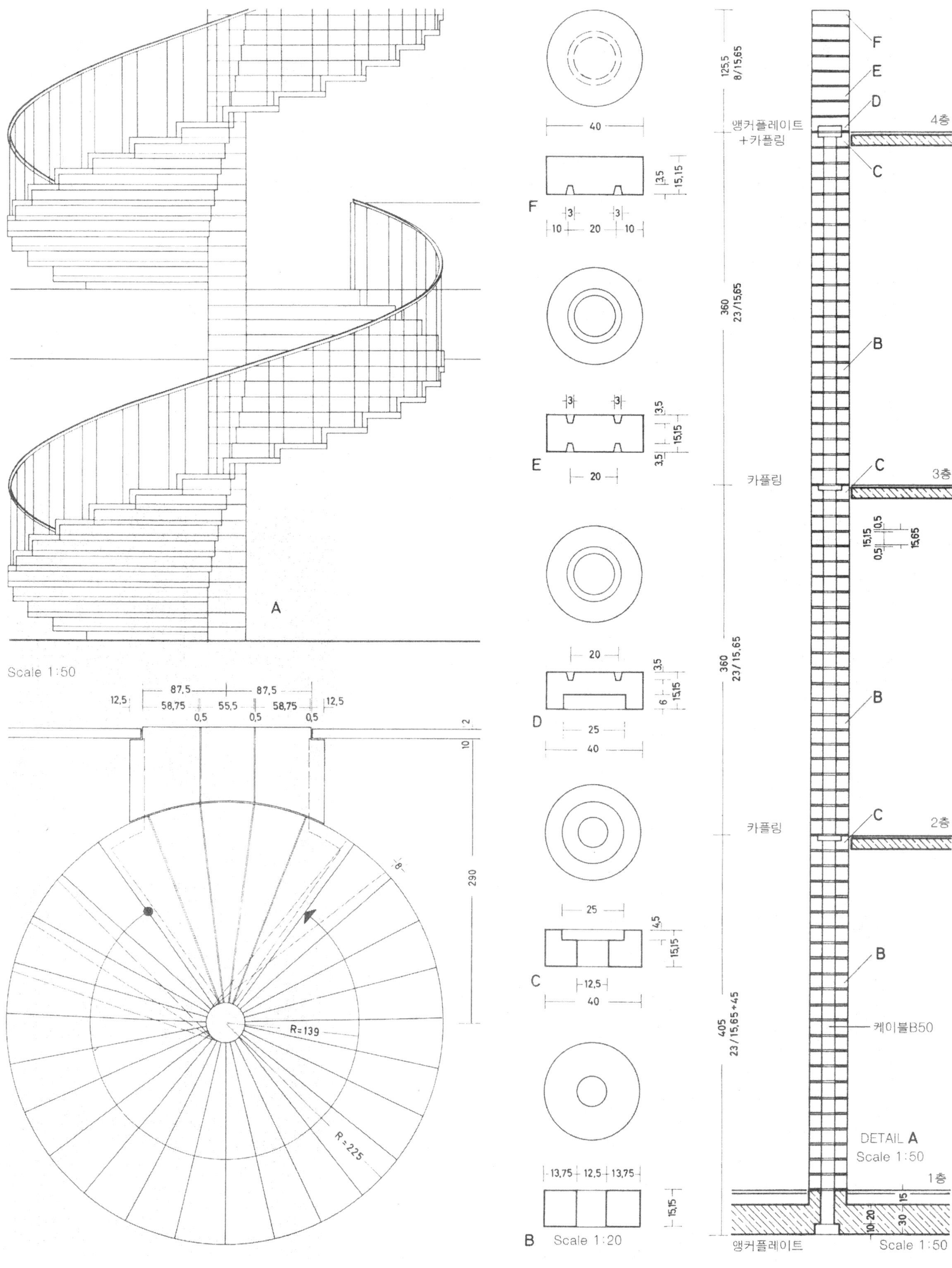
A
Scale 1:50
87,5
87,5
12,5
58,75
55,5
58,75
12,5
0,5
0,5
0,5
2
10
290
R=139
R=225
F
E
D
C
B
40
3,5
15,15
3
3
10
20
10
20
25
40
4,5
12,5
13,75
12,5
13,75
Scale 1:20
125,5
8/15,65
앵커플레이트
+카플링
4층
360
23/15,65
카플링
3층
15,15
0,5
0,5
15,65
2층
405
23/15,65+45
케이블B50
DETAIL A
Scale 1:50
1층
15
20
30
10
앵커플레이트
Scale 1:50

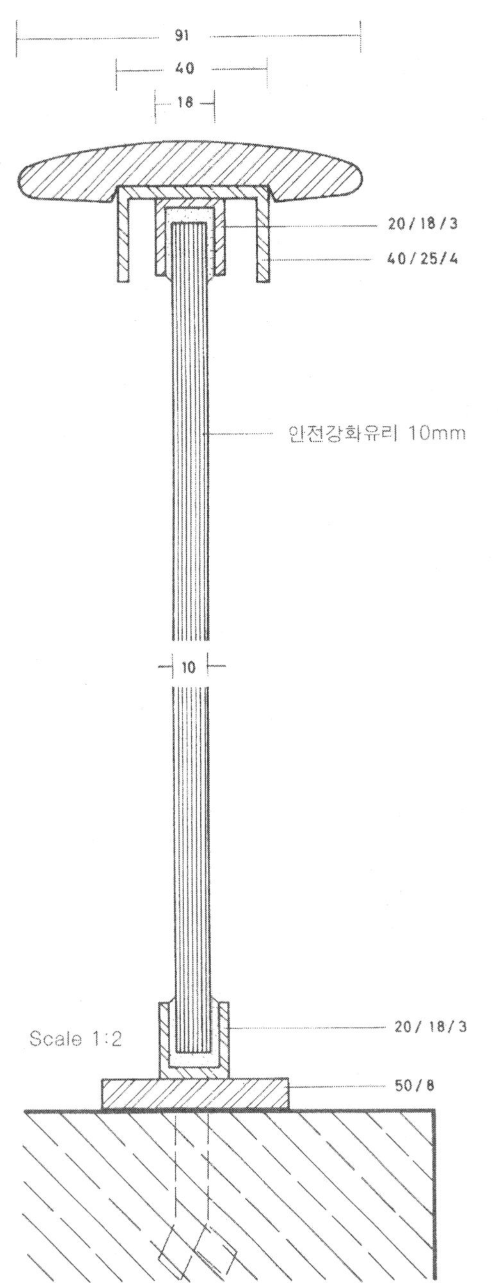
91
40
18
20/18/3
40/25/4
안전강화유리 10mm
10
Scale 1:2
20/18/3
50/8

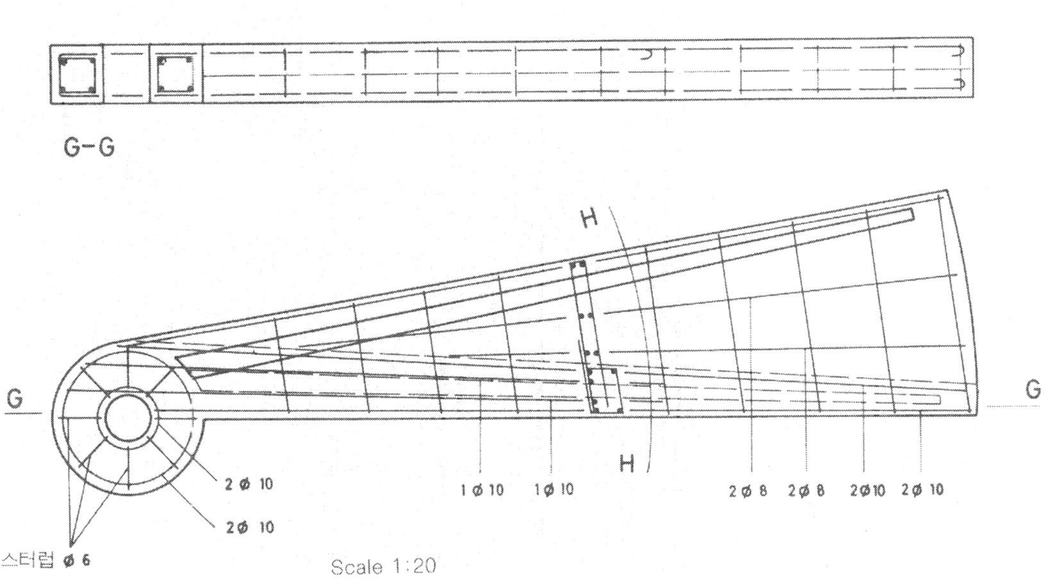
G-G
H
G
G
H
2 ø 10
2 ø 10
스터럽 ø 6
1 ø 10
1 ø 10
2 ø 8
2 ø 8
2 ø 10
2 ø 10
Scale 1:20

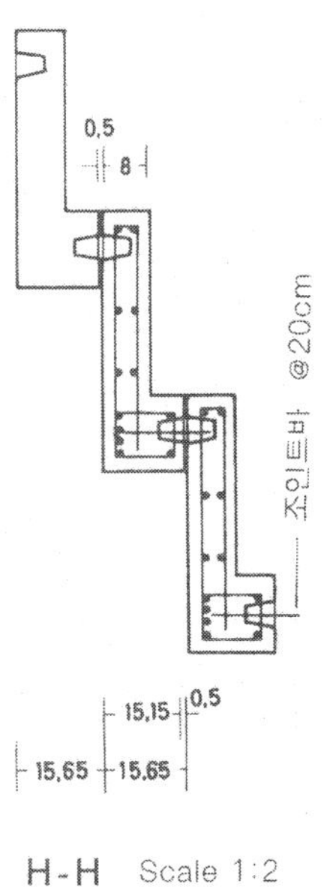
0,5
8
조인트바 @20cm
15,15
0,5
15,65
15,65
H-H
Scale 1:2

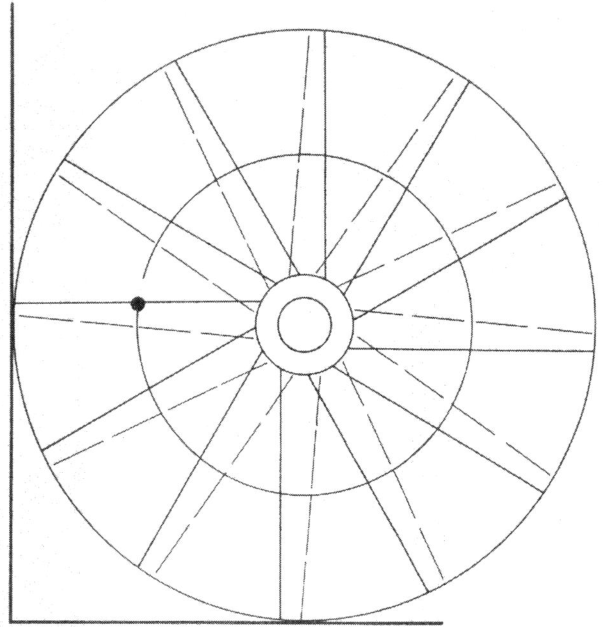

Scale 1:20

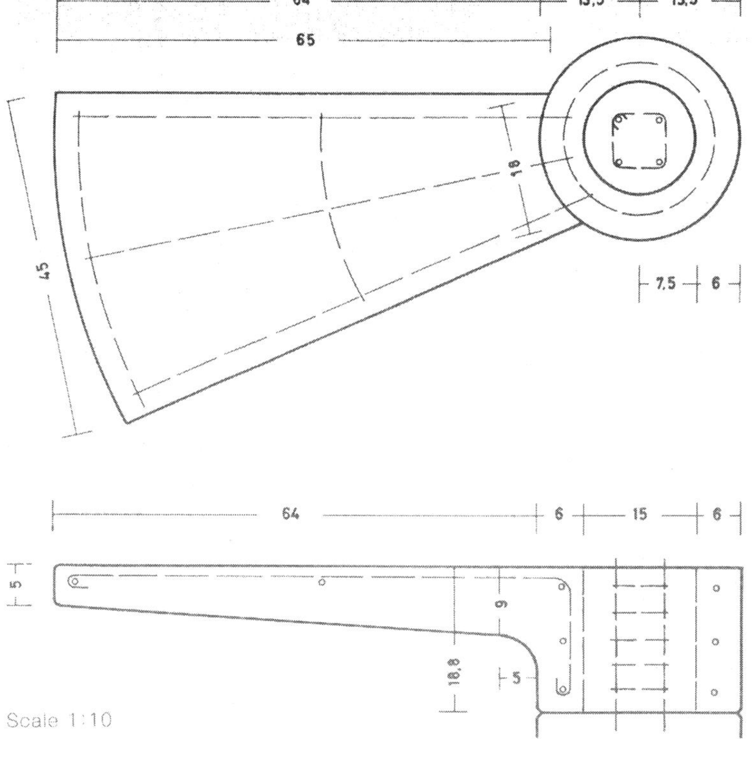

Scale 1:10

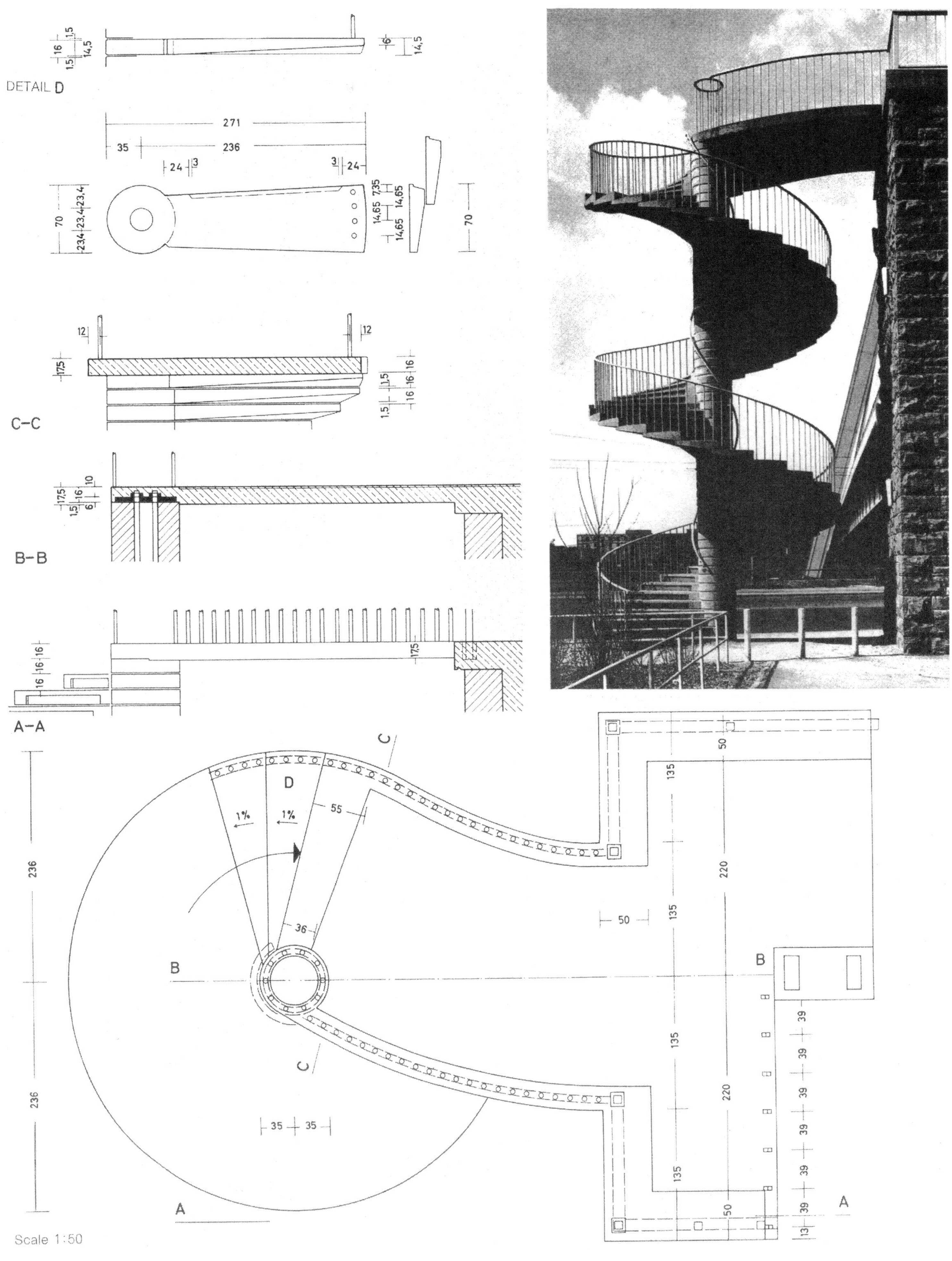
DETAIL D
C-C
B-B
A-A
Scale 1:50

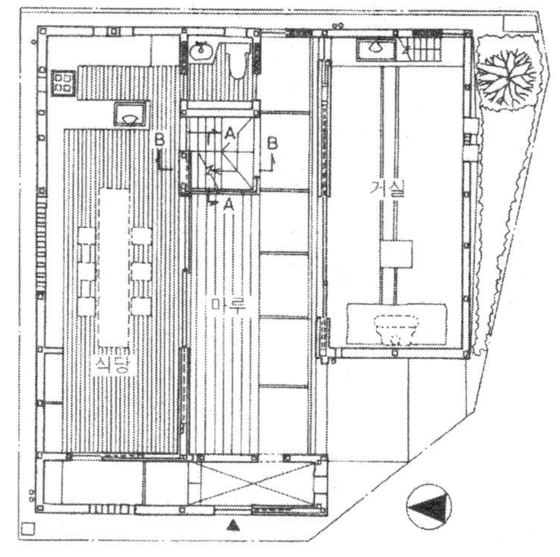

배치 · 1층평면 Scale 1:200

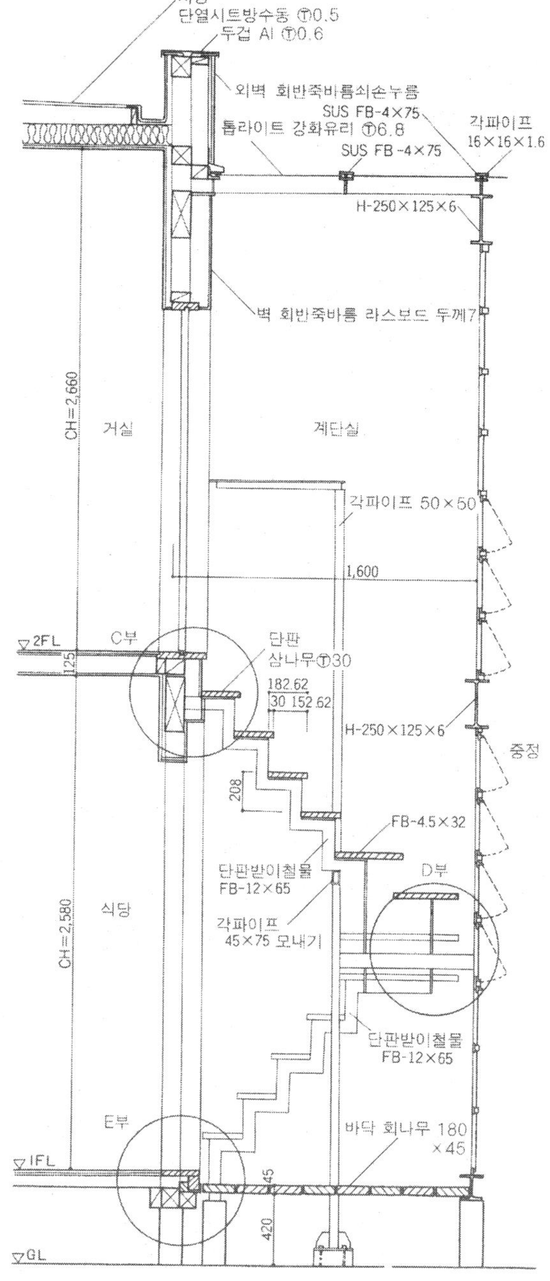

계단실 B-B 단면상세 Scale 1:10

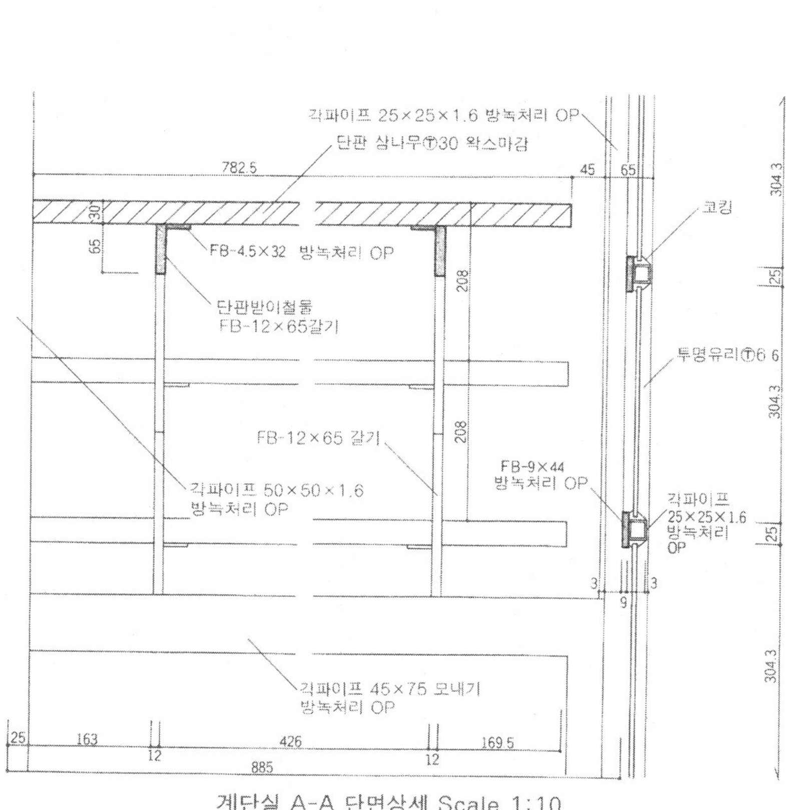

계단실 A-A 단면상세 Scale 1:10

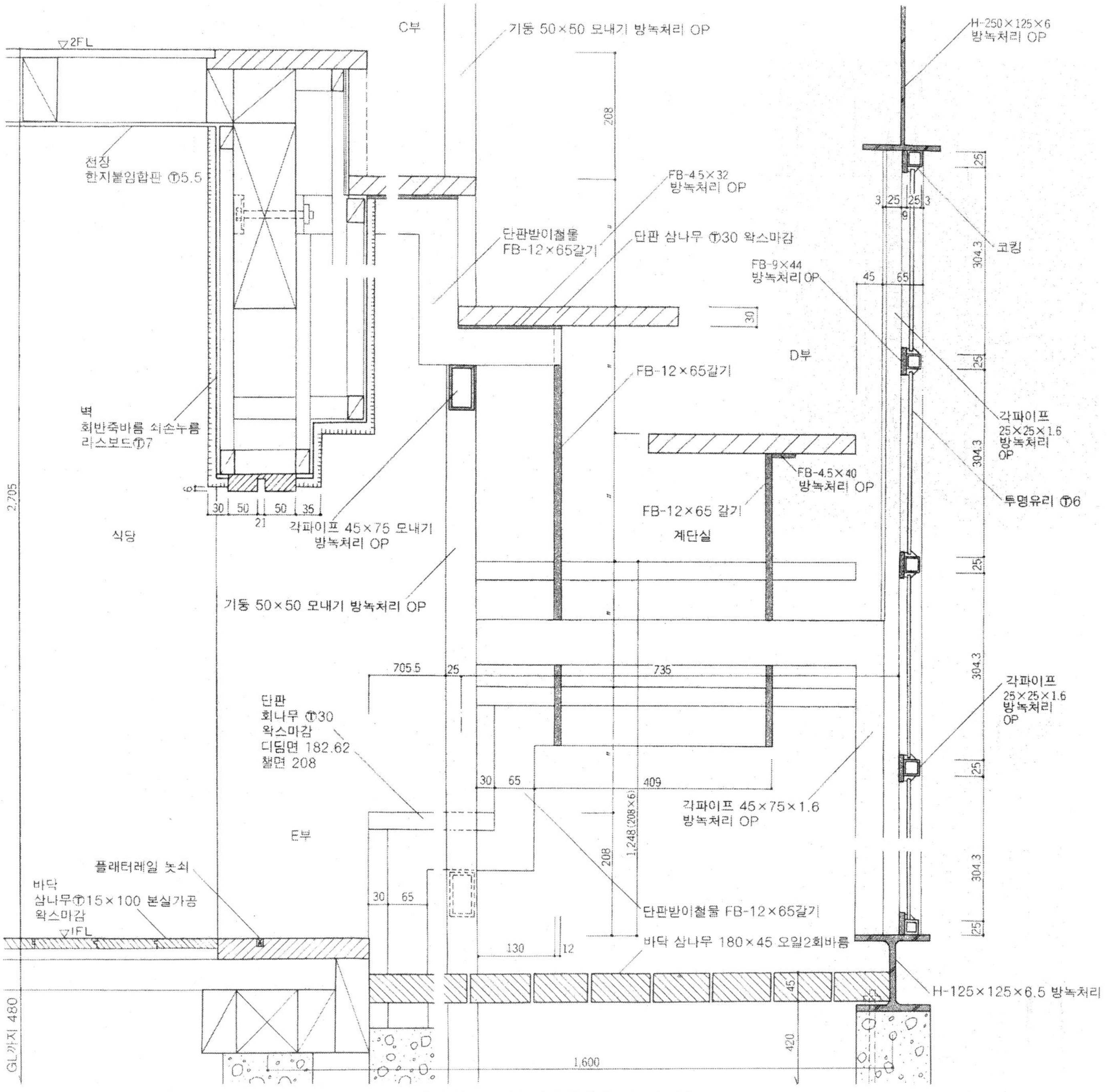

C부
기둥 50×50 모내기 방녹처리 OP
H-250×125×6 방녹처리 OP
▽2FL
208
천장 한지붙임합판 Ⓣ5.5
FB-4.5×32 방녹처리 OP
25
3 25 25 3
9
코킹
단판받이철물 FB-12×65갈기
단판 삼나무 Ⓣ30 왁스마감
FB-9×44 방녹처리 OP
45 65
304.3
30
D부
FB-12×65갈기
벽 회반죽바름 쇠손누름 라스보드Ⓣ7
각파이프 25×25×1.6 방녹처리 OP
FB-4.5×40 방녹처리 OP
투명유리 Ⓣ6
2,705
30 50 50 35
21
각파이프 45×75 모내기 방녹처리 OP
FB-12×65 갈기
식당
계단실
기둥 50×50 모내기 방녹처리 OP
705.5 25 735
각파이프 25×25×1.6 방녹처리 OP
단판 회나무 Ⓣ30 왁스마감 디딤면 182.62 챌면 208
30 65 409
각파이프 45×75×1.6 방녹처리 OP
E부
1,248(208×6)
208
플래터레일 놋쇠
바닥 삼나무Ⓣ15×100 본실가공 왁스마감
▽1FL
30 65
단판받이철물 FB-12×65갈기
130 12
바닥 삼나무 180×45 오일2회바름
45
H-125×125×6.5 방녹처리
GL까지 480
420
1,600

계단실 C~E부 단면상세 Scale 1:10

○1의 집에서는 중정으로 치올림하는 유리의 박스가 계단실로 되어 있다. 스켈톤(Skelton)계단을 내포하면서 중정과 일체화시켜 상하를 연결하여 수직의 움직임을 한층 명확하게 표현한다. 이 계단을 승강 기능 뿐만 아니라 집의 핵이 되는 존재로 만들어져 있다.

또한 ○1의 집은 블럭벽으로 둘러싸여진 가족실 중앙에 가는 플랫바(flat bar)에 의하여 구성되어진 섬세한 계단이다.

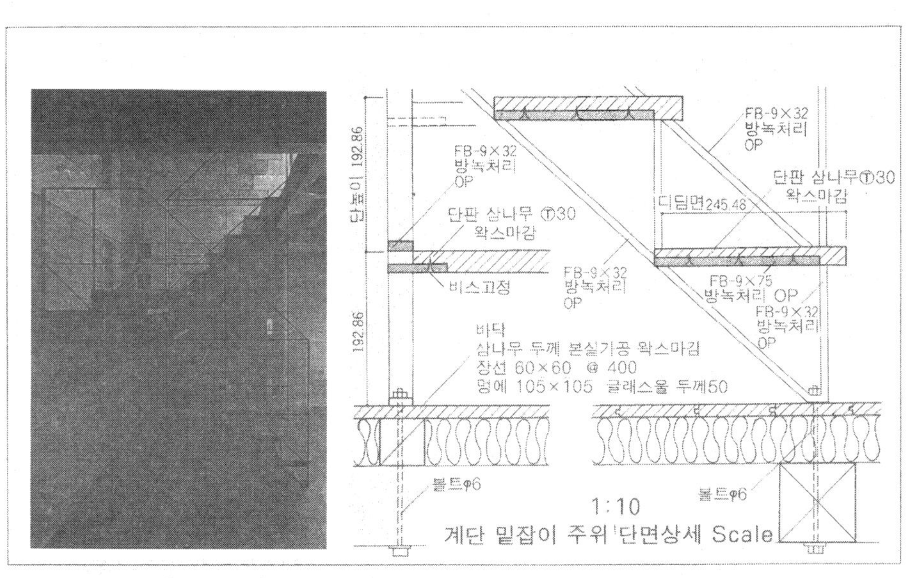

1:10
계단 밑잡이 주위 단면상세 Scale

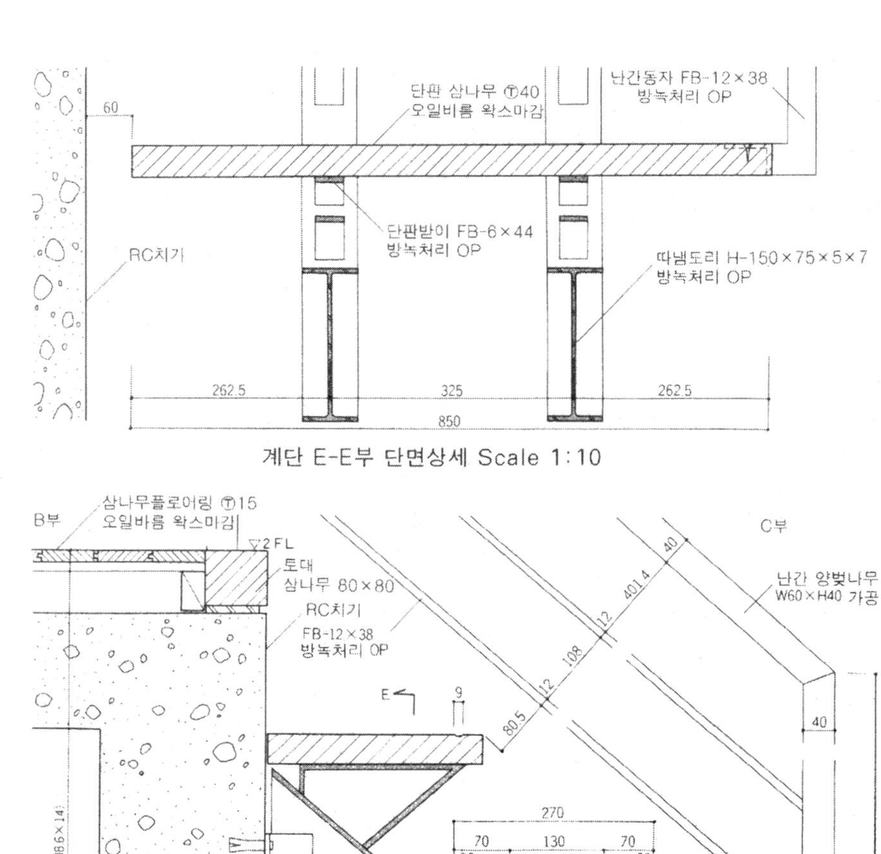

계단 E-E부 단면상세 Scale 1:10

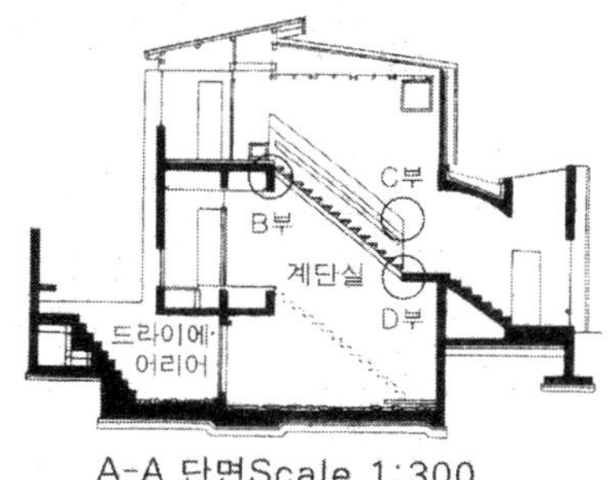

A-A 단면Scale 1:300

1층평면 Scale 1:300

계단B~D부 단면상세 Scale 1:10

○1의 집의 계단은 1장의 판과 2개의 도리만으로 구성된 스켈톤의 계단으로 양쪽 벽과 계단은 서로 독립되어 있다. 계단을 낀 벽은 계단의 상층으로 올라가는 움직임과 경쟁이라도 하듯이 위를 향해 연장되어 있다.

또한 ○1의 집 계단은 1단 파넣은 바닥에 공중에 뜬 판이 늘어났고, 2개의 각파이프에 지지된 디딤판이 벽을 따라서 올라가 있다.

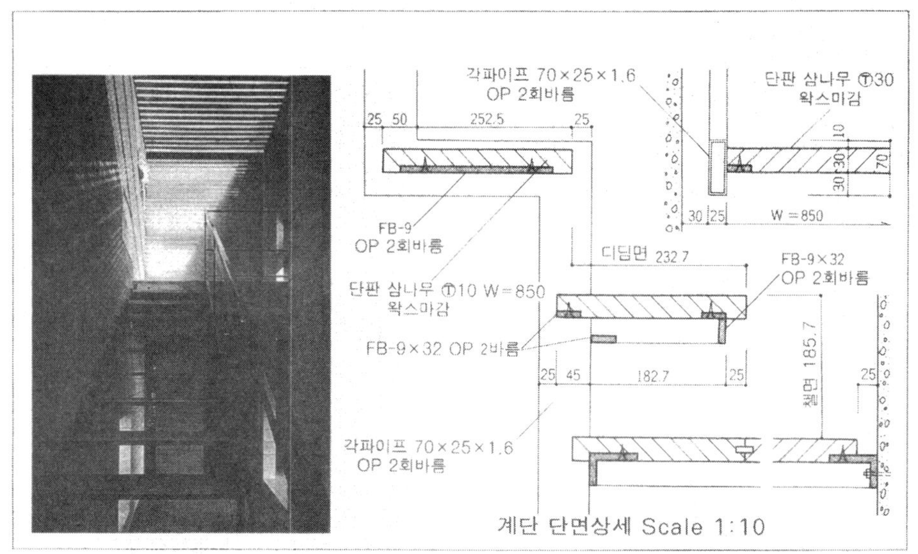

계단 단면상세 Scale 1:10

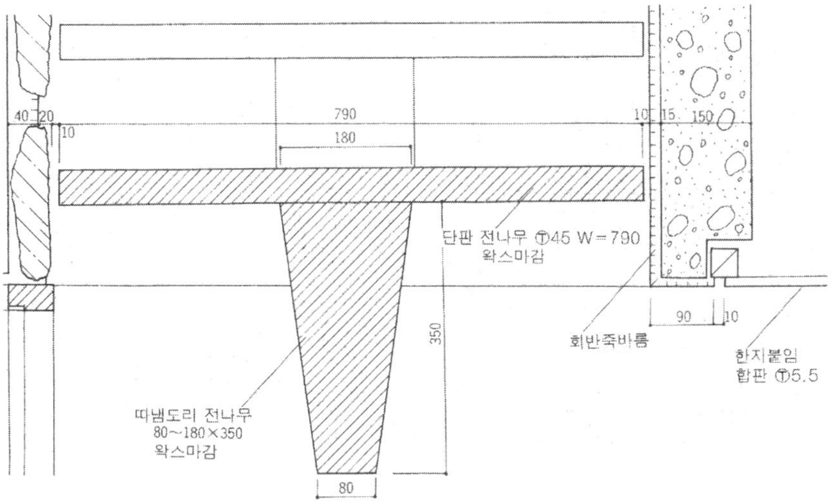

계단 D-D 단면상세 Scale 1:10

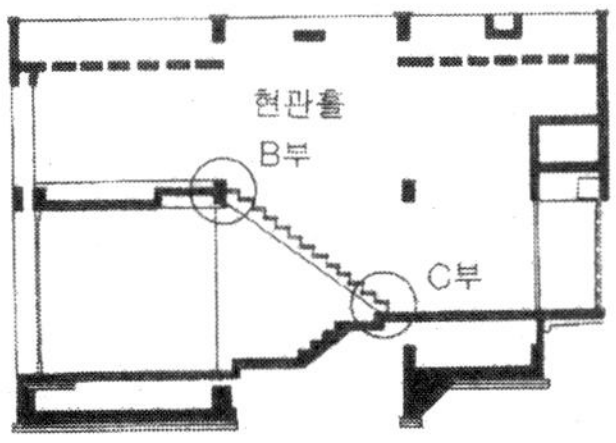

A-A 단면 Scale 1:300

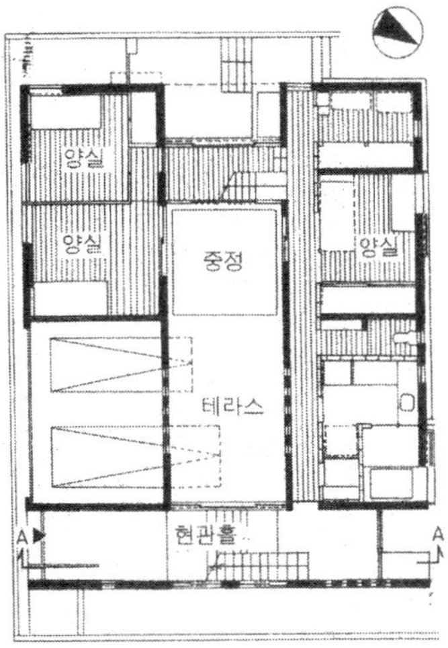

1층평면 Scale 1:300

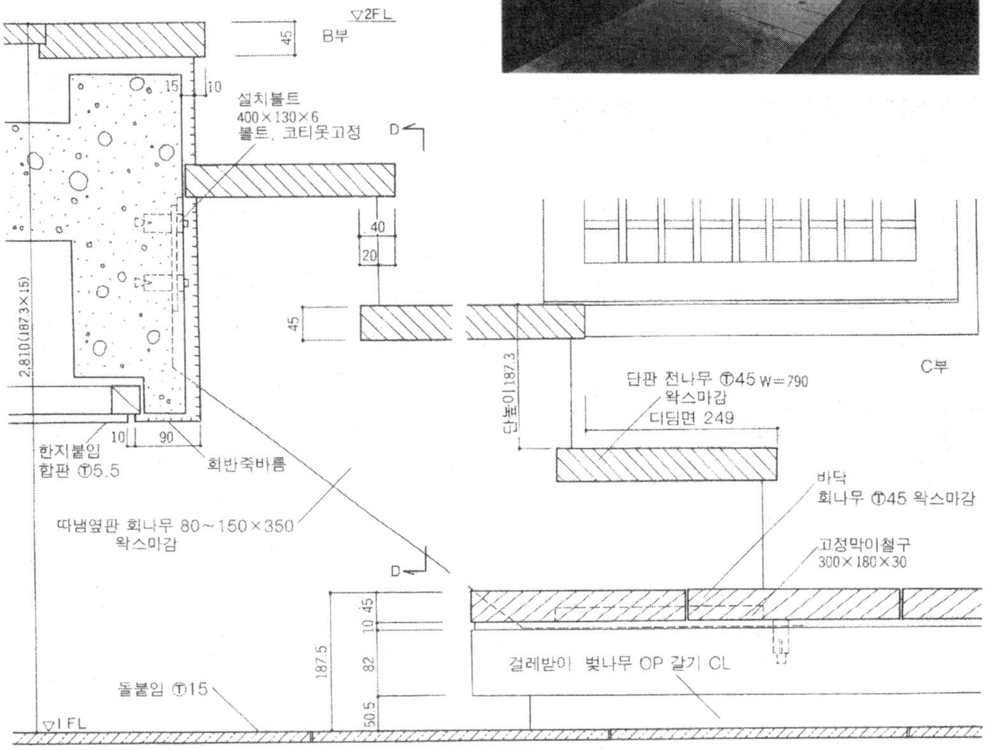

계단 B, C부 단면상세 Scale 1:10

위의 집과 아래의 집 계단은 어프로치하는 위치에서 가장 떨어진 안쪽에 계단으로 올라가는 입구가 있다. 이 것은 계단에 이르기 까지의 신의 변화와 그 옆을 통과할 수 있는 계단으로 인식된다. 그로 인해 뒷모습은 미적 감각이 살려진 계단으로 되었다.

여기에 소개하는 두 집에서는 목제의 단판을 목제의 따냄옆도리로 받친 접합부가 보이지 않는 디테일로 하여, 어느 곳에서 보더라도 마음에 들게 하였다.

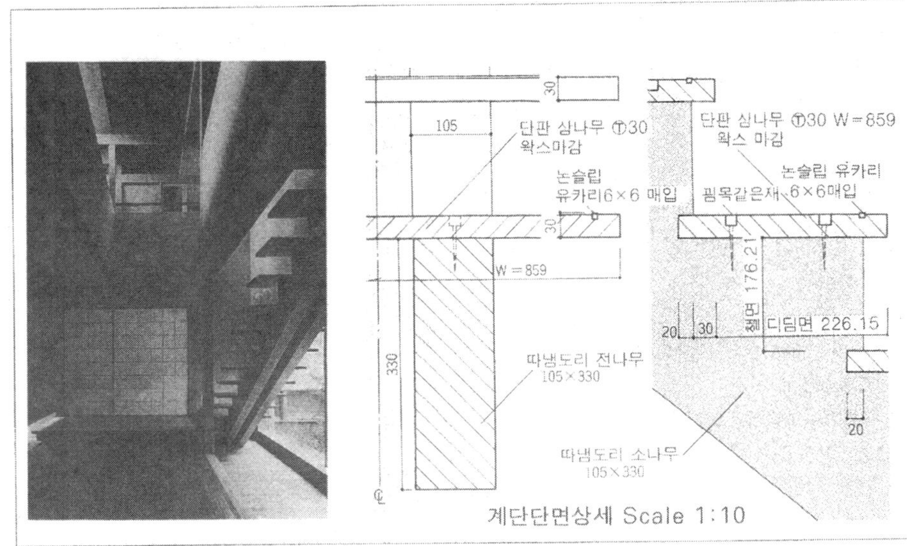

계단단면상세 Scale 1:10

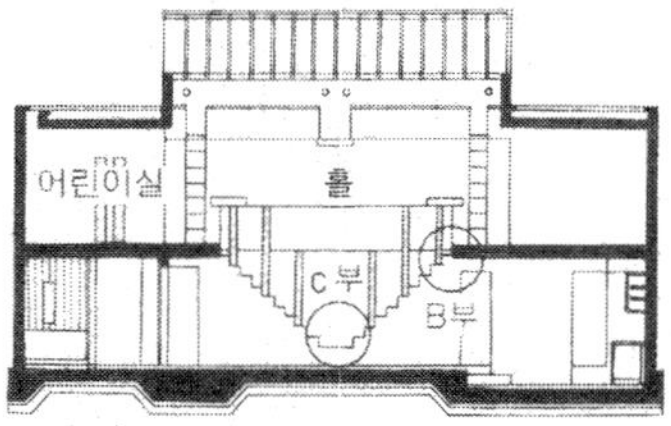

A-A 단면 Scale 1:300

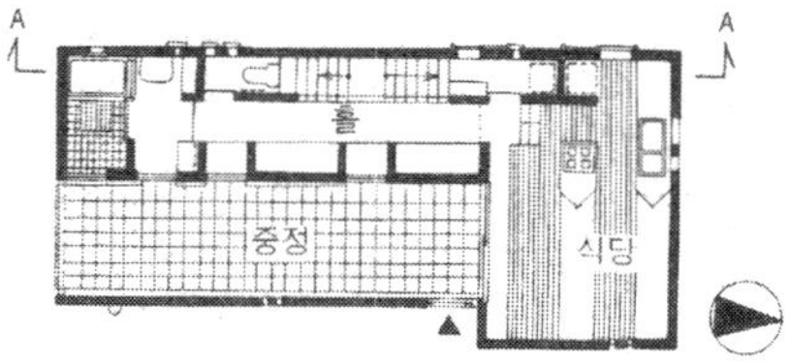

1층평면 Scale 1:300

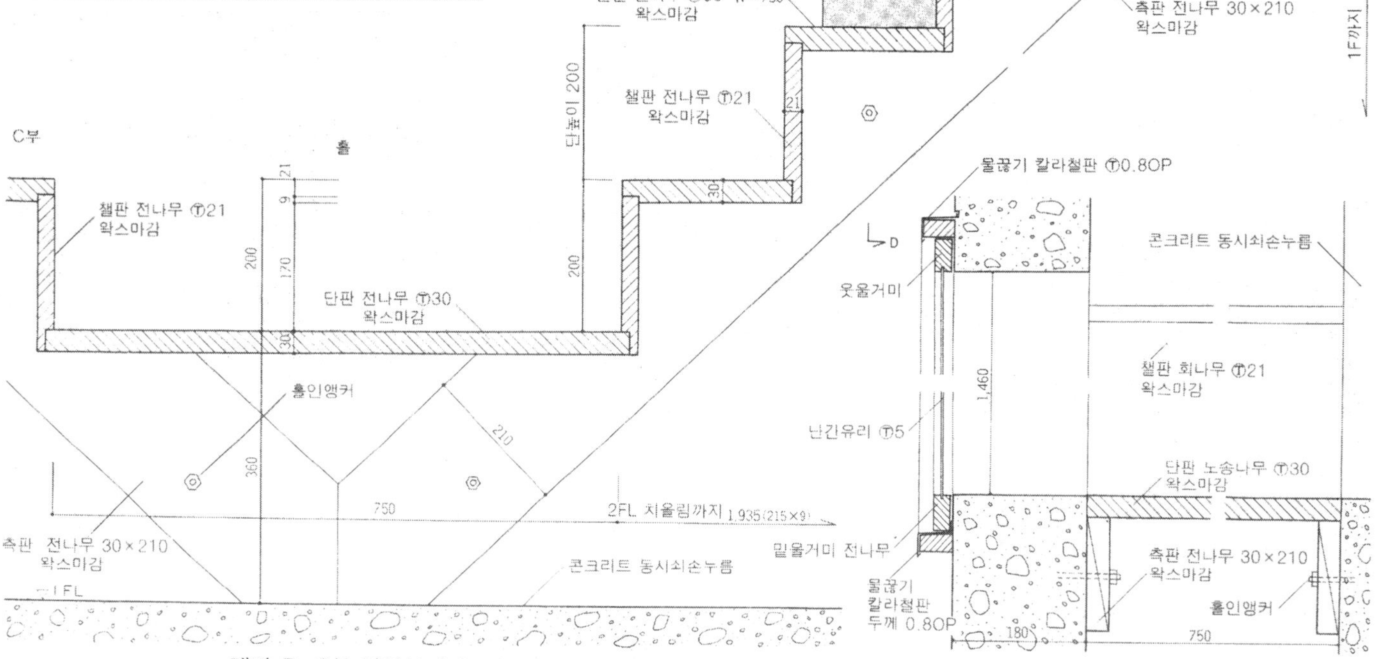

계단 B, C부 단면상세 Scale 1:10

계단 D-D단면상세 Scale 1:10

이 주택의 계단은 현관을 겸하는 복도에서 올려다 보이는 위치에 있고, 톱라이트의 아래에 있는 슬래브와 벽으로 둘러싸여져 있다.

그것은 개방 공간에서 조여들어간 공간을 보이드로 새로운 개방 공간에 도달하는 터널 효과를 연출하였다. 또한 정면폭이 좁아 가늘고 긴 가족실에 면한 계단의 1단째를 의자겸 무대로 양분된 계단의 다이나믹한 벽면을 실현한 집이다.

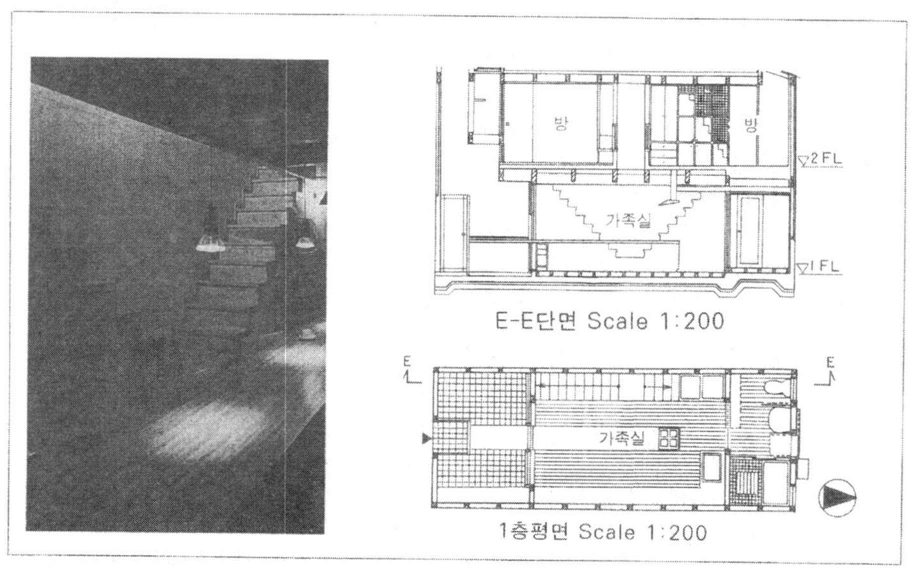

E-E단면 Scale 1:200

1층평면 Scale 1:200

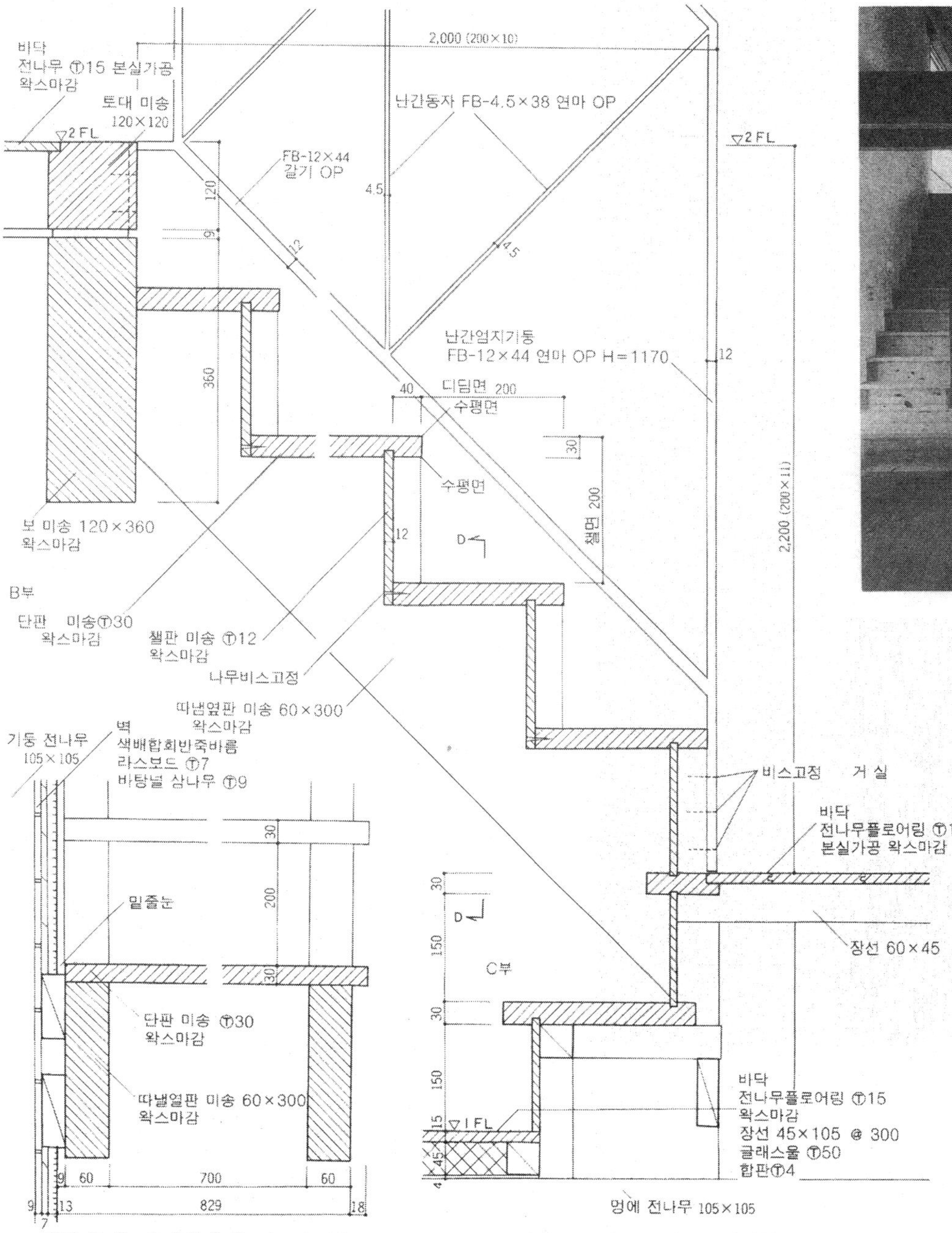

계단 D-D 단면상세 Scale 1:10

계단 B, C부 단면상세 Scale 1:10

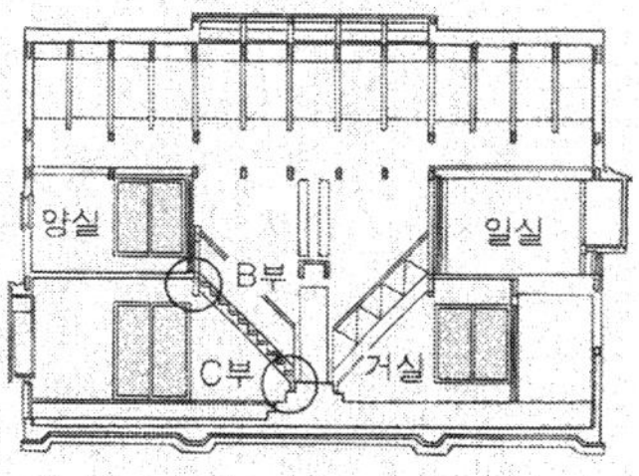

A-A 단면 Scale 1:300

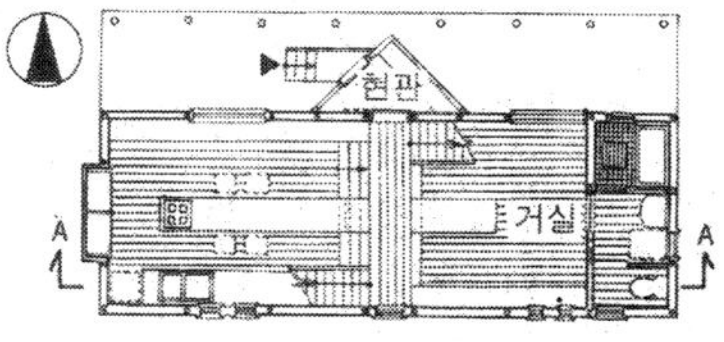

1층평면 Scale 1:300

계단을 집안에 개방하여 공간의 수직방향의 연결을 직접 소화하고 있다.

이 개방성을 가진 계단을 설치한 공간과 또다른 공간구성으로 확장되고 있다.

위의 집에서는 큰 공간에 대각으로 계단이 설치되어 공간을 양분하는 복도에서 각각을 연결되어 있어서 사람의 움직임이 순간적으로 이해할 수 있다. 반대로 옆의 집에서는 2방향 계단을 완전히 은폐시켜 하층과 단절된 상층의 2실은 테라스를 끼고 대치되어 있다

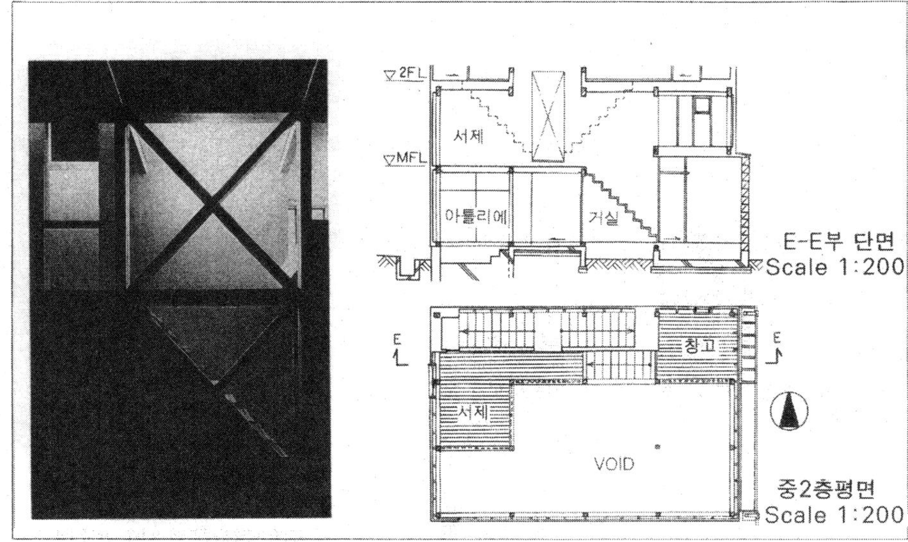

E-E부 단면 Scale 1:200

중2층평면 Scale 1:200

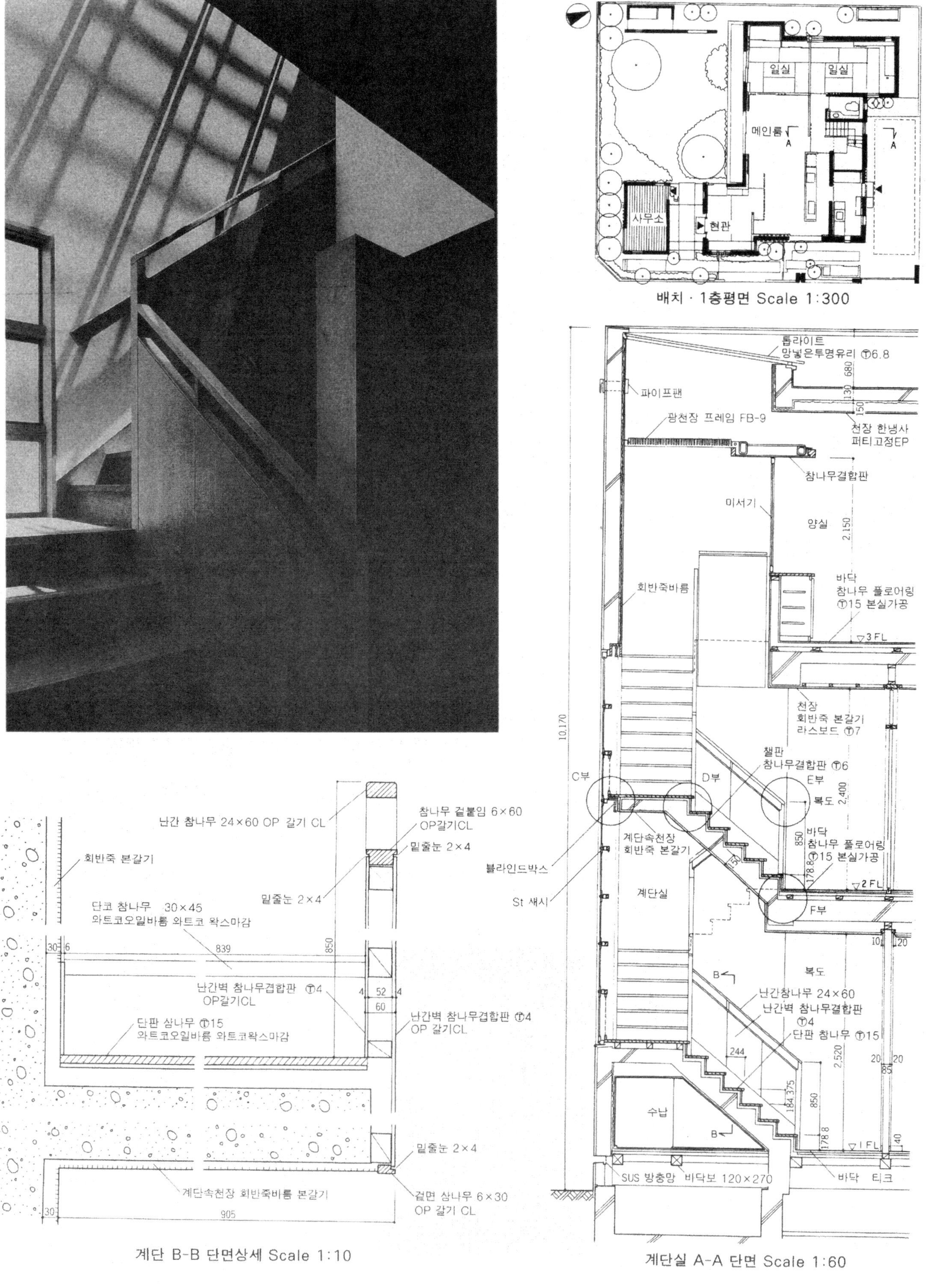

배치 · 1층평면 Scale 1:300

계단 B-B 단면상세 Scale 1:10

계단실 A-A 단면 Scale 1:60

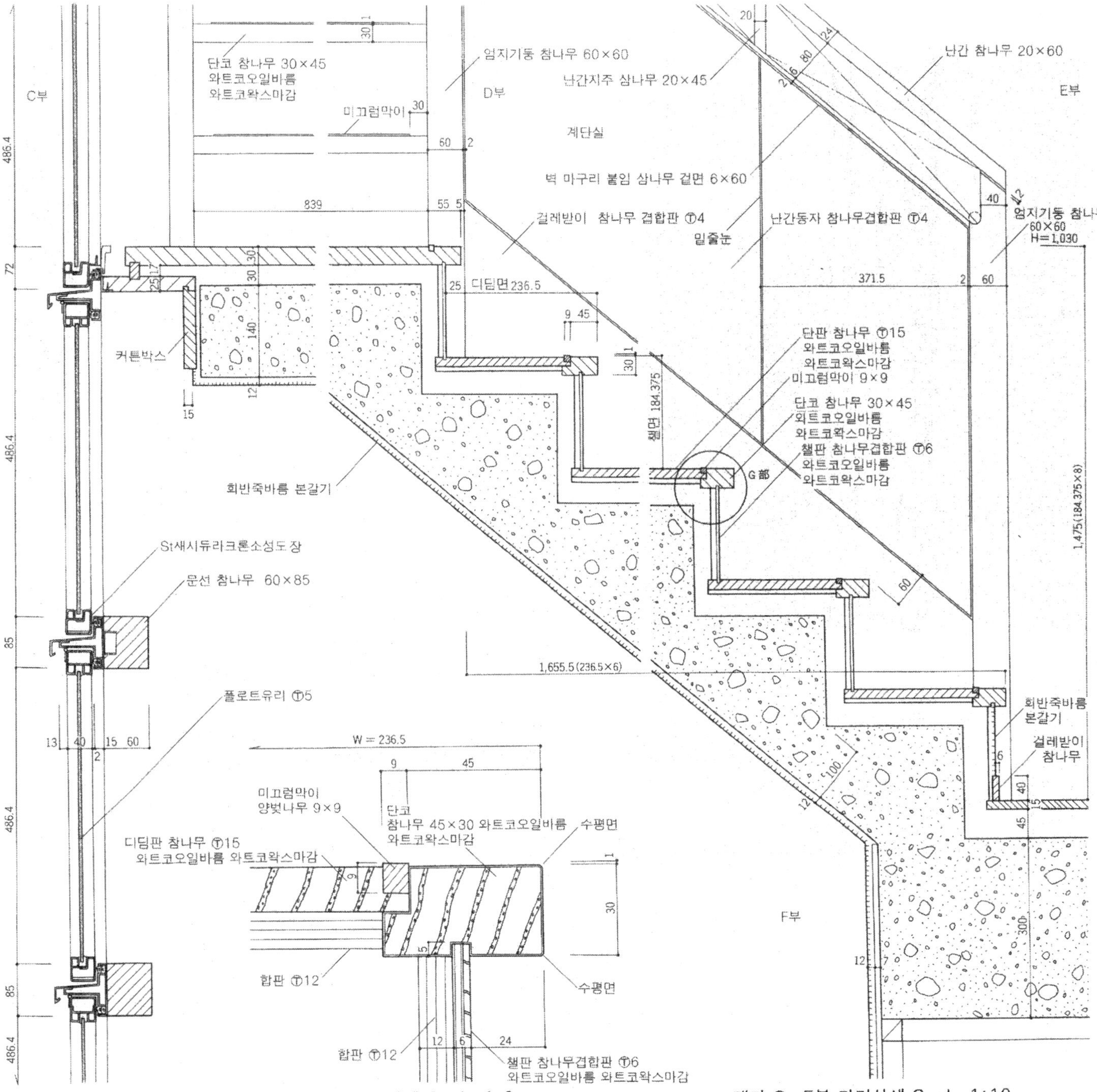

단코 G부상세 Scale 1:2

계단 C~F부 단면상세 Scale 1:10

둘러싸인 계단실의 천장은 톱라이트로 되어 있고, 바로 밑에 목제 루버가 빛을 조작한다.

옷칠로 칠한 벽이 루버를 통하여 떨어지는 빛을 비추고, 그 변화를 만끽하면서 사람들이 계단을 오르내린다.

안쪽 난간벽의 일부가 치올림으로 빛을 차단하는 것이므로 더욱 큰 명암의 변화를 주었고, 난간은 절곡부분에서 완만하게 호를 그리며 상하층을 연결하고 있다.

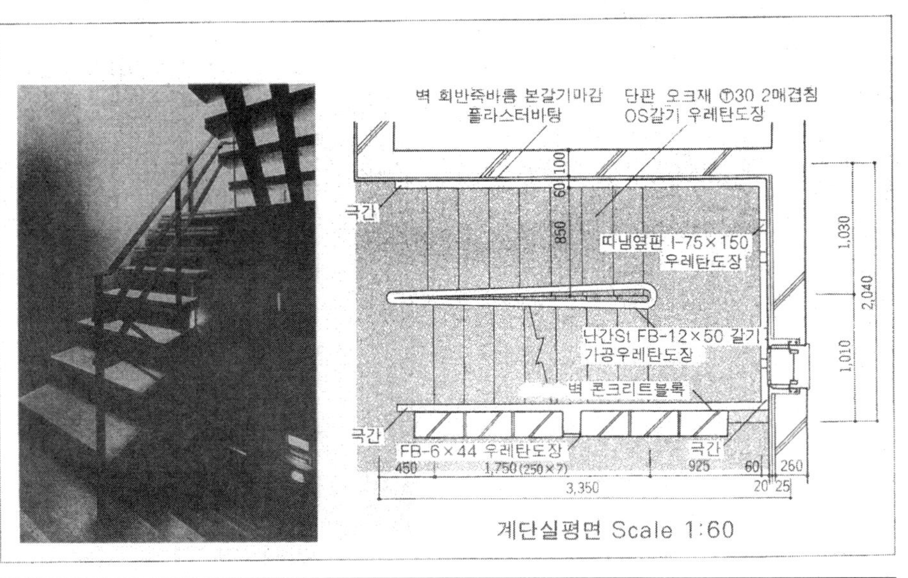

계단실평면 Scale 1:60

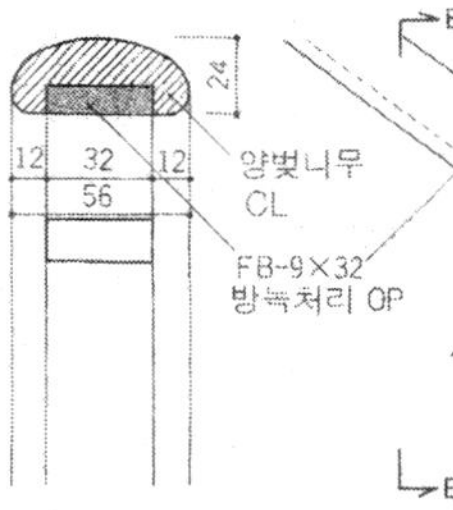

난간 E-E 단면 Scale 1:5

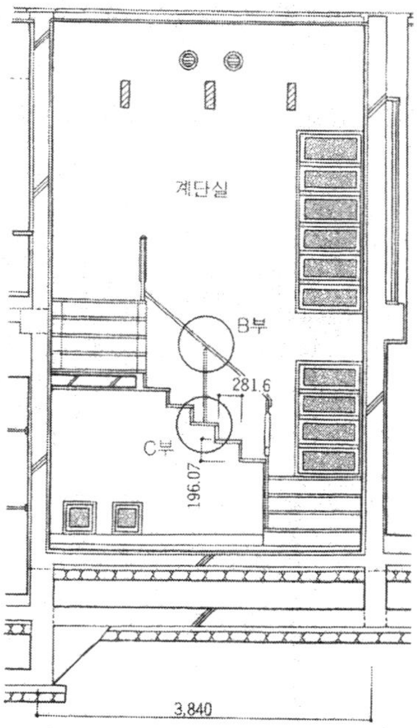

계단실 A-A 단면 Scale 1:100

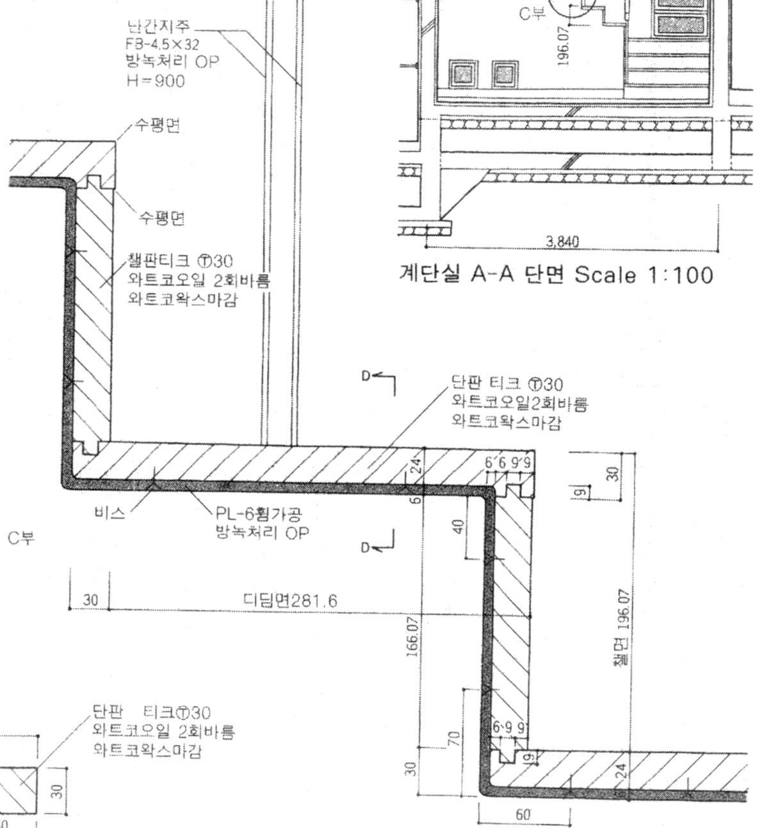

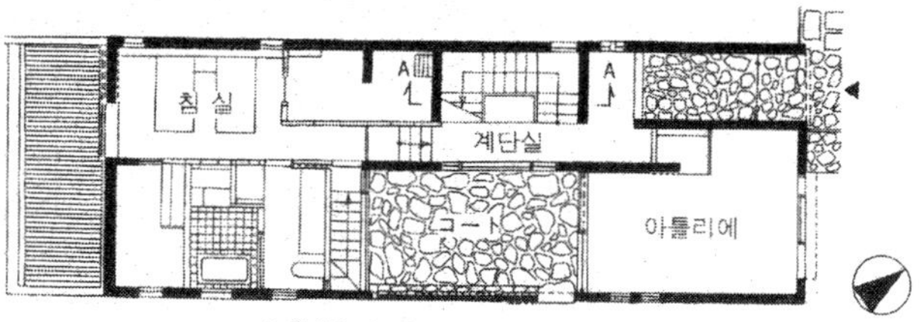

1층평면 Scale 1:300

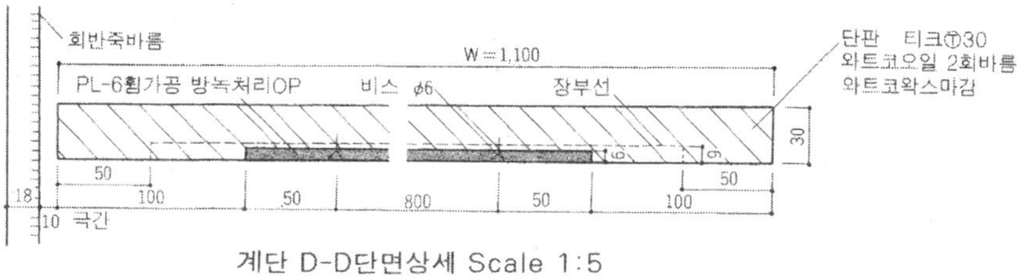

계단 D-D단면상세 Scale 1:5

B, C부 단면상세 Scale 1:5

계단실은 복도를 끼고 코트로 개방되어 보이는 계단으로 의도되었다. 이 때문에 최소한의 어휘로 구성되도록 벽에서도 자립하고 옆도리에서도 보이지 않는 디테일로 하여 난간은 절골한 부분에서 분절되면서도 연속하도록 세부처리를 한 배려로 되어 있다.

평면을 분할하는 비스듬하게 가로지른 벽을 따라서 계단이 있고, 벽을 강조하도록 슬릿을 열어 서로 자립되어 있다.

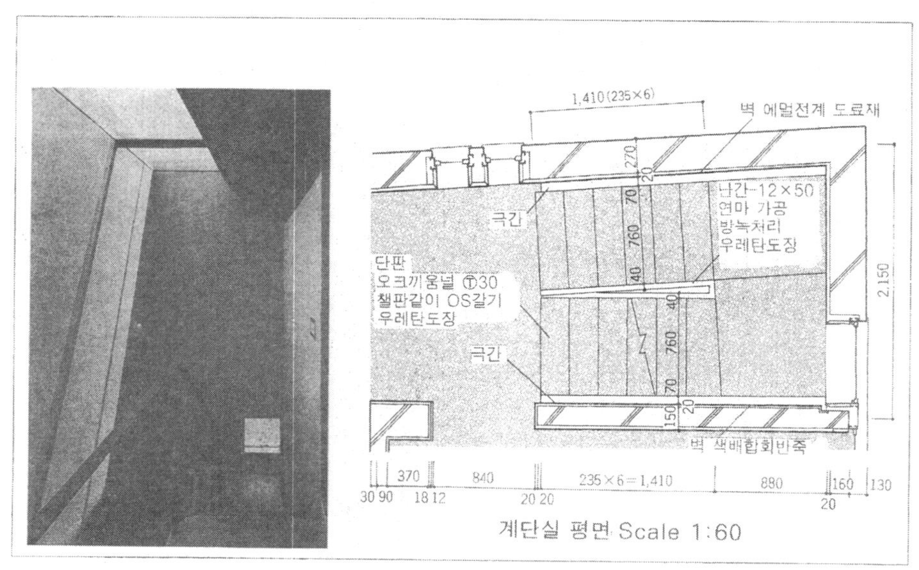

계단실 평면 Scale 1:60

그다지 넓지 않은 공간을 넉넉하게 사용하여 도는 계단의 중앙에 겨우 남은 틈. 그것이 난간의 무대이다. 그 틈을 헤엄치듯이 치솟은 난간. 층 밑에서 보이는 프로필은 폭포를 오르는 탄력있는 물고기처럼 보인다. 오르내리는 계단의 들어간 입구에는 묵직한 22mm의 철판난간이 있어서 그것과 대비하는 계단난간에는 더욱 더 가늘고, 매끄럽게 보인다. 난간을 고정하는 난간동자의 끝은 싹이 돋아난 떡잎처럼 열려서 지지한다. 갈라진 잎의 줄기에 작은 원이 열린 것이 인상적이다. 이 주위가 작가의 숙련된 디테일이다.

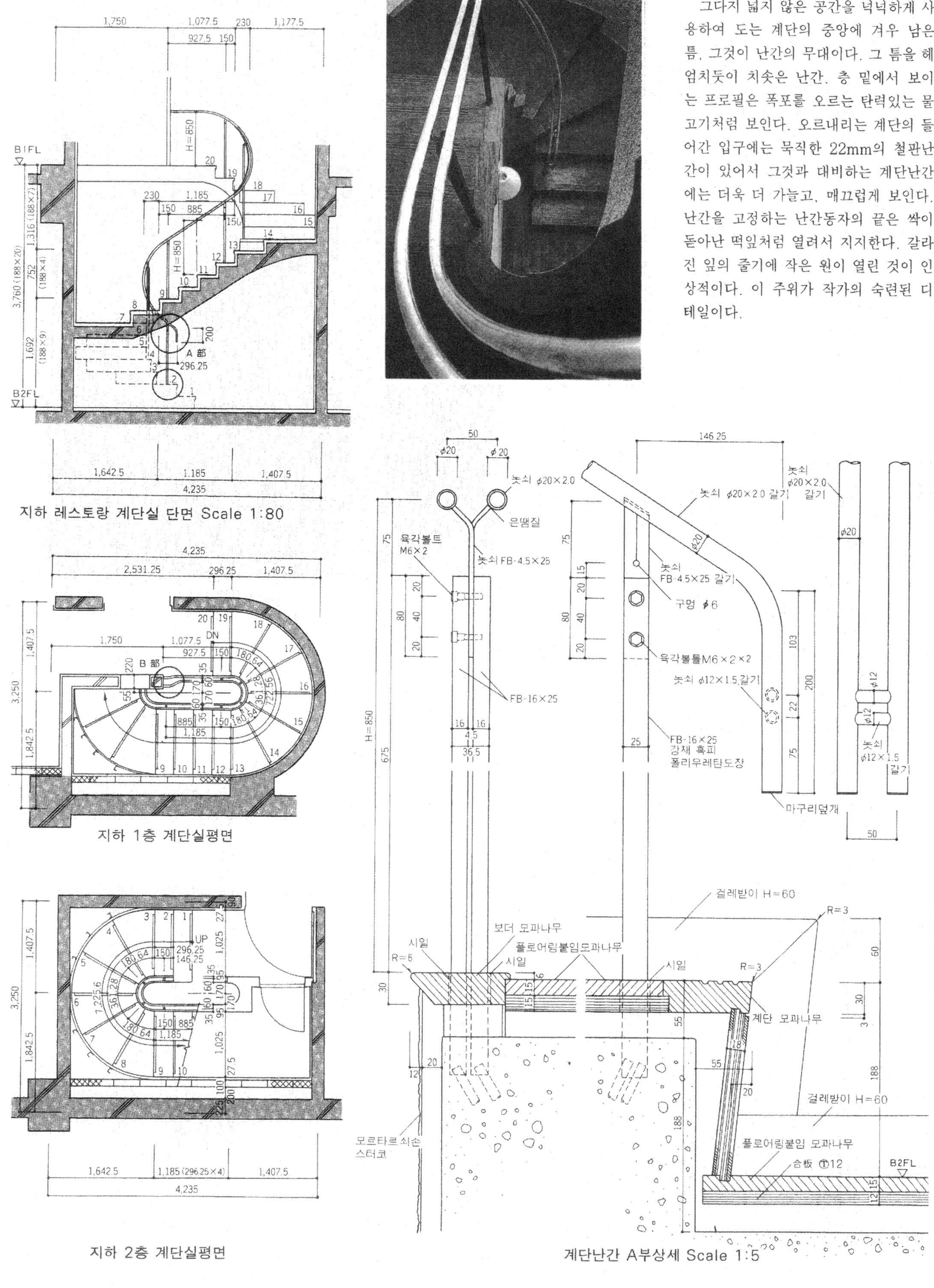

지하 레스토랑 계단실 단면 Scale 1:80

지하 1층 계단실평면

지하 2층 계단실평면

계단난간 A부상세 Scale 1:5

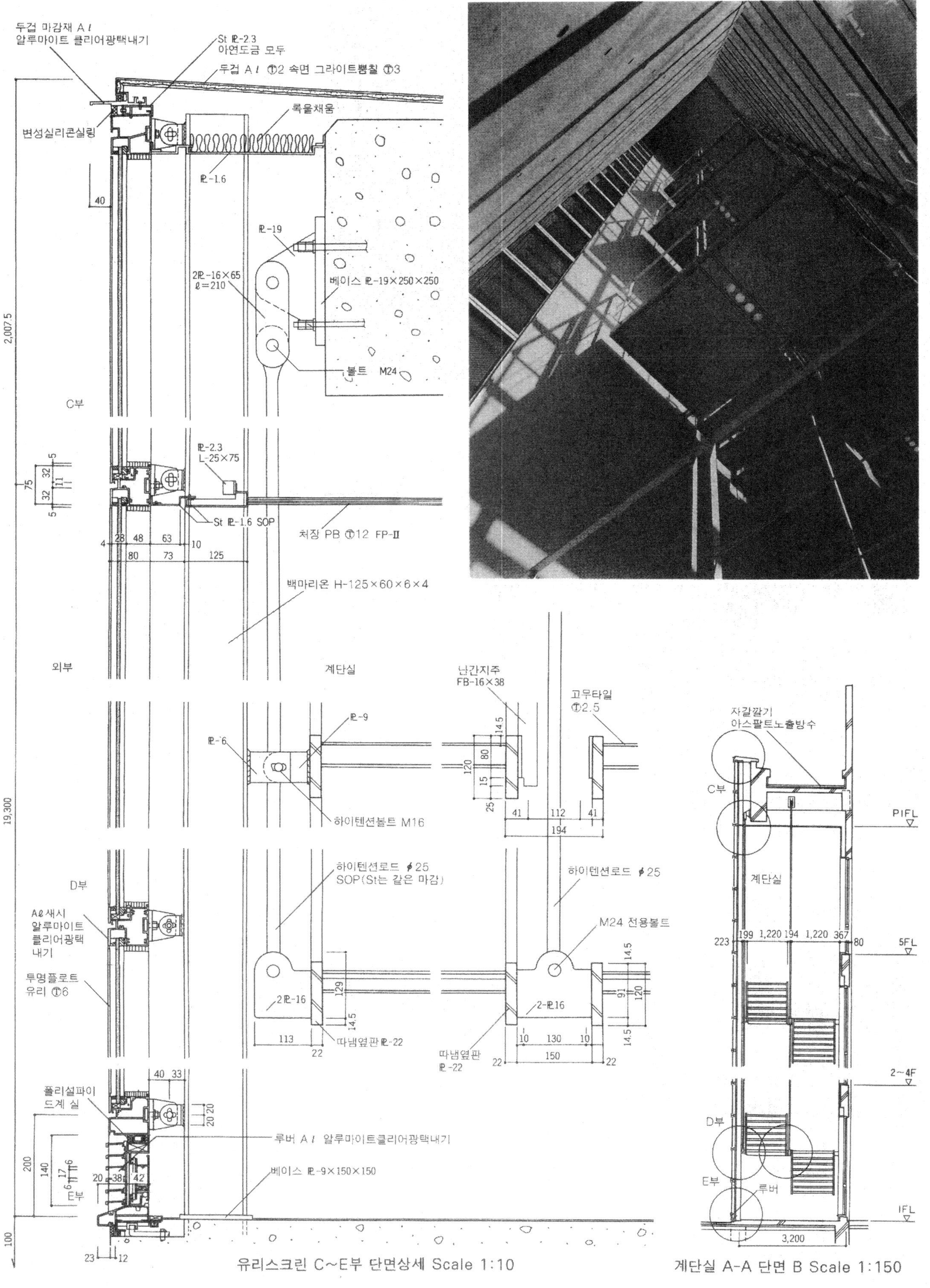

유리스크린 C~E부 단면상세 Scale 1:10

계단실 A-A 단면 B Scale 1:150

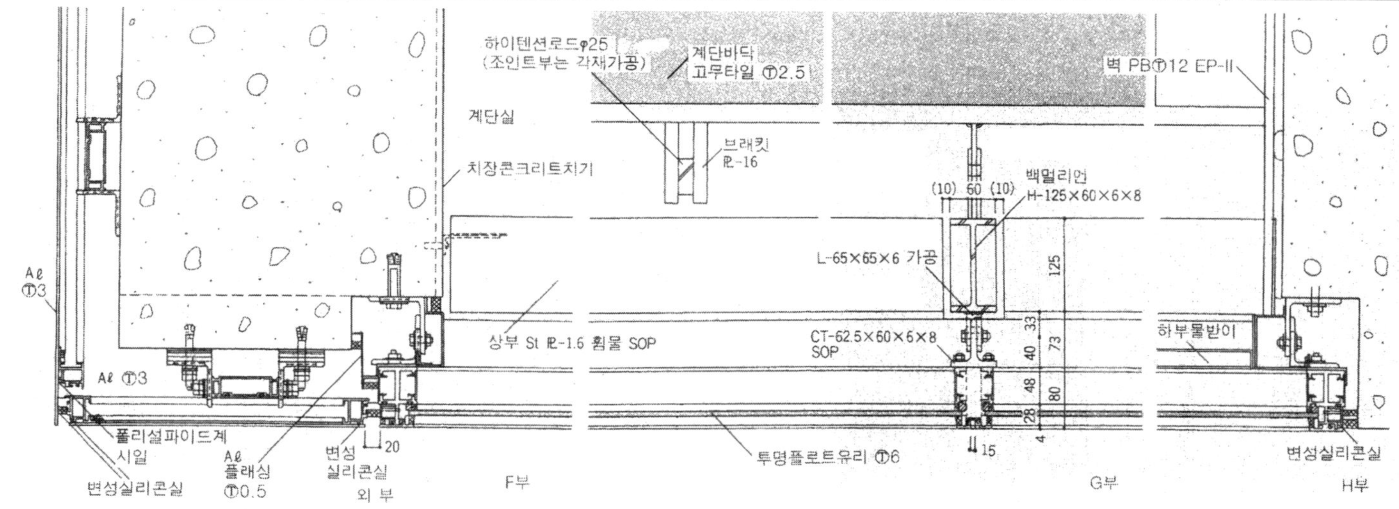

유리스크린F~H부 평면상세 Scale 1:10

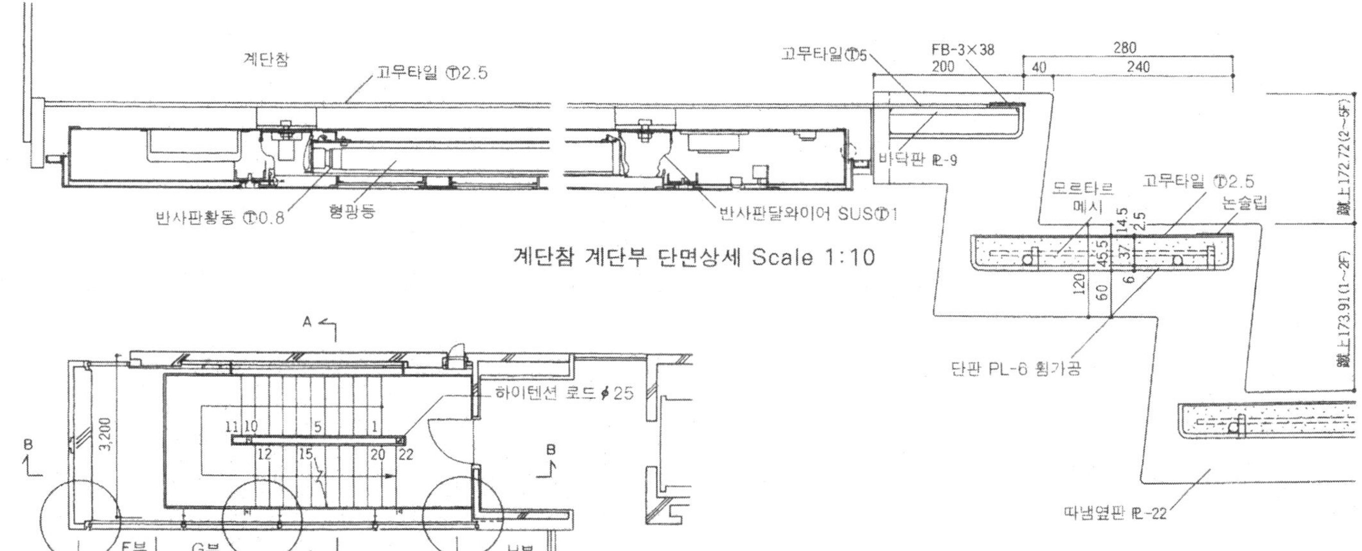

계단참 계단부 단면상세 Scale 1:10

기준계단실평면 Scale 1:150

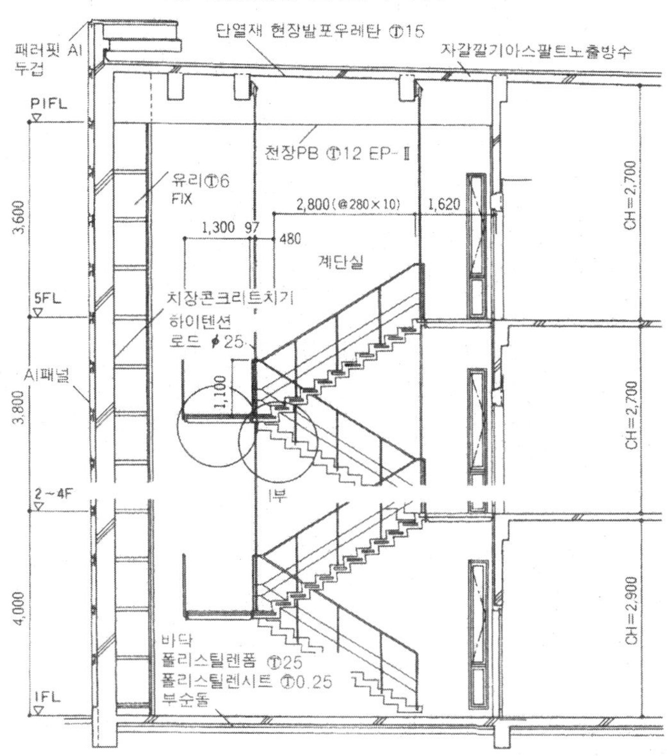

계단실 B-B 단면상세 Scale 1:150

개구부가 적은 이 건축은 대담하게 피난계단을 외부로 노출시켜서 설치하고 아름답고 투명한 유리케이스 속에 오브제적인 계단이 보이는 큰 개구부를 만들어 종합적인 형태의 밸런스를 도모하고 있다.

이 투명감이 넘치는 5층분의 계단실은 20m에 이르는 보이드 안에 계단의 긴쪽 방향의 한쪽을 등면의 벽과 연결하고 또 한쪽의 긴쪽과 중앙부를 4개의 하이텐션타이로드로 상부의 보에서 달아내린 구조에 의해 실현되어 있다. 커튼월의 H형강 멀리언과 옆도리를 접합하여 수평력을 계단쪽에 부담시켜서 커튼월의 수평보를 무시하고, 더불어 철골계단의 진동을 방지한다. 여기에서 투명감이 높은 섬세한 디자인과 효과적인 강도가 묘하게 해결되어 있다. 최소한 얇게 한 옆도리와 디딤면의 구성도 경쾌한 부유감을 창출한 것이라고 말할 수 있다. 야간에는 계단참 선단부의 높이 21m RC벽면과 조형적으로 아름다운 포럼의 계단을 업라이트로 부상시켜 포컬포인트로 해서 연출시키고 있다.

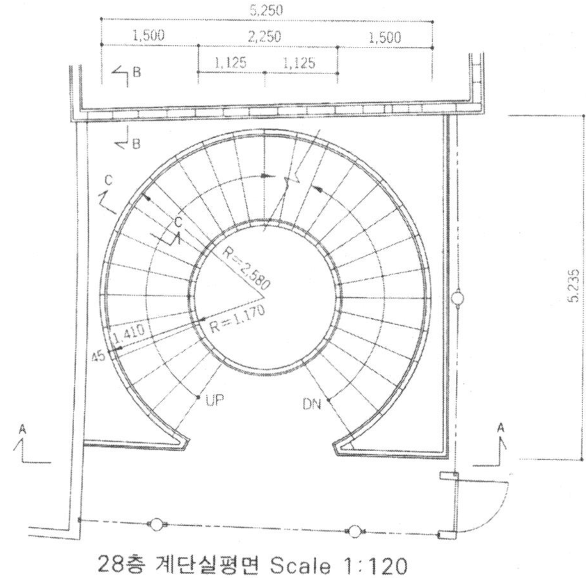

28층 계단실평면 Scale 1:120

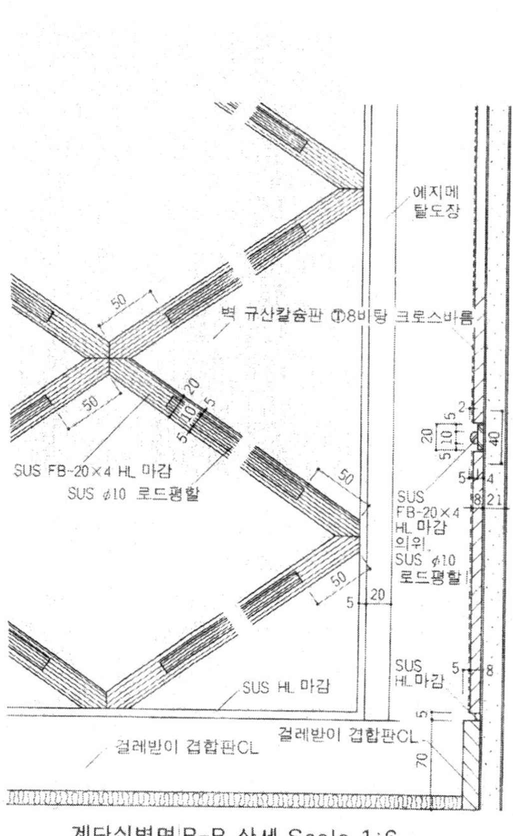

계단실벽면 B-B 상세 Scale 1:6

6,855
595
조명기구
난간 SUS304 ϕ42.7×1.5 HL
셔터심
CH=2,800
CH=2,600
295 300
셔터심
CH=2,600
가이드레일
걸레받이 겹합판 CL
1,300
5,831.5
1,129
6,321
318.5

계단실 A-A 단면 Scale 1:80

고층빌딩의 3층에 걸친 임원층을 연결하는 스파이럴 계단이지만 스테인레스를 효과적으로 사용하여 빛의 황홀감을 극적이고, 인상적으로 느낄 수 있게 성공적으로 되어 있다. 구조상은 계단참에만 지지되어 있어 불쾌한 진동이 전해지지 않는 배려가 필요하며 한편으로는 올려다 볼 때 경쾌하게 보이고 최소한의 단면으로 하면서 거기서의 조화가 어렵다. 위의 속 3차곡면의 스틸패널도 가공을 가능하게 해야 하기 때문에 잘라버리는 연구를 하여 벽의 특수한 주문 크로스나 스테인레스의 플랫바와 파이프의 접합이나 조명 등에 정밀한 계산이 있는 점을 주목한다.

계단 C-C단면 Scale 1:18

현관에서 2층으로 통하는 이 계단은 레벨차가 있는 스킵플로어와 조합되어 일체화한 계단으로 되어 있고, 이 때문에 아무림 관계와 구조강도의 문제에서 가공성이 풍부한 강재가 사용되어 있다. 주구조인 따냄옆도리가 보로서 계단 전체를 지지하거나 또한 따냄옆판의 접점은 ϕ80mm인 살두께가 있는 강제파이프로 용접시켜서 레벨차를 흡수한 의장이다. 난간과 그 기둥류의 접합도 강재의 따냄옆판에서 용접하여 부재를 의장적으로 일체화함과 동시에 구조강도가 높은 벽면에 고정하여 전체를 지지하는 형으로 되어 있다. 계단의 디딤판은 통로의 바닥과 마찬가지로 나무결을 살린 적층치장합판 지반가공으로 속판에 두께 6㎜절곡가공한 강판으로 보강, 바닥의 나무와 철 소재로 공존의 질감을 살려 표현한 의도이다.

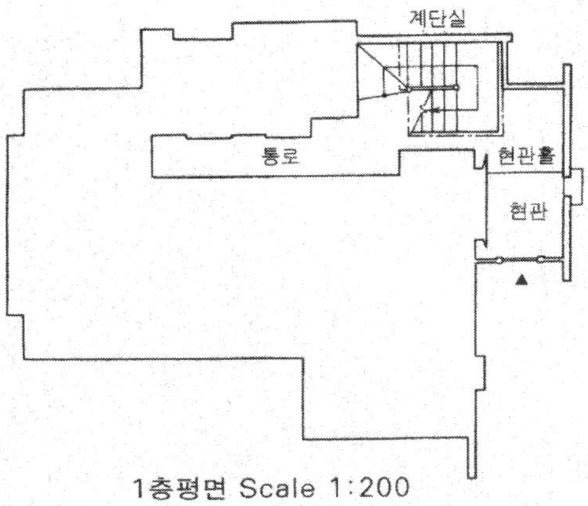

계단실
통로
현관홀
현관

1층평면 Scale 1:200

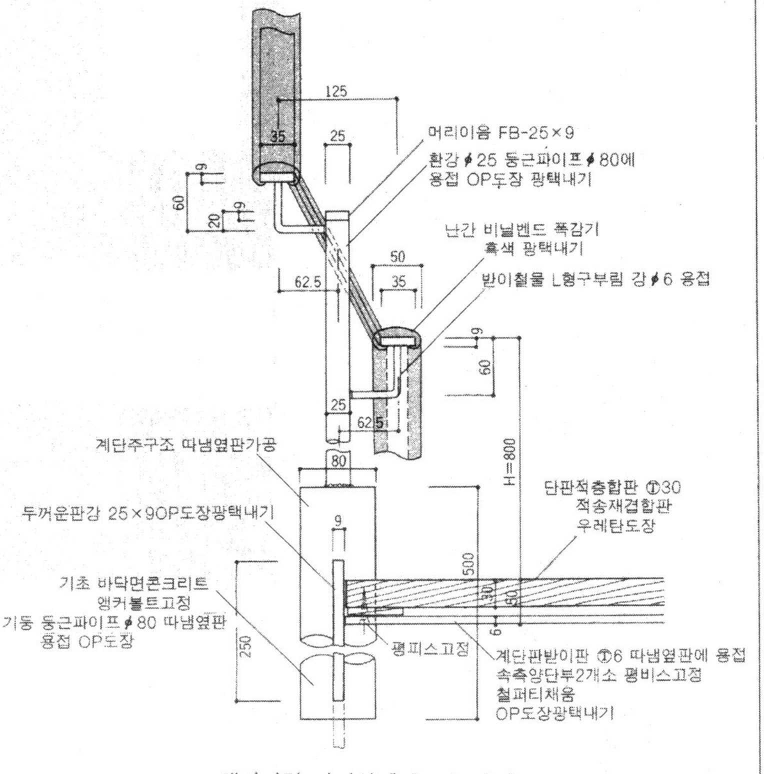

난간걸레받이50비닐벤드감기흑색
FB-35×9
머리연결 FB-25×9
난간동자각기둥 각강 25×25
환강 ϕ25 둥근파이프강 ϕ80
2FL
계단주구조 따냄옆판 가공
두꺼운판 강 25×9 OP도장
광택내기
둥근파이프강 ϕ80
계단참
단판 적층합판 Ⓣ30 적송재겹합판
우레탄도장
속판 강판 Ⓣ6휨가공
양단 따냄옆판 용접
(외관은 모두 OP도장)
둥근파이프강
ϕ80
1FL

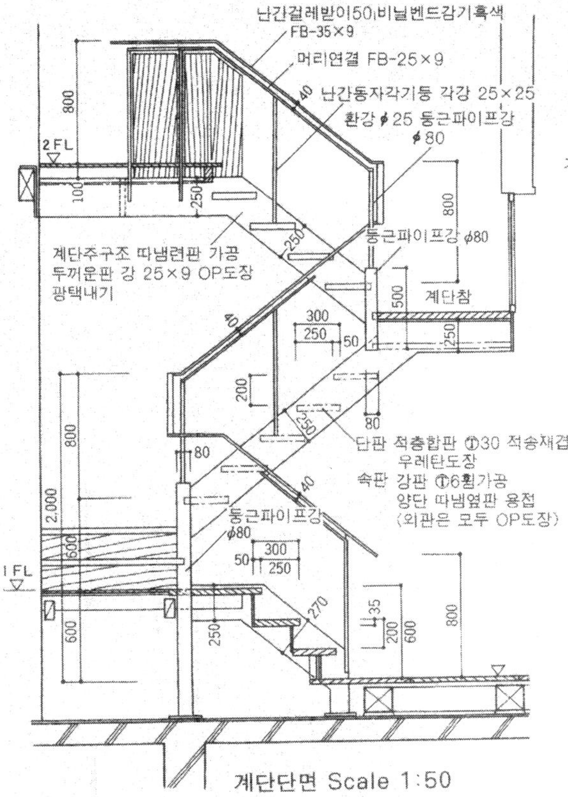

계단단면 Scale 1:50

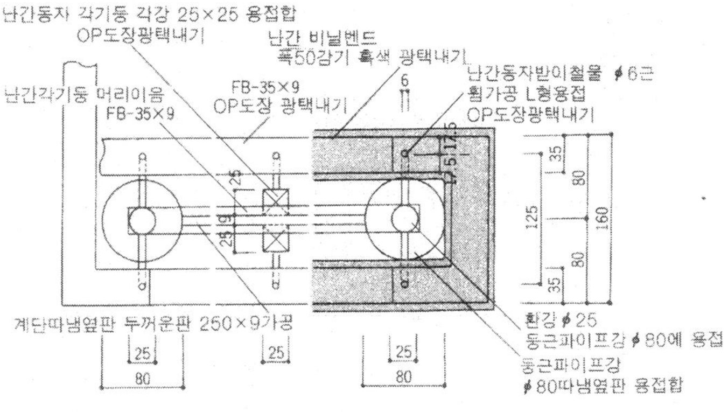

머리이음 FB-25×9
환강 ϕ25 둥근파이프 ϕ80에
용접 OP도장 광택내기
난간 비닐벤드 폭감기
흑색 광택내기
받이철물 L형구부림 강 ϕ6 용접
계단주구조 따냄옆판가공
두꺼운판강 25×9OP도장광택내기
단판적층합판 Ⓣ30
적송재겹합판
우레탄도장
기초 바닥면콘크리트
앵커볼트고정
기둥 둥근파이프 ϕ80 따냄옆판
용접 OP도장
평피스고정
계단판받이판 Ⓣ6 따냄옆판에 용접
속측양단부2개소 평비스고정
철퍼티채움
OP도장광택내기
H=800

계단난간 단면상세 Scale 1:8

난간동자 각기둥 각강 25×25 용접합
OP도장광택내기
난간 비닐벤드
폭50감기 흑색 광택내기
난간동자받이철물 ϕ6근
휨가공 L형용접
OP도장광택내기
난간각기둥 머리이음
FB-35×9
FB-35×9
OP도장 광택내기
계단따냄옆판 두꺼운판 250×9가공
환강 ϕ25
둥근파이프강 ϕ80에 용접
둥근파이프강
ϕ80따냄옆판 용접합

계단난간 평면상세 Scale 1:8

좁은 대지에서의 제약에 대하여 최대한의 면적을 확보하고, 평면적, 단면적인 계획에 아쉬움이 없도록 계단이 차지하는 공간을 어떻게 효율적으로 또 의장적으로 만족시켜 쾌적한 공간이 되느냐가 그 건축물을 결정짓는 요인이 된다. 여기서는 한 방향으로 직진하여 오름통로로 되는 것과 정면에 돌출한 계단참이 있는 계단 2종류의 조합이다. 내부계단으로 평면에 준한 변형에서 현관의 위 울거미와 조합한 것이다. 최상층의 나선계단 모두 4가지가 있다. 정면의 중공에 뜬 외부계단은 강재를 주체 구조로 하여 RC구체에 완강하게 고정된 캔틸레버로 해서 따냄옆판에서 평면상으로 기둥이나 보강재가 없는 개방성이 높은 공간으로 되어 있다. 또한, 내부 나선계단도 마찬가지로 보이드의 바닥 슬래브에 가로로 브래킷으로 고정되어, 중공에 뜬 형으로 되어 있다.

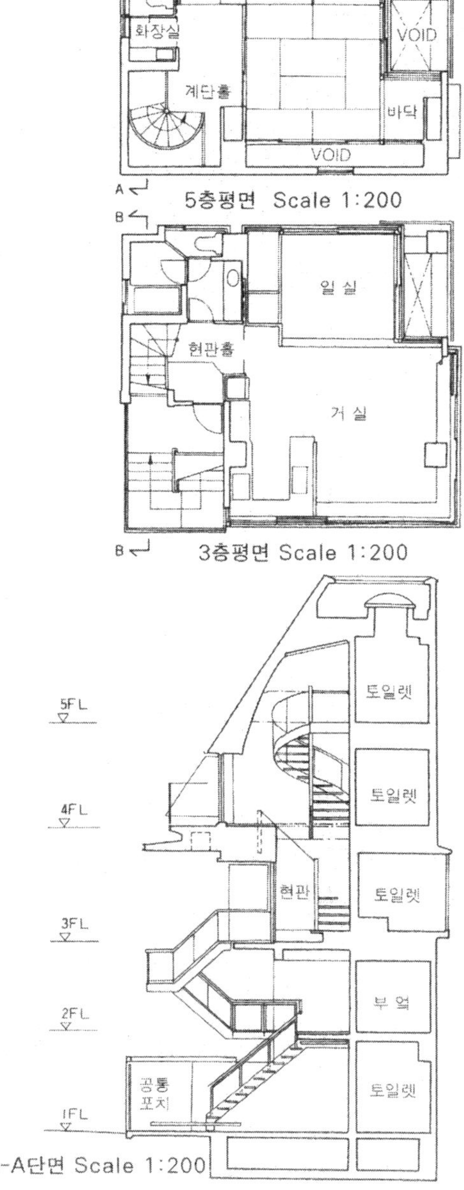

5층평면 Scale 1:200

3층평면 Scale 1:200

A-A단면 Scale 1:200

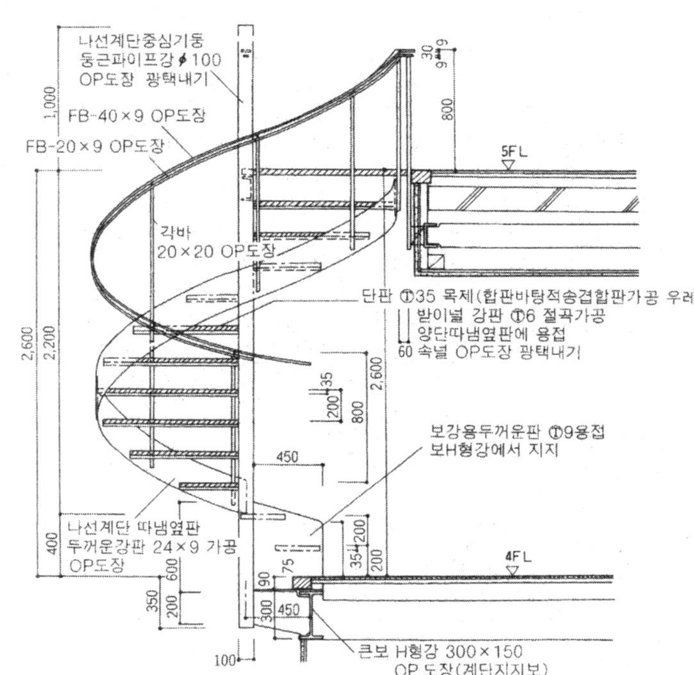

나선계단 A-A 단면 Scale 1:50

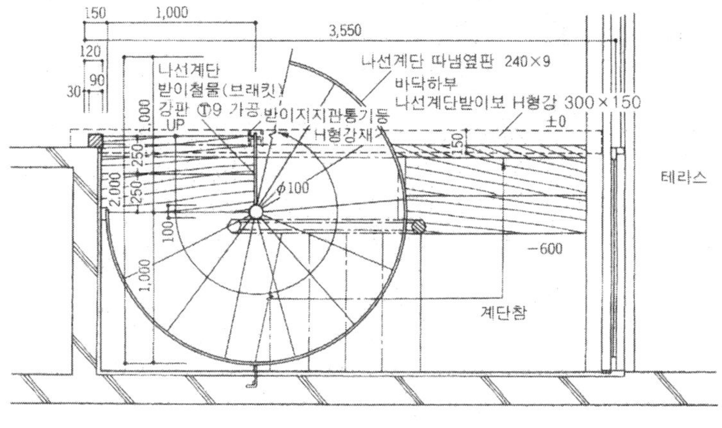

나선계단 평면 Scale 1:50

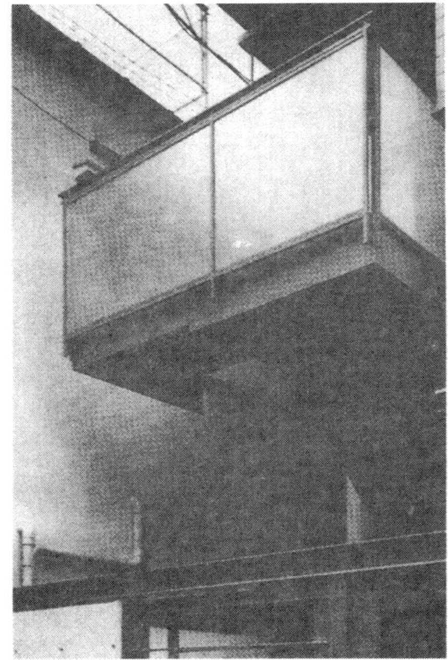

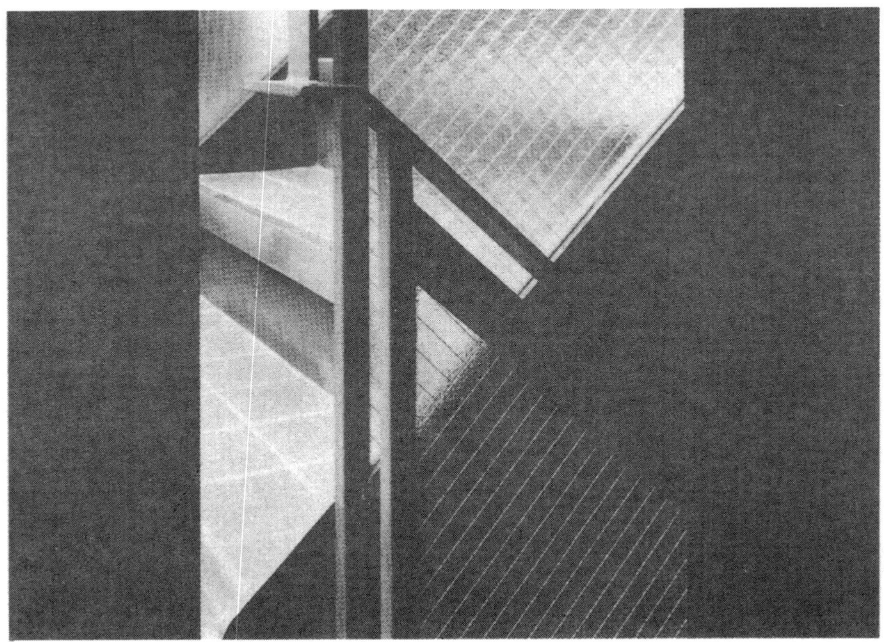

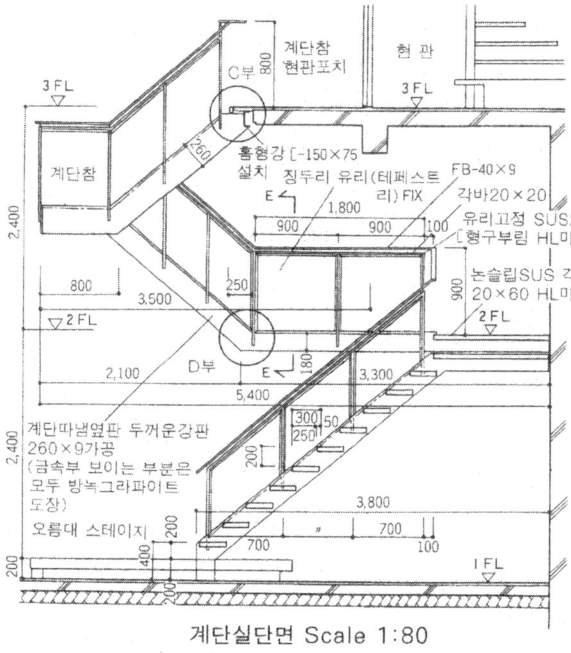
계단참
현관포치
현 관
C부
3FL
3FL
홈형강 [-150×75
설치
징두리 유리(테페스트
리) FIX
FB-40×9
각바20×20
유리고정 SUS20×20
[형구부림 HL마감
논슬립SUS 각파이프
20×60 HL마감
계단참
1,800
900
900
100
800
3,500
250
2FL
2FL
2,100
D부
3,300
5,400
계단따냄옆판 두꺼운강판
260×9가공
(금속부 보이는 부분은
모두 방녹그라파이트
도장)
오름대 스테이지
3,800
700
700
100
1FL
2,400
2,400
200
400
200
계단실단면 Scale 1:80

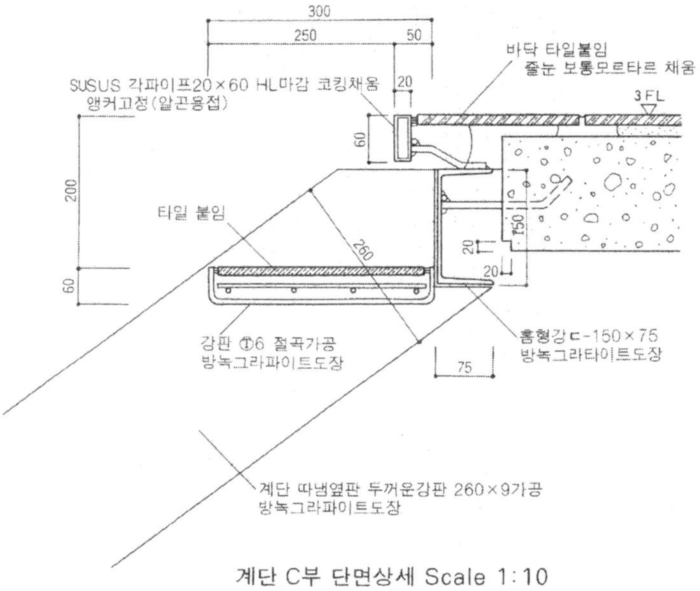
300
250
50
SUSUS 각파이프20×60 HL마감 코킹채움
앵커고정(알곤용접)
20
바닥 타일붙임
줄눈 보통모르타르 채움
3FL
60
200
60
타일 붙임
260
150
20
20
강판 Ⓣ6 절곡가공
방녹그라파이트도장
홈형강 ⊏-150×75
방녹그라타이트도장
75
계단 따냄옆판 두꺼운강판 260×9가공
방녹그라파이트도장
계단 C부 단면상세 Scale 1:10

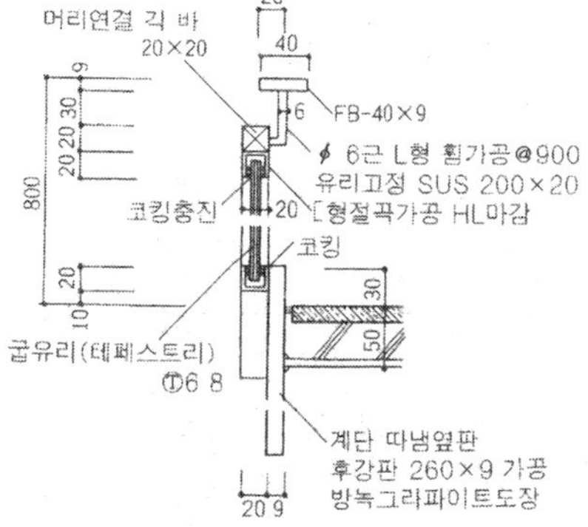
머리연결 각 바
20×20
20
40
FB-40×9
ϕ 6근 L형 휨가공@900
유리고정 SUS 200×20
[형절곡가공 HL마감
코킹충진
20
코킹
800
굽유리(테페스트리)
Ⓣ6 8
계단 따냄옆판
후강판 260×9 가공
방녹그라파이트도장
20 9
계단난간 E-E 단면상세 Scale 1:10

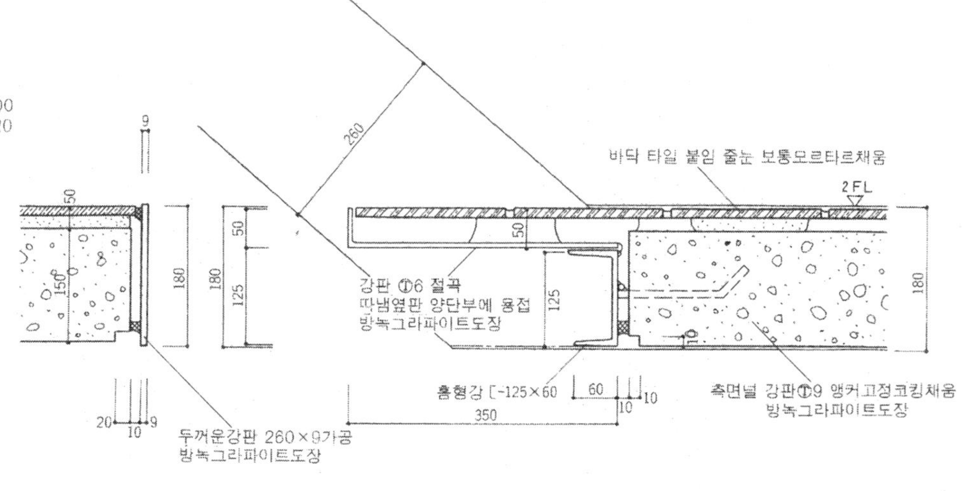
260
바닥 타일 붙임 줄눈 보통모르타르채움
2FL
50
150
180
125
강판 Ⓣ6 절곡
따냄옆판 양단부에 용접
방녹그라파이트도장
홈형강 [-125×60
60
10
10
350
측면널 강판Ⓣ9 앵커고정코킹채움
방녹그라파이트도장
두꺼운강판 260×9가공
방녹그라파이트도장
20
10
9
계단 D부 단면상세 Scale 1:10

콘크리트 구조의 슬래브에 지지된 계단실의 의장은 빈번히 통과하여 접하는 경우가 많음에도 불구하고, 거칠게 되어 있다. RC의 구체에 기능적이 되도록 강재계단 각 부재를 설치하는 경우, 강력한 콘크리트와 치장으로 디자인 한 부재를 겹쳐서 섬세하고, 긴장감이 있는 표현이 가능하다.

여기에서는 계단 중앙의 계단 슬래브 안쪽 마구리 부분에 강재가 두꺼운 판을 따냄옆판의 띠 형상으로 앵커접합으로 고정하여 설치하고 있다. 이 접합한 강재를 축으로 해서 계단에 부착하는 철물류가 있는 난간의 크고 작은 플랫바나 각파이프의 기둥, 징두리의 유리고정철물 등의 가공재의 조합을 용접하여 고정하는 것이 가능하게 되고, RC의 구체에 사프한 선을 표현할 수 있고, 공간이 긴장감이 있게 된다.

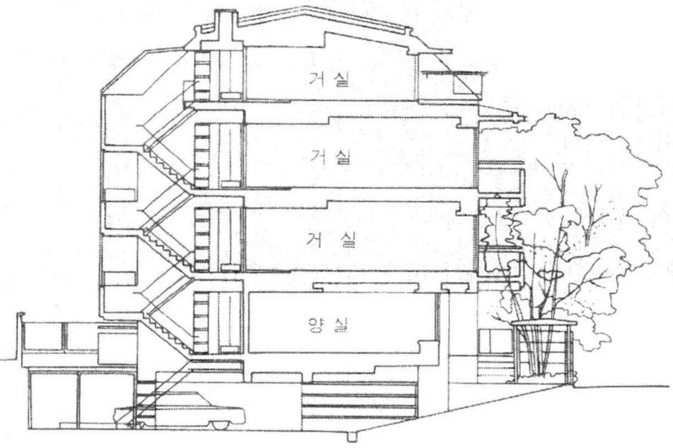

단 면 Scale 1:300

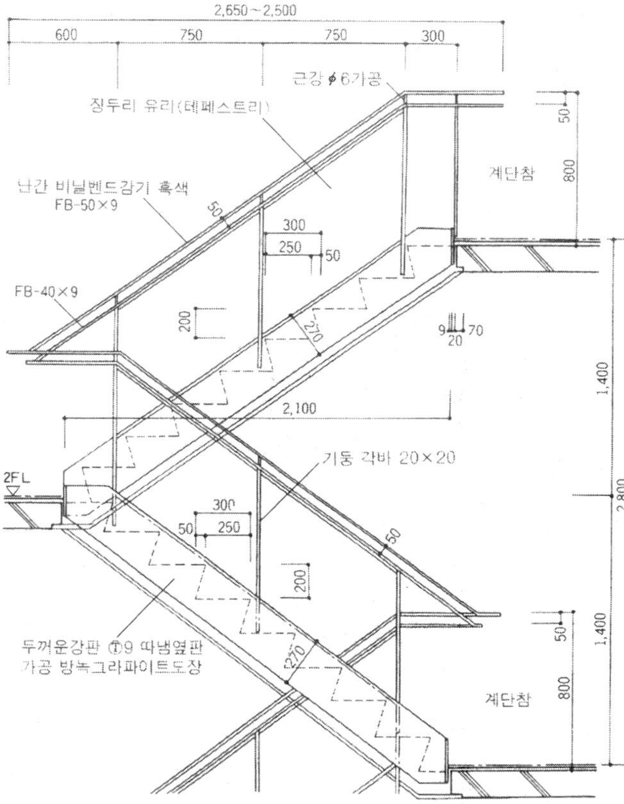

계단실단면 Scale 1:40

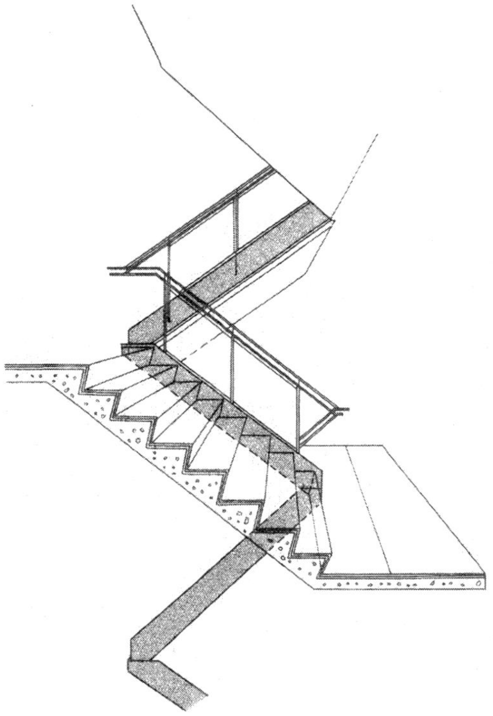

계단투시도

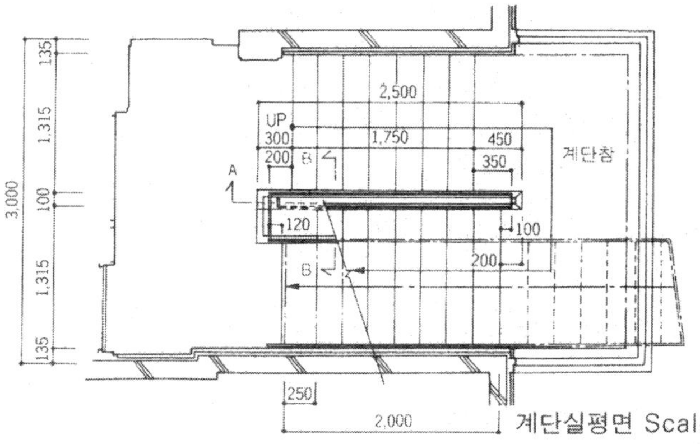

계단실평면 Scale 1:80

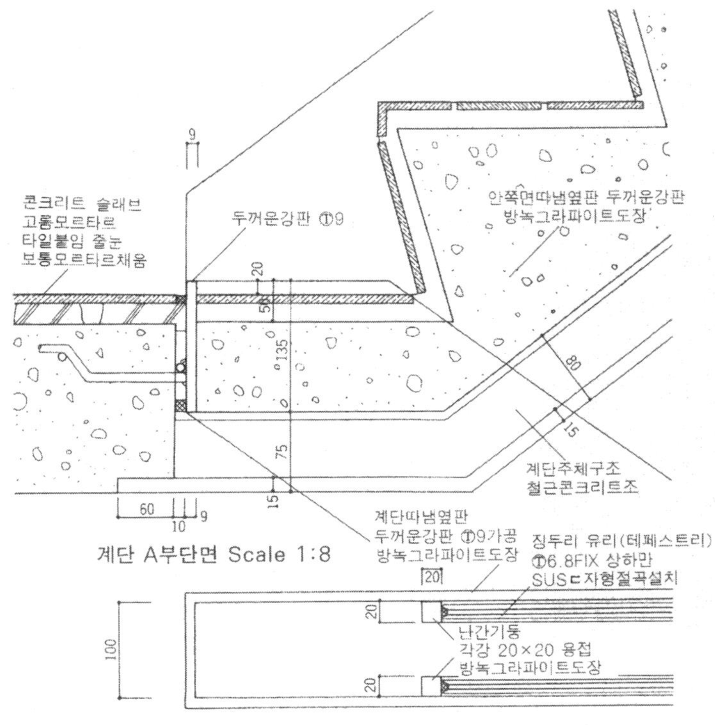

계단 A부단면 Scale 1:8

계단따냄옆판 평면상세 Scale 1:8

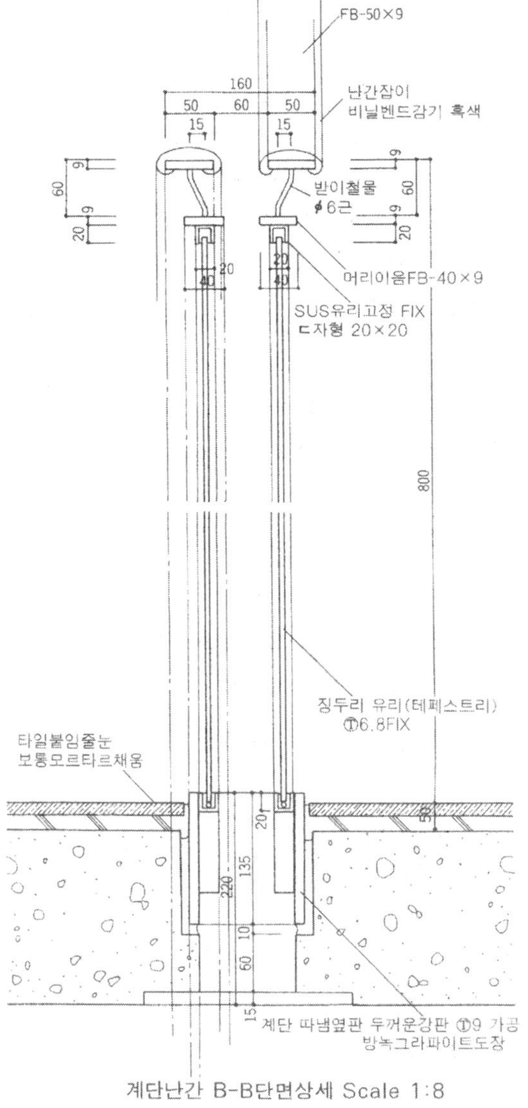

계단난간 B-B단면상세 Scale 1:8

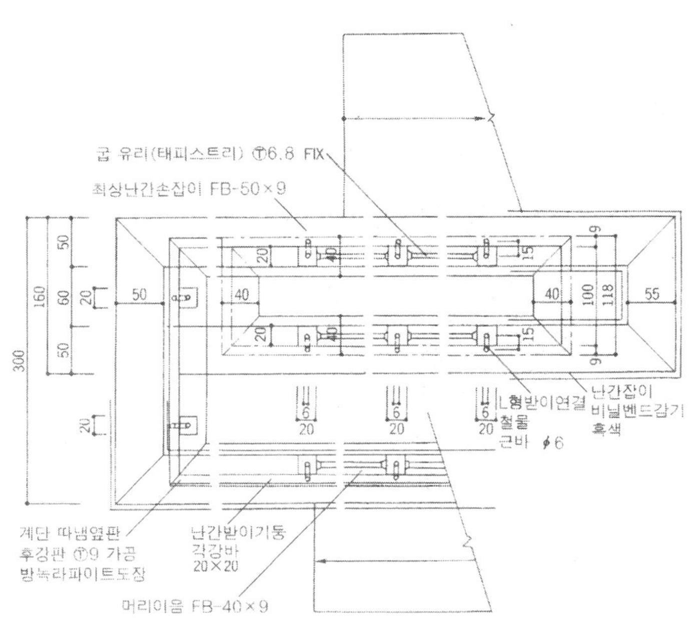

계단난간평면상세 Scale 1:8

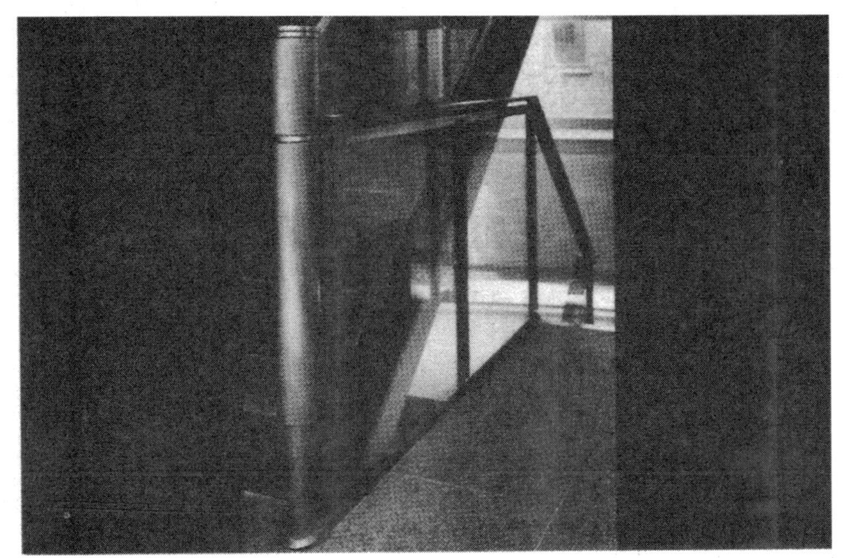

상업적인 건축물에서는 보다 많은 고객을 어떻게 자연스럽게 매장으로 유도할 것인가가 빠뜨릴 수 없는 중요한 포인트가 된다. 그 의미로 계단이 갖는 역할은 크고, 또한 매력적인 의장이 바람직하다. RC조인 슬래브에서 만든 이 계단은 마감재를 바닥돌붙임, 유리, 스테인레스와 조합한 금속적 조화로 되어 있다. 오르내림의 단차가 불가피한 장소에 스테인레스 HL마감의 원형 파이프를 접점에서 자립시켜 20×9mm의 플랫바를 수직기둥으로 해서 자립시키고, 수평으로 조합하여 알곤 용접한 난간에 징두리의 투명한 유리를 티오콜로 맞대어 FIX 고정한다. 여기서는 RC슬래브에서 앵커된 두꺼운 판의 따냄옆판과 용접하여 현장작업과 공장가공한 제품을 고정밀도로 접합한다.

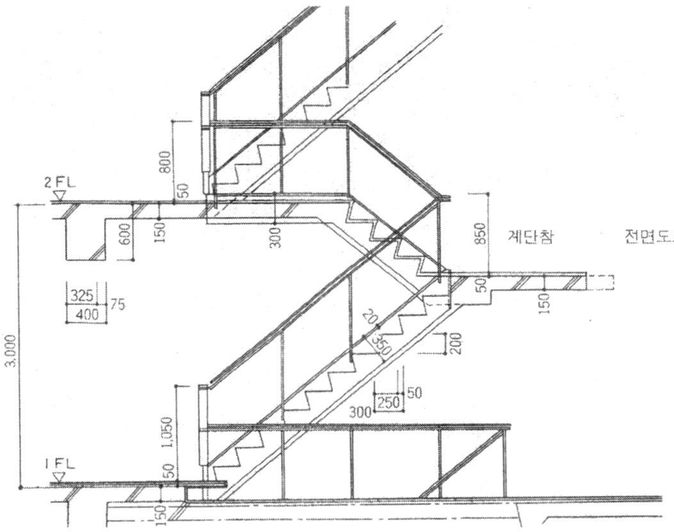
2FL
1FL
계단참
전면도로
3,000
800
1,050

계단실단면 Scale 1:80

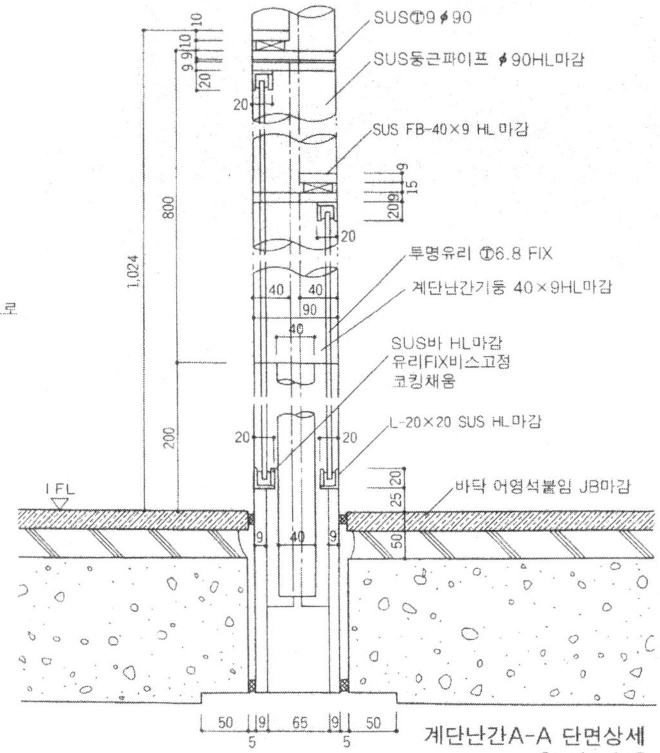
SUS①9 φ90
SUS둥근파이프 φ90HL마감
SUS FB-40×9 HL 마감
투명유리 ①6.8 FIX
계단난간기둥 40×9HL마감
SUS바 HL마감
유리FIX비스고정
코킹채움
L-20×20 SUS HL마감
바닥 어영석붙임 JB마감
1FL
1,024
800
200

계단난간A-A 단면상세
Scale 1:8

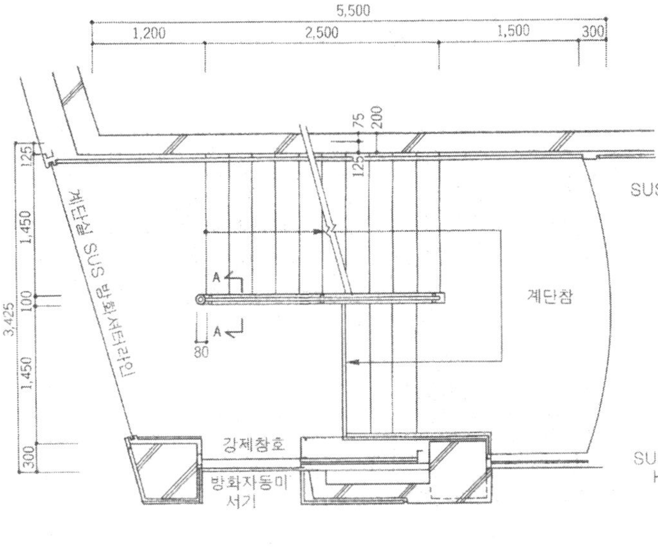
5,500
1,200
2,500
1,500
300
3,425
계단실 SUS 방화셔터라인
계단참
강제창호
방화자동미서기

계단실평면 Scale 1:80

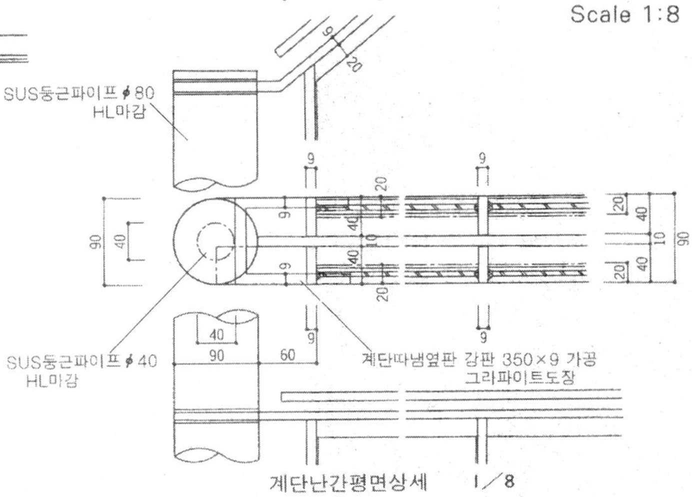
SUS둥근파이프 φ80
HL마감
SUS둥근파이프 φ40
HL마감
계단따냄옆판 강판 350×9 가공
그라파이트도장

계단난간평면상세 1/8

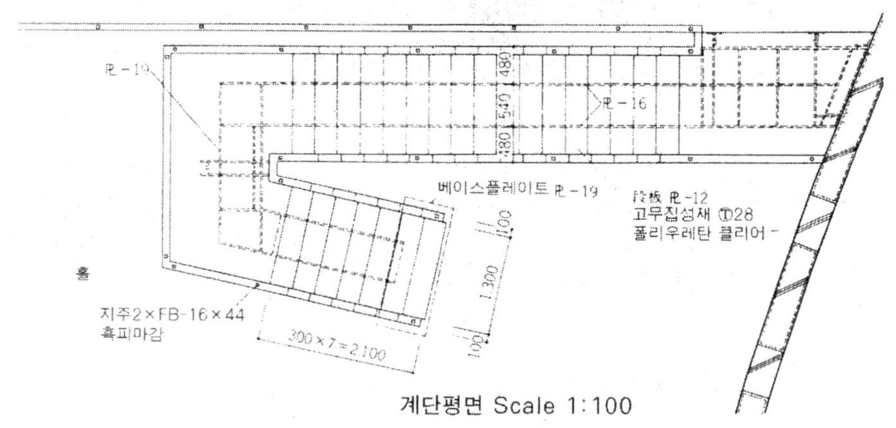

계단평면 Scale 1:100

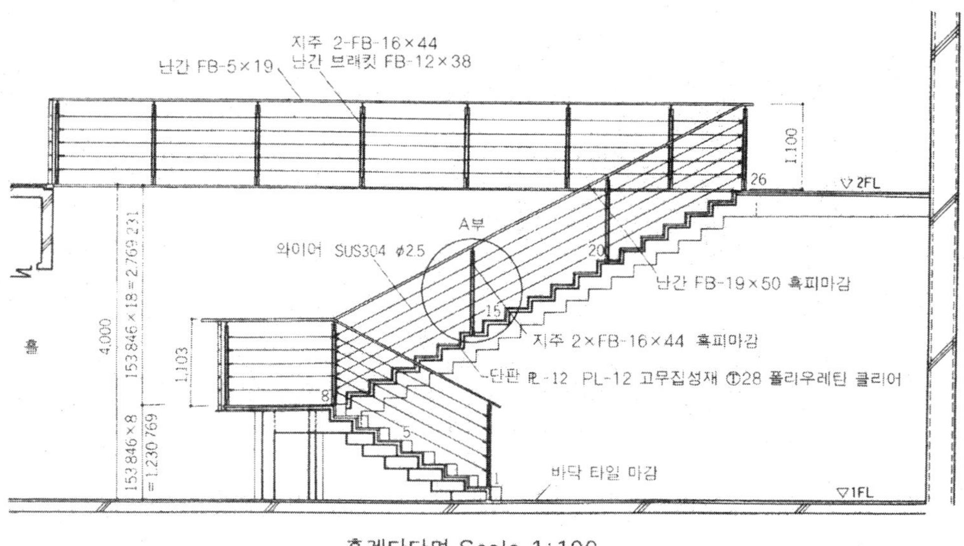

홀계단단면 Scale 1:100

설치한 장소에서 말한 이 계단은 오브제로 해서 아름답고, 그래서 오픈된 공간 속에서 가능한한 경쾌하게 보일 필요가 있다. 두께 12mm인 철판은 힘도리에서 크게 돌출하여 Z형의 두께만 연속한 면을 구성한다. 표면에는 두께 28mm인 플로어링을 얹어서 2층의 바닥재가 흘러내리는 듯하게 표현한다. 난간은 지지기둥과 동시에 스틸의 가장 소박한 표현을 연출하기 위하여 흑피부착 플랫바를 사용한다. 지지기둥을 관통하여 에워싼 스테인레스 와이어의 중간사다리는 투명하여 경쾌한 기분을 강조하고, 보이드의 난간에 연결되어 있다.

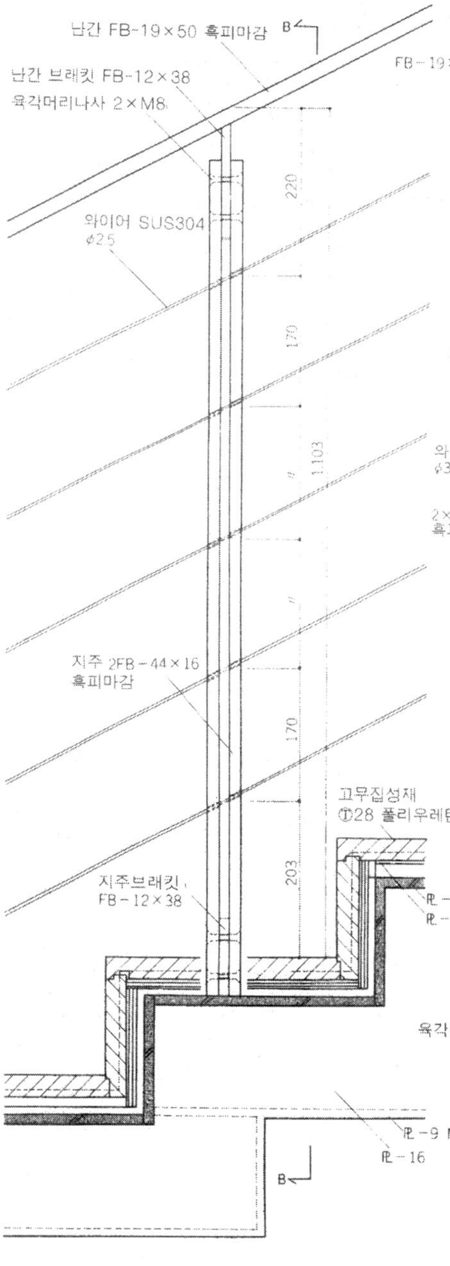

A부 단면상세 Scale 1:10

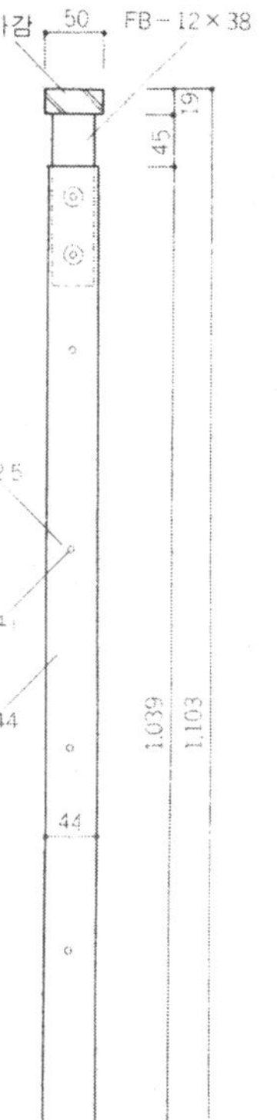

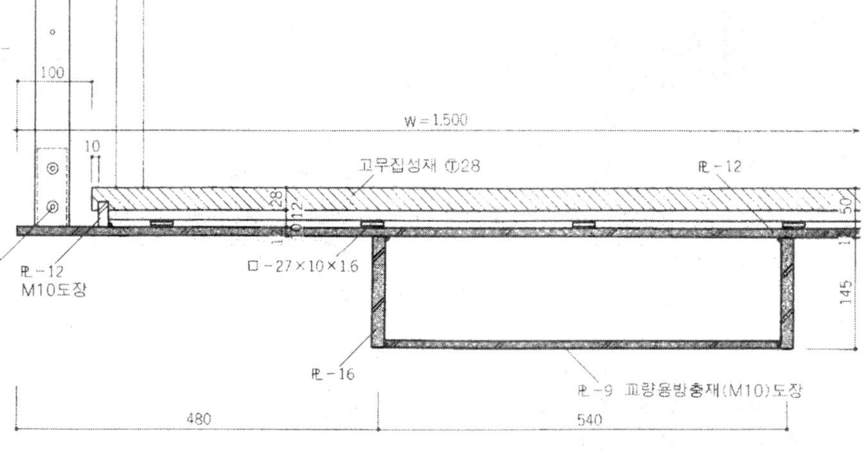

B-B 단면상세 Scale 1:10

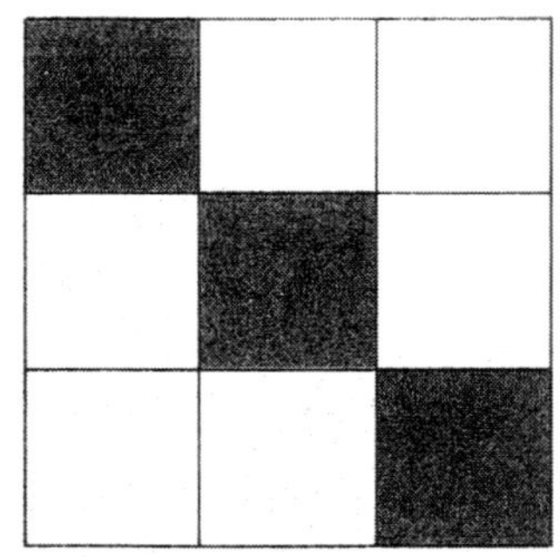

계단은 뭐뭐니뭐니 해도 위층과 아래층을 연결하는 기능을 가진 도구이고, 또한 시퀀스를 만들어 내는 장치로서 건축물의 중요한 보캐블러리의 하나로 알려져 있다. 그렇지만 여기에서 제시하는 계단의 예는 그 이상의 것이라 할 것이다. 왜냐하면 그 형태는 다종다양 해서 공간에 직접 움직임, 공간에 상승력을 부여하고, 활력을 생기는 장치로 되어 있는 것이다. 거실 내의 면적이 지극히 작아 주실로서 제기능을 하기에는 넓이를 평면적인 거리에만 의존할 수만은 없다.

그래서 본래 갖는 영역의 넓힘을 상하관계에 맡긴 것이다.

주 실에 모이는 사람들로서는 상층의 존재와 공간의 연결을 의식하여 단순한 기능도구 이상의 의미를 지니는 것이다.

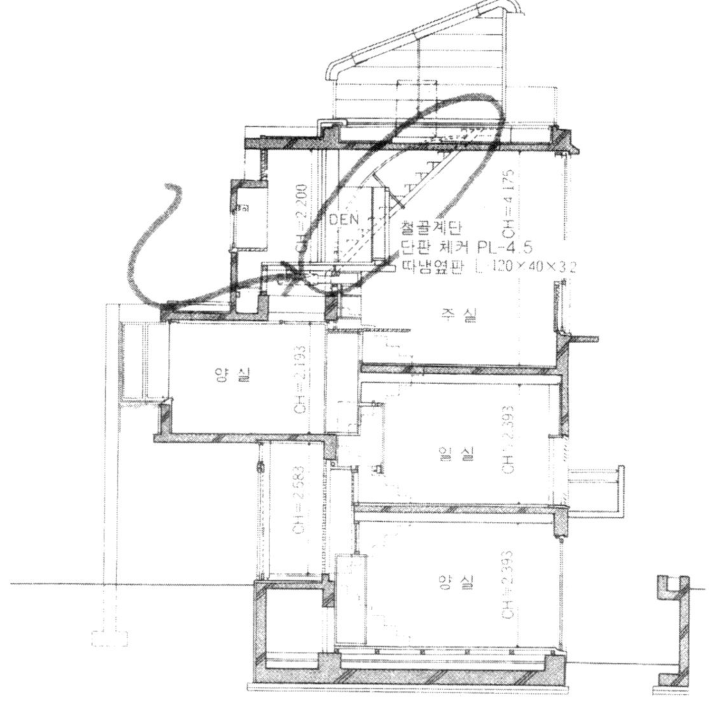

단 면 Scale 1:150

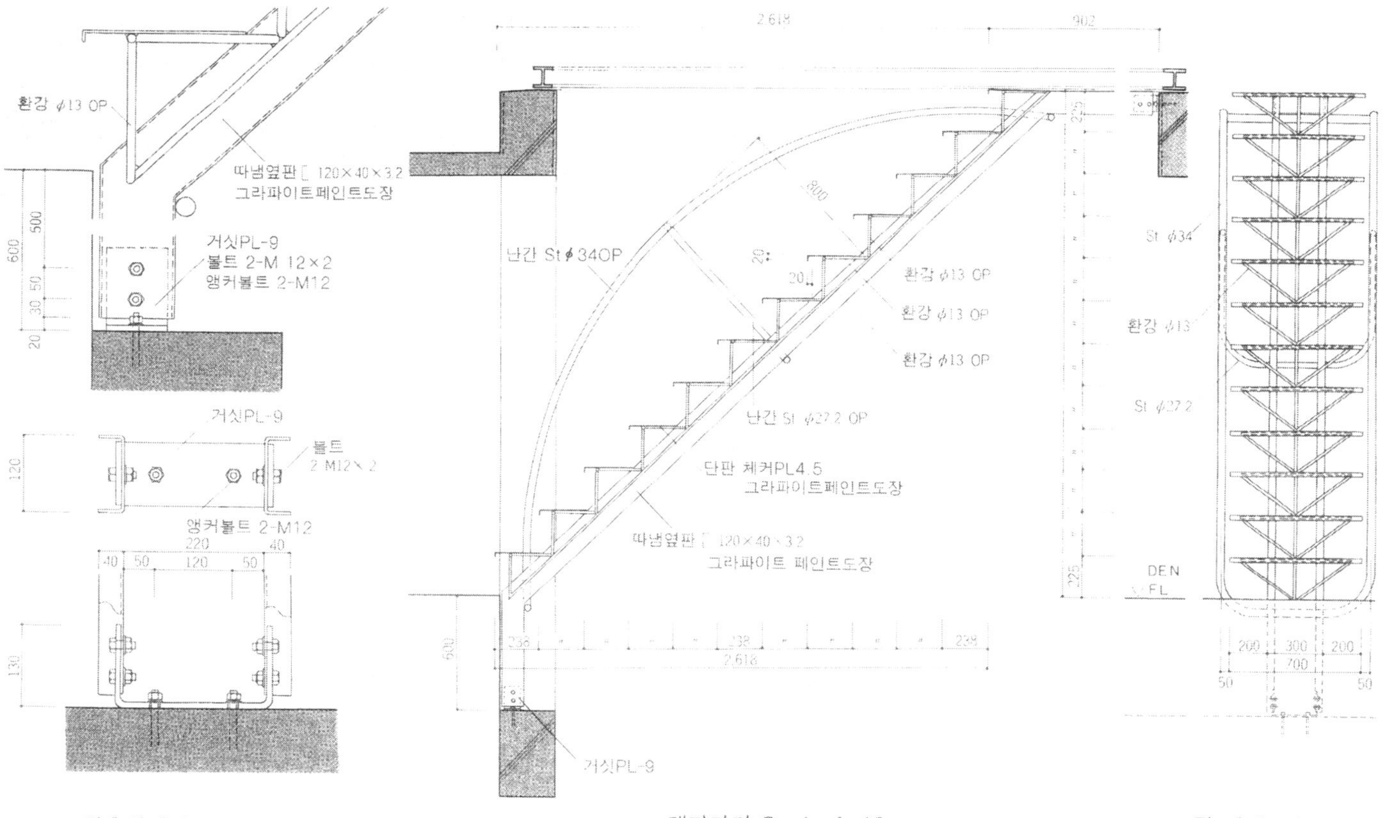

맞춤상세 Scale 1:12

계단단면 Scale 1:40

정 면 Scale 1:40

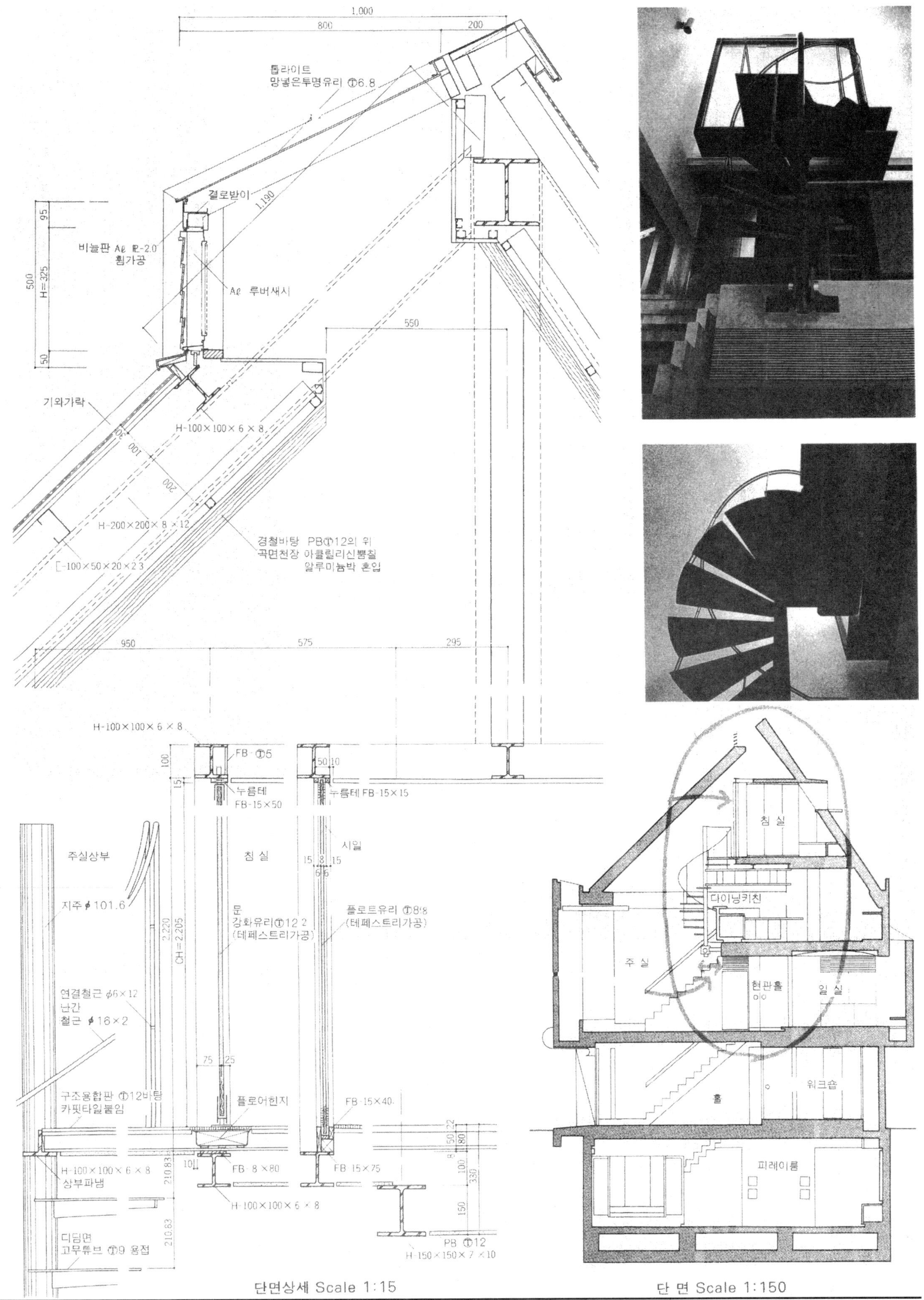

단면상세 Scale 1:15

단 면 Scale 1:150

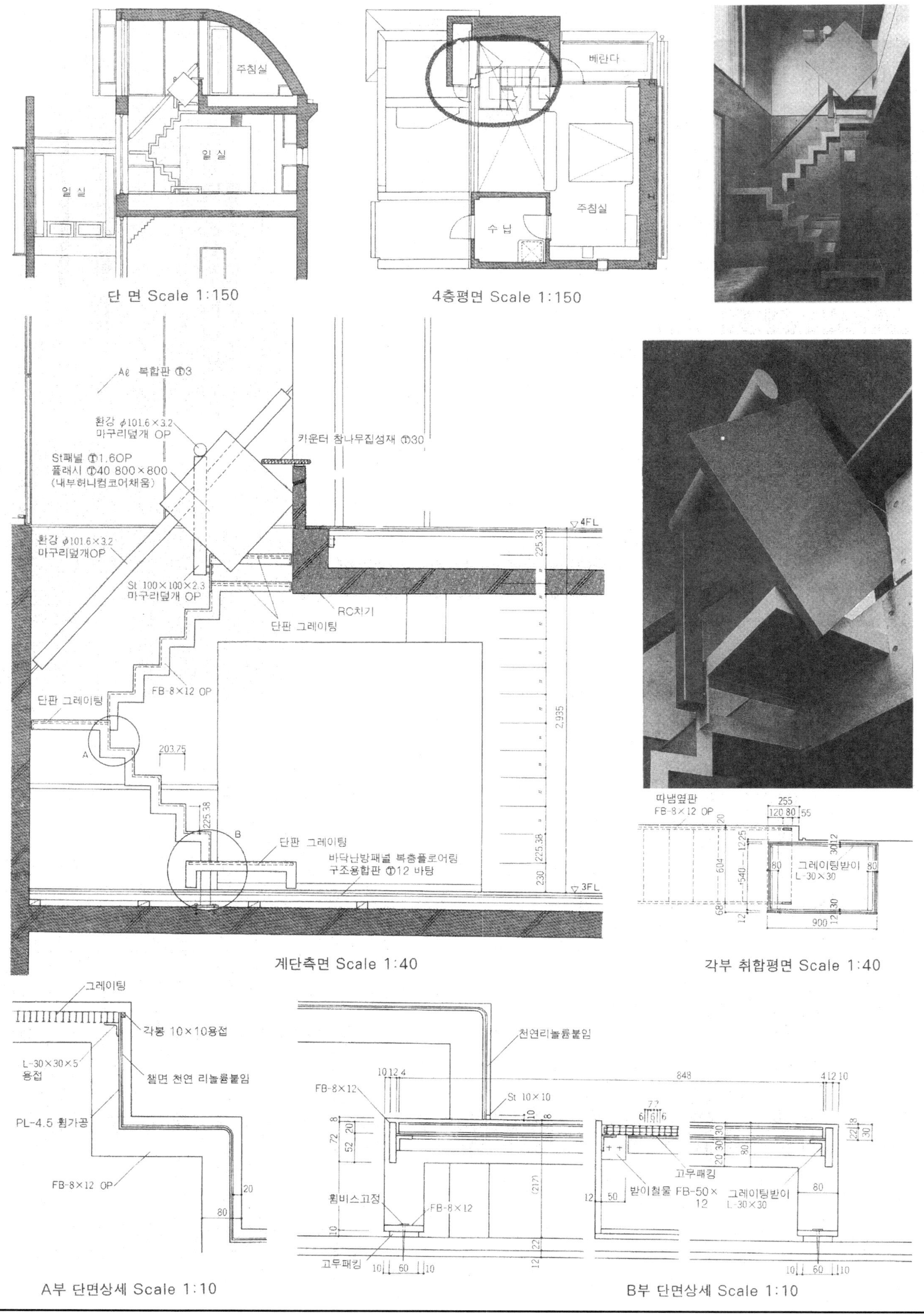

단 면 Scale 1:150

4층평면 Scale 1:150

계단측면 Scale 1:40

각부 취합평면 Scale 1:40

A부 단면상세 Scale 1:10

B부 단면상세 Scale 1:10

계단이나 복도의 폭은 3자의 재래구법인 약점의 하나로 다루는 경우가 많다. 실제, 큰 벽으로 하면 벽의 안치수는 좁고, 압박감이 있고, 난간도 부착하기 어려운 치수가 있다. 여기에서는 ㄷ형꺾음계단(되꺾기) 을 중심으로 아무림한다. 그러나 실제로 걷는 부분의 폭은 750mm로써 충분하다. 되꺾기 중심에 5치를 단위로 하는 계단사의 난간을 설치, 단판부분은 기성제품을 사용하여 2자 5치의 폭으로 한다. 2층 바닥면에 설치한 장식선반 겸용의 난간도 5치의 단위로 하고 있다. 여유 스페이스의 속으로 아무림되어 있다.

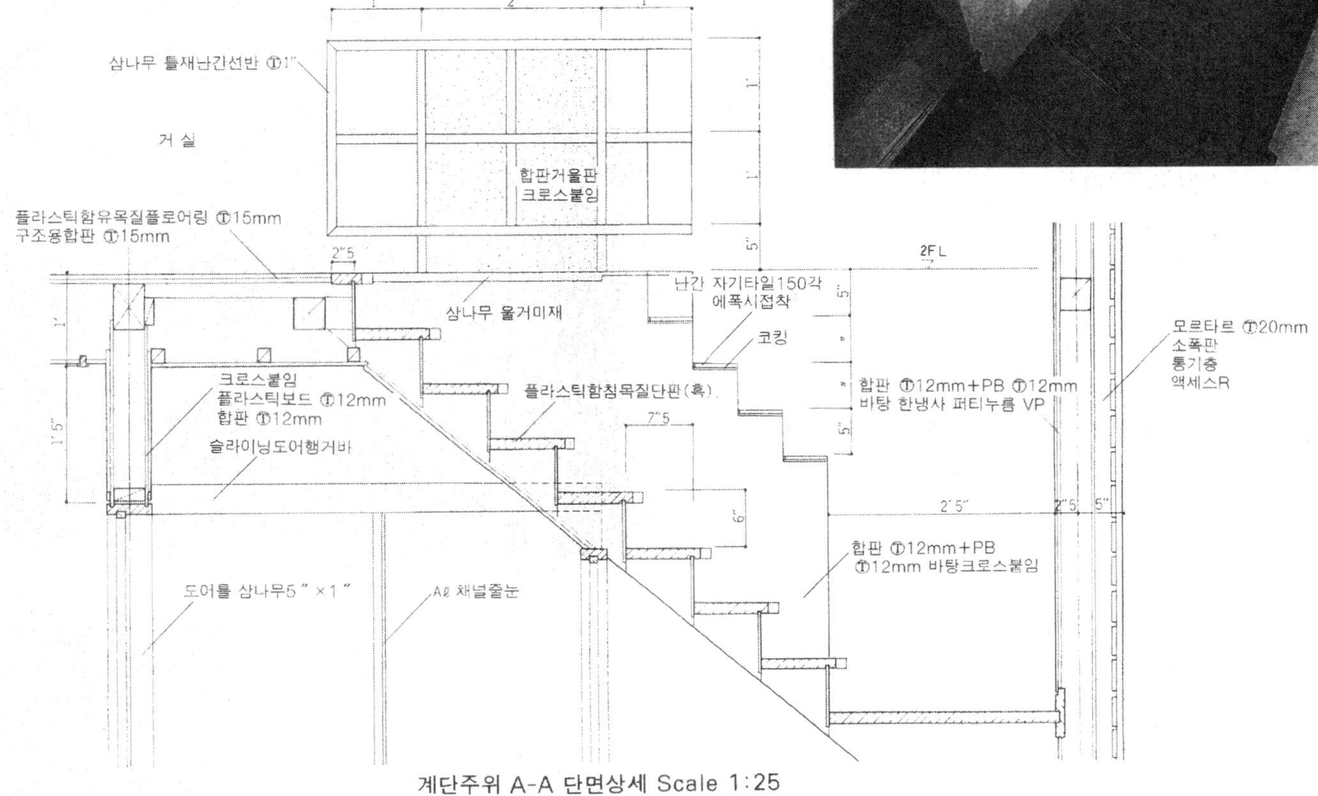

계단주위 A-A 단면상세 Scale 1:25

현 관

난간 자기타일 150각

슬라이딩도어(행거)

복 도

플라스틱함유목질

플로어링 Ⓣ15mm

도어틀 삼나무 5"×1"

계단벽안치수 3'

계단디딤판폭2'5"

창고

세면소

계단 주위 평면상세 Scale 1:25

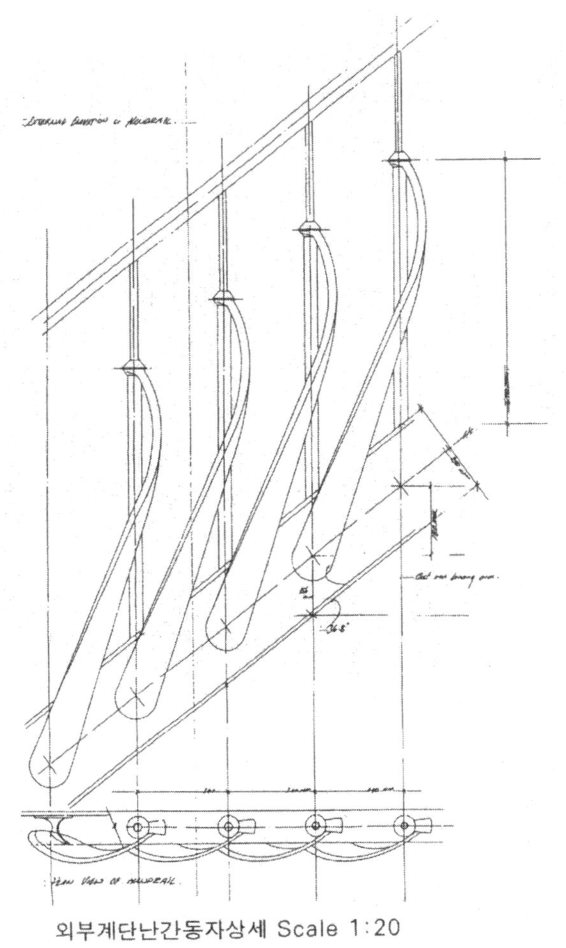

외부계단난간동자상세 Scale 1:20

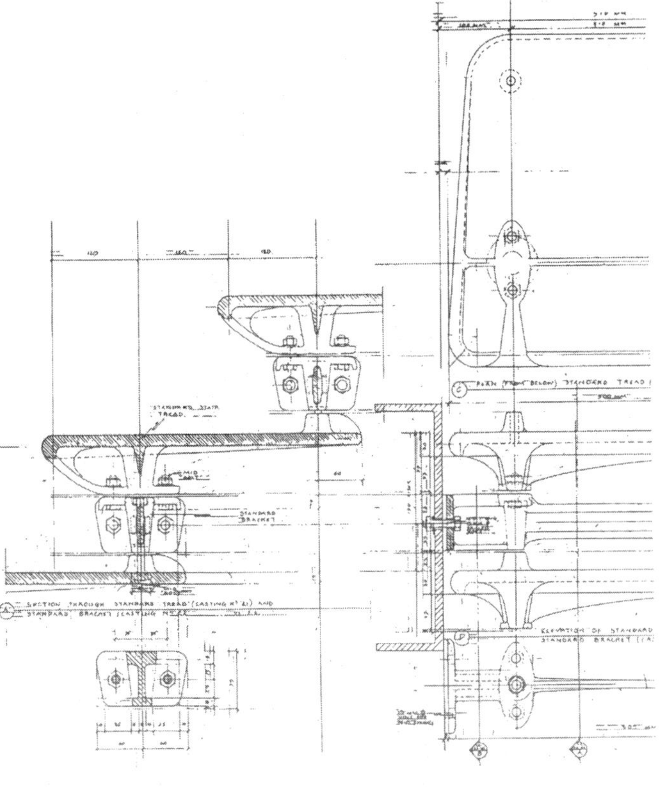

외부계단 Step상세 Scale 1:10

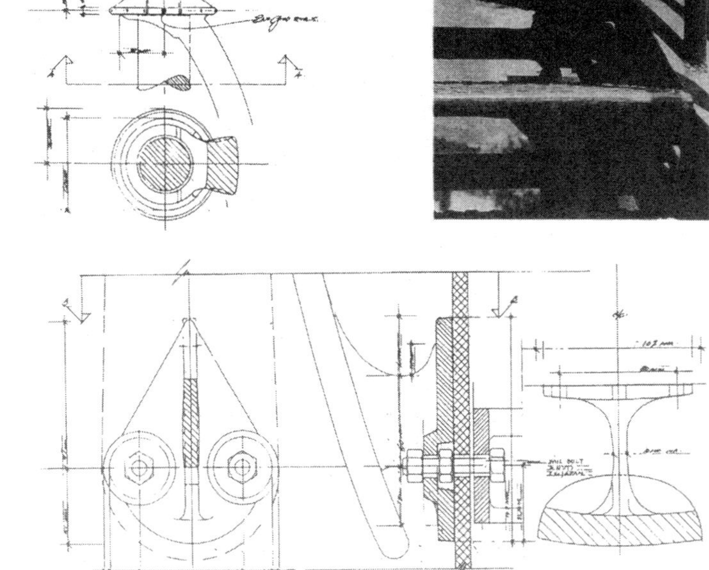

외부계단 난간동자상세 Scale 1:5

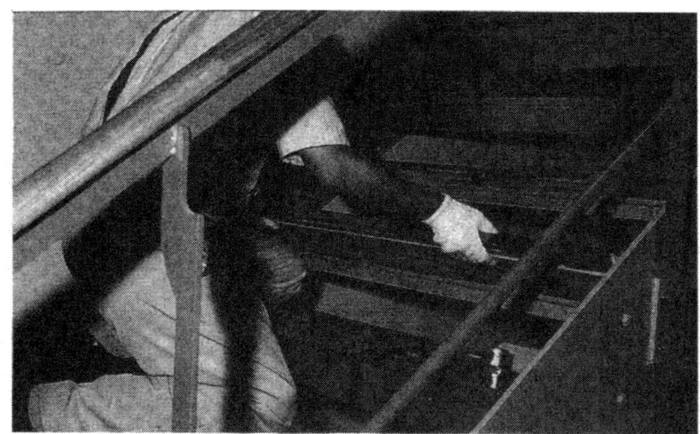

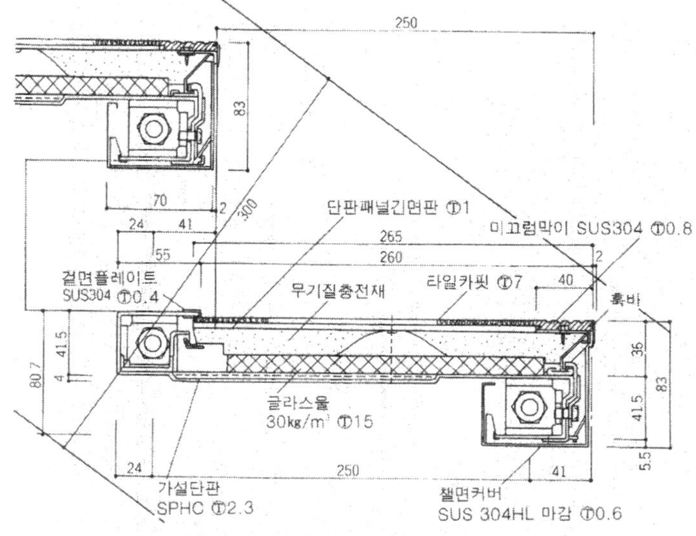

단판상세 Scale 1:5

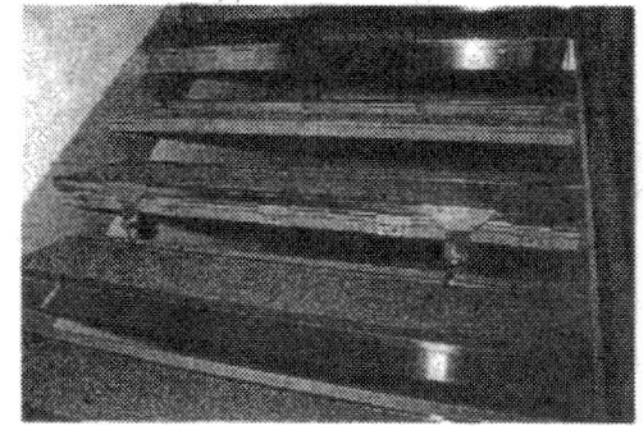

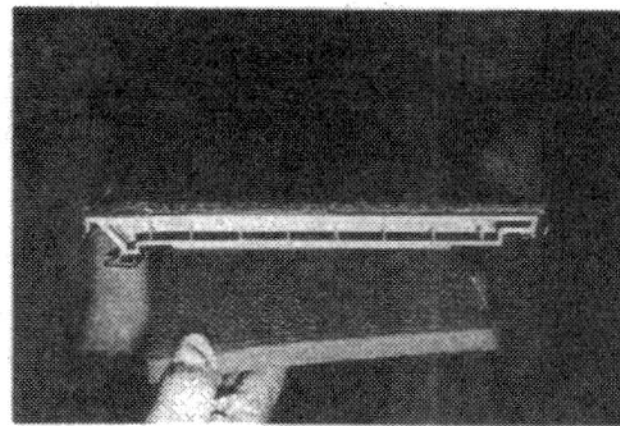

고층빌딩의 구체공사에서는 계단부분은 가설이용을 위해 철골공사와 일체적으로 건립하는 것이 보통이다. 그렇지만 계단자체의 마감에 대해서는 보행감이나 마감 정밀도의 양호함까지 고려한다면 현장시공에서 신뢰감을 받을 수 있고, 이를 위하여 현장에서 가장 철저하게 공사 최종 단계까지 노력하는 것이 적지 않다. 이런 것에 대한 한가지 해결책으로서는 단판을 거싯화 한 이 예는 흥미진진한 디테일이다. 이렇게 함으로써 공사중이나 건축물사용 개시 후의 파손에 대한 보수 교체도 지극히 쉬워진다. 계단참 부분도 3분할한 단위를 거싯화하는 것이 흥미있다. 다만, 단 속의 도장공사만은 현장시공으로 하여 현실적인 처리를 한다.

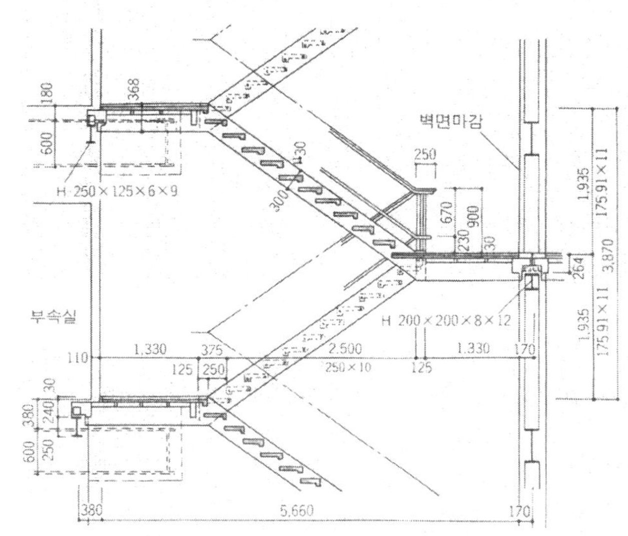

단 면 Scale 1:100

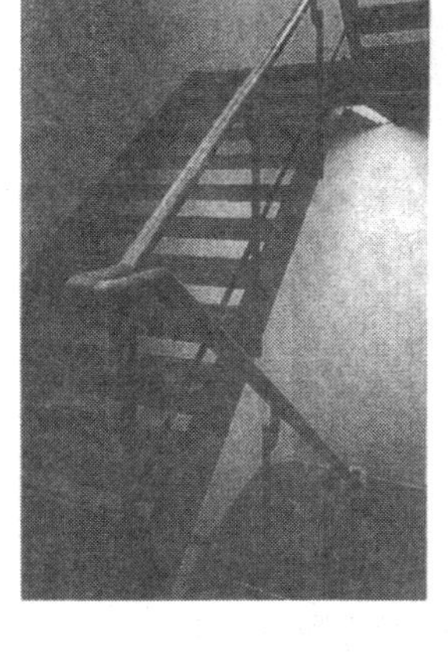

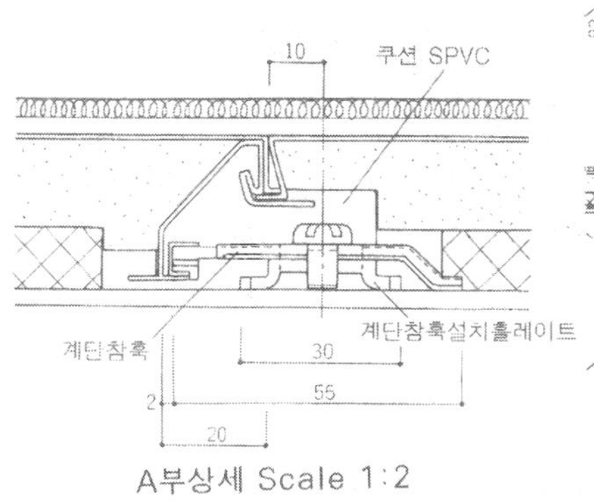

A부상세 Scale 1:2

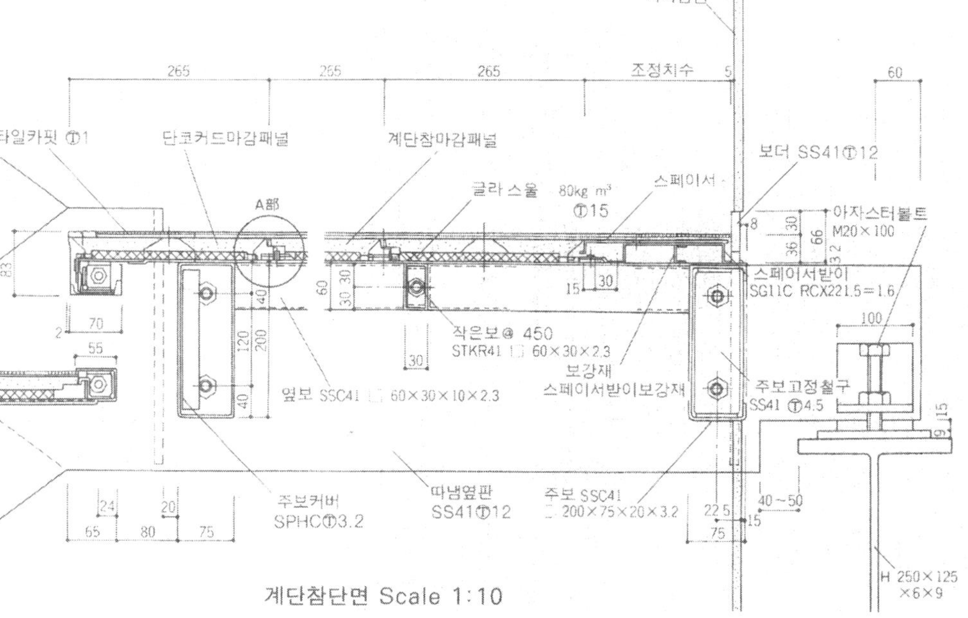

계단참단면 Scale 1:10

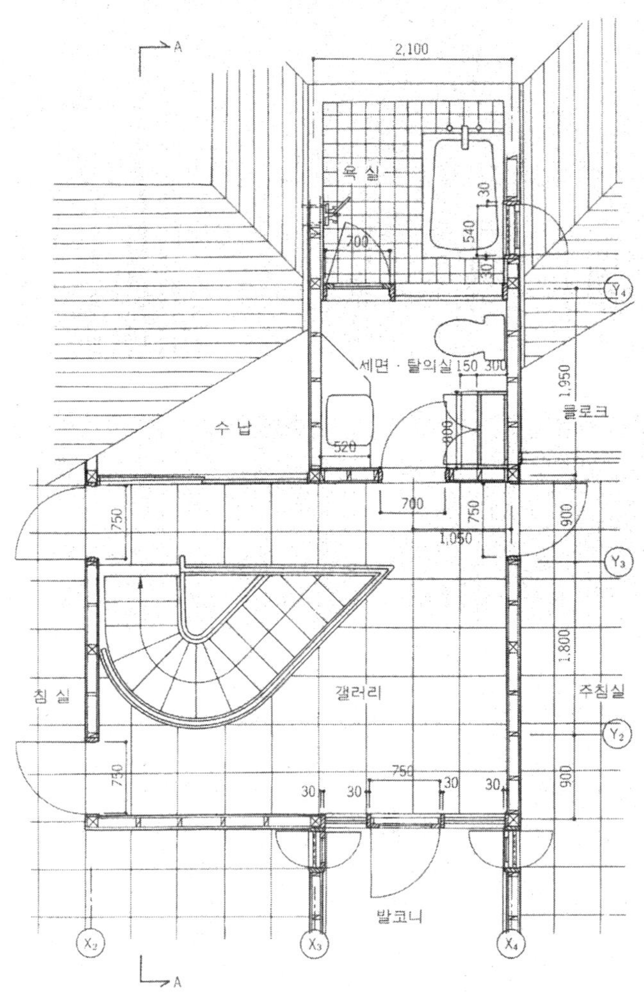

2층, 갤러리 · 물 주위 평면상세 Scale 1:80

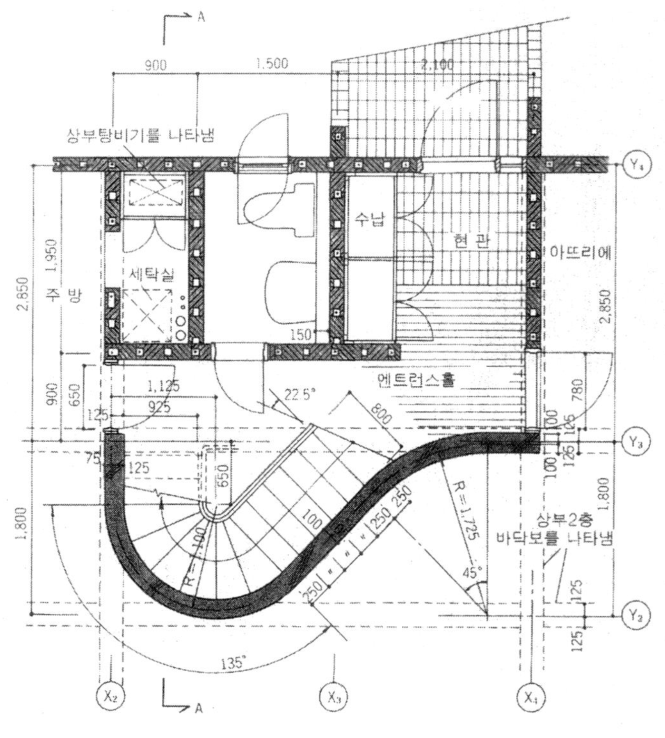

1층, 현관 · 계단실 · 물주위평면상세 Scale 1:80

이 계단은 앞에서도 기술한 것과 같이 공간구성상 및 디자인상, 많은 의미를 내포하고 있지만 구조면이나 단열·축열면에서도 중요한 포인트이다. 구조면에서는 벽돌의 상하에 있는 RC 구조체를 중요한 위치에서 연결하고 있는 내력벽이고, 수평력이 벽돌에 의지하는 것을 대폭 경감한다.

또한 캔틸레버의 계단을 지탱하는 벽이 있다. RC 벽의 양끝 문에서 북쪽 물돌림, 현관, 계단실과 아틀리에, 리빙을 칸막이하고, 난방효과를 높임과 동시에 RC벽은 난로와 마주보는 위치에 있고, 난로의 복사열을 정면으로 받아 축열하는 좋은 축열재이기도 하다. 시공에 있어서는 강관 등으로 막힘없는 곡면, RC 벽의 거푸집 동바리에 대하여서는 특별한 주의를 기울여 시공하고, 타설에도 주의하여 사용한다.

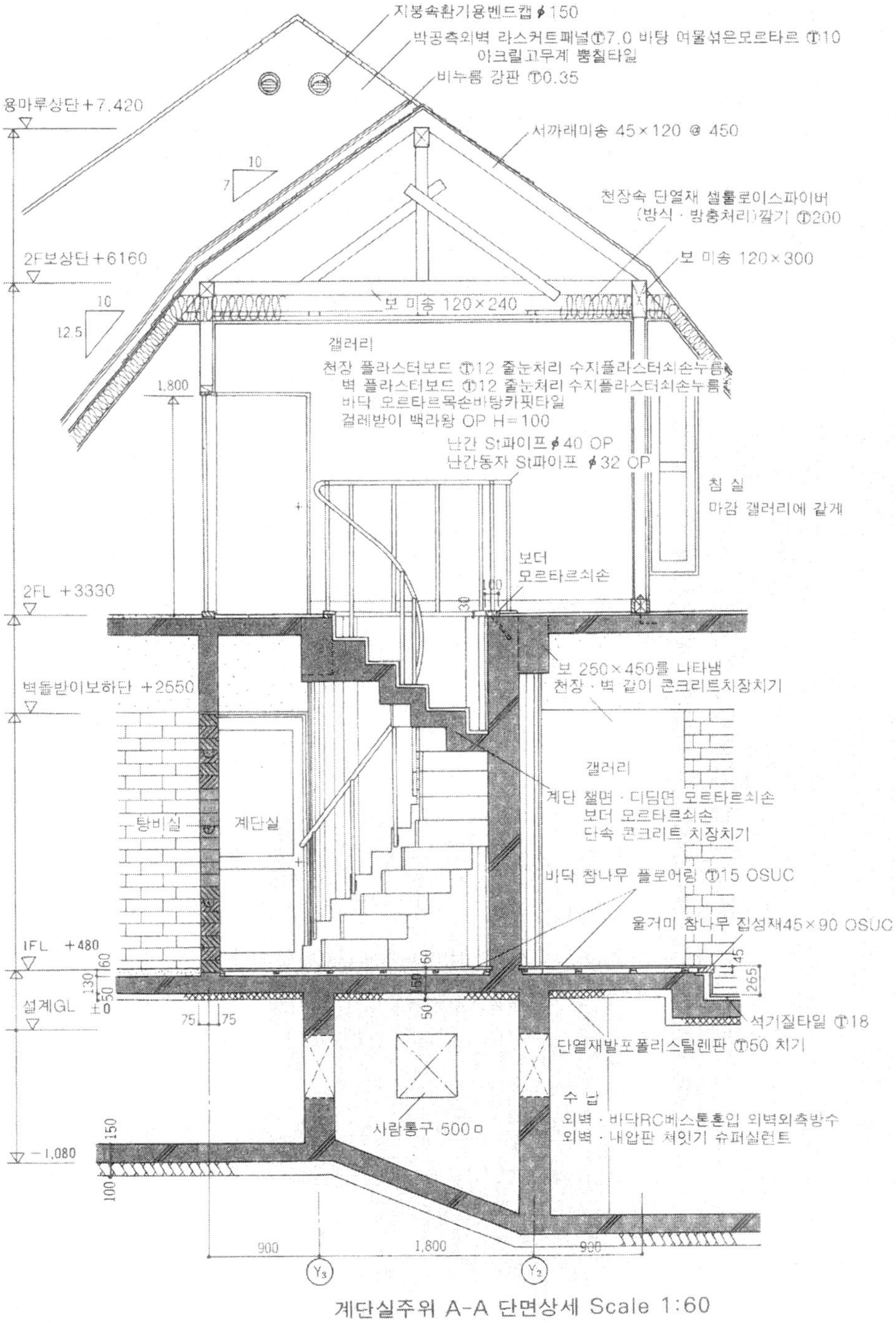

지붕속환기용벤트캡 ϕ150
박공측외벽 라스커트패널Ⓣ7.0 바탕 여물섞은모르타르 Ⓣ10 아크릴고무계 뿜칠타일
비누룸 강판 Ⓣ0.35
용마루상단+7,420
서까래미송 45×120 @ 450
천장속 단열재 셀룰로이스파이버 (방식·방충처리)깔기 Ⓣ200
2F보상단+6160
보 미송 120×300
보 미송 120×240
갤러리
천장 플라스터보드 Ⓣ12 줄눈처리 수지플라스터쇠손누름
벽 플라스터보드 Ⓣ12 줄눈처리 수지플라스터쇠손누름
바닥 모르타르목손바탕카펫타일
걸레받이 백라왕 OP H=100
난간 St파이프 ϕ40 OP
난간동자 St파이프 ϕ32 OP
침실
마감 갤러리에 같게
보더
모르타르쇠손
2FL +3330
보 250×450를 나타냄
천장·벽 같이 콘크리트치장치기
벽돌받이보하단 +2550
갤러리
계단 챌면·디딤면 모르타르쇠손
보더 모르타르쇠손
단속 콘크리트 치장치기
탕비실
계단실
바닥 참나무 플로어링 Ⓣ15 OSUC
울거미 참나무 집성재45×90 OSUC
1FL +480
설계GL ±0
석기질타일 Ⓣ18
단열재발포폴리스틸렌판 Ⓣ50 치기
수납
외벽·바닥RC베스톤혼입 외벽외측방수
외벽·내압판 처잇기 슈퍼실런트
사람통구 500□
−1,080
900 1,800 900
Y3 Y2

계단실주위 A-A 단면상세 Scale 1:60

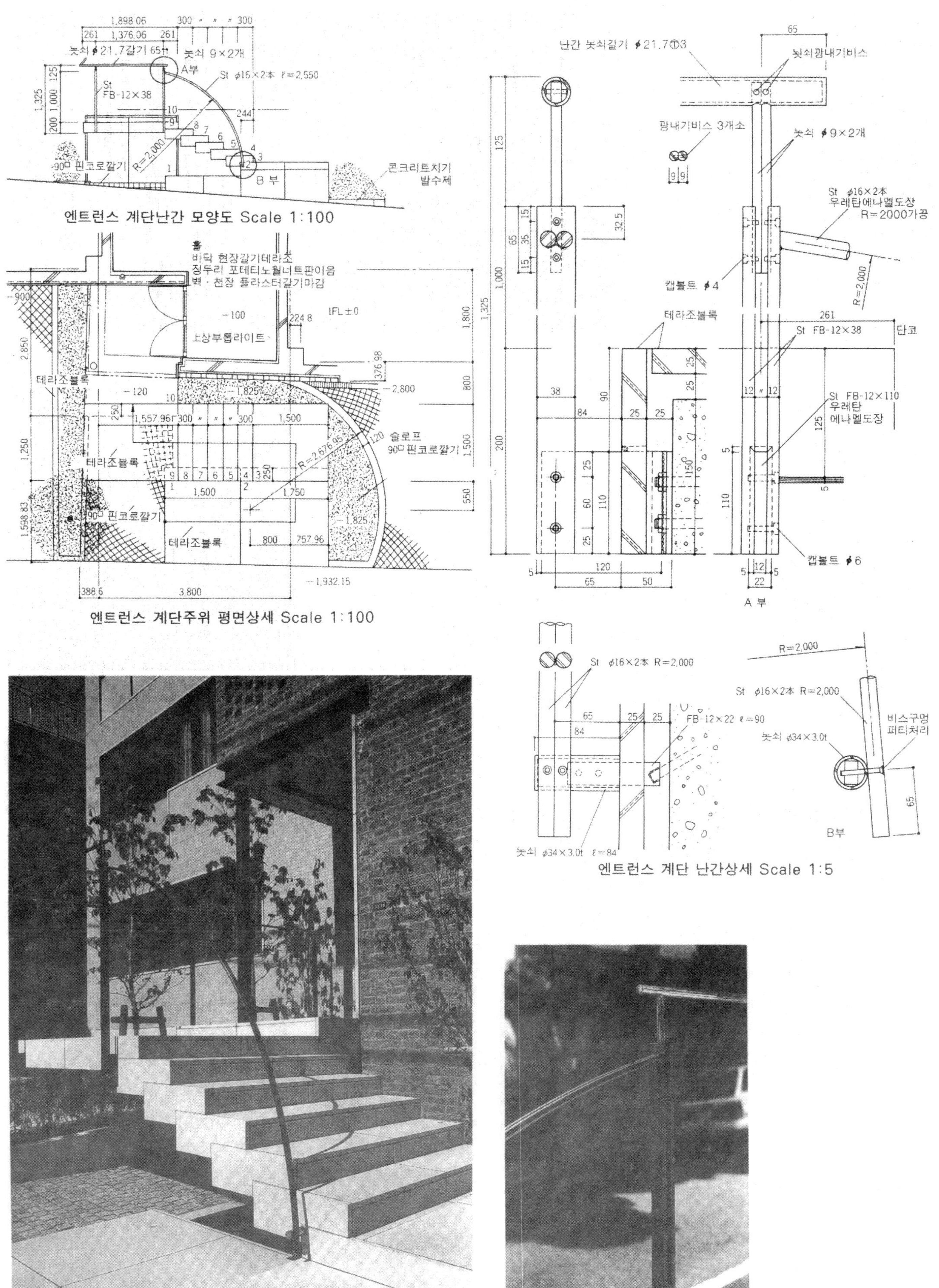
엔트런스 계단난간 모양도 Scale 1:100
놋쇠 ϕ21.7갈기
놋쇠 9×2개
A부
B 부
St ϕ16×2本 ℓ=2,550
St FB-12×38
R=2,000
90□ 핀코로깔기
콘크리트치기 발수제
홀
바닥 현장갈기테라조
정두리 포테티노월너트판이음
벽·천장 플라스터갈기마감
IFL±0
상부톱라이트
테라조블록
슬로프 90□ 핀코로깔기
R=2,676.95
엔트런스 계단주위 평면상세 Scale 1:100
난간 놋쇠갈기 ϕ21.7Ⓣ3
뇟쇠광내기비스
광내기비스 3개소
놋쇠 ϕ9×2개
St ϕ16×2本
우레탄에나멜도장
R=2000가공
캡볼트 ϕ4
테라조블록
St FB-12×38
단코
St FB-12×110
우레탄
에나멜도장
캡볼트 ϕ6
A 부
St ϕ16×2本 R=2,000
FB-12×22 ℓ=90
놋쇠 ϕ34×3.0t ℓ=84
비스구멍
퍼티처리
놋쇠 ϕ34×3.0t
B부
엔트런스 계단 난간상세 Scale 1:5

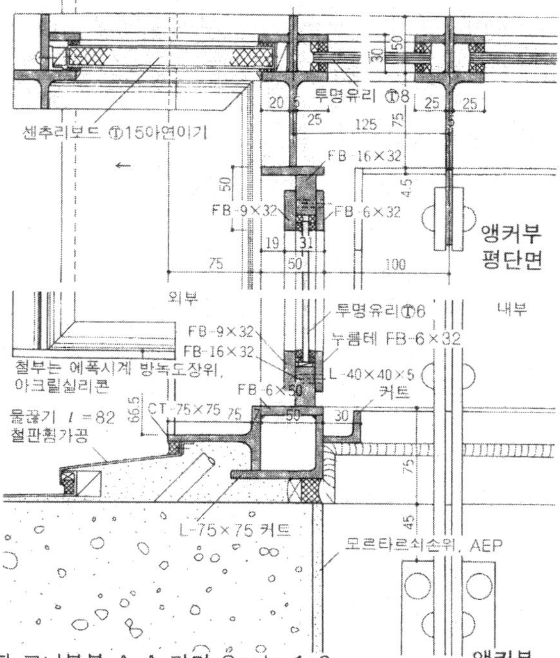

유리캐노피 코너부분 A-A 단면 Scale 1:6

이 건축물은 건축주인 2명의 지분에 상응하여 계단실을 낀 기본적으로 동일한 2동으로 되어 있다. 기둥과 보의 프레임은 1동마다 완결하고, 2동은 슬래브 만으로 연결되어 있다. 중앙의 계단실은 최상층에 2동의 사이에 걸쳐서 독립한 집과 같은 형인 글래스 지붕이 걸쳐있지만 커트 T로 짠 본체의 가구로부터 떨어진 글래스캐노피는 각각의 패러핏의 밖쪽, 연결계단실의 안쪽에 앵커되고, 집모양의 메인프레임의 방수선을 밖으로 이동함과 동시에 좌우 동의 다른 움직임을 흡수하기 위해 조인트를 매개로 하여 각각의 패러핏 위에 지탱하고 있다. 하늘이 보이는 개방감이 풍부한 계단실은 최상층에 사는 건물주들의 파티오와 같은 공간이 된다.

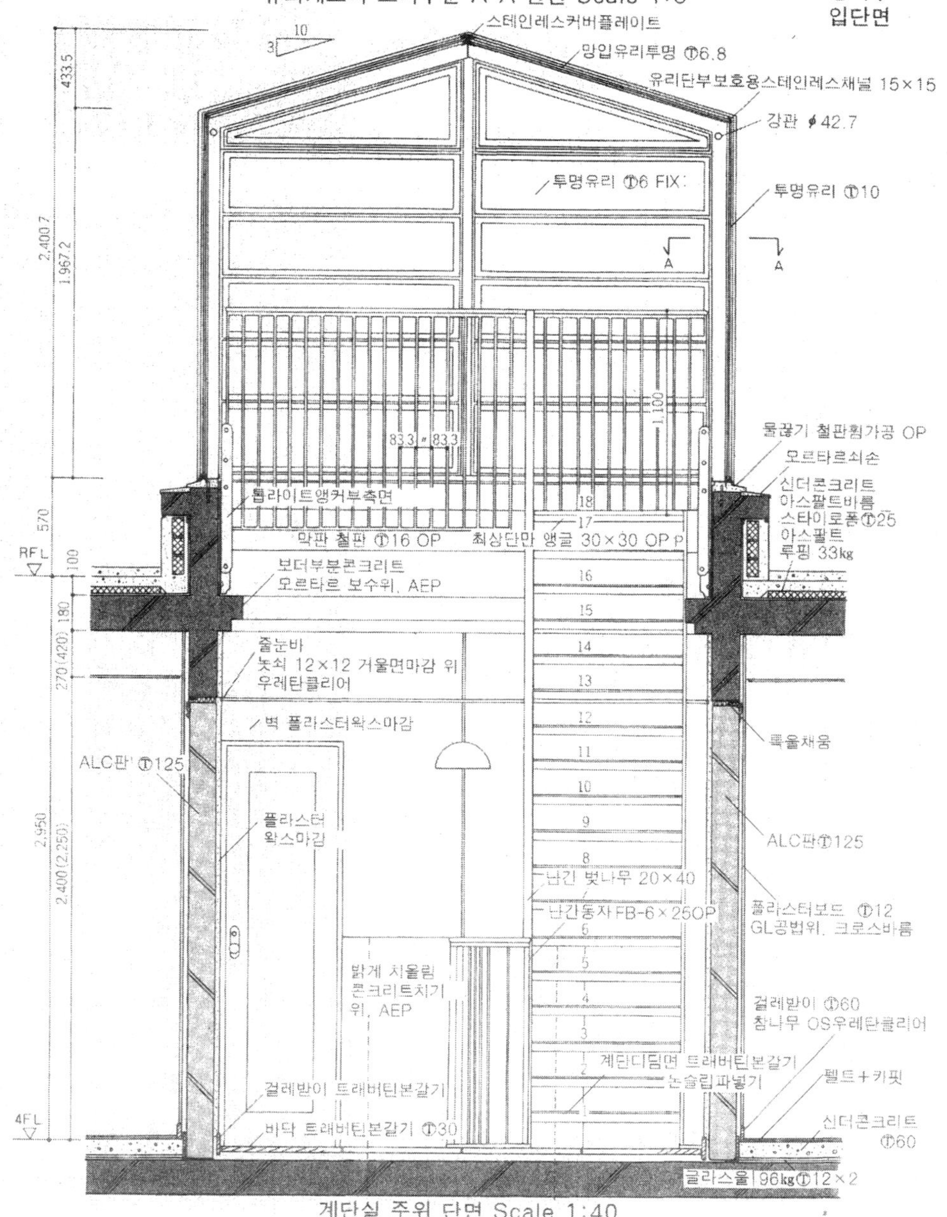

계단실 주위 단면 Scale 1:40

이 계단은 엔트런스를 가로지른 벽을 따냄으로 해서 지지되어 있다. 캔틸레버 슬래브형식을 가진 단바닥을 연출하는 빛과 그림자는 벽과 조화되어 그 공간의 구성축의 엇갈림을 명시한다.

한편, 콘크리트에 놋쇠의 논슬립을 새겨넣거나 스테인레스에 놋쇠를 퓨처해서 난간을 조립하는 등〈메탈=놋쇠〉배 이미지의 샤프트를 표출하고 있다.

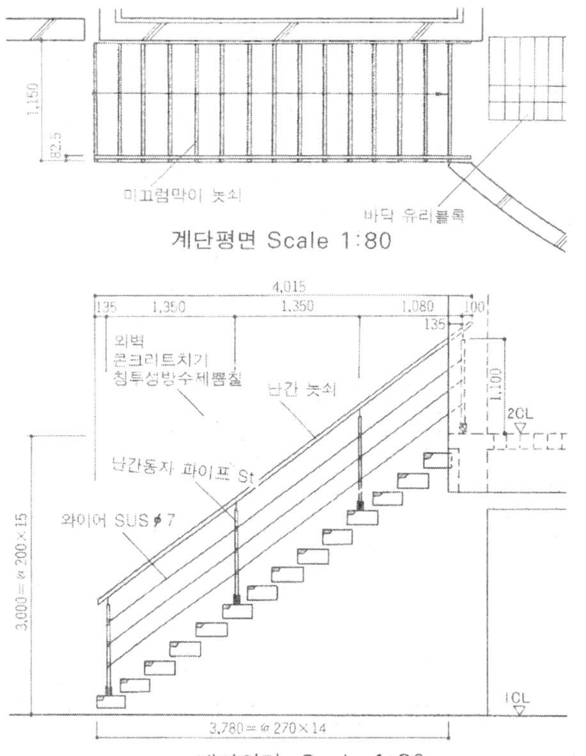

계단평면 Scale 1:80

계단입면 Scale 1:80

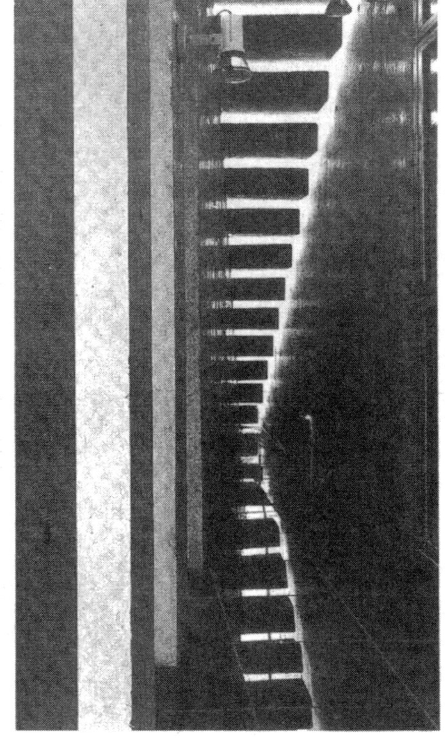

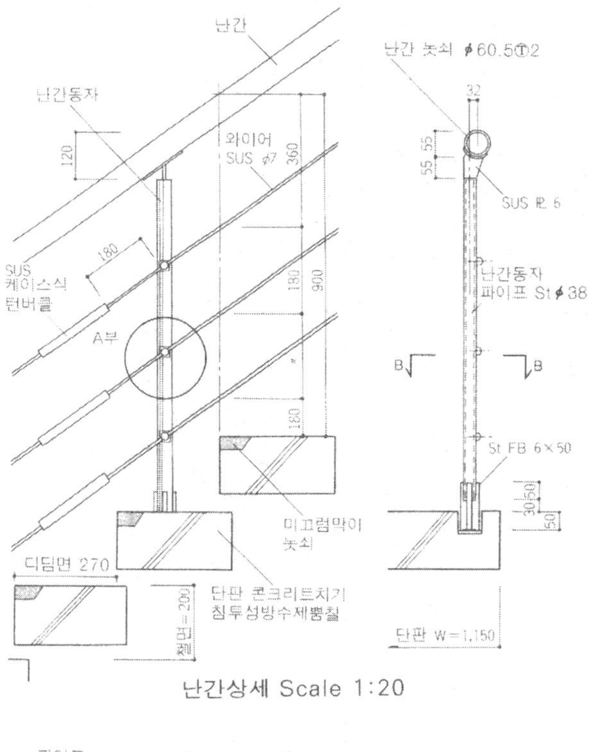

난간상세 Scale 1:20

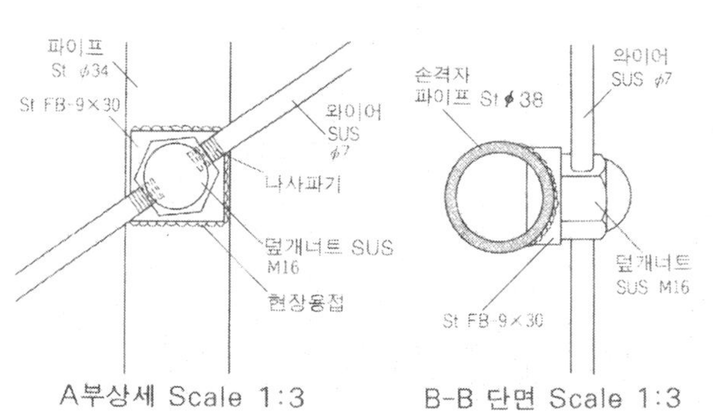

A부상세 Scale 1:3

B-B 단면 Scale 1:3

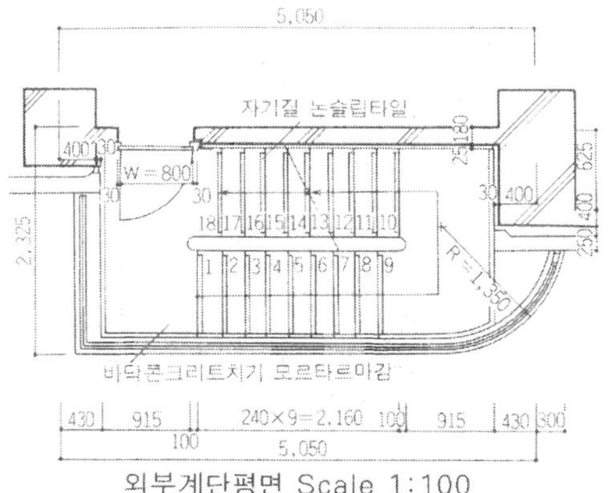
외부계단평면 Scale 1:100

마구리 타일붙임의 부분은 공기의 단축, 공법의 합리화, 스페이스의 유효이용 등에서 (얇은 살타일 PC판 공법,)을 이용한다. 벽면의 알루미늄제 보도(PC판 커튼월 조인의 물돌림커버)는 건축물 전체에 돌려서 통일감과 벽변에 음영이 있는 표정을 창출한다. 비상계단은 단조로운 벽면에 조각적인 표현으로 액센트를 준다.

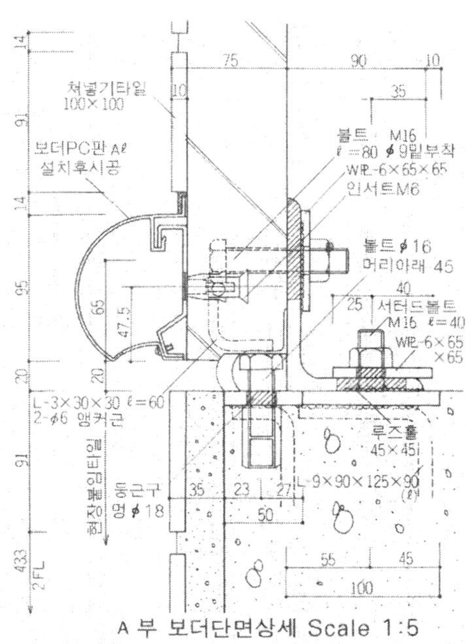
A부 보더단면상세 Scale 1:5

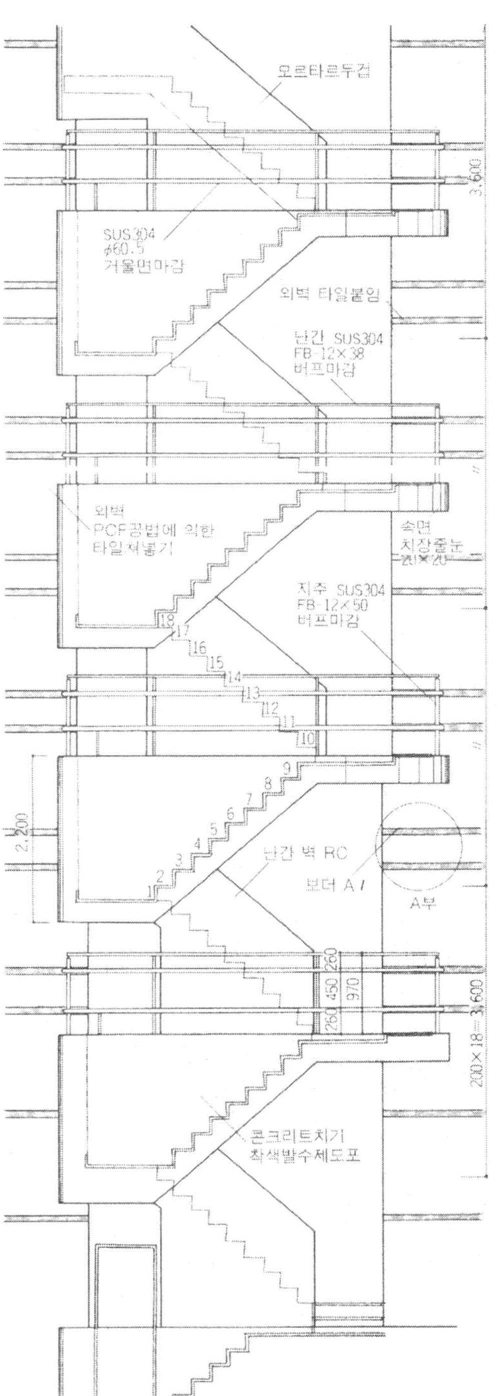
계단입면 Scale 1:100

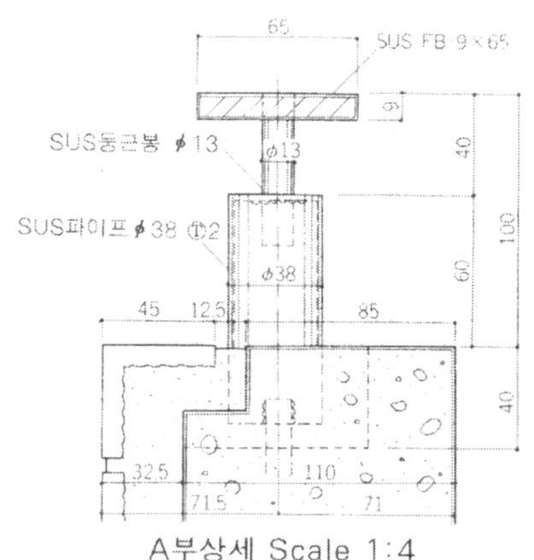

A부상세 Scale 1:4

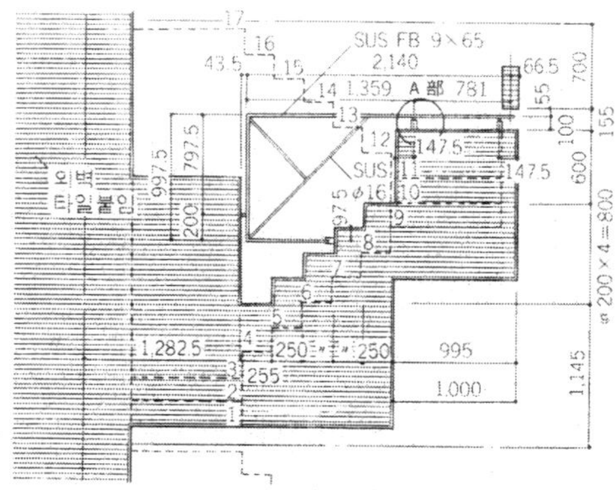

계단입면 Scale 1:80

용적을 완전히 소화함과 동시에 외부계단의 용적 제외는 절대적인 조건이 된다. 철골에 그레이팅이나 펀칭메탈이 제일 손쉽기는 하지만 이렇게 부가적인 표현을 할 수 없는 경우도 있다. 그럴 경우, 법적 개방성을 유지하면서 디자인하는 것은 지극히 어렵다. 외벽 위 마감과정과 잘 매치하도록 설치방법을 연구한 벤트캡. 밖에서 실이 보이지 않는 것이나 타일의 절단자리를 은폐하는 것은 기본상식이다.

화장실의 원형창 유리도 테두리가 없으면 대부분 금속으로 보인다는 것이 입증

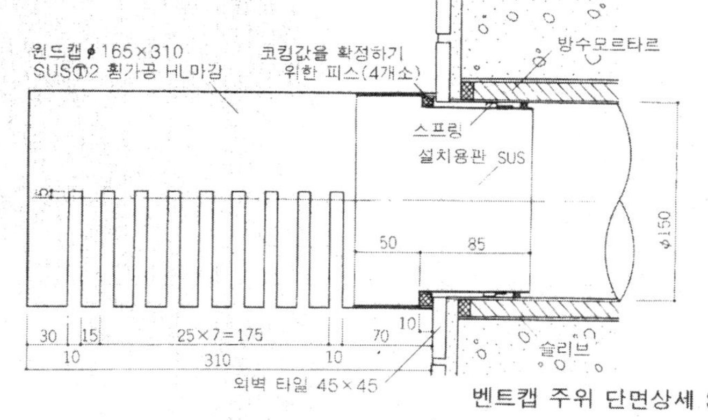

벤트캡 주위 단면상세 Scale 1:6

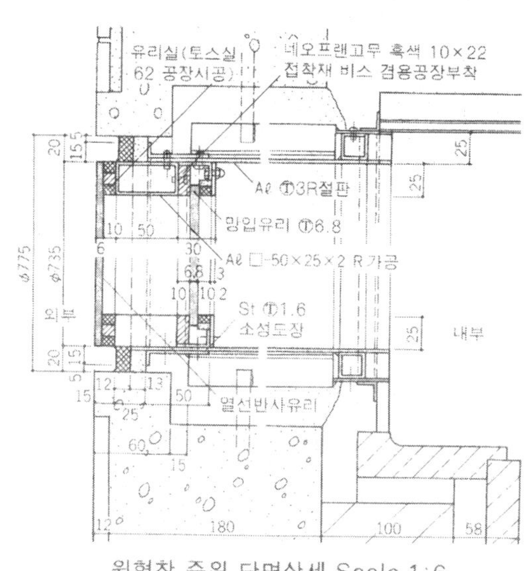

원형창 주위 단면상세 Scale 1:6

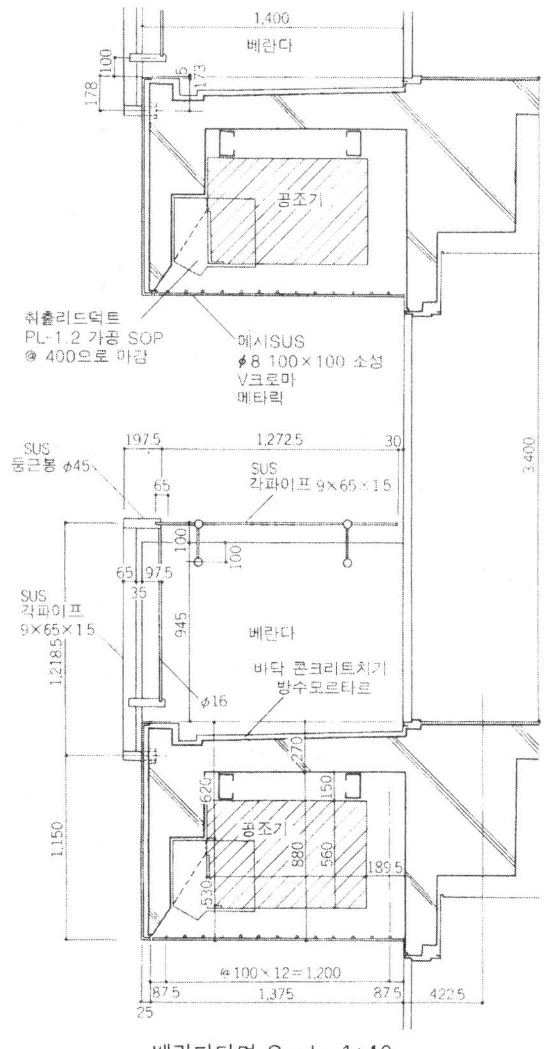

베란다단면 Scale 1:40

이 발코니는 공조기를 천장 속으로 마감한 서비스 발코니이지만 실외기가 이런 아무림을 취하는 것은 이것이 처음이어서 유행의 리드나 천장메시의 영향 등 하나하나 실험으로 확인되면서 진행되었다. 결과적으로 그 노력의 흔적은 거의 볼 수는 없지만 여기서 일정한 목적달성에 따른 비판도 있다. 난간 등에는 심혈을 기울여 잘 마무리되도록 하였다. H형강 프레임과 크로스형으로 2종류의 편칭으로 구성하고 문도 이 분할로 아무림되도록 어레인지 한다.

회전계단은 단판만으로 지지하는 구조, 오른쪽에서 내려오는 삼각지붕을 아슬아슬하게 교차되어 올려져 있다. 난간도 단판에 맞추어 위기감을 강조하고 있지만 생각보다 훨씬 견고하게 되어 있다.

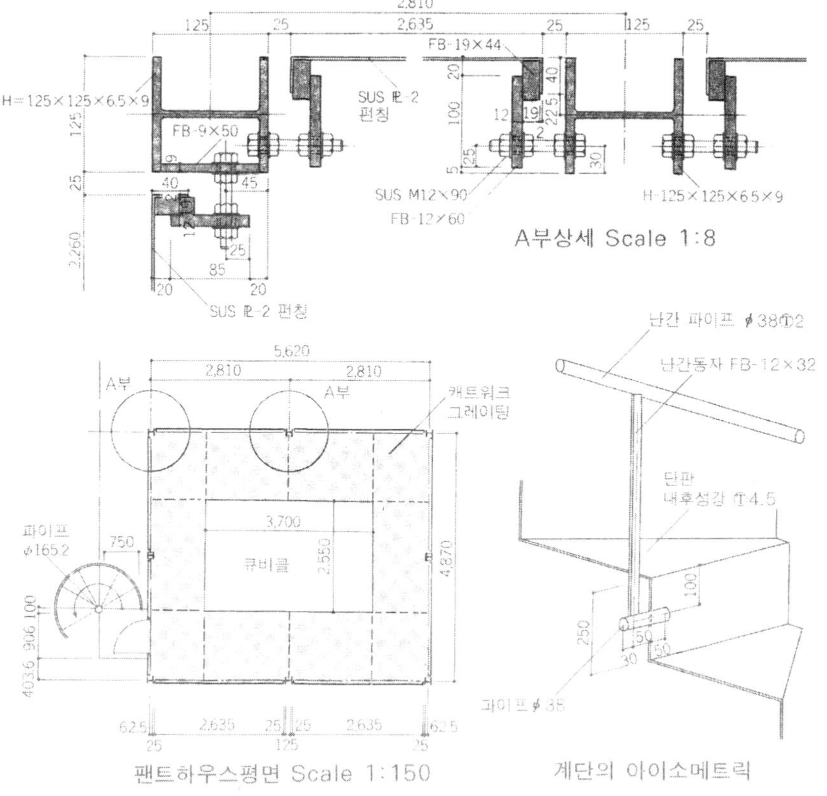

「계단의 챌면은 수직모듈에 따라서 18cm이다」라는 말로 반복한다면 「그렇다면 옆도리 높이도 18cm로 하자」라는 답이 구조쪽에서 나왔다.

기둥을 1개로 하는 동시에 계단참의 보짜기도 주위 골조와의 설치방법도 2시간 정도 사이에 순조롭게 결정되었다. 구조체가 간명하여 서로 목표가 명확히 보였기 때문일 것이다. 계단 뒷쪽의 모양은 가새가 필요함에 따라 설치한 것으로 이것은 공사중의 임시계단으로서 역할이다.

디딤면의 PC판을 고정하는 것으로 난간 고정철물을 겸하여, 쌍방을 마지막에 공사한다. 계단의 되꺾음선을 뒷면에서 그리드라인과 일치시키므로 표면에서는 옆도리의 높이 때문에 어긋난다. 그래서 디딤면이 어긋남으로 난간의 되꺾음 위치는 그리드에 맞춘다. 이것 역시 시스템빌딩처럼 보이게 한다는 사소한 의지이다.

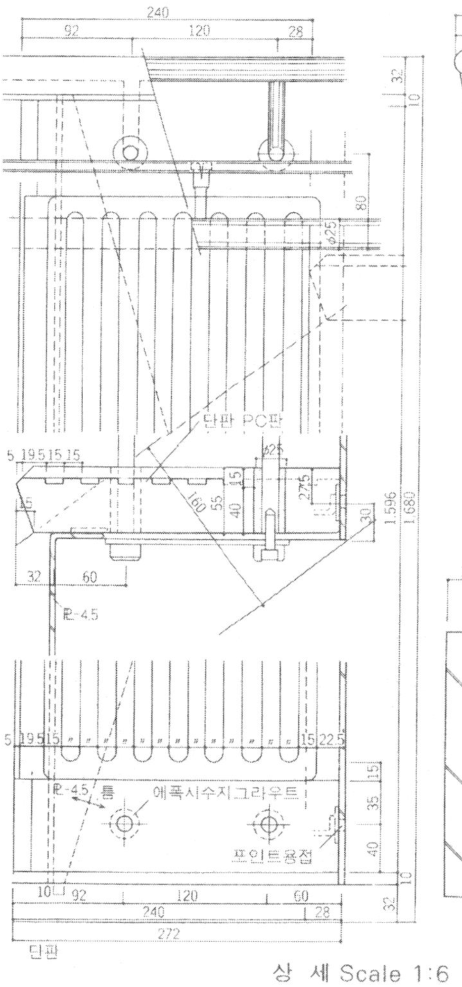

단판 PC판
⌀25
ℙ-4.5
에폭시수지그라우트
포인트용접
단판

St 둥근봉 20mm
St둥근봉13mm
A계단 SUS ①25B계단 St
16ᵅ ①24
SUS①13
에폭시수지 그라우트
난간

상 세 Scale 1:6

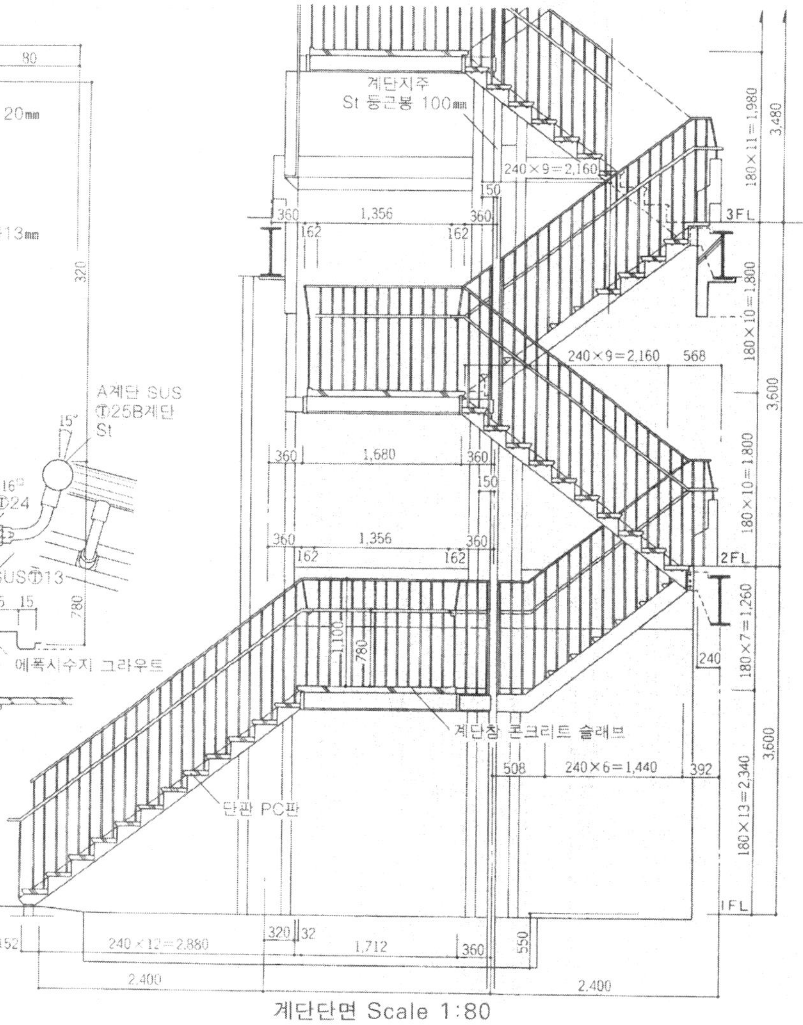

계단지주 St 둥근봉 100mm
240×9=2,160
3FL
2FL
1FL
계단참 콘크리트 슬래브
단판 PC판
240×6=1,440
240×12=2,880
180×11=1,980
180×10=1,800
180×7=1,260
180×13=2,340
3,480
3,600

계단단면 Scale 1:80

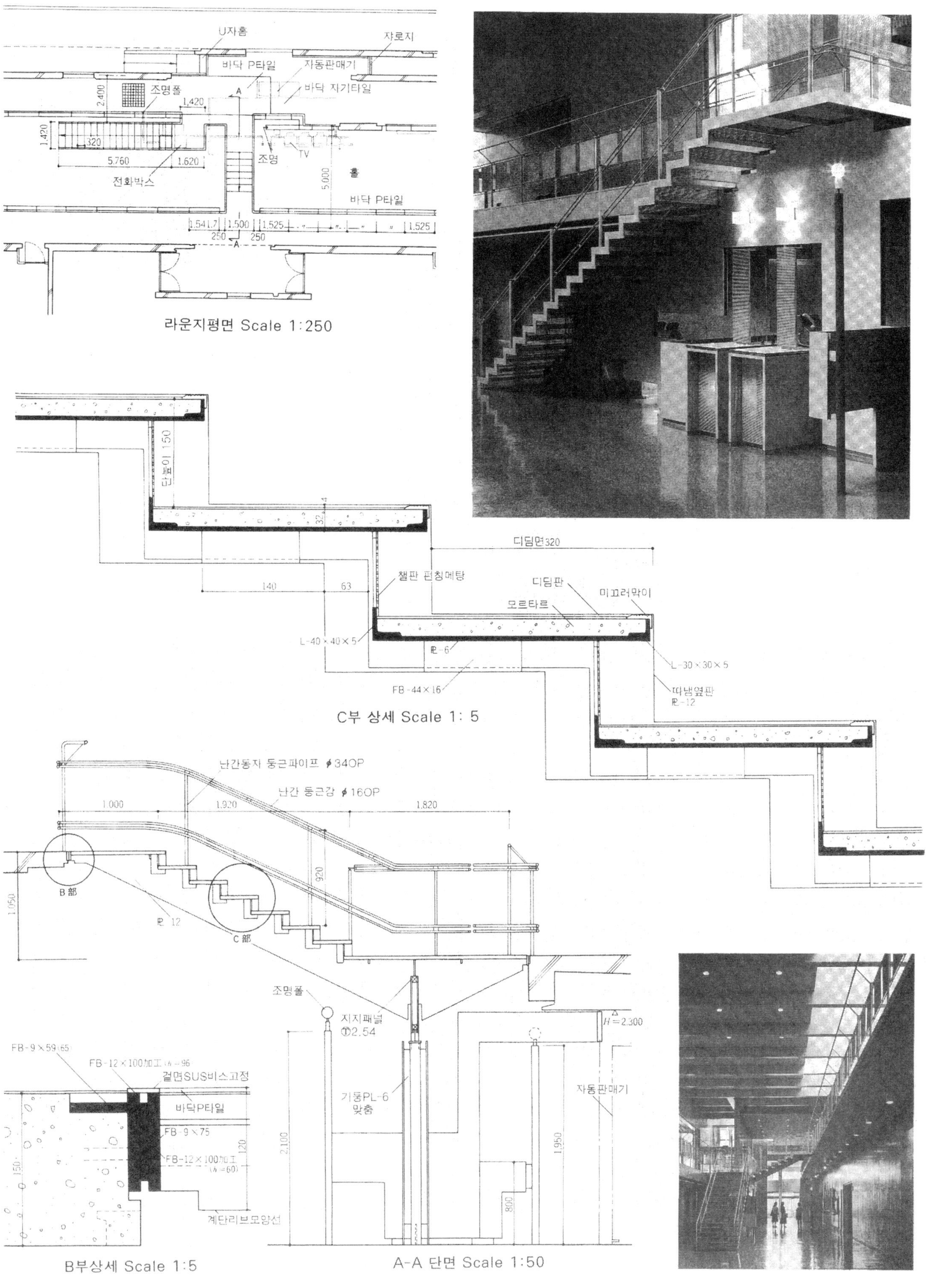
U자홈
재로지
바닥 P타일
자동판매기
바닥 자기타일
조명폴
전화박스
조명
TV
홀
바닥 P타일
라운지평면 Scale 1:250
디딤면320
챌판 펀칭메탈
디딤판
미끄러막이
모르타르
L-40×40×5
L-30×30×5
FB-44×16
C부 상세 Scale 1: 5
난간동자 둥근파이프 ϕ34OP
난간 둥근강 ϕ16OP
B部
C部
조명폴
지지패널
기둥PL-6
맞춤
자동판매기
H=2,300
FB-9×59(65)
FB-12×100加工
걸면SUS비스고정
바닥P타일
FB-9×75
FB-12×100加工
계단리브모양선
B부상세 Scale 1:5
A-A 단면 Scale 1:50

철골의 옥외계단을 가능한한 가볍게 보이기 위해 달구조의 회전계단으로 하고, 계단을 그레이팅에 다시 난간을 펀칭메탈로 하여 시각적인 추명감을 높인다.

달대의 샤프트는 구조상은 제일 가늘다고 생각되지만 철골의 아무림이나 뒤틀림방지 차원에서 치수가 정해진 것이다. 브레이스가 두드러지지 않고 적당하게 설치되어 있으므로 실용상이나 불안감은 없다.

오를 수 없는 계단을 위로 연장시킨 것은 상상이나 할 수 있을까?

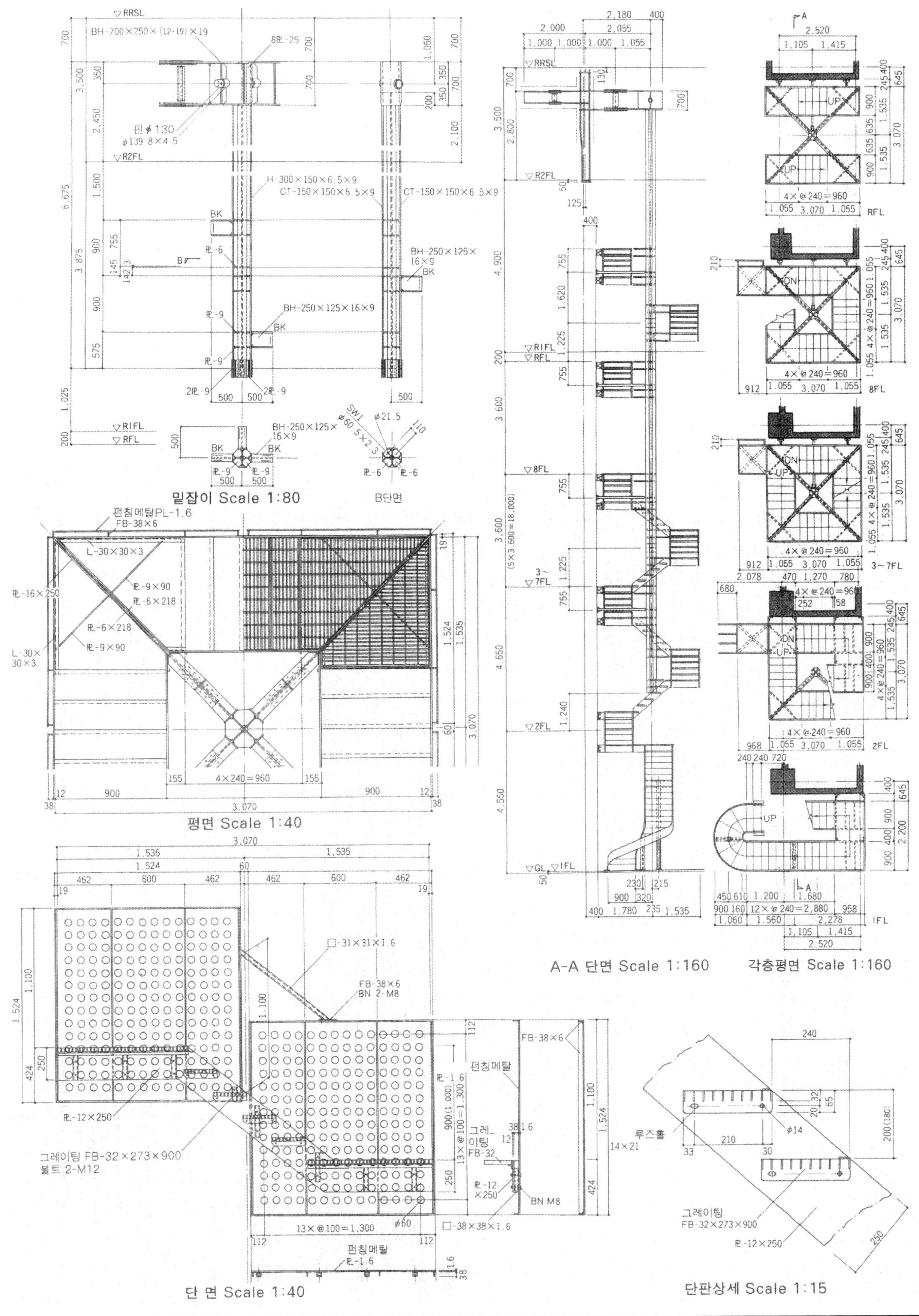

밑잡이 Scale 1:80
B단면
평면 Scale 1:40
단 면 Scale 1:40
A-A 단면 Scale 1:160
각층평면 Scale 1:160
단판상세 Scale 1:15

이 계단은 보이는 곳은 목재를 공통의 디딤면으로 하여 콘크리트와 철의 계단을 담백한 조화로 연속시킨 것이다.

철의 계단은 철과 같이,RC계단은 RC와 같이 재질을 표현하면서 전체에 연속하는 일체감을 창출한다는 것은 대단하다.

나무와 철과 RC를 전체 똑같은 정밀도로 공간구성에 참여시킨다는 것이 그 비결이지만 그것은 RC와 철의 마감을 목공마감과 동일한 정밀도를 갖는다는 것이다. 작가가 이 계단에 대한 "소재를 None 디테일에 접목시킨다"는 것은 까다로운 디테일을 모두 보이는 곳에서 소화한다는 의미일 것이다.

휘어진 계단의 계단참 밑의 조각적 처리도 좋다.

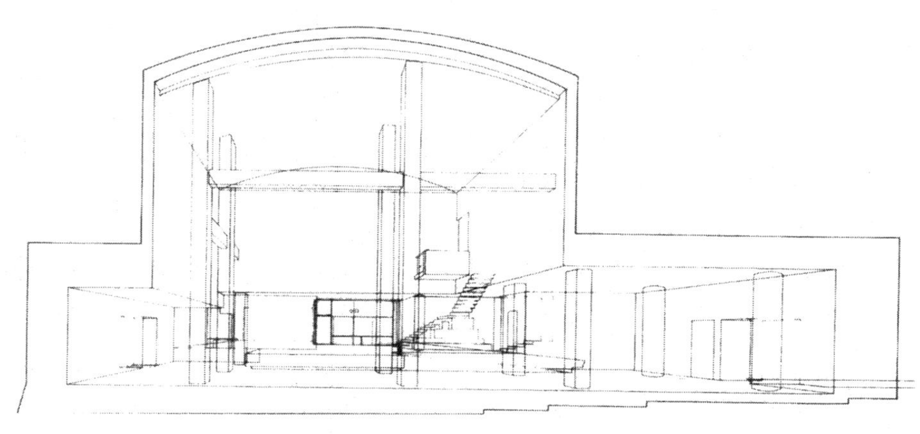

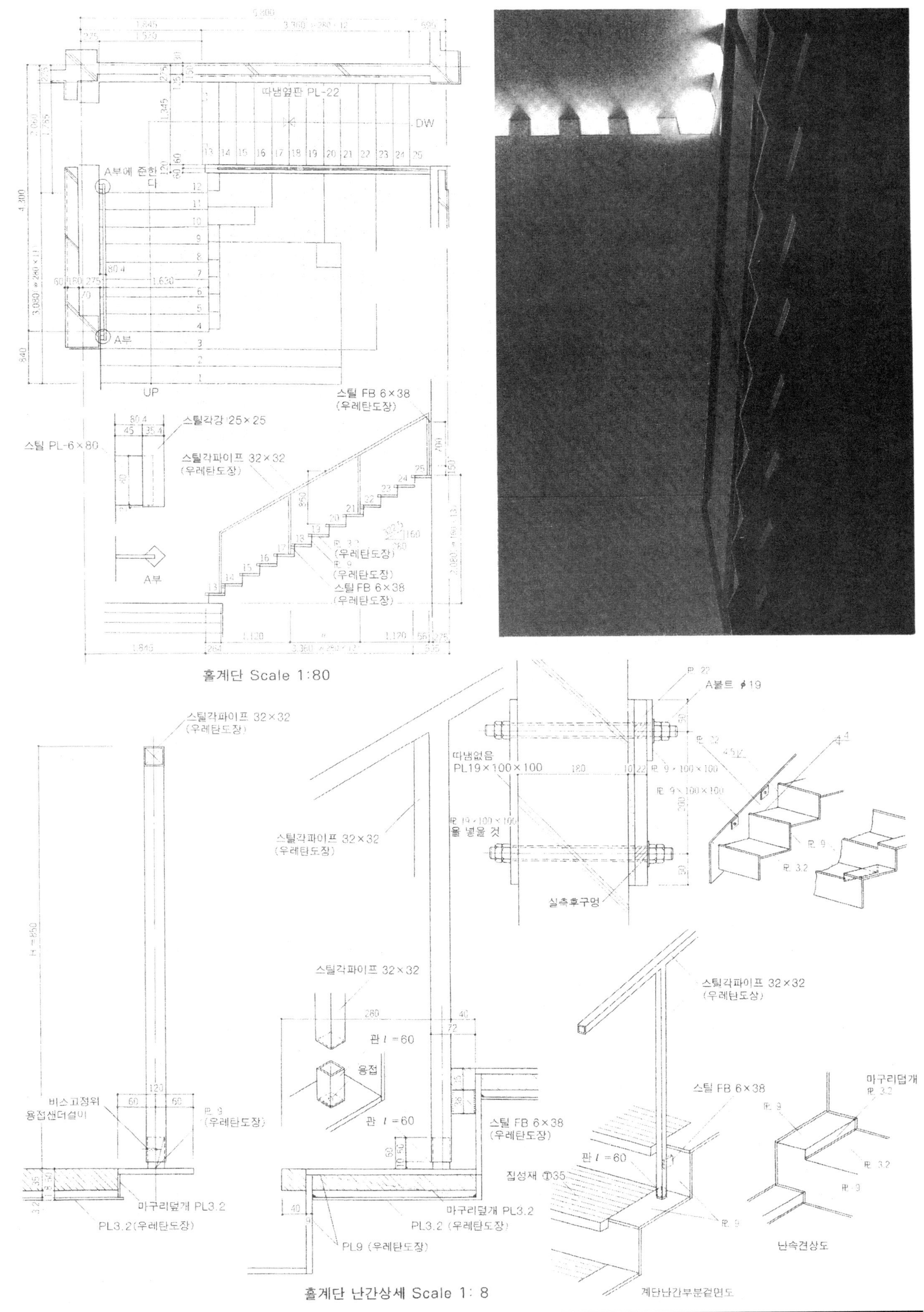
따냄엽판 PL-22
DW
A부에 준한다
A부
UP
스틸 PL-6×80
스틸각강 25×25
스틸각파이프 32×32
(우레탄도장)
스틸 FB 6×38
(우레탄도장)
A부
홀계단 Scale 1:80
A볼트 φ19
따냄없음
PL19×100×100
실측후구멍
비스고정위
용접샌더설비
마구리덮개 PL3.2
PL3.2(우레탄도장)
판 l=60
용접
PL9 (우레탄도장)
집성재 Ⓣ35
마구리덮개
난속견상도
홀계단 난간상세 Scale 1: 8
계단난간부분겉면도

이 계단이 보이는 곳은 그 극한적 경쾌함이다. 그것을 연출하는 소재는 옆도리가 없는 것. 벽에서 떨어져 보인다는 것. 그래서 재질에 투명감이 있는 것 3가지이다.

시점을 역으로 이 3가지 요소를 테마로 하여 설계하면서 고려한다면 이 정도의 완성된 이미지를 연상시킨다는 것은 쉽지 않다. 3가지가 아니라 어느 2가지 만을 조합시킨다 해도 역시 상당히 어려울 것이다. 이 의미에서 이 계단은 「굉장하다」라고 할 수 있는 계단이다.

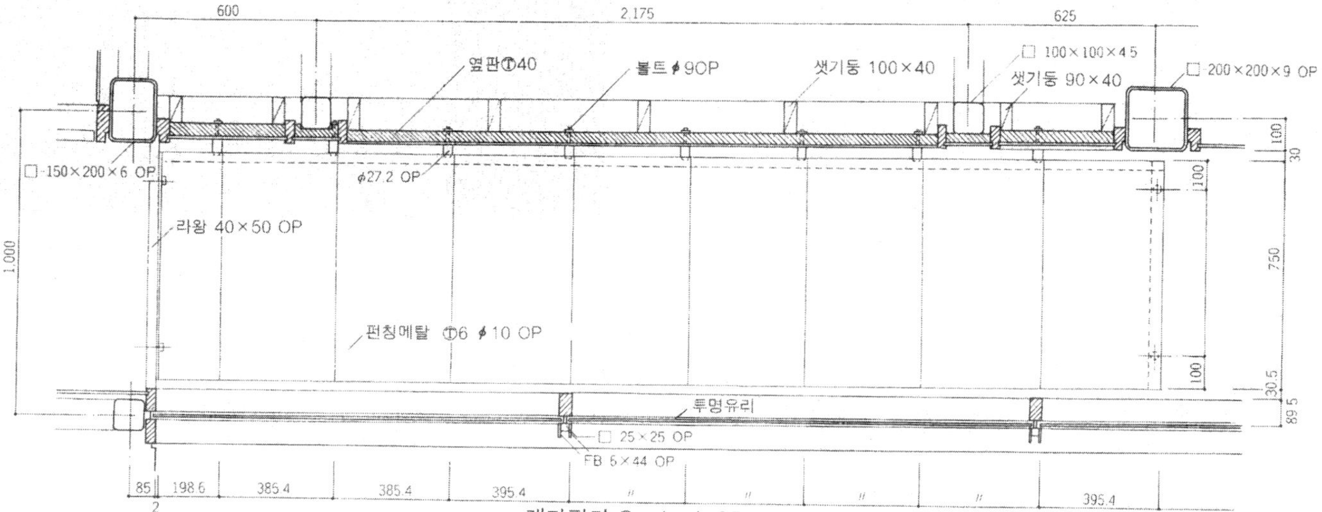

600
2,175
625
열판Ⓣ40
볼트 ϕ9OP
샛기둥 100×40
□ 100×100×4.5
샛기둥 90×40
□ 200×200×9 OP
□ 150×200×6 OP
ϕ27.2 OP
라왕 40×50 OP
1,000
펀칭메탈 Ⓣ6 ϕ10 OP
투명유리
□ 25×25 OP
FB 6×44 OP
85 198.6 385.4 385.4 395.4 395.4

계단평면 Scale 1:25

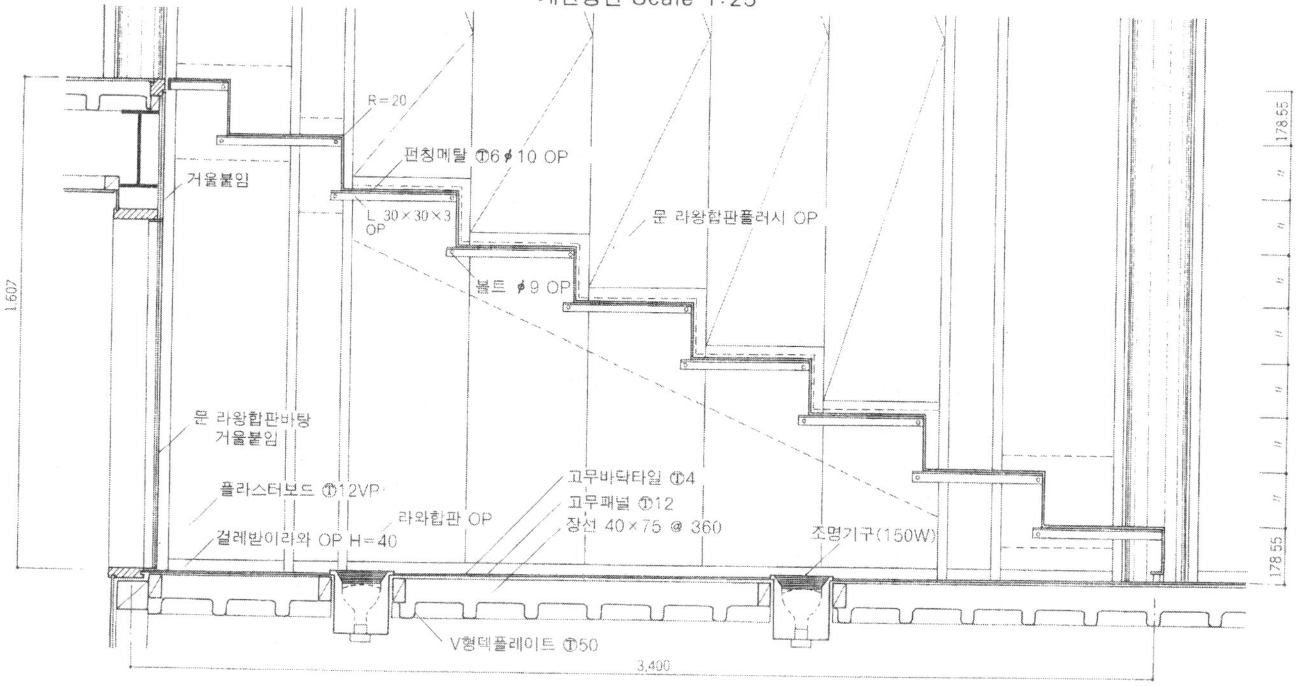

R=20
펀칭메탈 Ⓣ6 ϕ10 OP
거울붙임
L 30×30×3 OP
문 라왕합판플러시 OP
볼트 ϕ9 OP
1,607
문 라왕합판바탕 거울붙임
플라스터보드 Ⓣ12VP
라왕합판 OP
걸레받이라왕 OP H=40
고무바닥타일 Ⓣ4
고무패널 Ⓣ12
장선 40×75 @ 360
조명기구(150W)
V형데크플레이트 Ⓣ50
178.55
3,400

계단단면 Scale 1:25

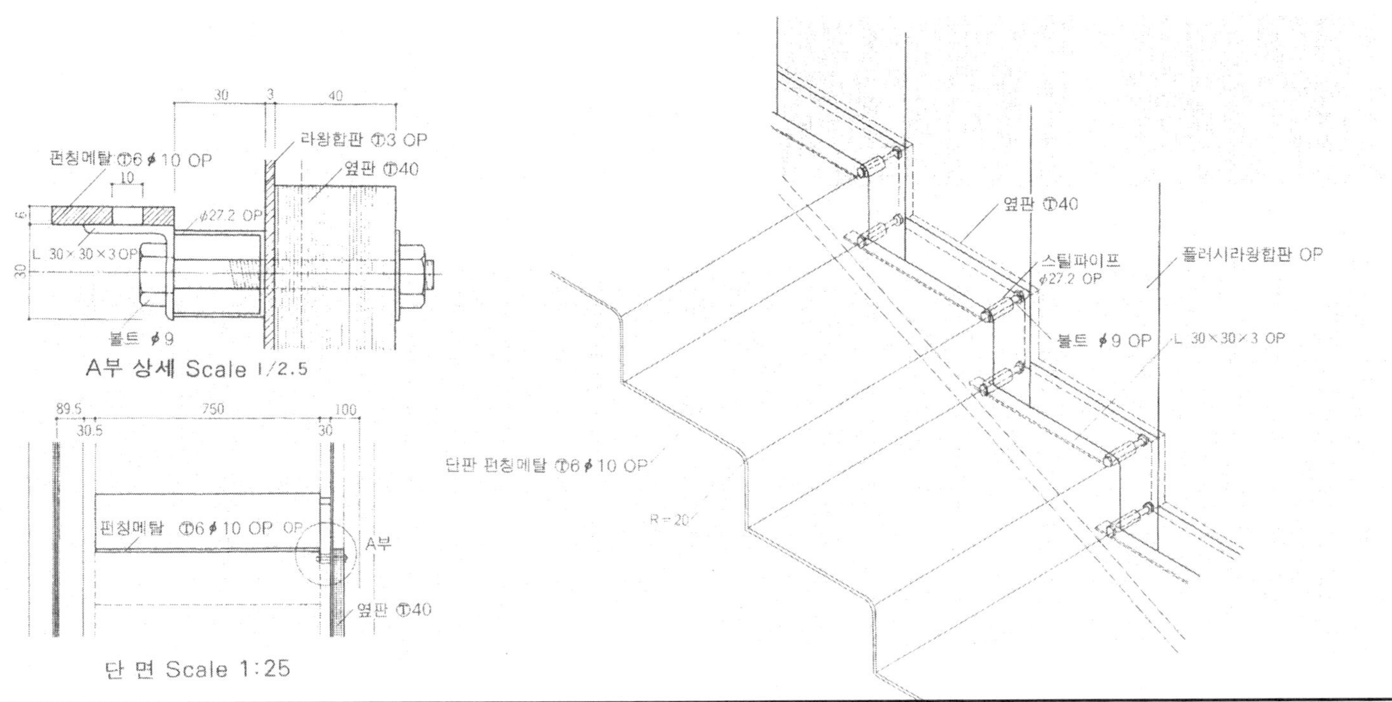
30 3 40
라왕합판 Ⓣ3 OP
펀칭메탈 Ⓣ6 ϕ10 OP
10
옆판 Ⓣ40
ϕ27.2 OP
L 30×30×3 OP
볼트 ϕ9
A부 상세 Scale 1/2.5
89.5 750 100
30.5 30
펀칭메탈 Ⓣ6 ϕ10 OP
A부
옆판 Ⓣ40
단 면 Scale 1:25
옆판 Ⓣ40
스틸파이프
ϕ27.2 OP
플러시라왕합판 OP
볼트 ϕ9 OP
L 30×30×3 OP
단판 펀칭메탈 Ⓣ6 ϕ10 OP
R=20

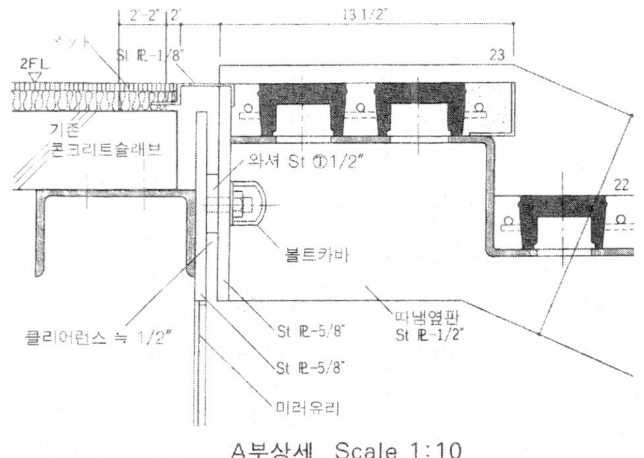

A부상세 Scale 1:10

기존의 원래 오페라하우스를 "패러디움"으로 개조함에 있어서 원래 극장 2층에 있었던 부분에 새로운 바닥을 개조하여 2층 복도의 바닥 슬래브를 철거하고 입구 로비와 새로운 피아노 · 노빌을 연결하는 계단이 만들어지게 설정되었다.

SAINT GOBAIN사 제품의 원형글래스블록을 사용한 이 계단은 1층 바닥에서 업라이트로 연출한 독특한 효과에서 『천국의 계단』이라 불리어진다.

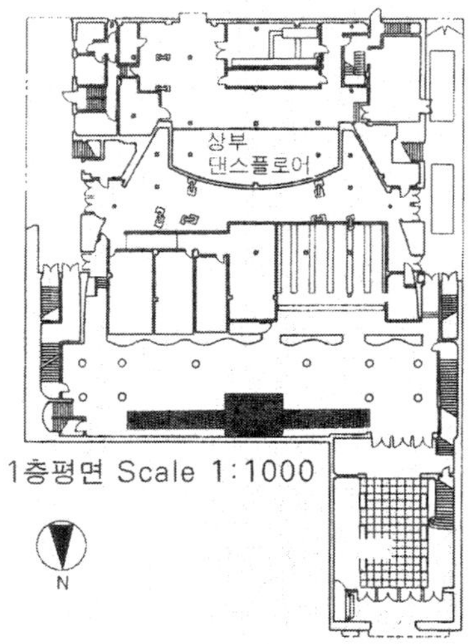

1층평면 Scale 1:1000

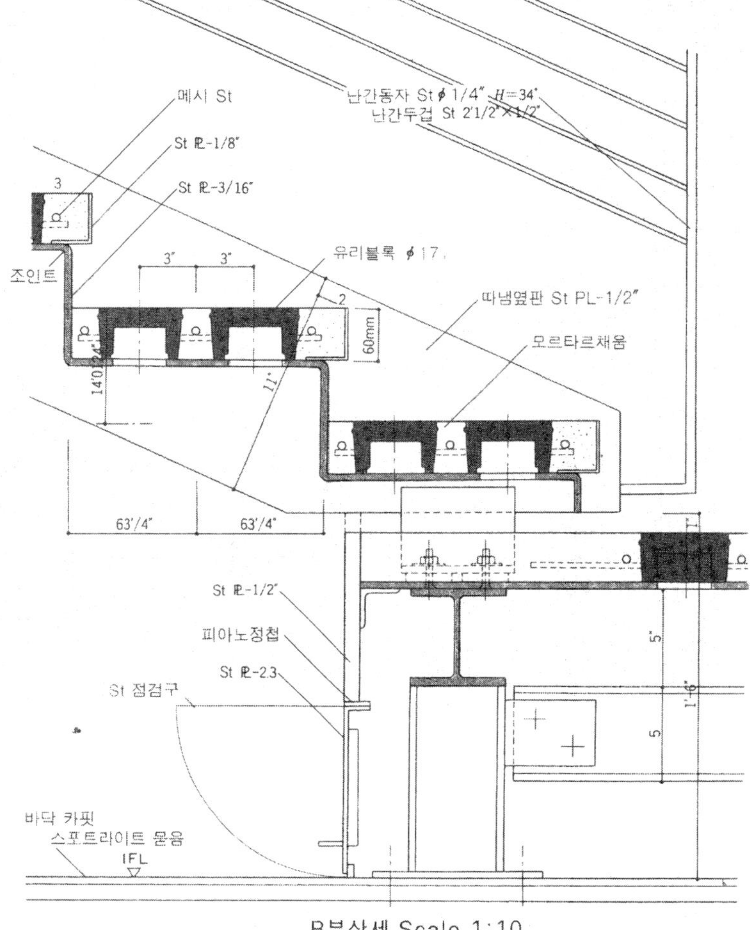

B부상세 Scale 1:10

2FL
A부
몰딩나무
미러유리
계단참 지지보 St
B部
IFL
20'-2"

단 면 Scale 1:200

※ 이페이지의 치수는 모두 인치, 피트임

2. 3층에서 이동을 일상적으로 하는 외부계단. 용융아연도금된 스틸제의 파이프와 펀칭메탈(두께 4.5)에 따라 제작되어 있다. H형강을 달아낸 3군데의 지지구조가 연출한 공간이 생생하게 연출되었다. 흡을 모양화한 스테인레스(두께2)의 외벽곡면에 따라서 상승시킨 설계로는 상당한 고도의 기술을 요하는 것이 분명하다.
違ない。

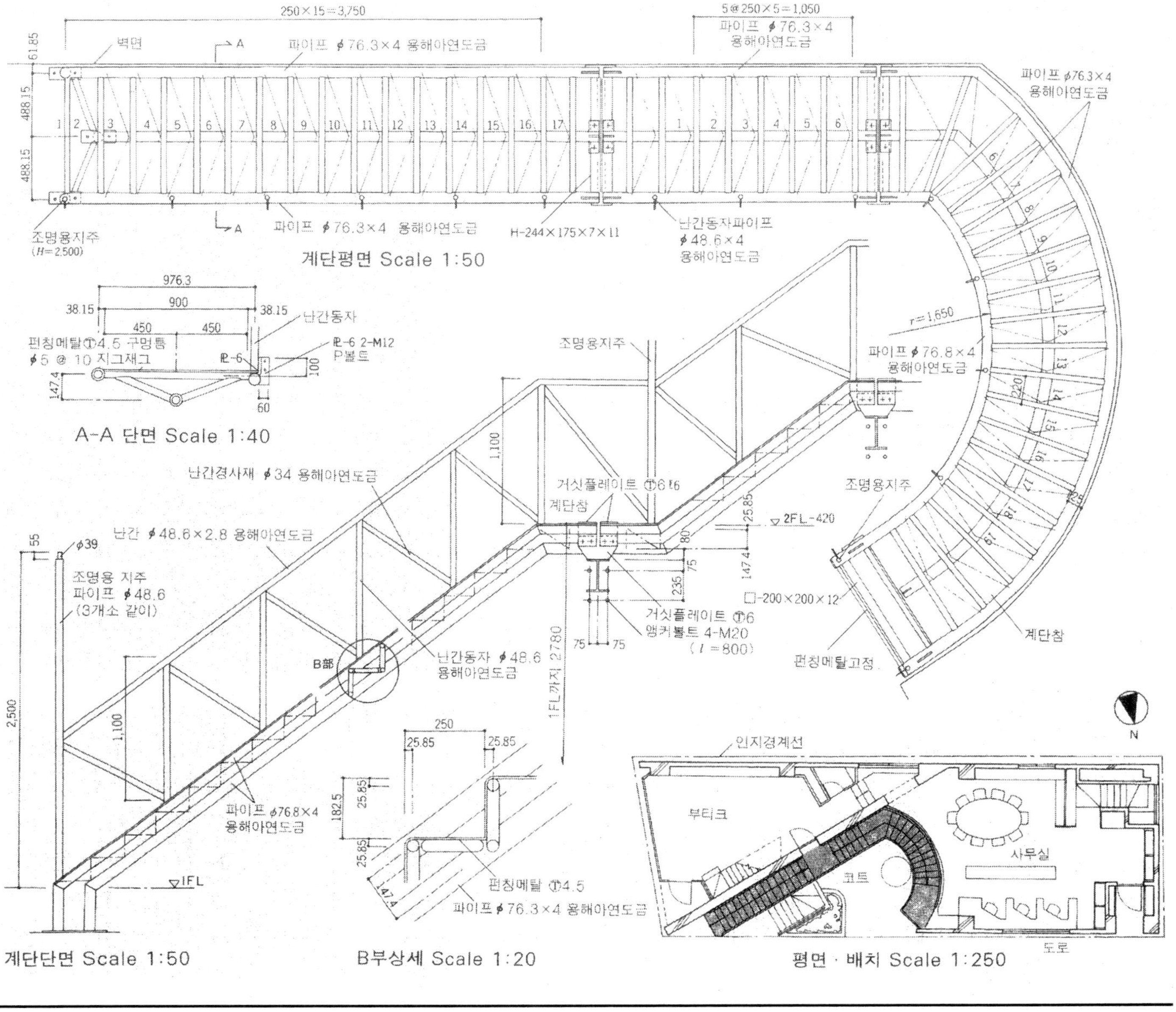

계단평면 Scale 1:50

A-A 단면 Scale 1:40

계단단면 Scale 1:50

B부상세 Scale 1:20

평면 · 배치 Scale 1:250

스포크 모양의 보에서 맨 계단

높은 층고와 계단참을 무대적인 이용으로도 가능한 중2층으로 했기 때문에 전길이 15m에 이르는 긴 계단이 된다. 힘도리는 지붕의 철골에서 달아내린 아치재에 지지되며, 기중가구와 일체적으로 표현. 인장재는 2개의 환강, 압축재는 각파이프로 하고, 힘의 움직임을 시각화 하는 것을 시도하고 있다.

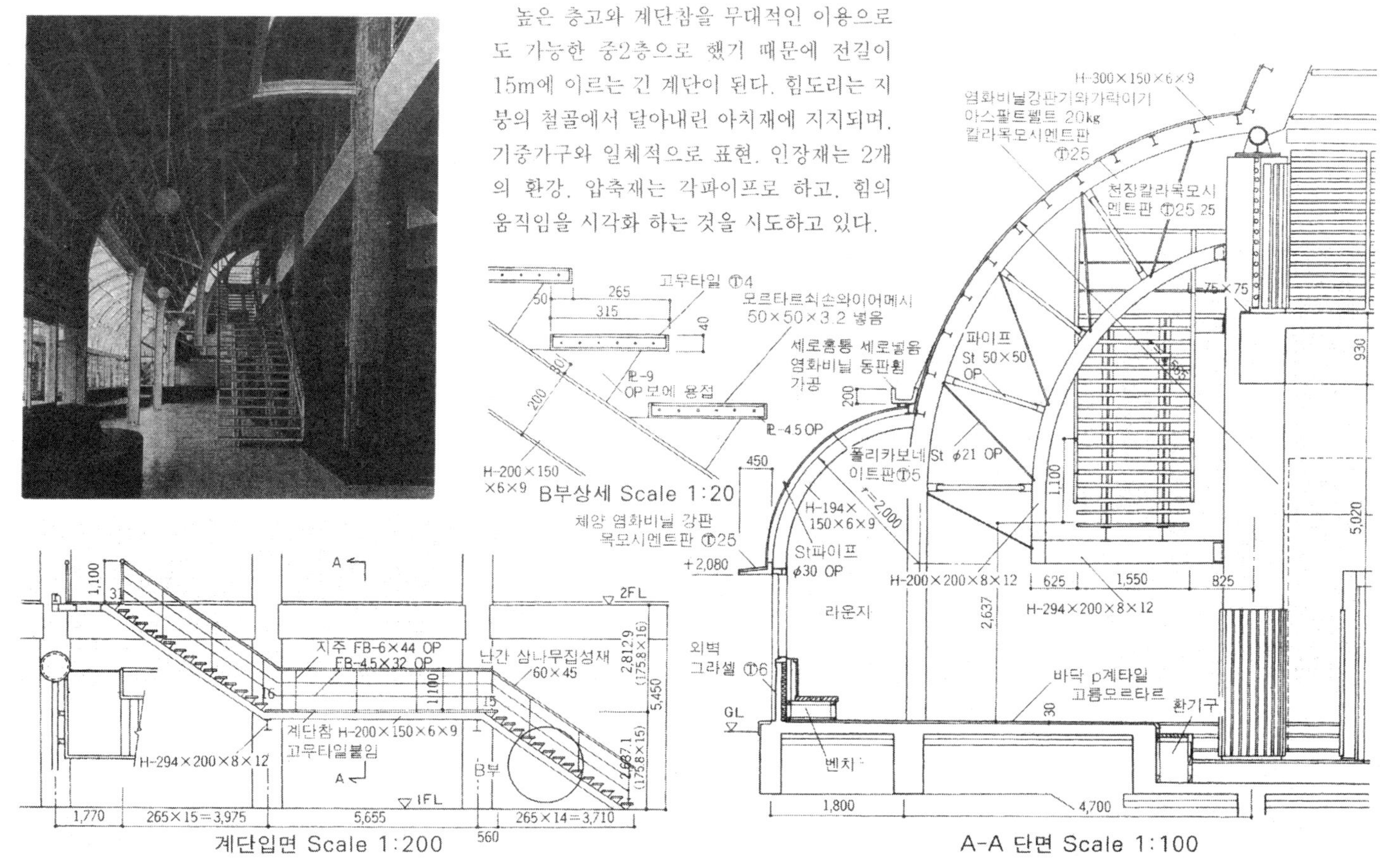

스틸계단을 삽입

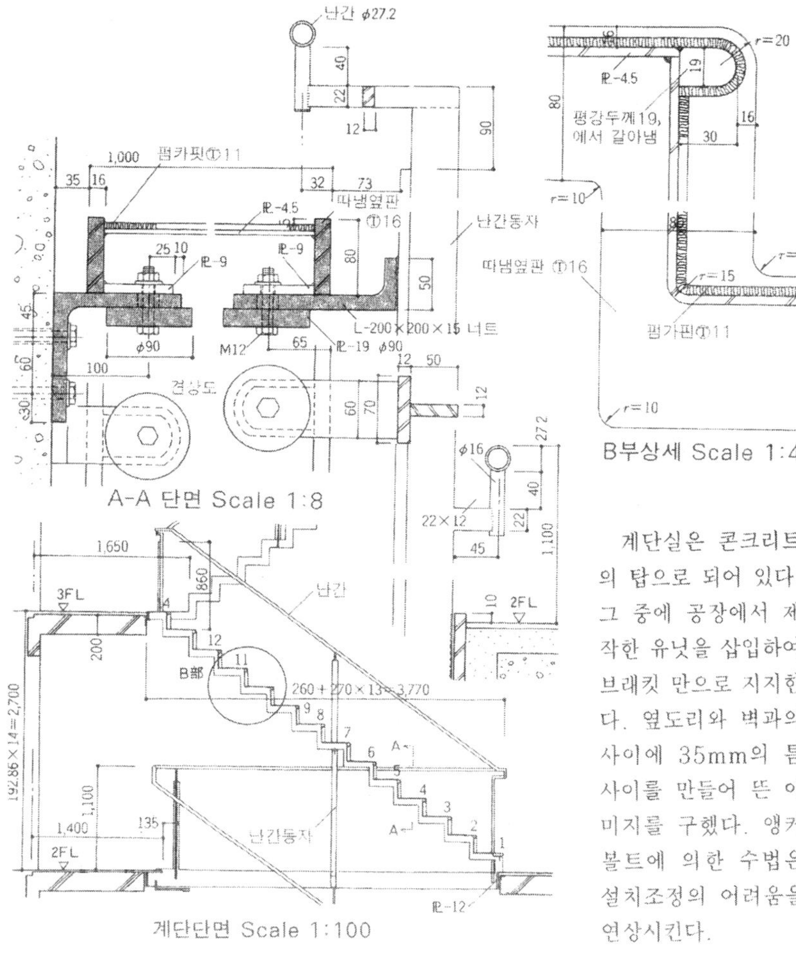

계단실은 콘크리트의 탑으로 되어 있다. 그 중에 공장에서 제작한 유닛을 삽입하여 브래킷 만으로 지지한다. 옆도리와 벽과의 사이에 35mm의 틈사이를 만들어 뜬 이미지를 구했다. 앵커볼트에 의한 수법은 설치조정의 어려움을 연상시킨다.

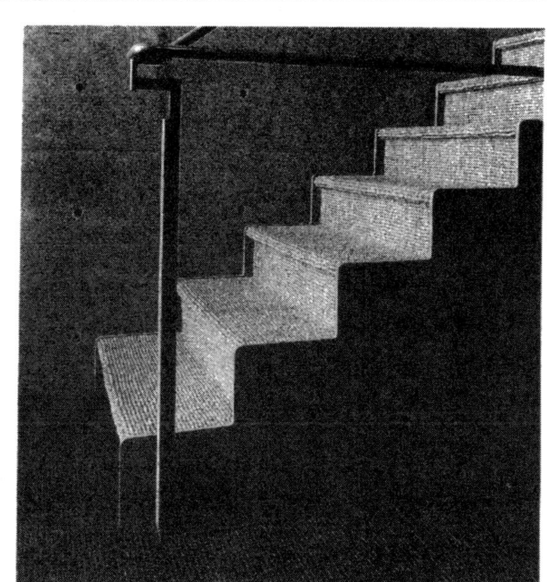

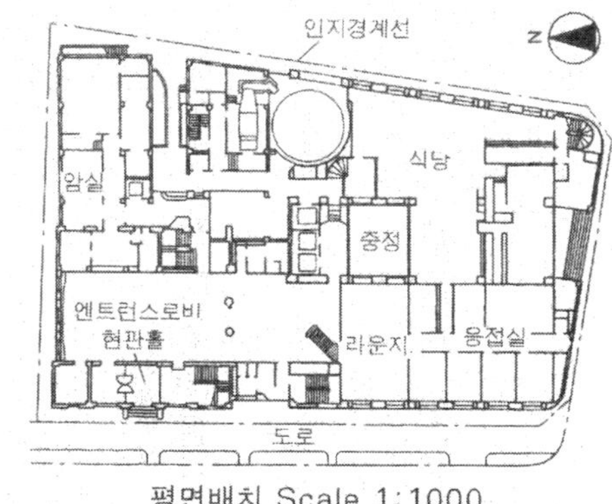

평면배치 Scale 1:1000

건축물은 오랜 세월을 사용하여 생활하는 사람들에게 항상 애착의 대상이 된다. 여기에 소개하는 계단은 구 본관의 현관을 그대로 사용하여 재생시킨 로비와 증축부분의 응접실로 통하는 어퍼라운지를 연결하고 있다. 외벽과 동일한 타일붙임의 정적인 공간에 경쾌하게 떠오르도록 한다는 것은 설계자의 의지를 실감한다. 난간은 사람의 손이 직접 접촉하는 부분이면서 재질·굵기도 여기에 따르는 것이다.

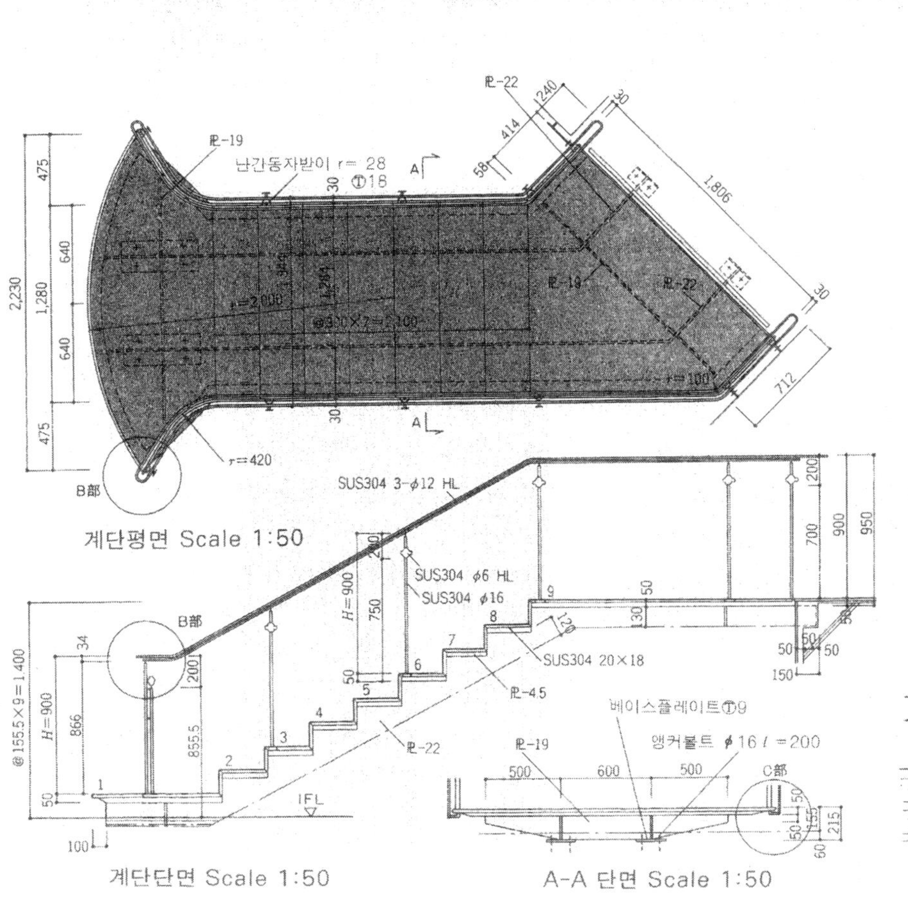

계단평면 Scale 1:50

계단단면 Scale 1:50

A-A 단면 Scale 1:50

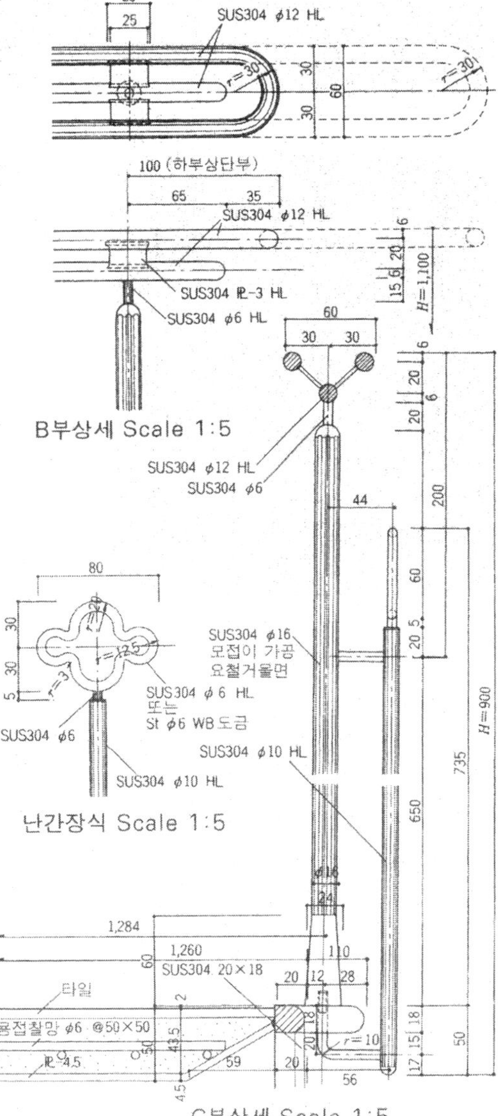

B부상세 Scale 1:5

난간장식 Scale 1:5

C부상세 Scale 1:5

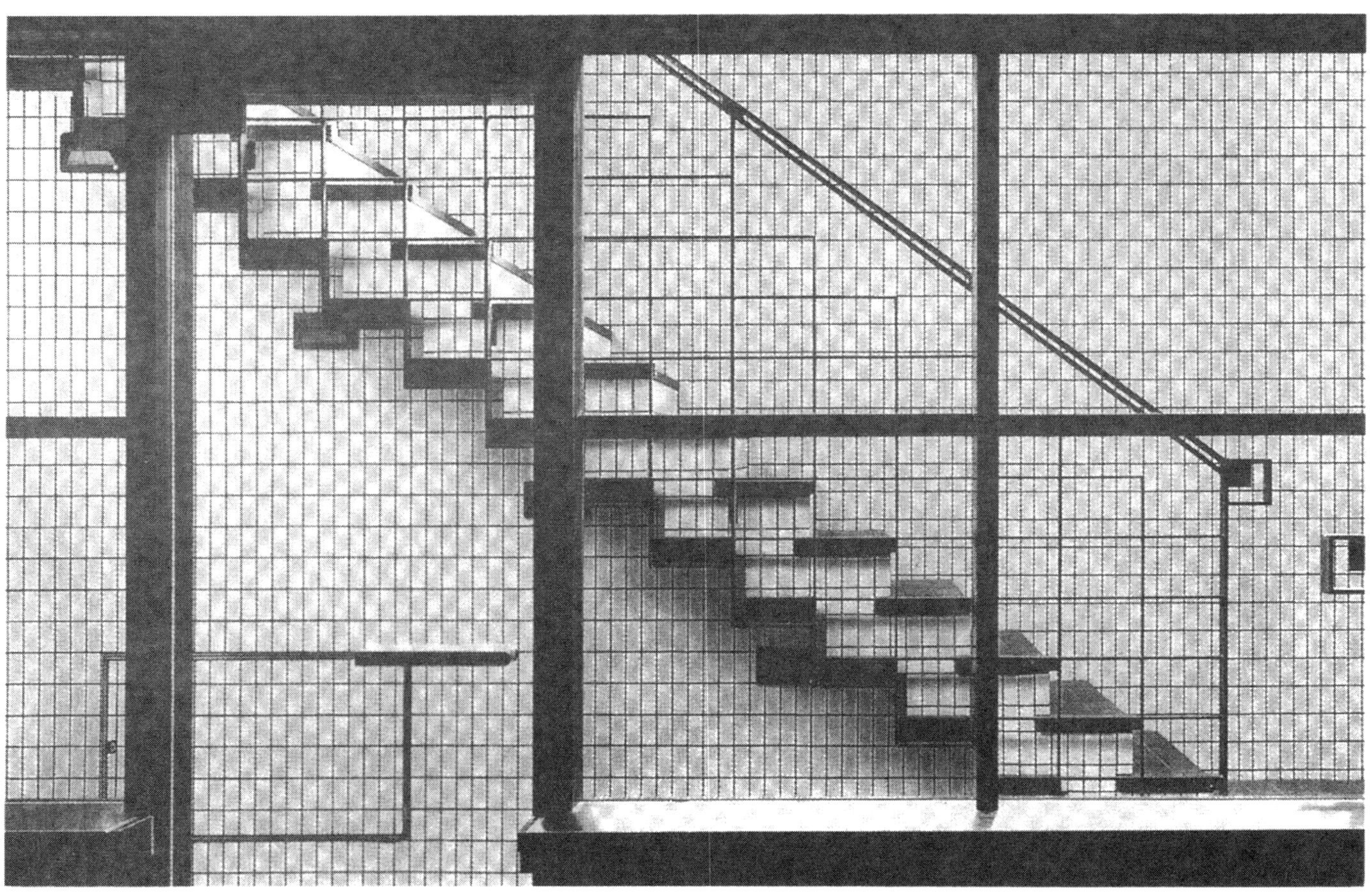

인테리어 사이드에서 보는 창, 난간, 벽면타일 디자인상 효과를 최대한 겨냥한 것이다.안에서 45 $\frac{1}{2}$ 타일의 벽먁, 난간의 그리드, 차의 새시 3위일체를 동시에 연출하는 효과, 아름다움을 겨냥한다. 이 3가지는 각각의 역할, 벽타일의 줄눈나누기 계단 난간의 수평 · 수직의 구성, 창새시의 정방형에 가까운 커다란 그리드의 구조를 가진 이 나라의 전통적인 수평 · 수직선적인 구성미가 시각적으로 3가지를 동시에 연출하고 있다.

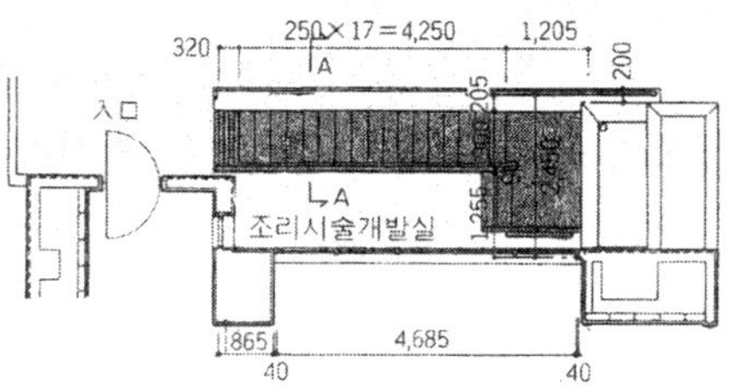

1층평면 Scale 1:200

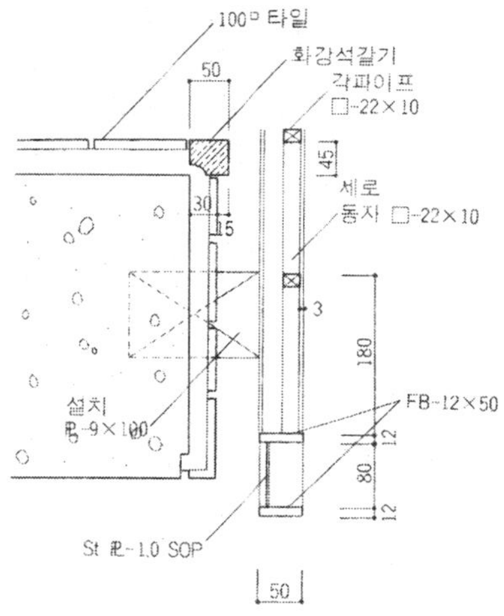

B부상세 Scale 1:12

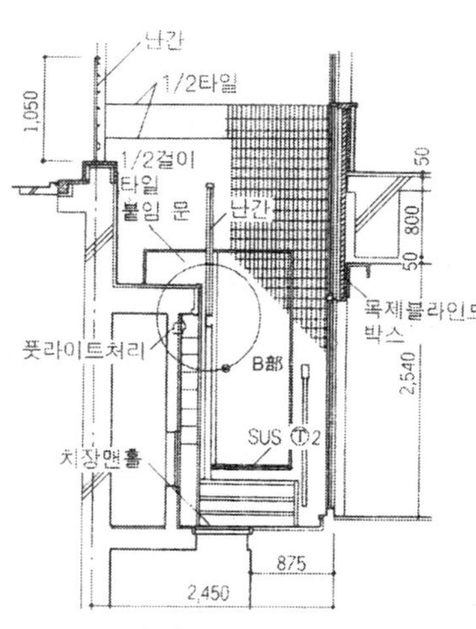

A-A 단면 Scale 1:100

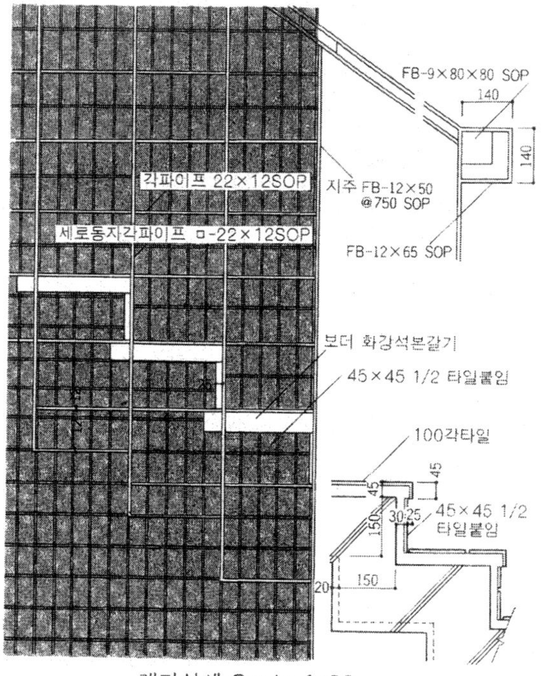

계단상세 Scale 1:20

전시장의 평면다짐바닥 대공간에 나선계단이다. 대공간의 큰 지중은 방형이며, 4모서리의 코어로 지지되어 있고, 각 코어의 상부는 공조기계실로 되어 있다. 전시장에서의 시점과 여유도 메인테넌스 전용이란 것을 고려하여 지지기둥을 없애고, 옆도리와 계단 바닥을 일체화한 것으로 강성을 확보하여 난간을 안쪽으로 한다. 결과적으로 코어의 수직성과 큰 지붕을 지지하는 강력함을 강조한 것이라 할 것이다.

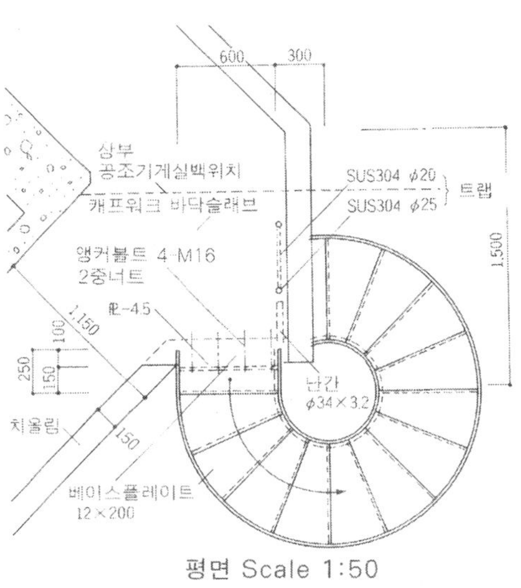

평면 Scale 1:50

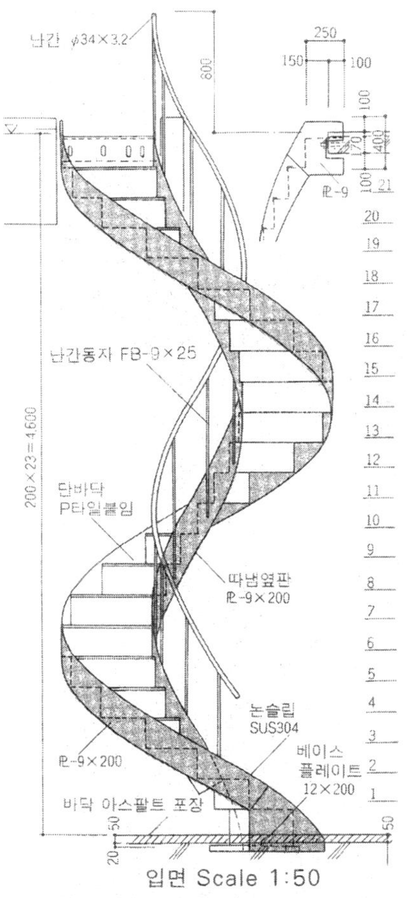

입면 Scale 1:50

나선형의 조합

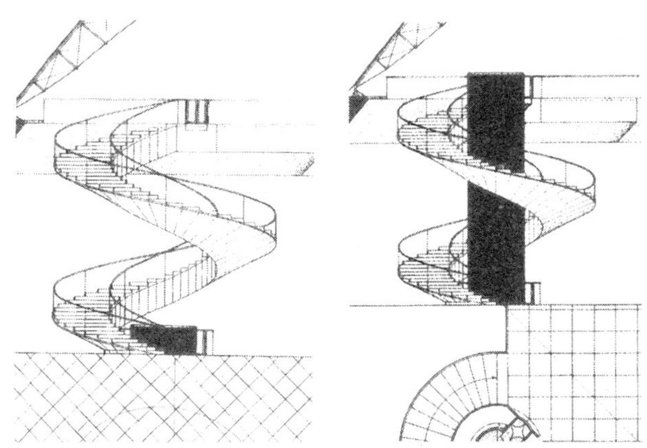

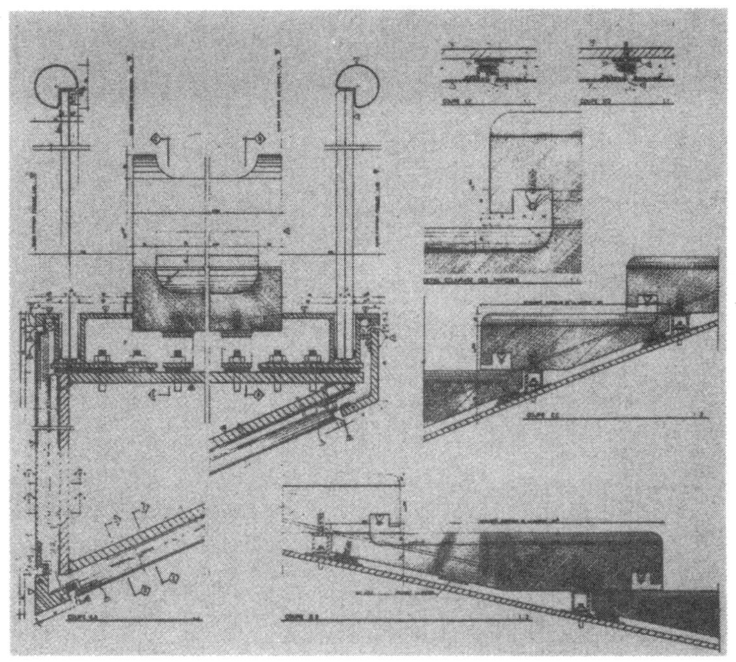

루브르 미술관의 증축계획이 I.M페이에 의하여 진행되었다 할 수 있다. 나폴레옹의 중정에 자리잡은 유리붙임의 피라밋이 입구홀을 구성한다. 홀의 최상층과 지하 2층과의 연결로는 내림장치와 나선형 계단을 이용한 구성으로 되어 있다. 내림장치는 지붕이 없는 단순한 지름 3m의 엘레베이터이고, 실린더가 땅속에서 솟아오르는 것처럼 보인다. 계획안의 실현까지는 여러 가지의 문제들이 내재된 듯하니 동향을 지켜보기로 하자.

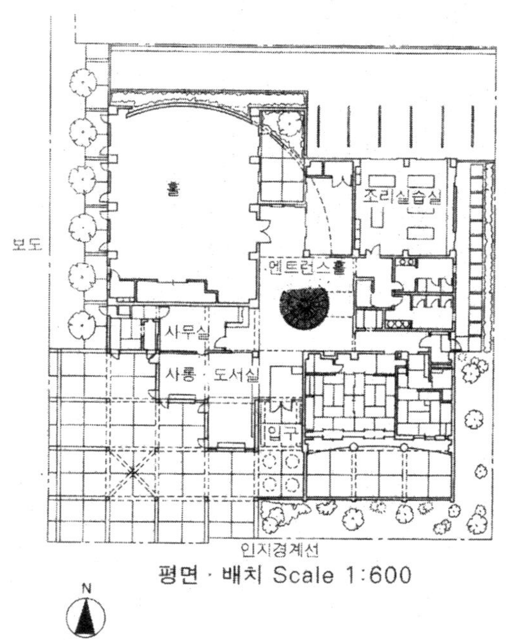

평면 · 배치 Scale 1:600

계단의 중심봉 베이스플레이트가 땅속 보의 하단에 닿아서 다짐바닥 아래까지 RC밑잡이를 한다. 따라서 공정상, 땅속 보 타설시에 중심봉은 건립 종료가 된다 할 것이다. 단판을 중심봉에 긴결하기 위해 앵커볼트를 나사조임을 하기 전에 실시해 둔다. 오르기 끝은 2층의 콘크리트 벽면과의 관계에서 결정되므로 중심봉은 나사구멍 위치를 중심으로 정확하게 자리잡게 해야 한다. 또한 나사 구멍에 물이 들어가지 않아 양생에도 신경을 써야 한다. 계단폭은 법규상의 제약에 따르지만 더욱 적은 지름의 작은 회전계단으로 해야 할 경우가 있다.

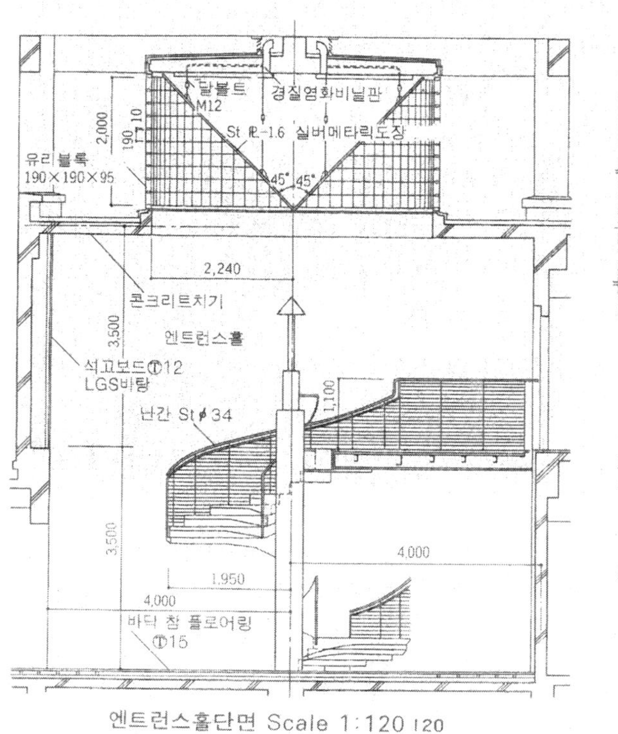

엔트런스홀단면 Scale 1:120

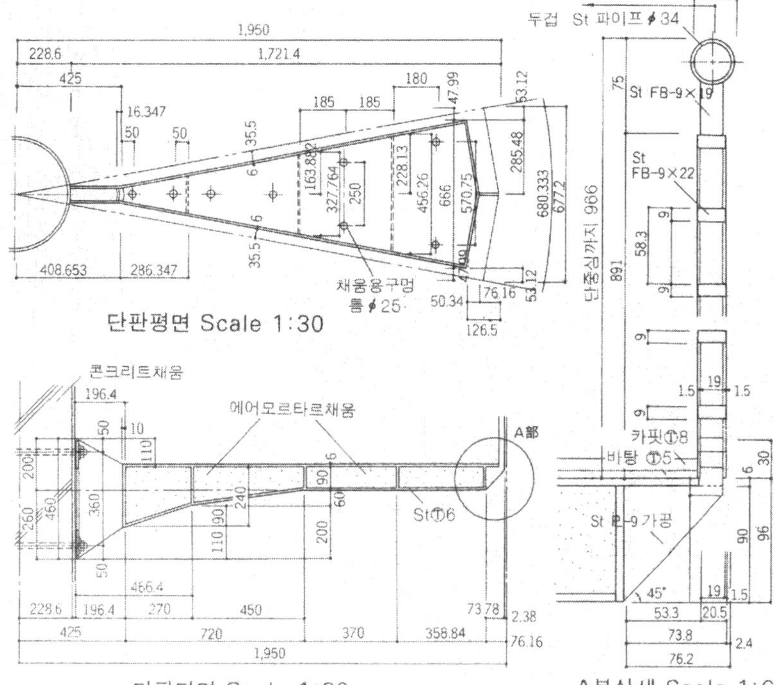

단판평면 Scale 1:30

단판단면 Scale 1:30

A부상세 Scale 1:6

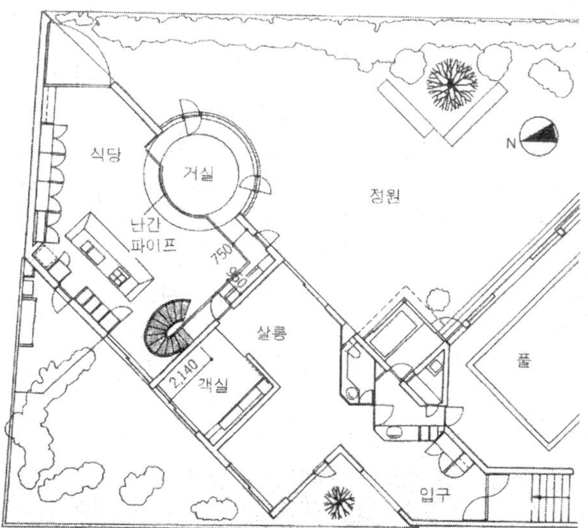
평면 · 배치 Scale 1:200

보이드 LDK 스페이스를 연출하는 2층의 침실, 예비실의 계단. 오르내림의 위치는 전체 플래닝 안에서 자체적으로 한정된 결과, 이 계단의 횡면형은 타원형을 그리게 된다. 즉, 중심기둥식의 회전계단의 정석에서는 밖이, 구조실에서는 멀리 풍경이 보이지만 주물계단의 부품에 의해 처음 실현한 것. 언뜻 보면 난간도 떠있는 것 같지만 계단과 콘크리트의 벽으로 고정되어 있다.

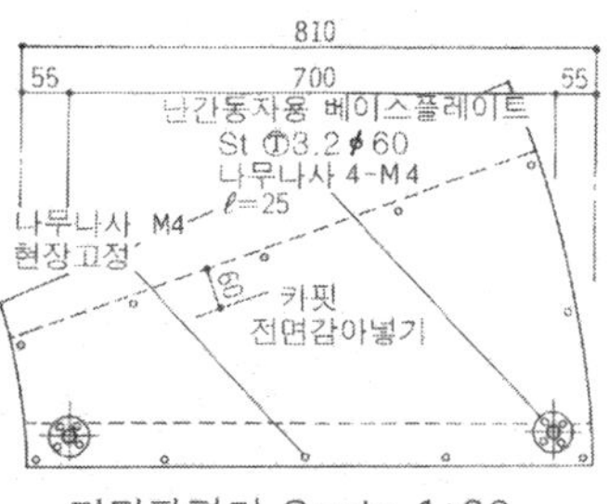
디딤판평면 Scale 1:20

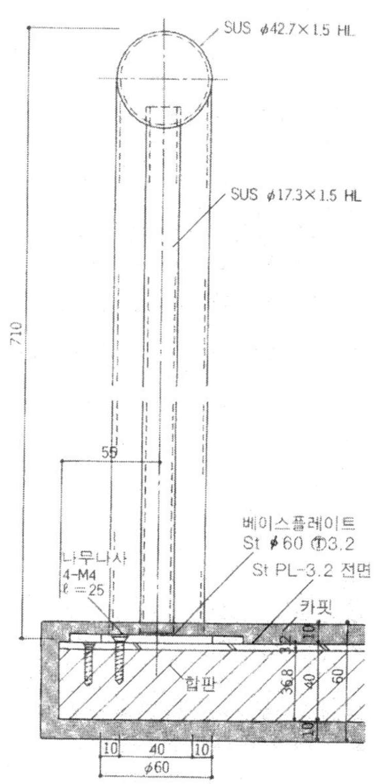
A부상세 Scale 1:4

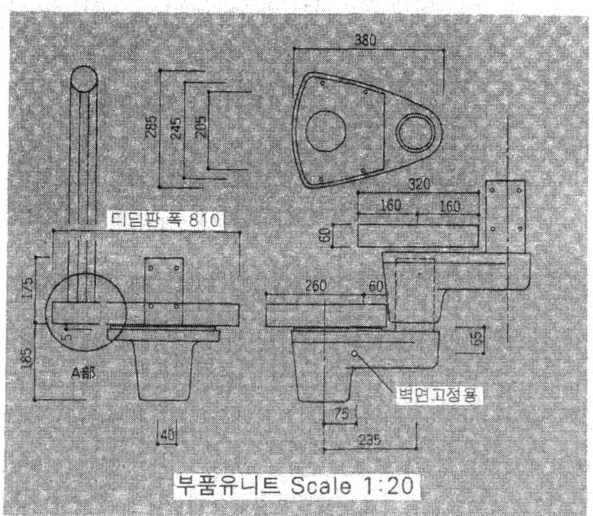
부품유니트 Scale 1:20

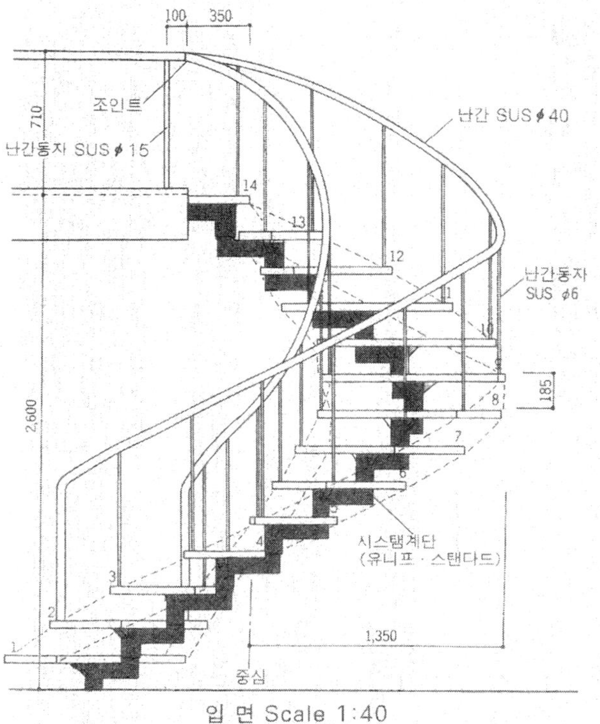
입 면 Scale 1:40

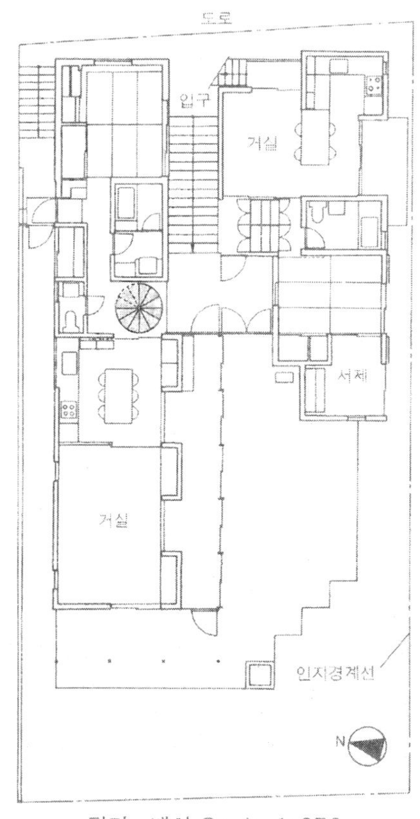

평면 · 배치 Scale 1:250

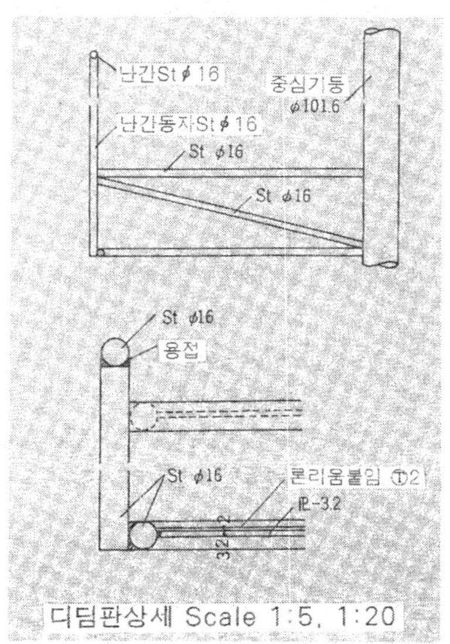

디딤판상세 Scale 1:5, 1:20

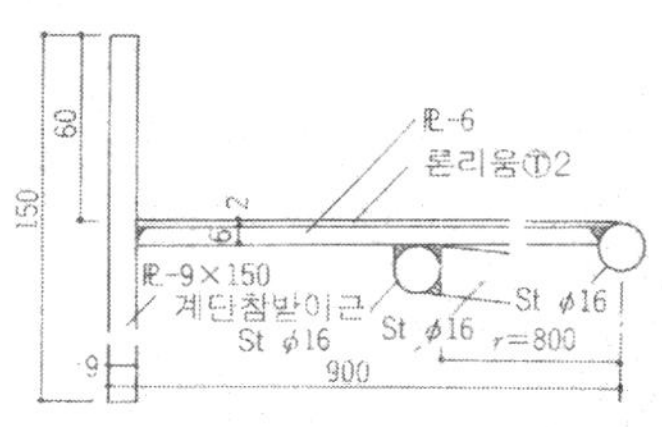

계단참상세 Scale 1:5

별로 넓지 않은 식당에서 복도와 연결되는 코너를 답답한 계단실로 해서는 안된다. 가는 선재와 얇은 단판으로 구성된 이 나선형 계단은 거실 · 식당과 바닥을 연속시키면서 하나의 경쾌한 엘리먼트로 되어 있다. 부재는 중심기둥과 난간 이외는 모두 ϕ16인 철근으로 할 수 있다. 예전부터 단판의 달재로서 사용한 철근을 역으로 버팀대 형상으로 압축받도록 하는 것이므로 올라갈 때 발이 걸리지 않도록 고려하여 계단 밑을 통행하는 사람이 귀퉁이에 머리가 닿지 않도록 따냄옆판 부분에 난간과 평행한 철근을 에워싸고, 단판부와 난간동자를 연결하여 전체를 고정하면서 나선을 고취시킨다.

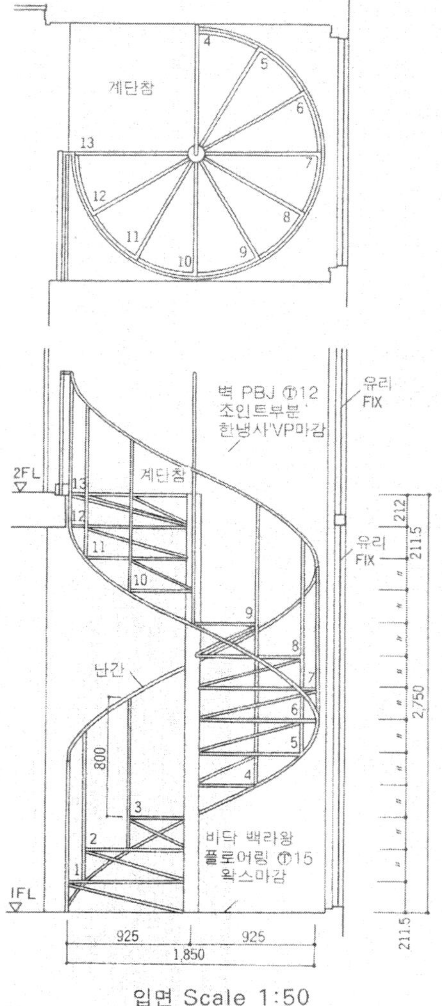

입면 Scale 1:50

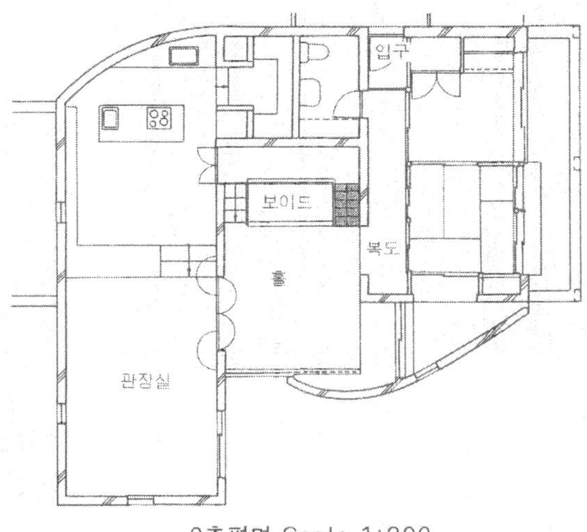

2층평면 Scale 1:200

이 계단은 주거의 중심부에 빛을 받아들이는 커다란 톱라이트가 있는 공간 벽에 부착되어 있고, 옥상으로 올라가기만 한다. 설치되어 있는 장소의 성질상, 가능한 한 공간 전용율이 적고, 벽이 장식으로서도 아름답게 고려했다. 여기서는 불필요한 부재들을 생략,졸참나무의 적층재의 디딤판을 콤프레이션재로 하고, ϕ9인 철근의 경사재를 텐션재로 하여 치장콘크리트의 벽에서의 캔틸레버 구조로 한다.

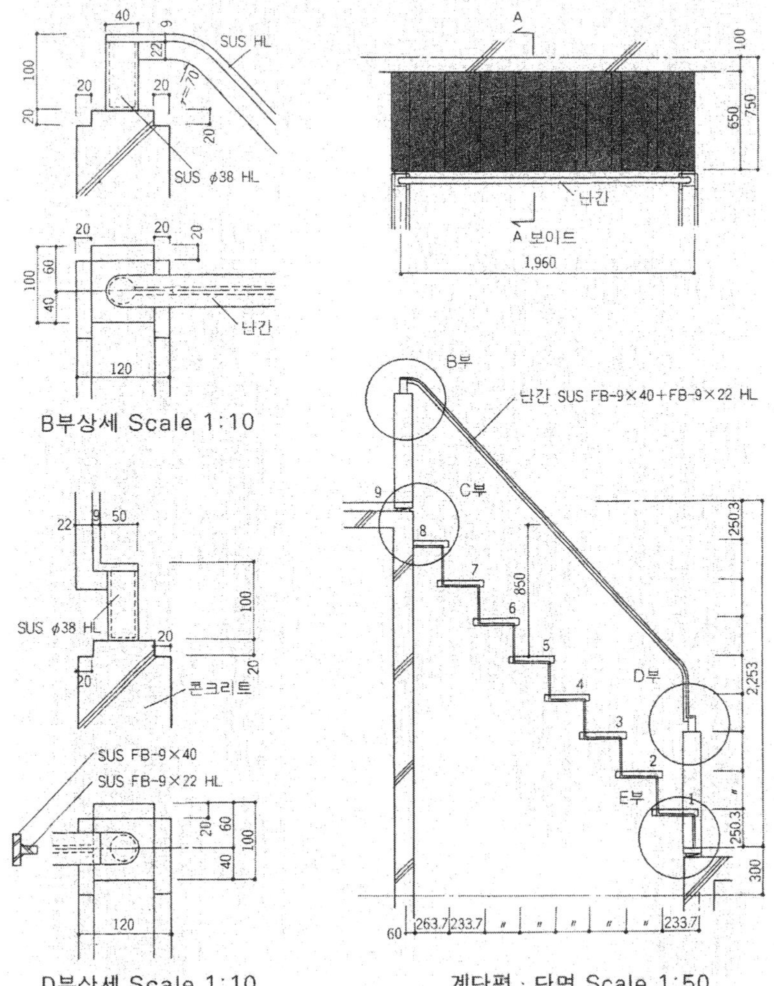

B부상세 Scale 1:10

D부상세 Scale 1:10

계단평 · 단면 Scale 1:50

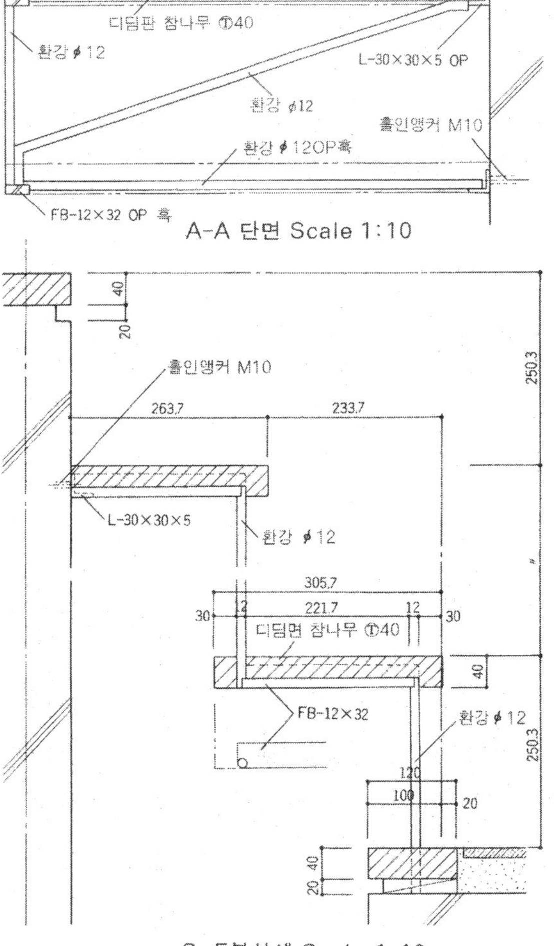

A-A 단면 Scale 1:10

C, E부상세 Scale 1:10

이 건축물의 주요한 용도는 아틀리에이다. 건축주가 옛 친구여서, 그 취향에 맞게 설계되었다. 그 결과 여러 가지를 시도해 본 결과, 가구적이고, 작은 척도로 디자인한 집합체로 되었다. 계단은 옛날의 상가에서 발상한 것이라 생각되는 상자단에 핀트를 맞춘 것이므로 챌면 부분에 서랍이 설치되었다. 2층의 아틀리에에서 큰 그림을 운반하기 위해서 완만하면서도 폭이 넓은 디딤면으로 난간을 생략하였다.

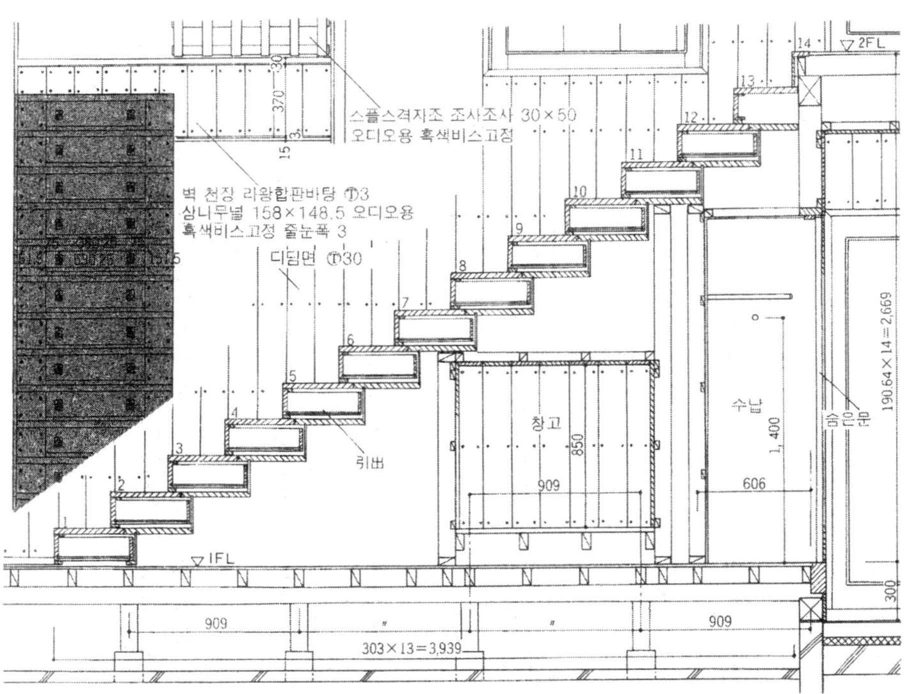

계단단면 Scale 1:40

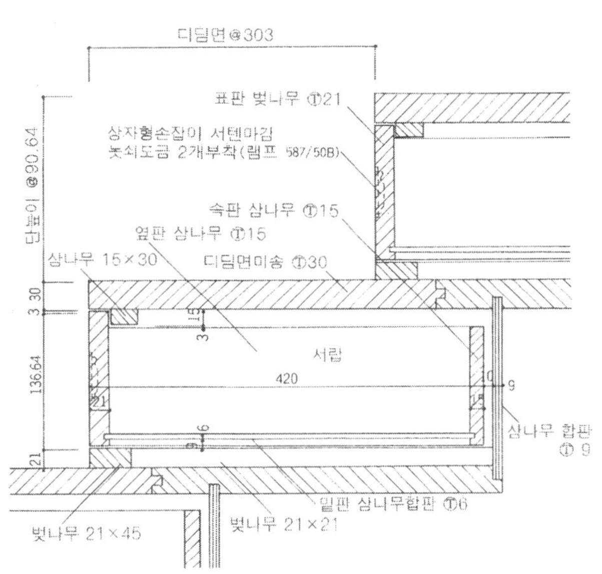

단면상세 Scale 1:8

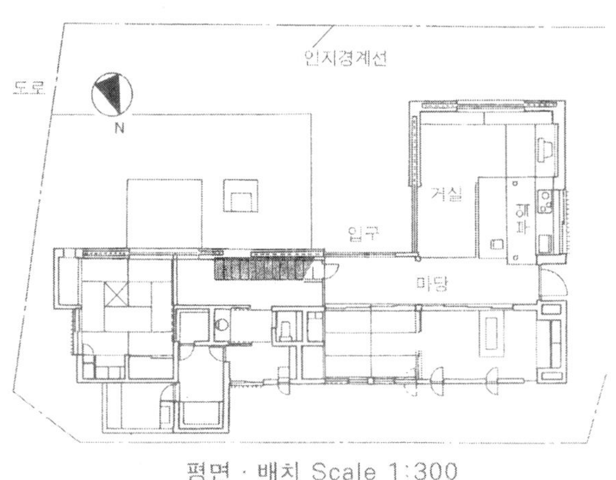

평면 · 배치 Scale 1:300

독립한 목제계단에서 콘크리트의 구체에 앵커볼트만으로 고정되어 있다. 난간도 도리도 없어서 옆도리 판만이 계단형상과 같은 판 두께로 연속해 있는 것이 바람직하다. 그러나 현실에서는 그렇지 않다. 도리는 대담한 2장의 판으로 한다. 계단의 단판과의 사이에 옆에서 바라보면 거의 정방형의 공극이 오픈된 것처럼 도리와 단판이 각각의 정점으로 접해서 단판을 지탱한다. 계단 상부의 보이드 부분의 난간을 그대로 내려 계단의 난간으로서 있다. 그로 인해 한쪽 방향의 난간은 계단의 판에 접하여 고정되어 있을 뿐이므로 최하부에서 단판의 밑을 꿰뚫어서 도리에 접하여 도리로 고정하고, 좌우의 난간을 연결하여 고정막이로 한다.

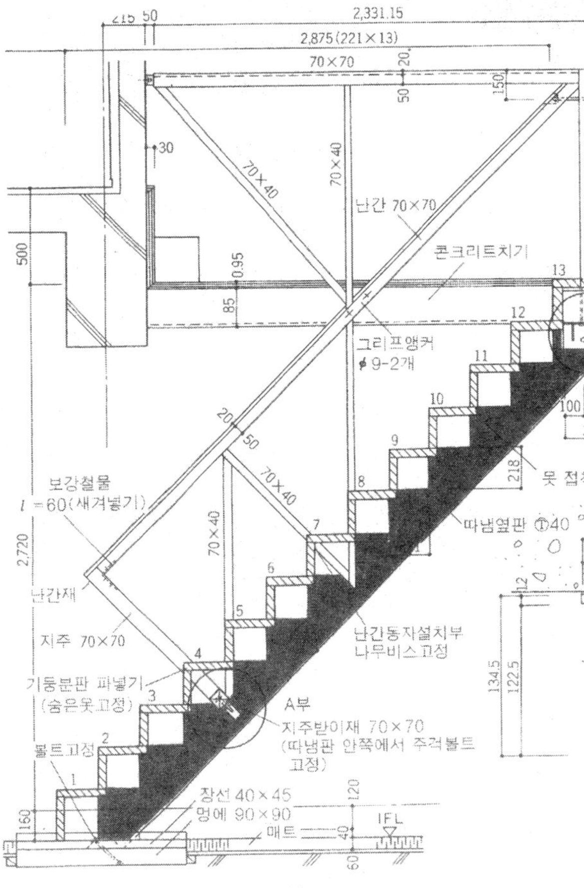

계단단면 Scale 1:40

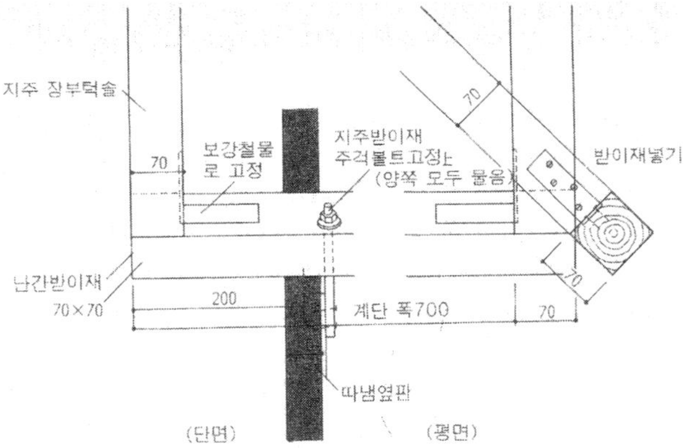

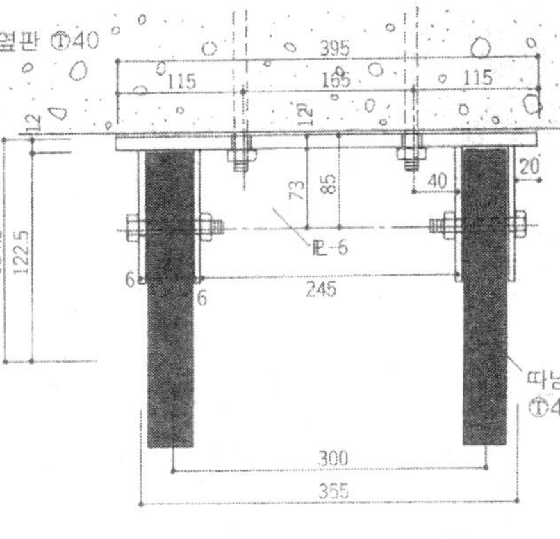

C-C단면 Scale 1:10

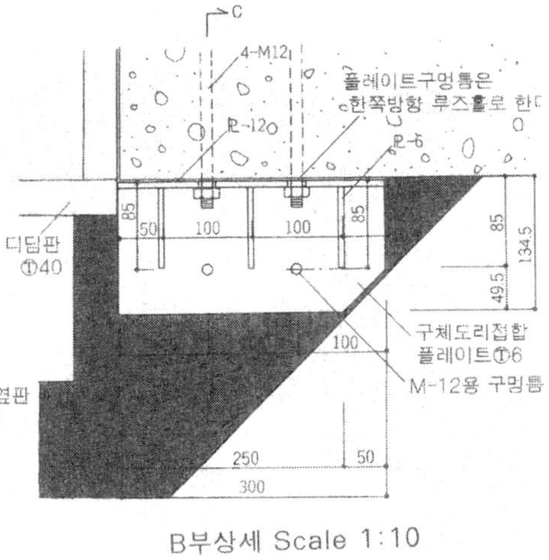

A부상세 Scale 1:10

B부상세 Scale 1:10

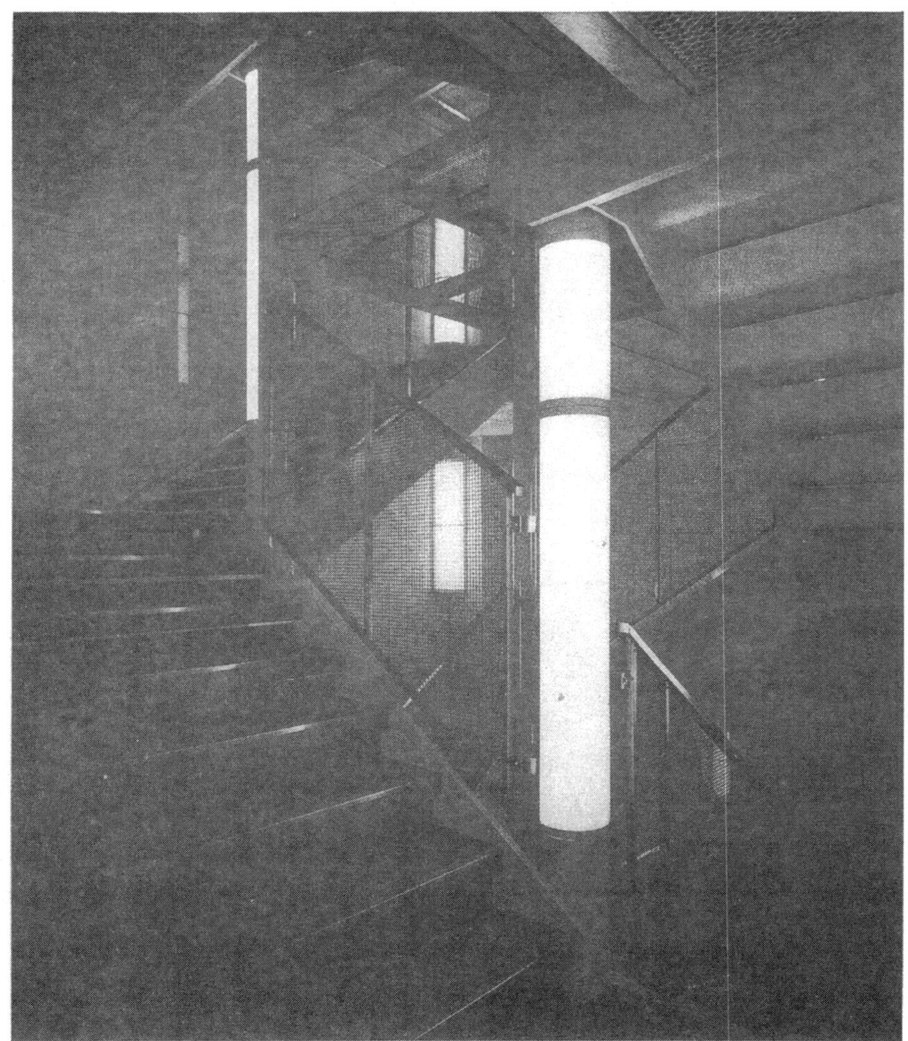

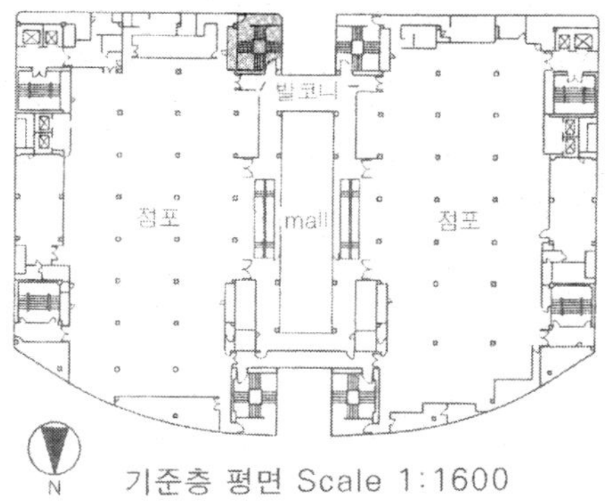

기준층 평면 Scale 1:1600

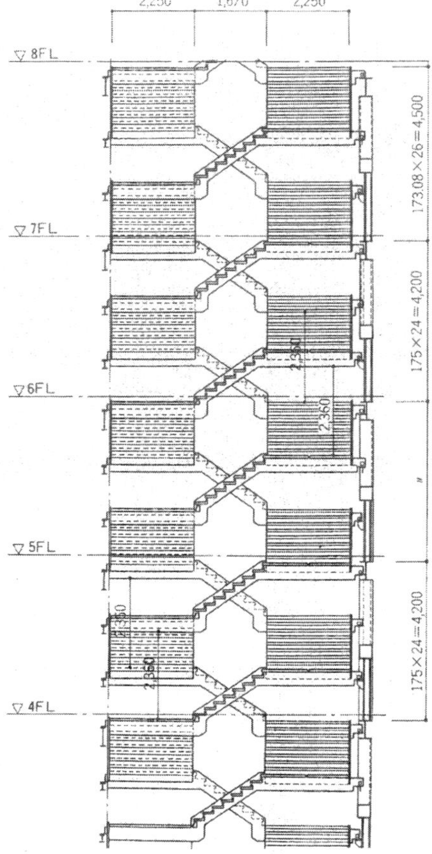

계단실단면 Scale 1:200

2중 나선의 예상법을 기본으로 잡고, 피난 계단으로 해서 실현시킨 것. 그 경우, 층고와 평면치수의 관계가 되지 않으면 머리가 닿을 가능성이 있다. 이 점에서는 4, 200 정도의 층고에서 효과적으로 아무림되어 있다. 또한 2중으로 잔 시공은 피할 수 없으며, 구할 수 있는 정밀도는 상당히 높아졌다. 더우기, 메인테넌스의 면에서 도리에는 용융아연도금을 한 스틸을 사용하여 계단에는 SFRC를 사용한다. 후자는 에폭시수지를 코팅한 아연도금파이버를 콘크리트에 혼입한 신소재이다.

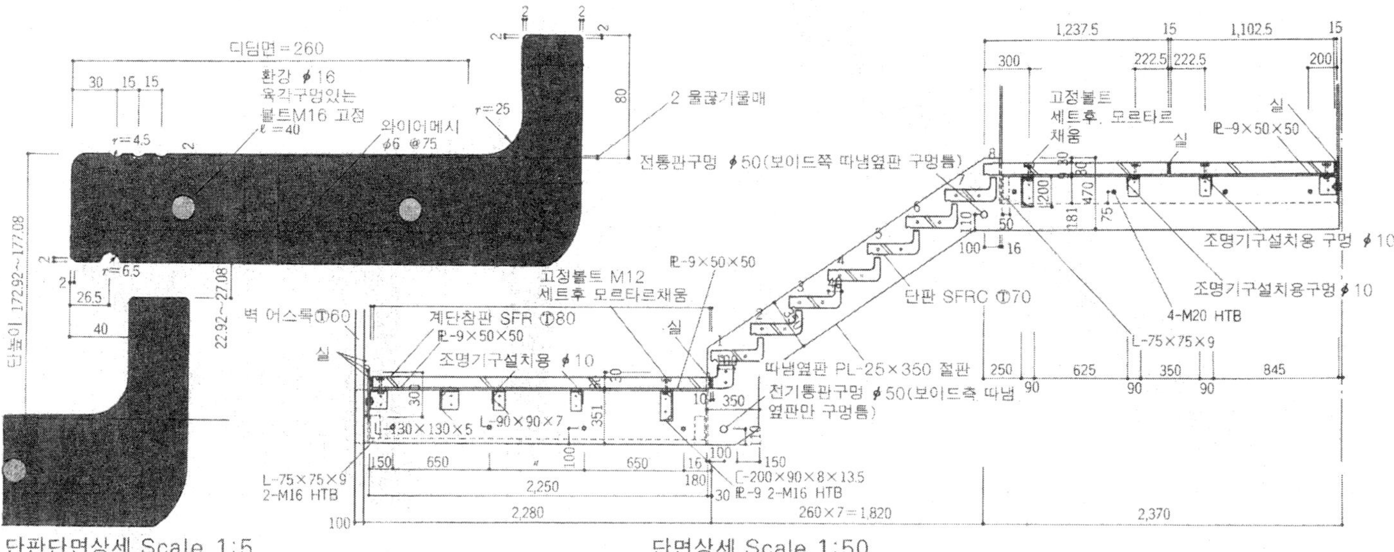

단판단면상세 Scale 1:5

단면상세 Scale 1:50

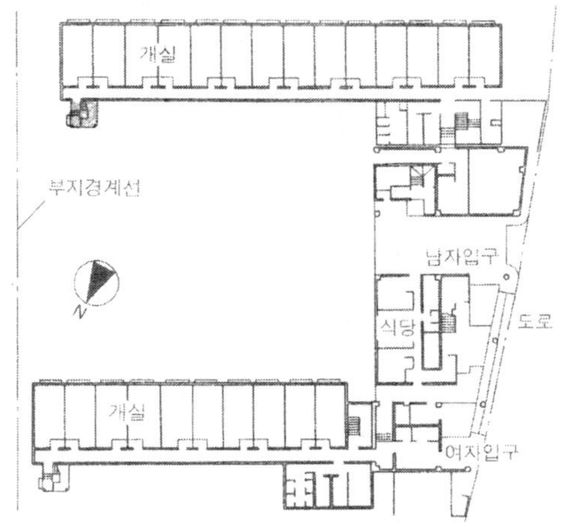

평면 · 배치 Scale 1:1000

식품공장에 인접하여 세워진 5층 독신자용 옥외 피난계단이다. 건물 본체가 PC판 프리패브공법이므로 이 계단도 유닛화를 목표로 한다. 또한 비상시에 사용되는 것이므로 메인테넌스프리하게 철부는 모두 용융아연도금 마감으로 한다. 구조로서는 4개의 앵글기둥에서 #도리 형상으로 튀어나온 옆도리를 플레이트 및 단판 · 막판 등의 부재로 구성되어 있다.

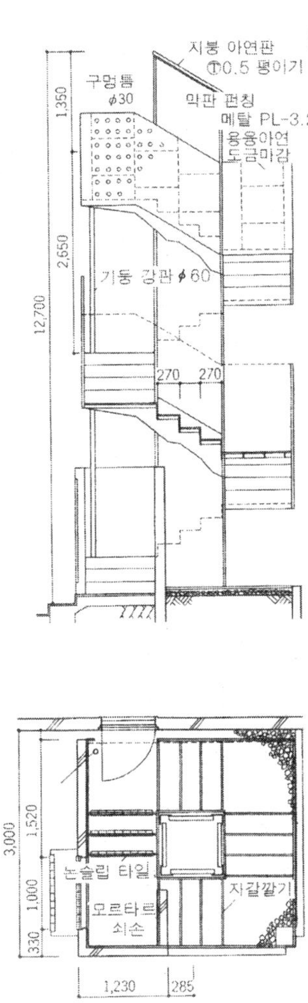

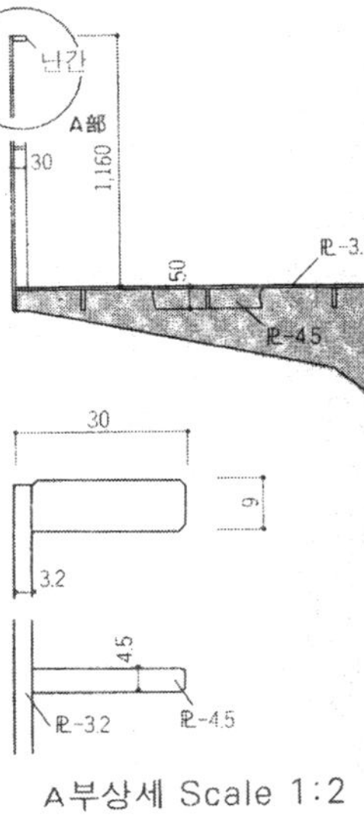

A부상세 Scale 1:2

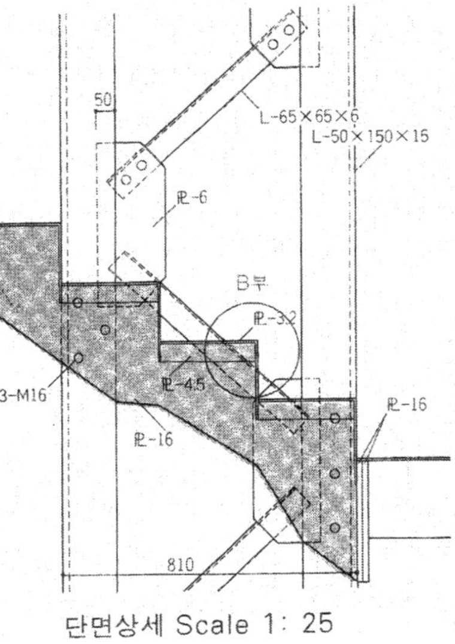

단면상세 Scale 1: 25

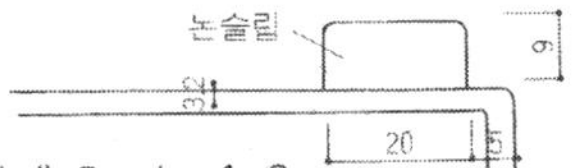

B부상세 Scale 1:2

평입단면 Scale 1:100

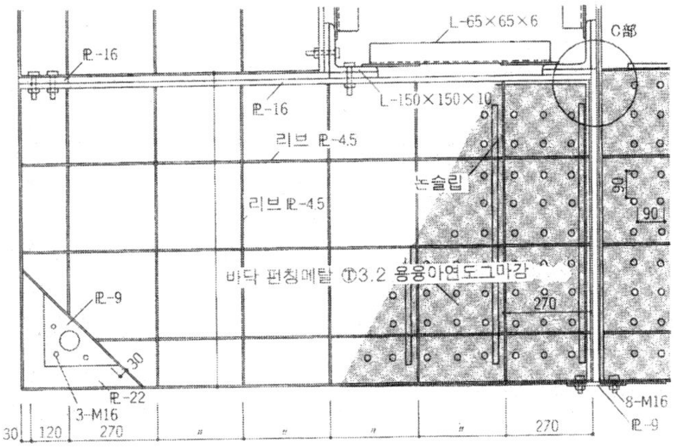

평면상세 Scale 1:25

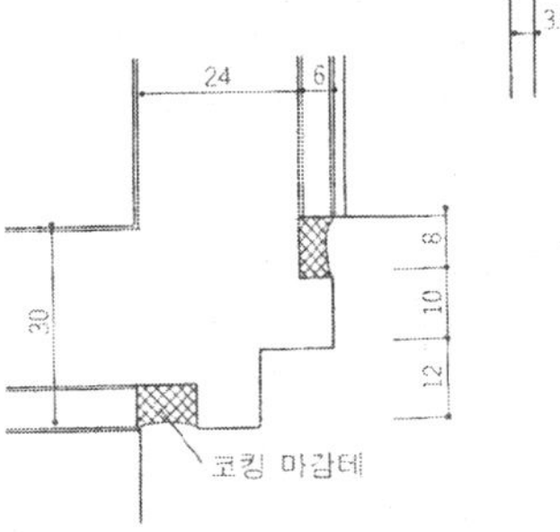

C부상세 Scale 1:2

엔트런스, 로비에서 지하 쇼룸으로 도입하는 작은 보이드 계단이다. 난간은 스페이스의 연속감과 넓이를 갖기 위해 2가지의 레벨을 기능에 맞게 평면적으로 겹치지 않는 구성으로 한다. 소재는 투명감을 목표로 하여 스테인레스 거울면 마감과 강화유리를 사용한다. 계단은 RC조이지만 쇼룸의 가운데 경쾌하게 연출하기 위해 옆도리는 스틸플레이트에서 돌출하고, 스테인레스의 코끝에서 리듬을 부여한다.

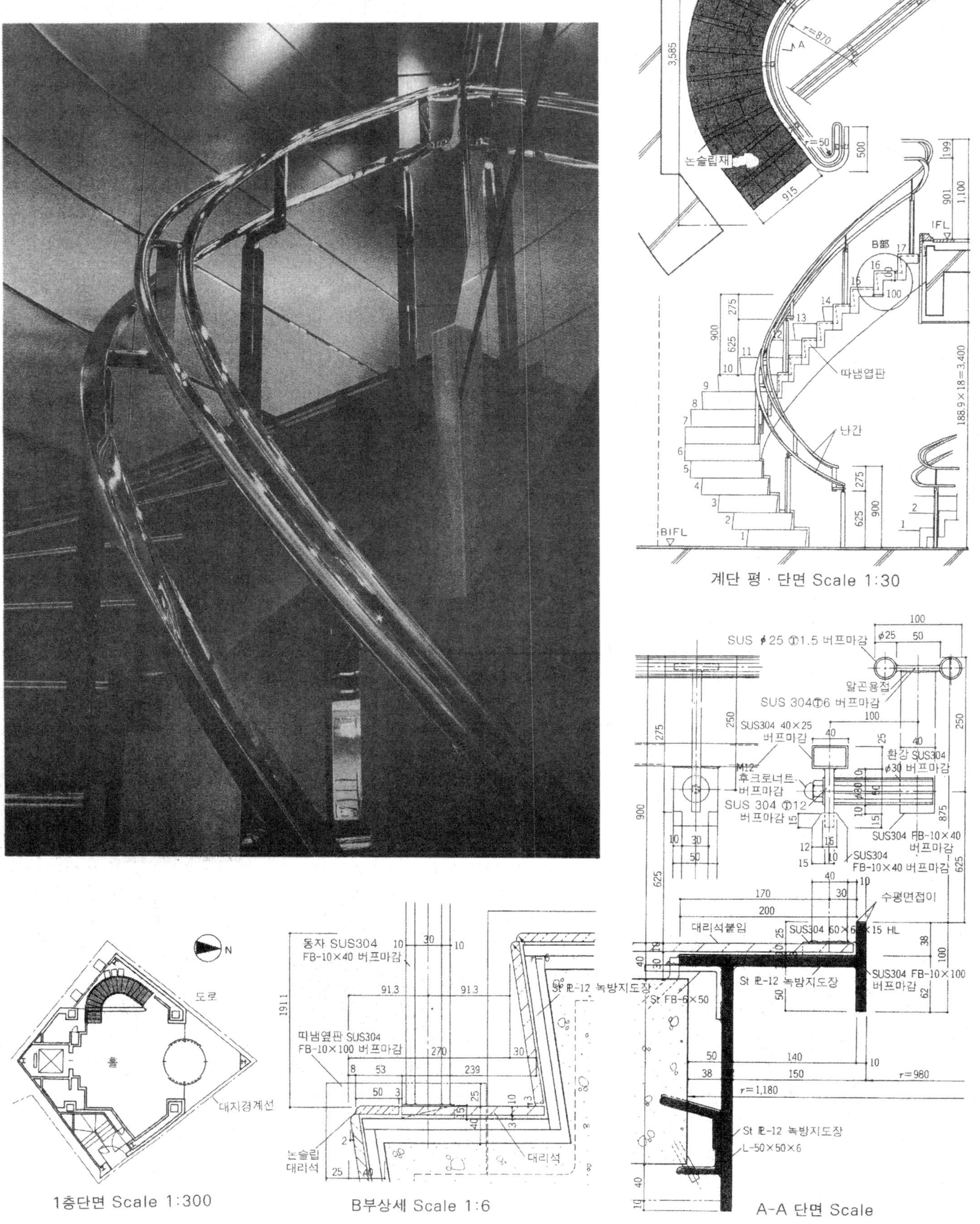

계단 평 · 단면 Scale 1:30

1층단면 Scale 1:300

B부상세 Scale 1:6

A-A 단면 Scale

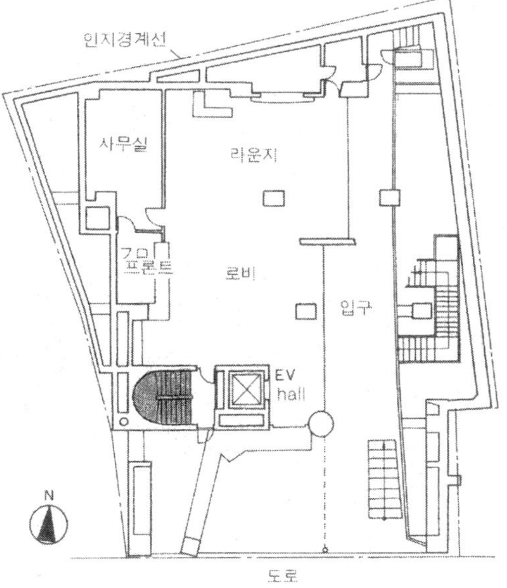

평면 · 배치 Scale 1:500

치장콘크리트의 코어가 지하 2층에서 7층까지 관통하고, 내부에 직통계단, 파이프스페이스, 엘리베이터샤프트, 호텔의 기능, 모두가 내장되어 있다. 라스터타일의 내장은 글래스블록, 톱라이트에서 내려오는 자연광, 거울면의 커버에 비치는 네온관의 빛에 의하여 시간의 경과 속에서 영원으로 변화하여, 실버의 그레이팅 계단은 빛, 색의 변화속에서 우주유영이다.

네온
A部
B部
PS
상부톱라이트 φ600
점검구
굴뚝 φ550
난간 SUS φ40
EPS
엘리베이터
단판 그레이팅
바닥 용단 ⑦10
PS
점검구
비상구
소화전박스

계단실평면 Scale 1:80

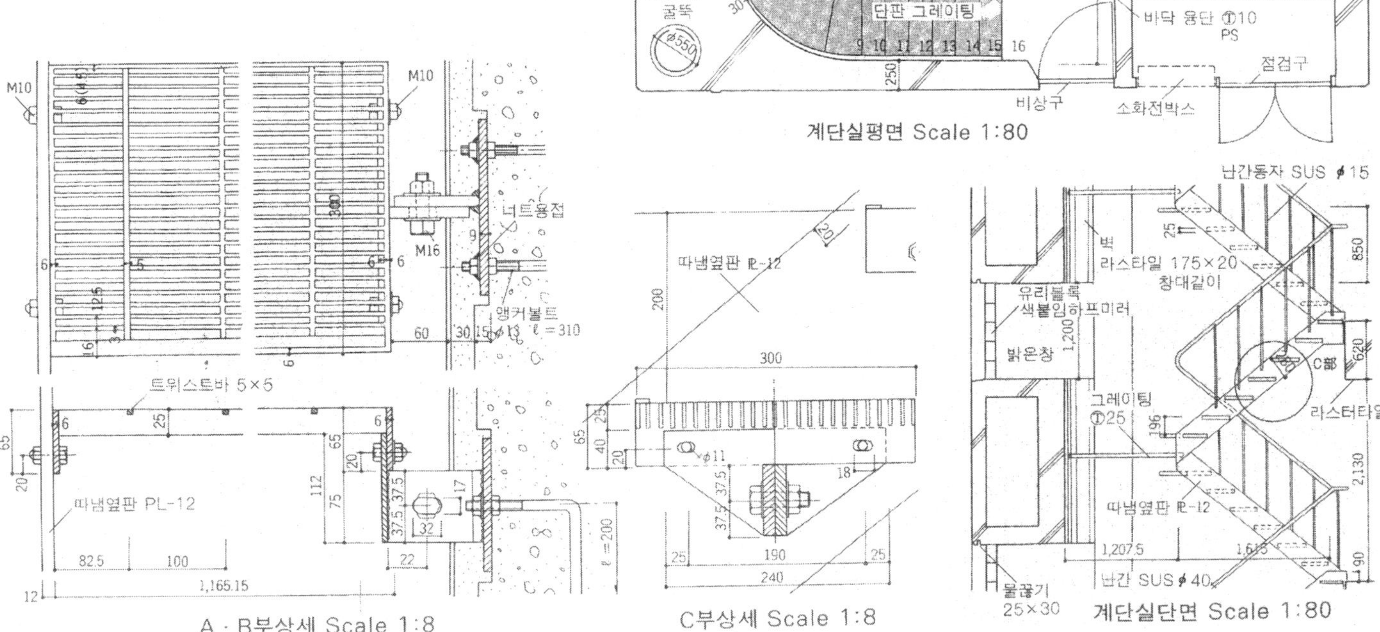

A · B부상세 Scale 1:8

C부상세 Scale 1:8

계단실단면 Scale 1:80

가능한한 심플하게 캔틸레버 계단으로 하지만 제한된 조건의 산속현장에서 복잡한 PC거푸집을 조립한다는것은 결코 쉬운 일이 아니다. 미리 PC판을 설치해 두고 콘크리트를 타설한 다음에는 위치조정을 할 수 없다. 결국, 앵글의 틀을 매입한 다음 PC판을 끼워넣어 용접한다. 난간의 통나무 교차부는 도학의 연습문제 같다.

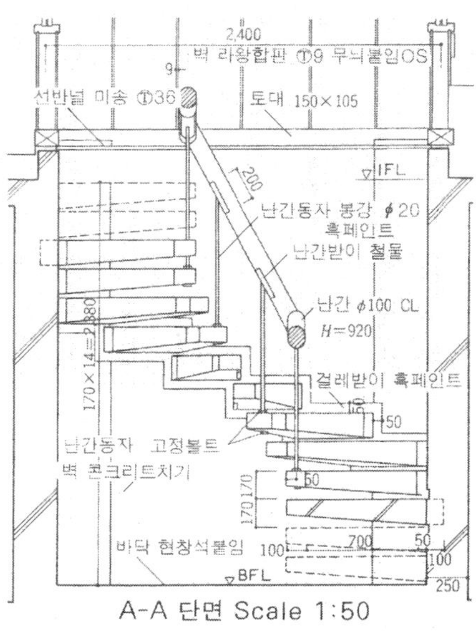

A-A 단면 Scale 1:50

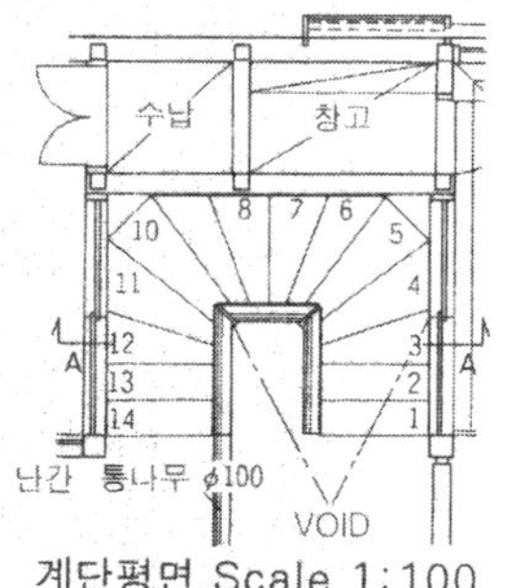

계단평면 Scale 1:100

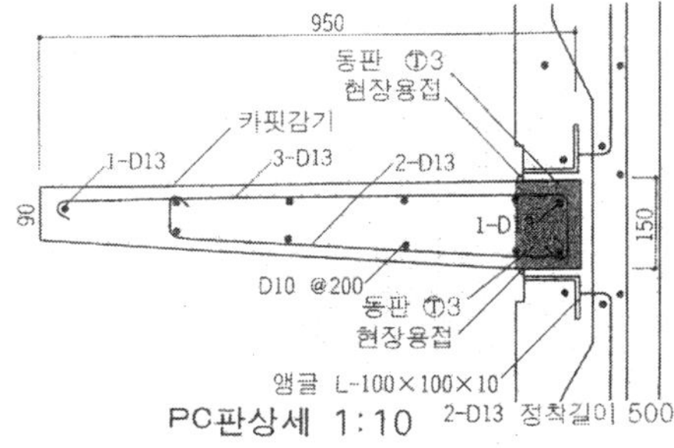

PC판상세 1:10

턴버클로 연결

이 계단은 피난계단으로서 법적으로 요구되는 것이지만 엔트런스를 들어가서 똑바로 정면에 위치하기 때문에 사람들을 맞이하는 오브제에 전환시키는 것이다. 마치 바닥 사이를 장식하는 꽃처럼 바람에 춤추는 부채, 또는 날개를 펼친 공작의 자세, 그 이미지를 실현하기 위해서는약간 빼뚫어진 원호형상의 난간, 정적인 원추면을 형성하는 와이어(극소강관에서 피복)그리고 중요한 캔틸레버를 사용한다. 다시 말하면 오브제로서의 계단이지만 또한 2층 객석에서의 동선으로도 되어 있다.

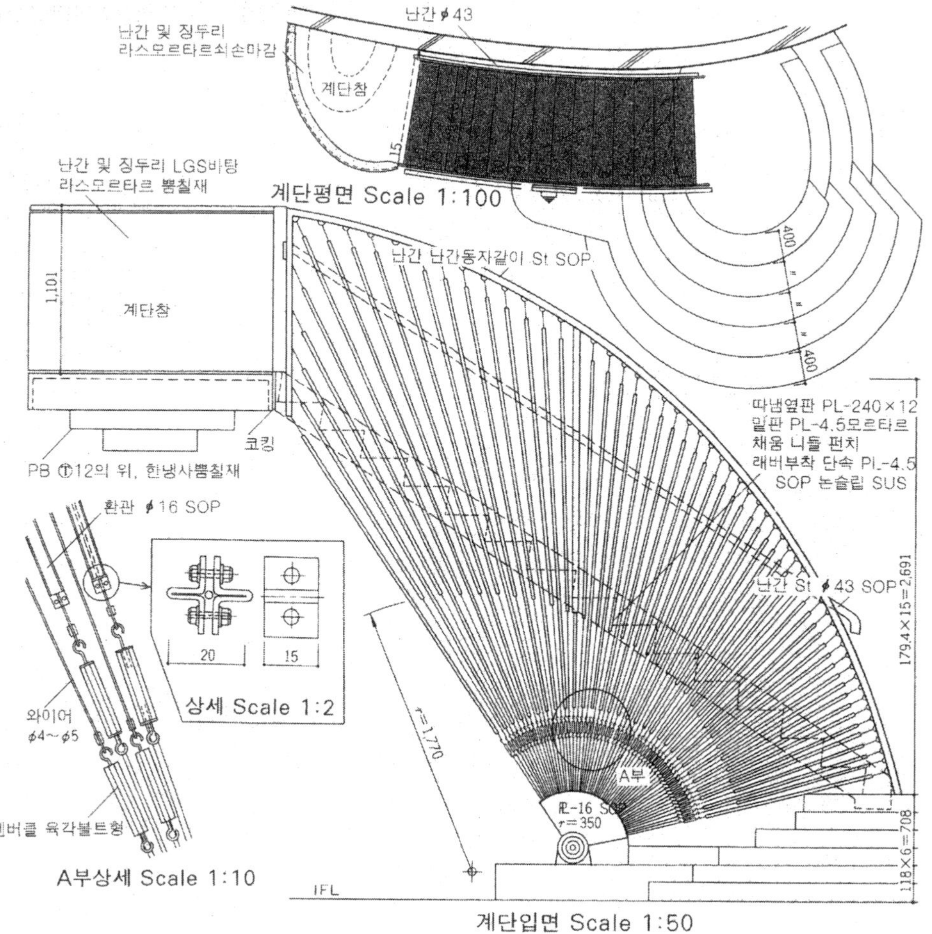

계단입면 Scale 1:50

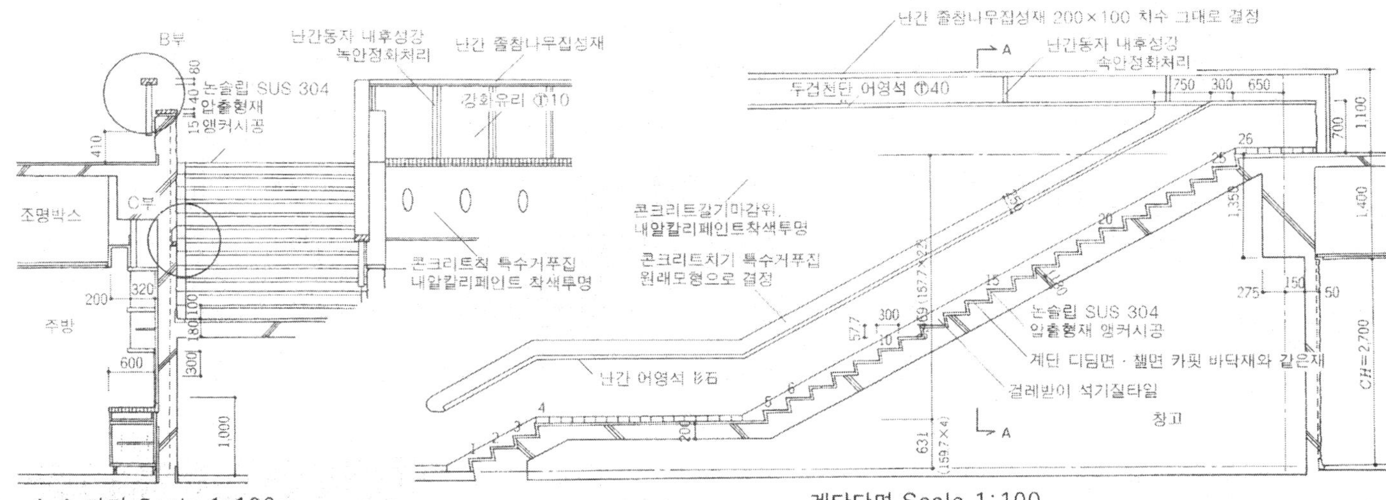
A-A 단면 Scale 1:100

계단단면 Scale 1:100

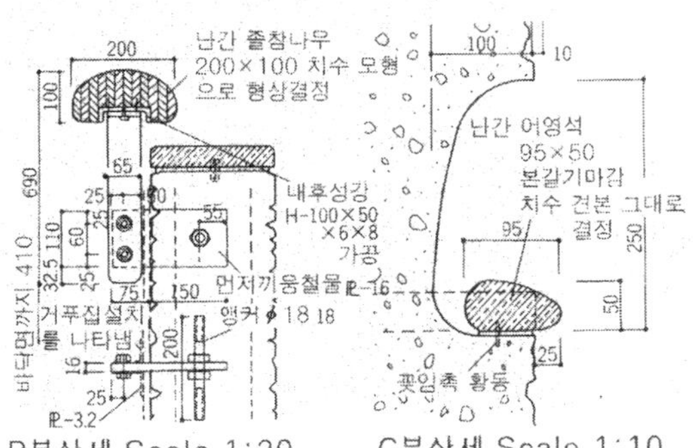
B부상세 Scale 1:20

C부상세 Scale 1:10

이용자가 관람실 전체 구성을 한 눈에 구별할 수 있도록 4층의 보이드를 설치한 것이다. 그 보이드 중심에 자리한 계단은 RC조이며, 바닥높임의 목제 및 벽에 새겨넣은 석제의 난간을 갖는다. 벽에 설치된(?) 난간은 대리석으로 만들어져 있다. 상징적인 잘라낸 벽에 투입한 석재의 디테일이 인상깊다.

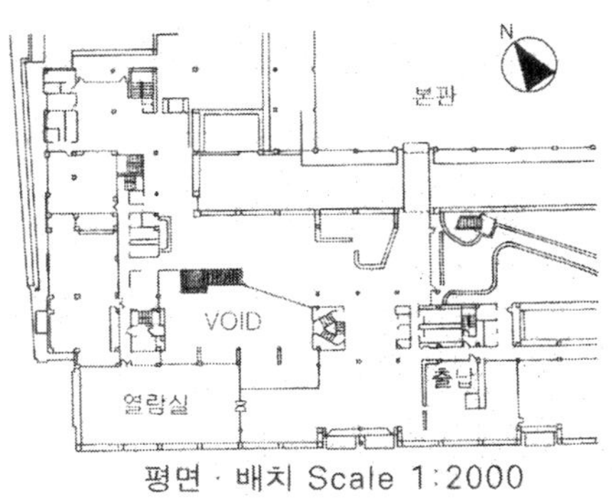
평면 · 배치 Scale 1:2000

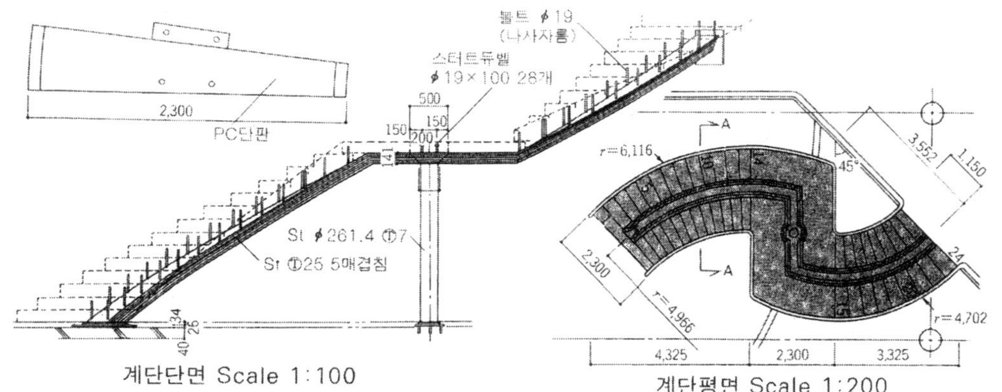

계단단면 Scale 1:100

계단평면 Scale 1:200

상하를 연결한 동선에서의 기능보다는 아트리움 공간속에서 얼마나 빨리 자신의 위치를 확인할 수 있는가를 기원한 것이다.

구조로서는 단판은 프리캐스트콘크리트를 25mm 두께의 철판을 역삼각 형상으로 겹쳐서 각각 용접한 보 위에 볼트로 조여 표면에 돌붙임한 적층구조인 계단이다.

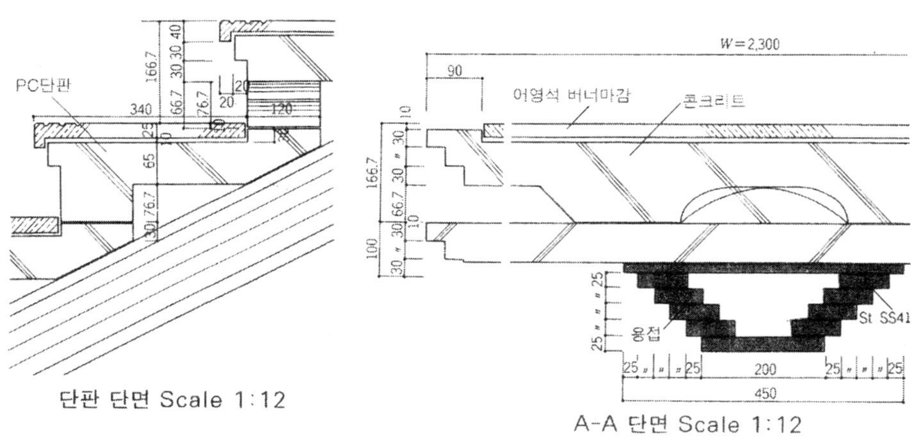

단판 단면 Scale 1:12

A-A 단면 Scale 1:12

3각의 디딤판을 가진 사다리

이 트랩은 목조주택의 2층에 설치되어 있다. 1층에서 노출하여 사용한 철골의 보에 맞춰서 계단 · 난간 · 트랩 등의 소재를 스틸로 통일시켰다. 상하 공간이 연속성을 손상하지 않으려고, 트랩은 지름 13mm와 6mm의 환강을 입체트러스 형상으로 용접하고, 가는 부재의 프레임에 의해 투과성을 갖게 한다. 입체 트러스의 응용은 특히 새로운 것은 아니지만 None 디테일이라는 정도 간소한 구성이기 때문에 역으로 다양한 전개를 기대할 수 있다.

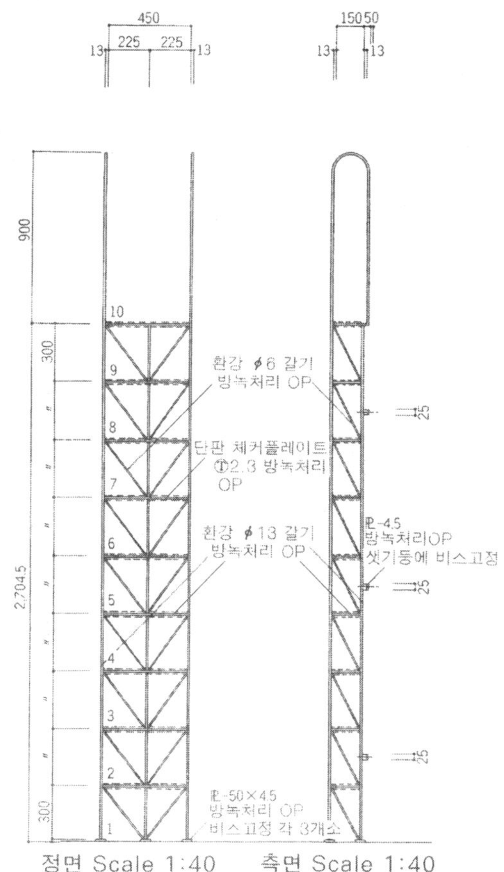

정면 Scale 1:40 측면 Scale 1:40

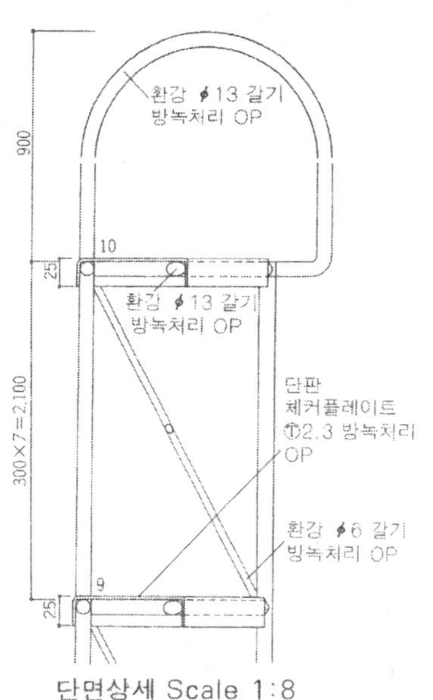

단면상세 Scale 1:8

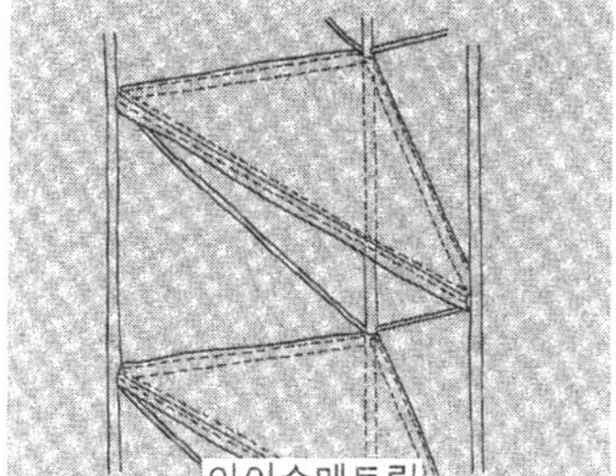

아이소매트릭

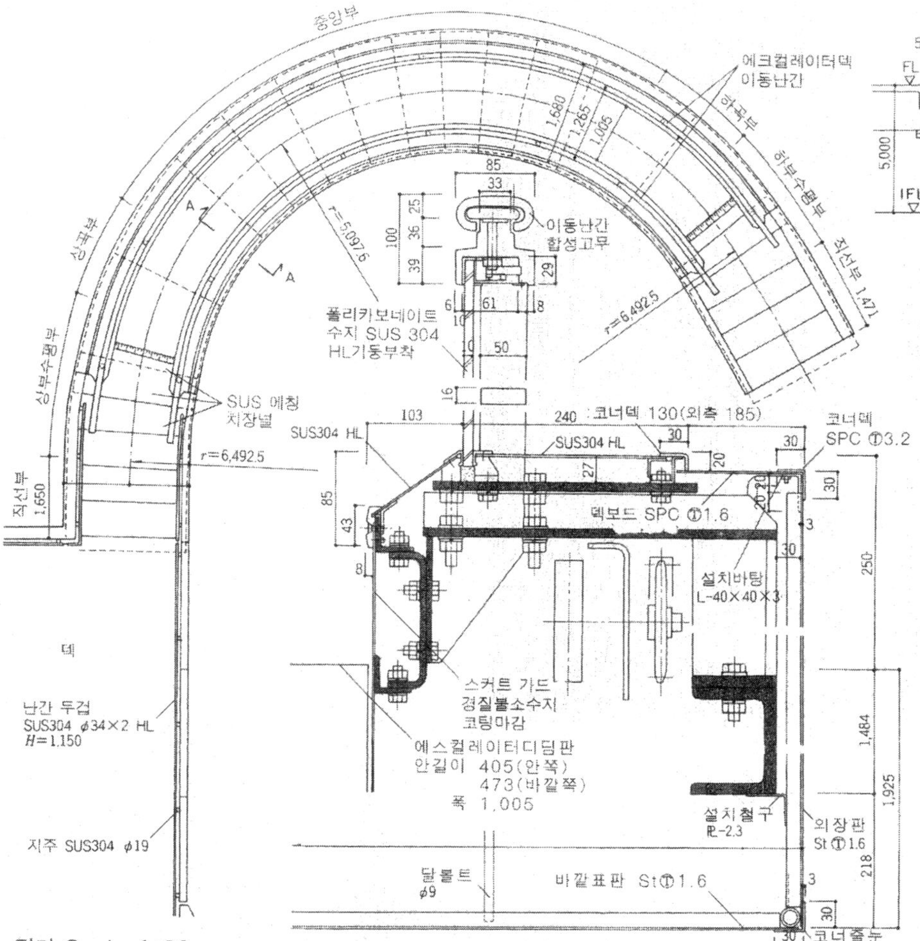

평면 Scale 1:20

A-A 단면 Scale 1:8

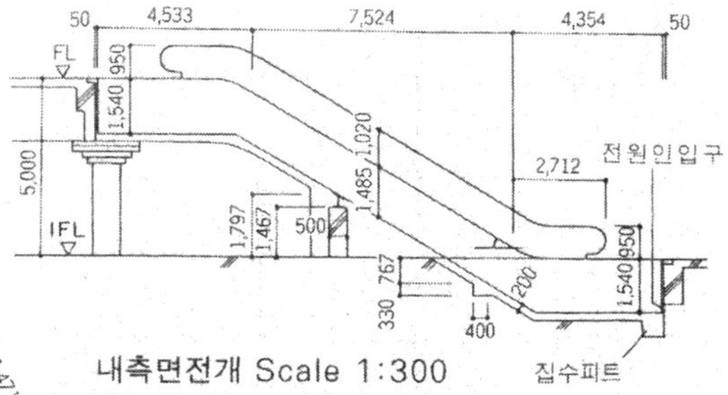

내측면전개 Scale 1:300

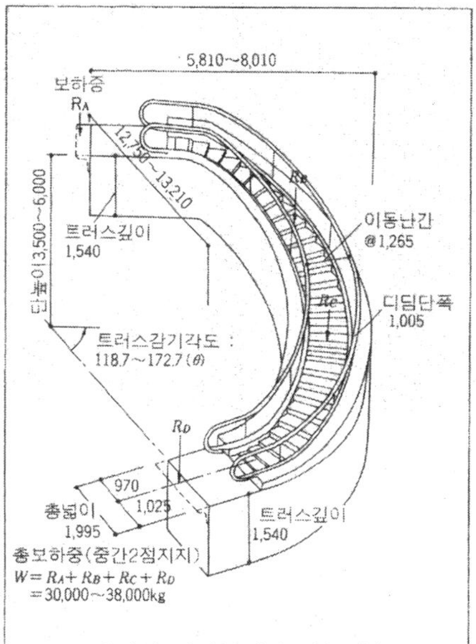

스파이럴 엘리베이터 기본치수

건축 내부공간에 곡선이 갖는 유연함과 미를 표현한다는 것은 요구에 따라 개발된 스파이럴에스컬레이터의 가장 큰 특징은 스텝의 수평을 유지하면서 나선형상으로 이동시키는 점이다. 또한 에스컬레이터의 각 부재 및 외부케이싱의 패널 등에 대한 거의 모두가 3차원적 곡면으로 구성되어 있다. 의장적으로는 강판에 메탈릭도장마감을 실시한 따냄옆판 및 밑판을 코너 지그에 맞추어 정확하게 설치, 또한 따냄옆판의 보이는 폭에 대해서도 최소치수가 되도록 패널분할을 실시한다.

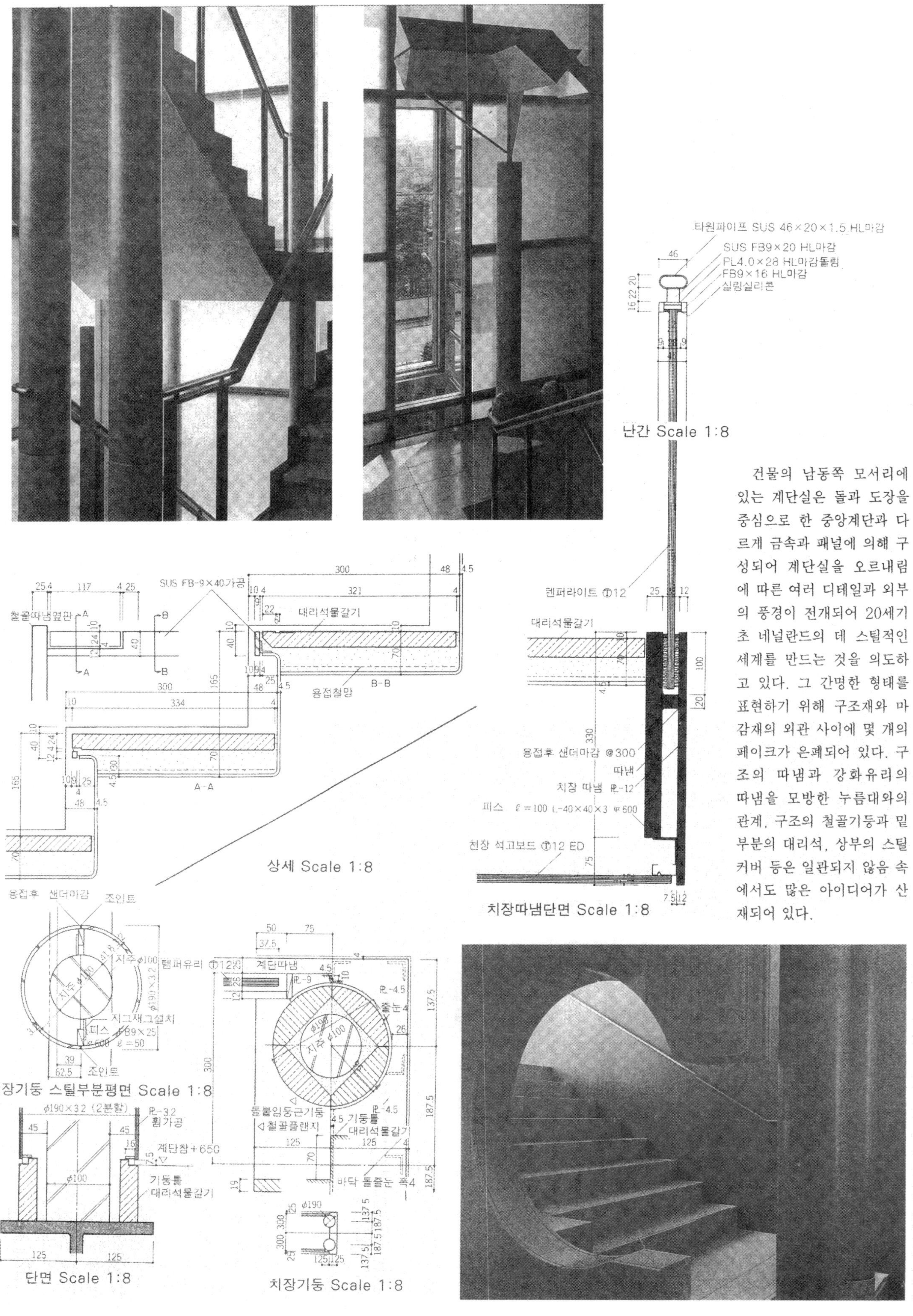

난간 Scale 1:8

상세 Scale 1:8

치장따냄단면 Scale 1:8

장기둥 스틸부분평면 Scale 1:8

단면 Scale 1:8

치장기둥 Scale 1:8

건물의 남동쪽 모서리에 있는 계단실은 돌과 도장을 중심으로 한 중앙계단과 다르게 금속과 패널에 의해 구성되어 계단실을 오르내림에 따른 여러 디테일과 외부의 풍경이 전개되어 20세기초 네덜란드의 데 스틸적인 세계를 만드는 것을 의도하고 있다. 그 간명한 형태를 표현하기 위해 구조재와 마감재의 외관 사이에 몇 개의 페이크가 은폐되어 있다. 구조의 따냄과 강화유리의 따냄을 모방한 누름대와의 관계, 구조의 철골기둥과 밑부분의 대리석, 상부의 스틸커버 등은 일관되지 않음 속에서도 많은 아이디어가 산재되어 있다.

건물의 중심에 위치하여 상당한 스케일을 가진 중앙홀은 내부공간의 골조로 되는 축성·수직성이 강한 그 주위에 공간의 설치되어 있다. 전체는 흰 대리석과 백색 도장에 의해 그 공간의 힘을 연출하면서도 어디까지나 미술품의 배경으로서 디자인되어 있다. 계단은 공공건축으로서 안전성의 배려차원에서 2가지 색의 대리석을 사용하여 디딤면·챌면을 색구분하고, 그 모서리 부분에 세라믹계의 논슬립을 사용한다. 이것은 돌의 모서리의 보호와 보다 명확한 단차의 의식을 촉진한다. 더우기 벽에 스테인레스제의 난간을 설치한다. 보이드 쪽의 난간은 강화유리로 지지된 스테인레스 파이프, 톱라이트가 삽입된 갤러리부분 등은 크리스탈 글래스의 난간을 채용하고 있다.

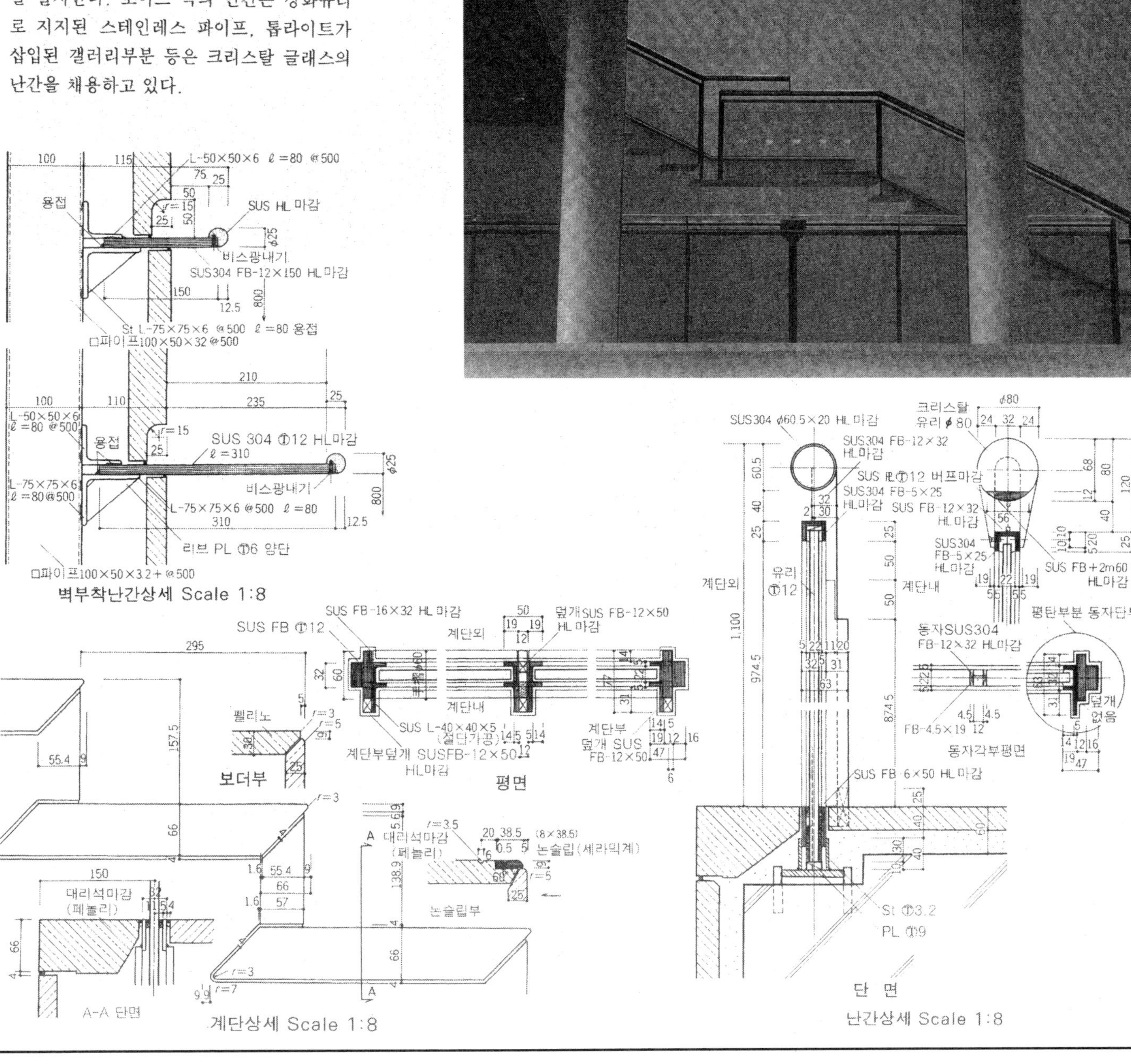

벽부착난간상세 Scale 1:8

계단상세 Scale 1:8

난간상세 Scale 1:8

건축물은 지하와 3층이 시공주 사진작가의 집이고, 1층과 2층이 건축설계사무소로 구분되어 있다. 밖쪽의 어프로치를 겸한 외부계단과 뒤의 작은 회전계단이 수직동선 전체이고, 여기는 공유된다. 밖쪽의 2층에서 3층에에 이르는 외부계단은 사진작가의 오피스의 메인 어프로치를 위하여 중요한 의의를 갖는다. 또한 그것을 덮는 철골파골라에 맞춰 경쾌하게 보인다. 그래서 여기서는 외부계단에서 별로 볼 수 없는 예인 지그재그 옆도리를 가진 철골계단이 디자인 되었다. 커트는 레이저로 한다.

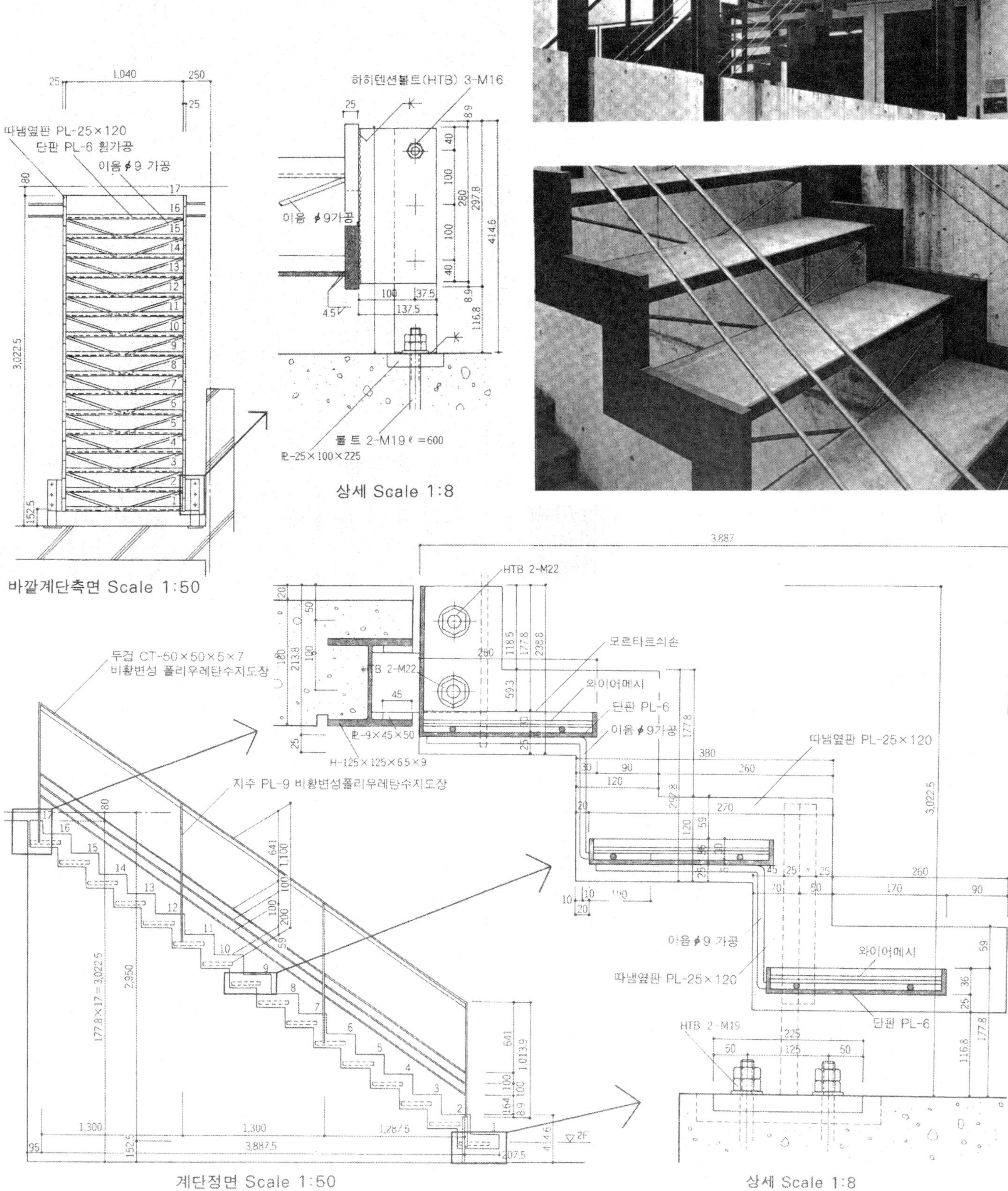

바깥계단측면 Scale 1:50

상세 Scale 1:8

계단정면 Scale 1:50

상세 Scale 1:8

이 주택에는 외부, 내부 각각 2개소에 계단이 있다. 3쪽을 대지에 폐쇄된 볼륨으로 해서 표현한 선큰가든의 외부계단은 동서방향에 커다란 매스를 갖는 L형의 입체적인 혼이다. 여기에 대한 I형 평면 실내계단은 남북으로 오픈된 복도의 일부라고 할 수 있다. 남북방향에는 극적 시각적인 고정을 없애고, 동서방향은 큰 면의 벽으로 차갑다. 독립한 계단 서쪽의 플라스터 벽에는 겨우 푸르스름이 가미된 상부의 톱라이트 주변이 적색으로 칠하면서 체감적으로 보색대비의 콘트라스트를 연출한다.

현관, 복도, 계단 주위에는 시각적인 방향성을 표출하는 외관상의 연출이란 표현이 여기저기에 배어있다. 이 실내계단의 난간과 풋라이트(foot light)는 동서를 폐쇄한 벽면을 방해하지 않는 의도로 만들었다.

난간에는 앵글이 이어져 새겨넣고, 브래킷 부분의 시각적인 정지를 방지하고 있다. 슬릿형의 풋라이트는 벽 뒤쪽의 창고, 환기용 공기유입구로도 되어 있다. 점검문의 상부는 전구 부근 패널의 과열을 피하기 위해서와 공기유입을 위하여 구멍이 뚫려 있다.

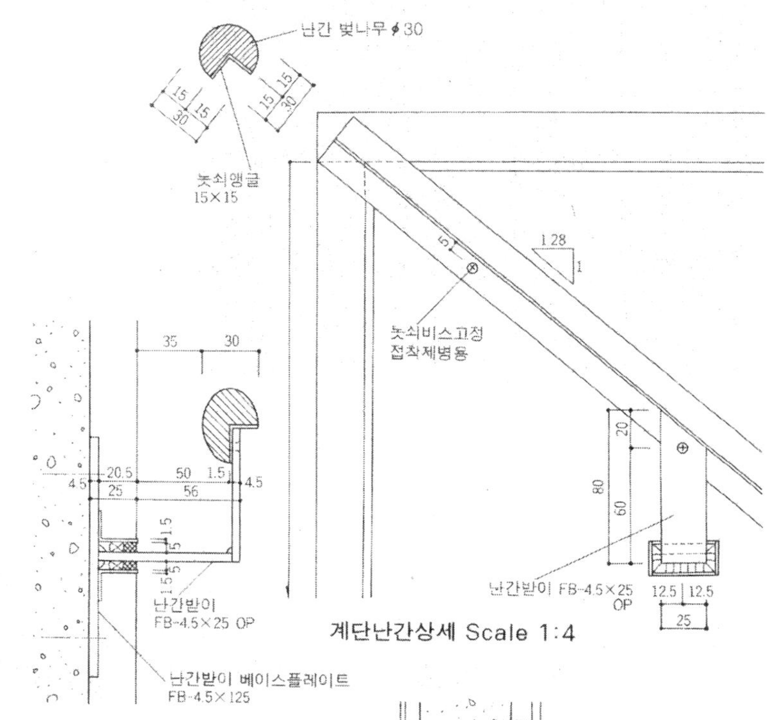

계단난간상세 Scale 1:4

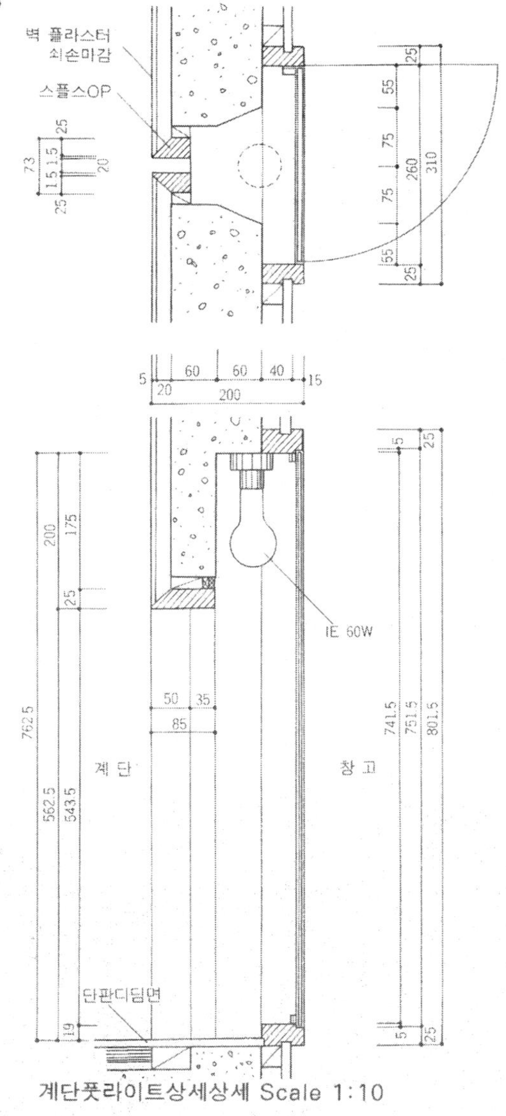

계단풋라이트상세상세 Scale 1:10

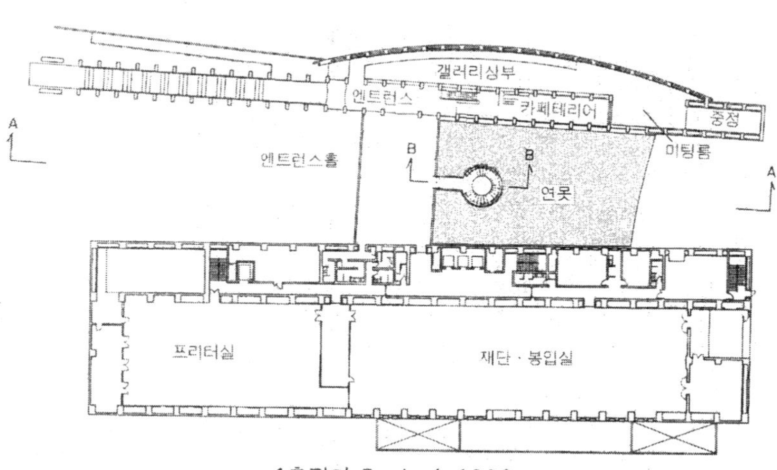

1층평면 Scale 1:1200

A-A 단면 Scale 1:800

치장콘크리트 마감의 장대한 볼륨에 좁게 넣은 중정 공간에 넓은 수면, 시선은 연못의 중앙에 떠있는 유리상자에 머물게 된다. 지층의 통용구 엔트런스홀과 1층 에트런스홀을 연결하는 이 계단 동선은 그렇게 중요한 것은 아니지만 오히려 시각의 대상으로서 집약적 디테일 디자인으로 되어있다. 엔트런스홀 바닥, 계단실 바닥을 수면과 완전히 동일한 레벨로 하기 위해 수면 단부에 슬릿을 설치하여 물을 소화하고 있다. 안팎의 연속성이 강조됨과 동시에 무기적인 공간에 수면변화라는 자연을 도입한 교묘한 연출이다. 지붕도 정말 미적으로 디자인되어 상층에서 내려다봐도 충분한 인식이 된다. 계단의 구법은 스틸의 힘도리에 석판을 올려놓은 것이지만 공간을 뜬 것처럼 벽변이 떨어져 석판 또한 노출되어 있다.

어느 것이든 한계적인 디자인처럼 생각되지만 작가의 지금까지의 경험과 엄격한 시공정밀도로 지지되고 있다.

계단실 B-B 단면상세 1/120

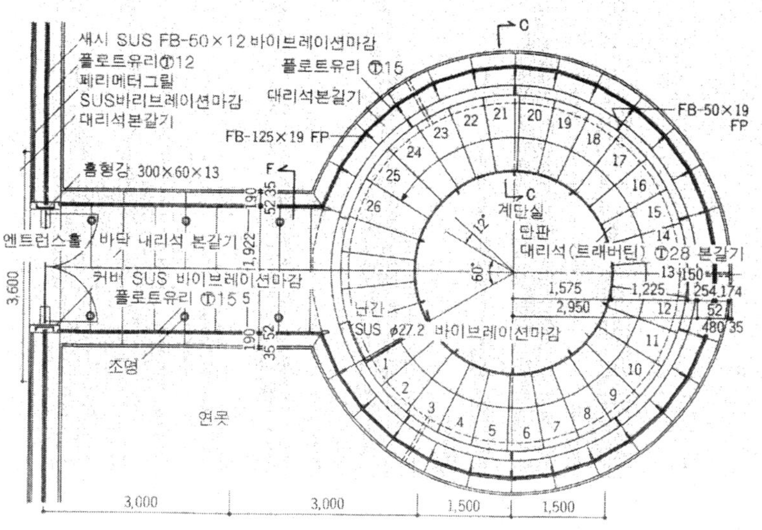

계단실 평면상세 Scale 1:120

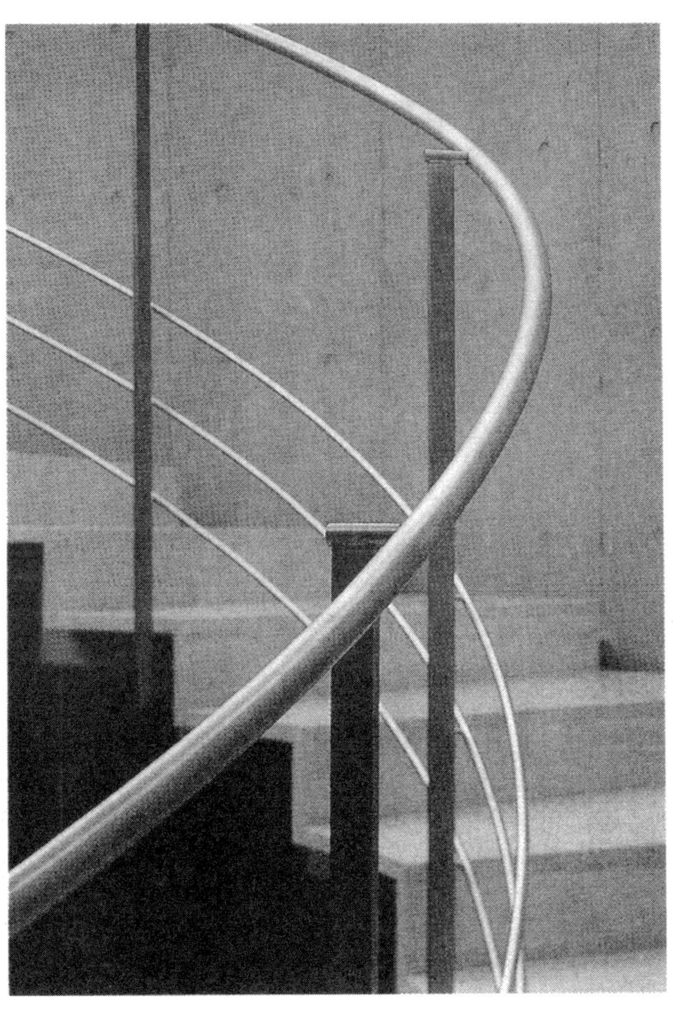

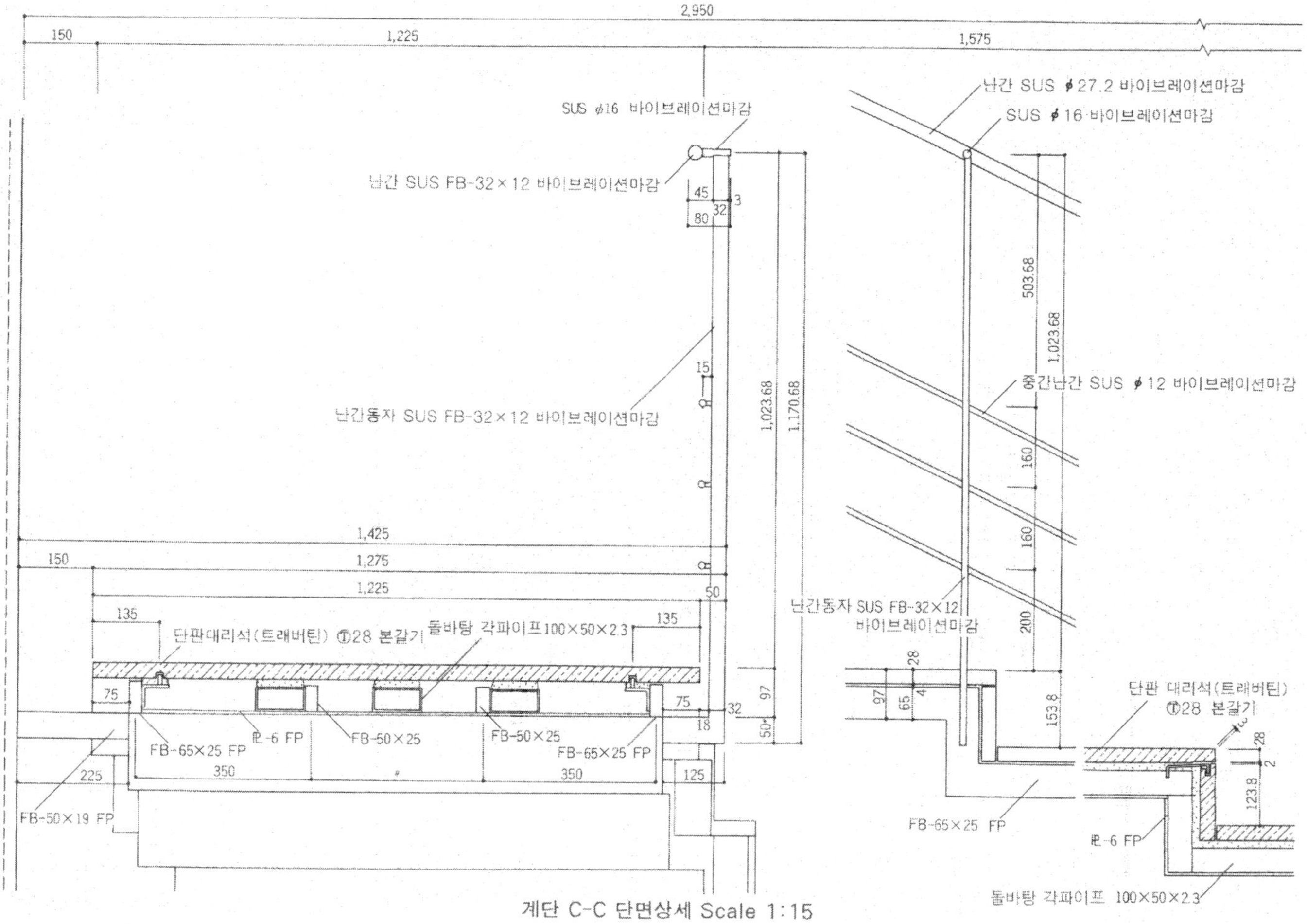

계단 C-C 단면상세 Scale 1:15

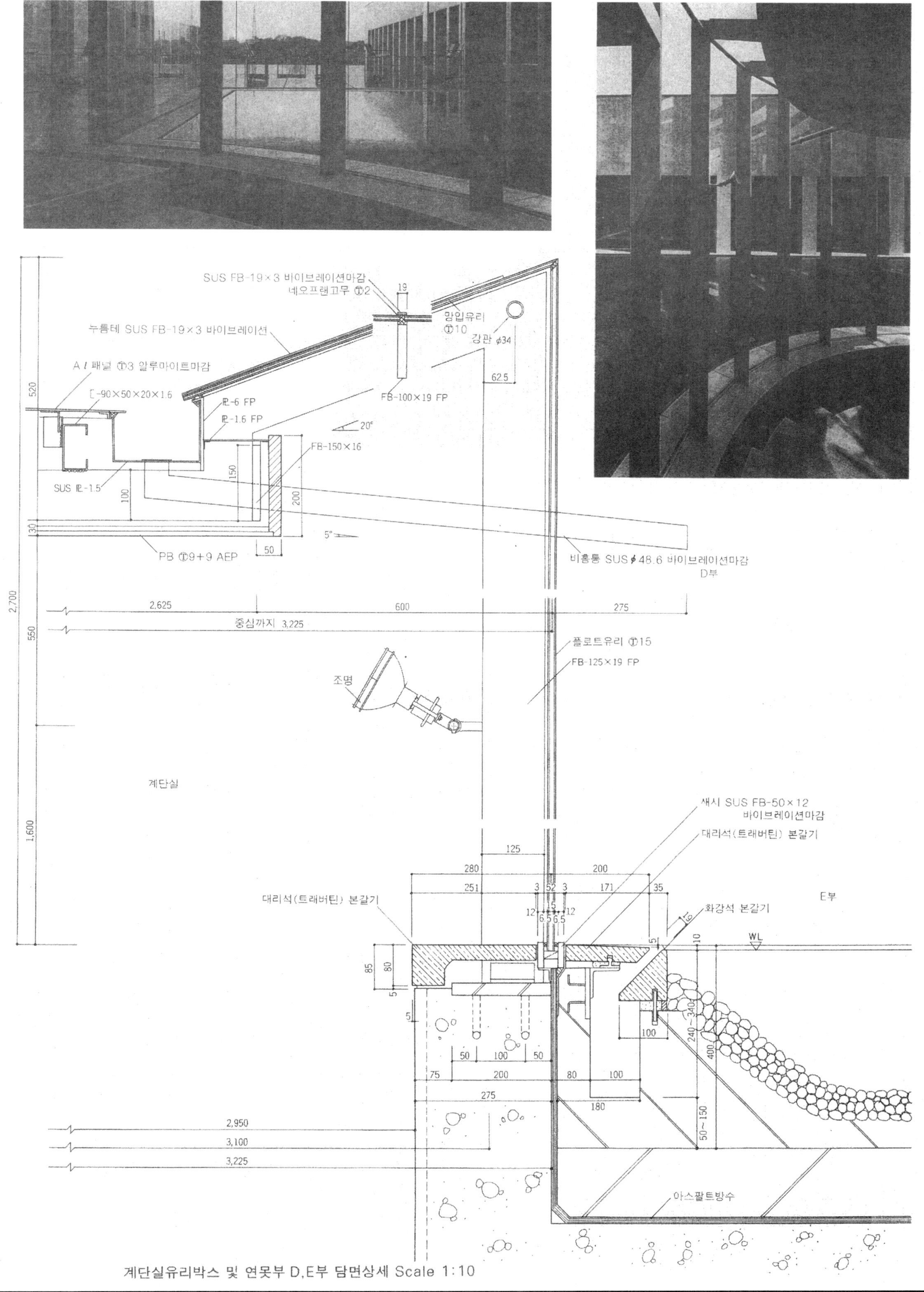

계단실유리박스 및 연못부 D,E부 담면상세 Scale 1:10

거실이나 식당인 2층 주공간과 현관 사이에 웅장하게 짜넣은 계단형사의 가장자리는 거실에 접한 루프덱의 전개와 일치되어 연결되어 있다.

그것은 방문하는 사람들이 말하는 툇마루이고, 덱으로 올라가면 눈에 비치는 주변의 녹음을 충분하게 감상할 수 있다. 철골의 프레임에 용접한 철근에 삽입하여 지탱하는 목제단재는 가장자리 계단밑에도 빛과 또 삼각단면에서 틈을 크게 해서 하부중정의 지면에 발 모양의 그림자를 만들어서 아쉬움을 완화시켜 주게 되었다.

끊임없이 비바람에 시달리는 큰 단면의 순수한 재를 이와 같이 다루는 것은 수종의 선택과 동시에 정확한 마름질과 방부처리, 내후성에 뛰어난 목재 보호 도료를 투과시켜 두는 것이 꼭 필요하다.

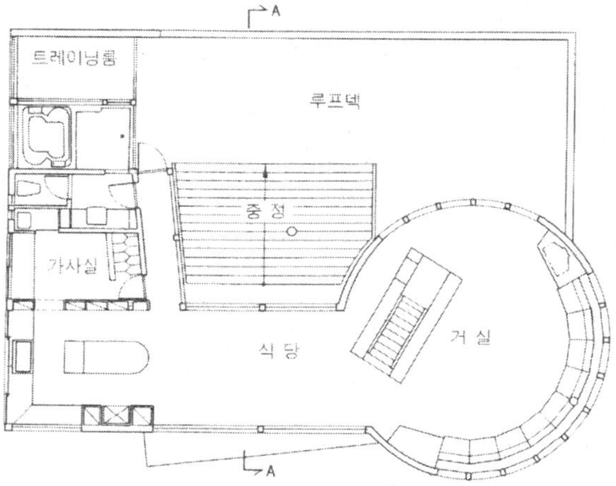

2층평면 Scale 1:250

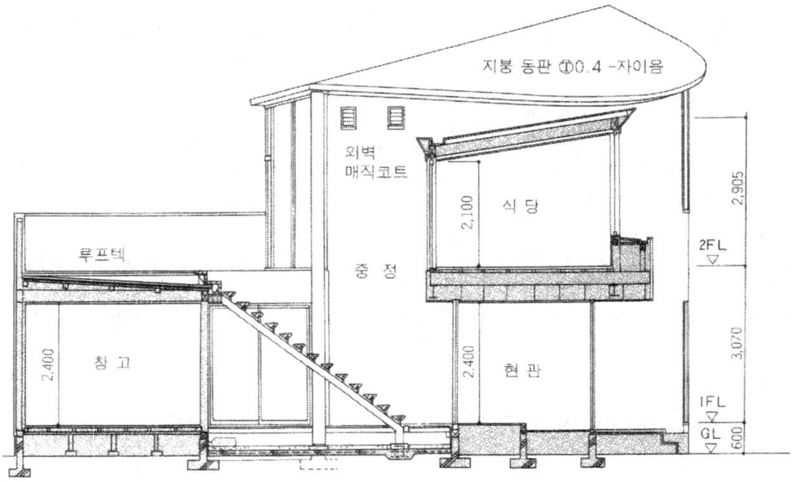

A-A 단면 Scale 1:150

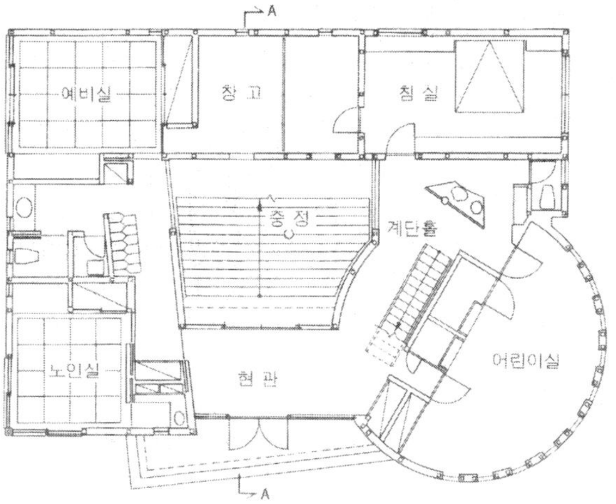

1층평면 Scale 1:250

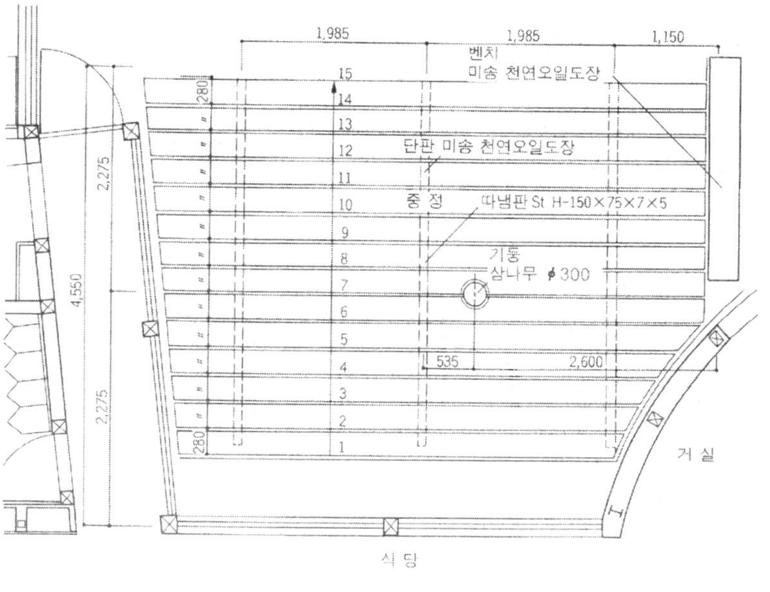

중정계단 평면상세 Scale 1:80

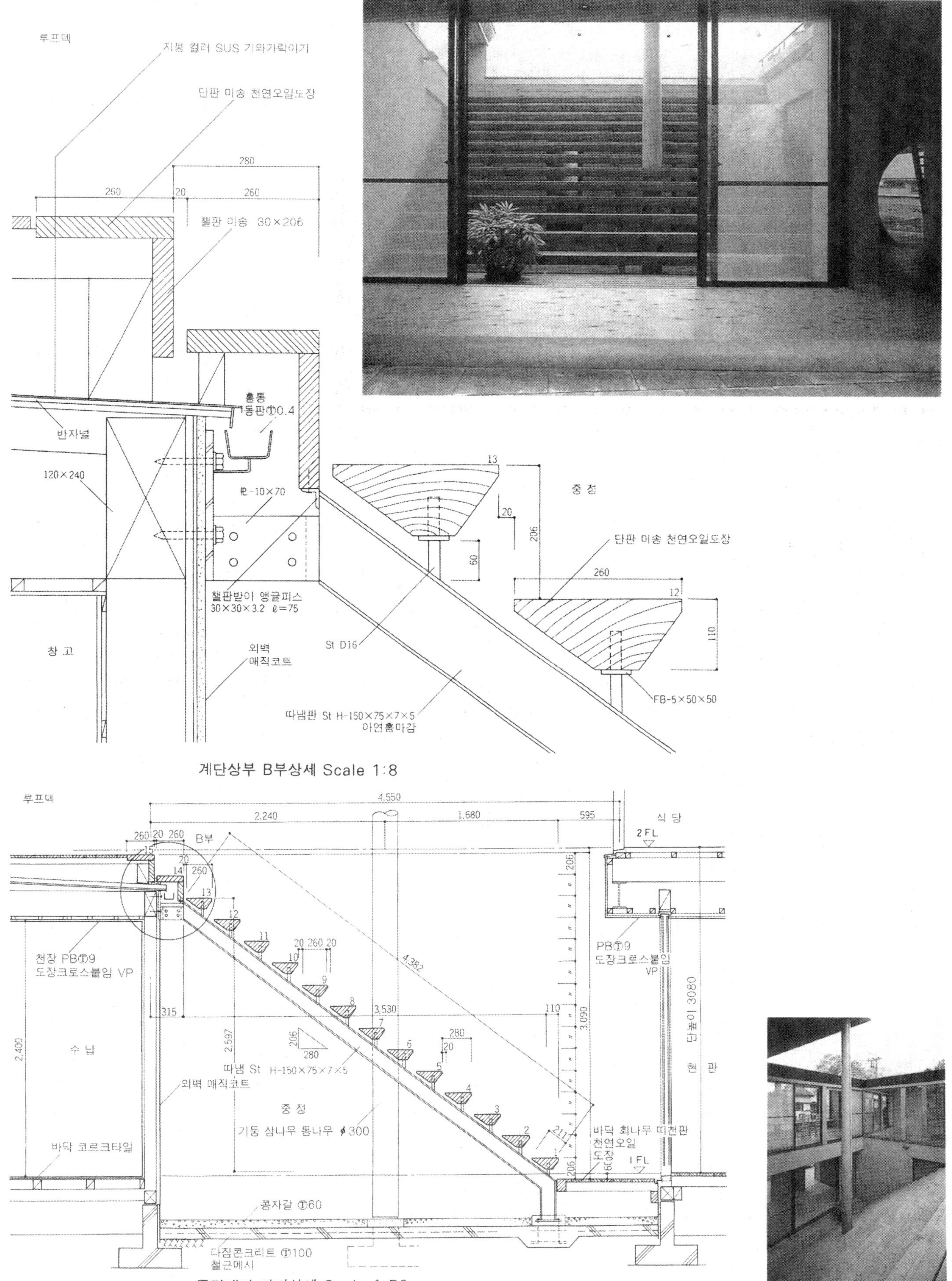

계단상부 B부상세 Scale 1:8

중정계단 단면상세 Scale 1:50

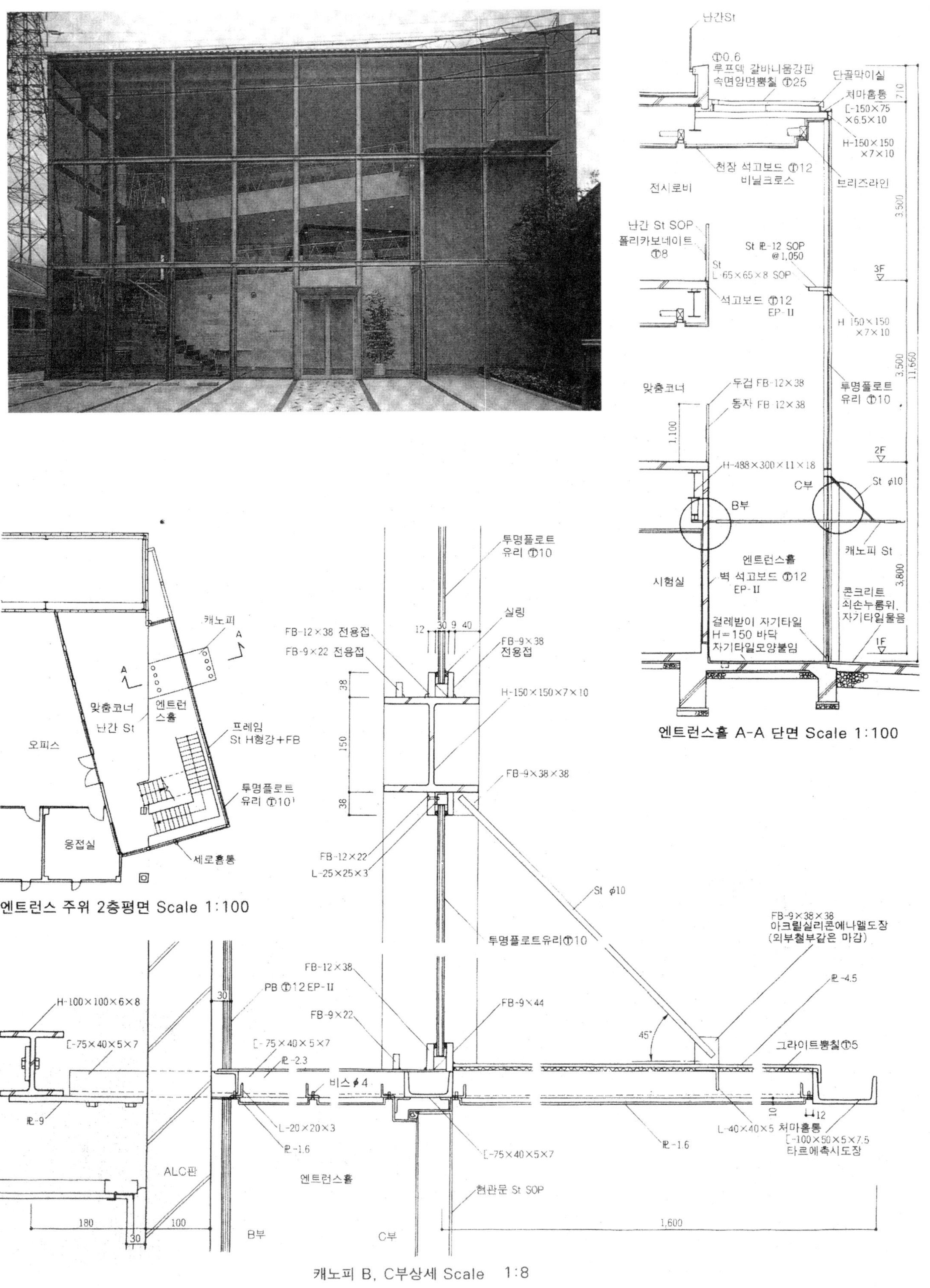
난간St
Ⓣ0.6 루프덱 갈바니움강판 속면암면뿜칠 Ⓣ25
단골막이실
처마홈통
[-150×75×6.5×10
H-150×150×7×10
천장 석고보드 Ⓣ12 비닐크로스
브리즈라인
전시로비
난간 St SOP
폴리카보네이트 Ⓣ8
St L-65×65×8 SOP
St PL-12 SOP @1,050
석고보드 Ⓣ12 EP-II
H-150×150×7×10
맞춤코너
두겁 FB-12×38
동자 FB-12×38
투명플로트 유리 Ⓣ10
H-488×300×11×18
C부
B부
St ϕ10
캐노피 St
엔트런스홀
시험실
벽 석고보드 Ⓣ12 EP-II
콘크리트 쇠손누름위, 자기타일붙음
걸레받이 자기타일 H=150 바닥 자기타일모양붙임
3F
2F
1F
엔트런스홀 A-A 단면 Scale 1:100
캐노피
맞춤코너
난간 St
엔트런스홀
프레임 St H형강+FB
투명플로트 유리 Ⓣ10
오피스
응접실
세로홈통
엔트런스 주위 2층평면 Scale 1:100
투명플로트 유리 Ⓣ10
실링
FB-12×38 전용접
FB-9×22 전용접
FB-9×38 전용접
H-150×150×7×10
FB-9×38×38
FB-12×22
L-25×25×3
St ϕ10
투명플로트유리Ⓣ10
FB-9×38×38 아크릴실리콘에나멜도장 (외부철부같은 마감)
PL-4.5
FB-12×38
PB Ⓣ12 EP-II
H-100×100×6×8
FB-9×22
FB-9×44
[-75×40×5×7
[-75×40×5×7
PL-2.3
비스ϕ4
45°
그라이트뿜칠Ⓣ5
PL-9
L-20×20×3
PL-1.6
[-75×40×5×7
PL-1.6
L-40×40×5 처마홈통
[-100×50×5×7.5 타르에촉시도장
ALC판
엔트런스홀
현관문 St SOP
180
100
30
1,600
B부
C부
캐노피 B, C부상세 Scale 1:8

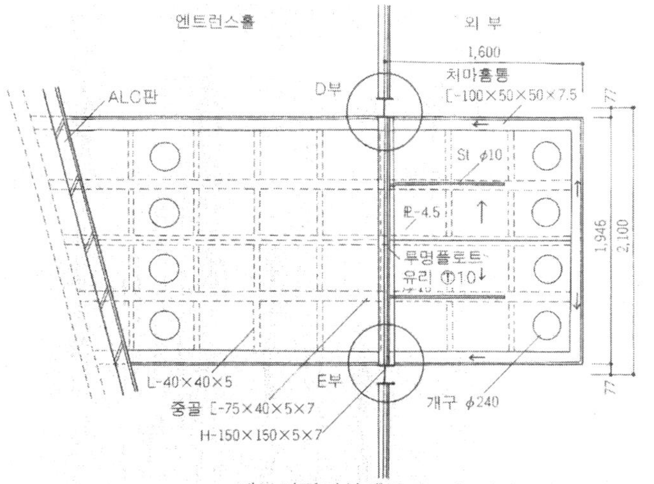

엔트런스홀
외부
1,600
D부
처마홈통
[-100×50×50×7.5
ALC판
St φ10
PL-4.5
투명플로트
유리 T10
1,946
2,100
77
L-40×40×5
E부
중골 [-75×40×5×7
H-150×150×5×7
개구 φ240

캐노피평면상세도 Scale 1:50

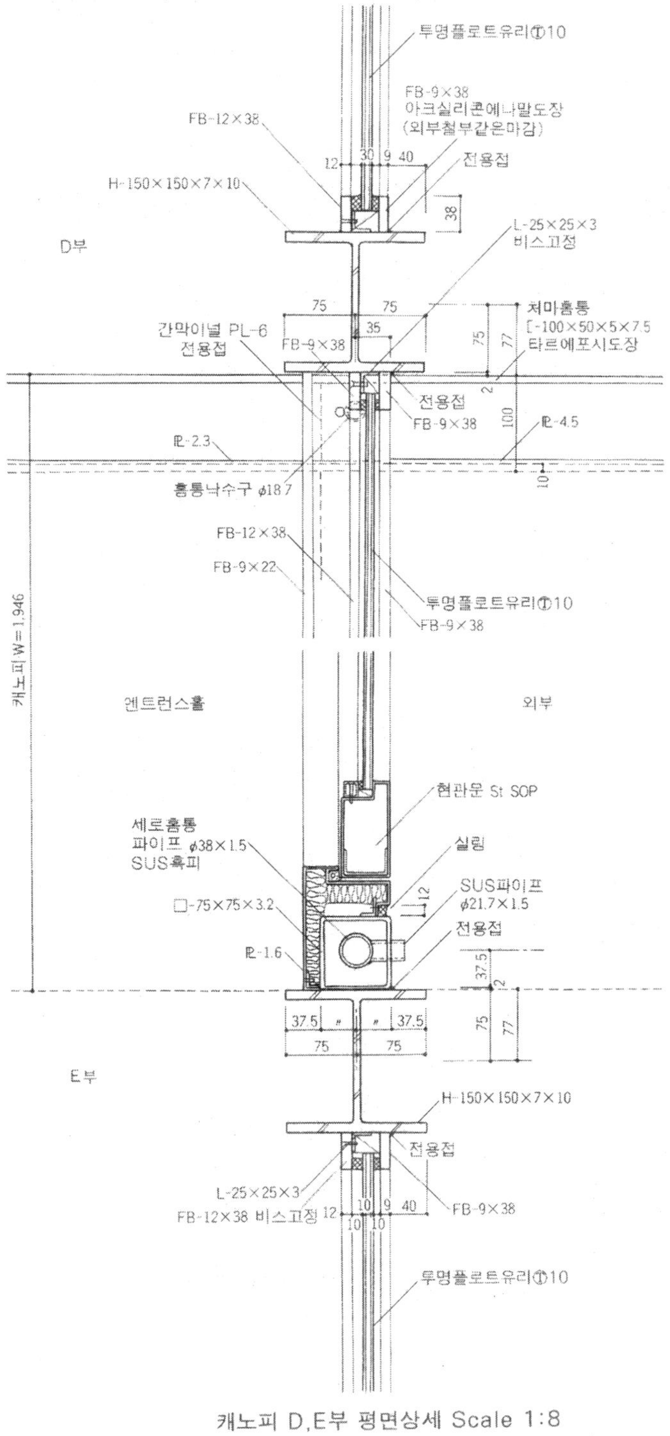

투명플로트유리T10
FB-9×38
아크실리콘에나멜도장
(외부철부같은마감)
FB-12×38
H-150×150×7×10
전용접
L-25×25×3
비스고정
D부
처마홈통
[-100×50×5×7.5
타르에폭시도장
간막이널 PL-6
전용접
FB-9×38
PL-4.5
PL-2.3
홈통낙수구 φ18.7
FB-12×38
FB-9×22
투명플로트유리T10
FB-9×38
캐노피 W=1,946
엔트런스홀
외부
현관문 St SOP
세로홈통
파이프 φ38×1.5
SUS흑피
실링
SUS파이프
φ21.7×1.5
□-75×75×3.2
전용접
PL-1.6
E부
H-150×150×7×10
전용접
L-25×25×3
FB-12×38 비스고정
FB-9×38
투명플로트유리T10

캐노피 D,E부 평면상세 Scale 1:8

잉크메이커의 배송기능을 갖는 오피스빌딩이며, 건축물 본체의 사각매스로 전면도로에 따라서 경사지게 배치한 글래스박스가 들어간 형으로 구성되어 있다. 글래스의 커튼월은 철골 H형강에 스틸 FB를 전체 용접하여 유리를 끼운 심플한 디테일이다. 이 글래스로 에워싸인 3층 보이드 공간에 빨강, 파랑, 노랑의 3가지 형태를 액센트로 처리하여 흩어놓는다. 파란 계단은 투명감이 높은 파사드와 일치하게 디자인하여 Z모양으로 연속하는 판으로 보이도록 하기 위해서는 철판으로 구성한 박스 단면으로 하고, 선단을 2개의 환강으로 매단다. 유리스크린을 관통하는 붉은 차양은 주위의 구형강에 강도와 홈통의 역할을 부담시켜서 1장의 판과 같이 얇게 보이도록 되어 있다. 상당히 샤프하고, 순수한 감각의 디테일이다.

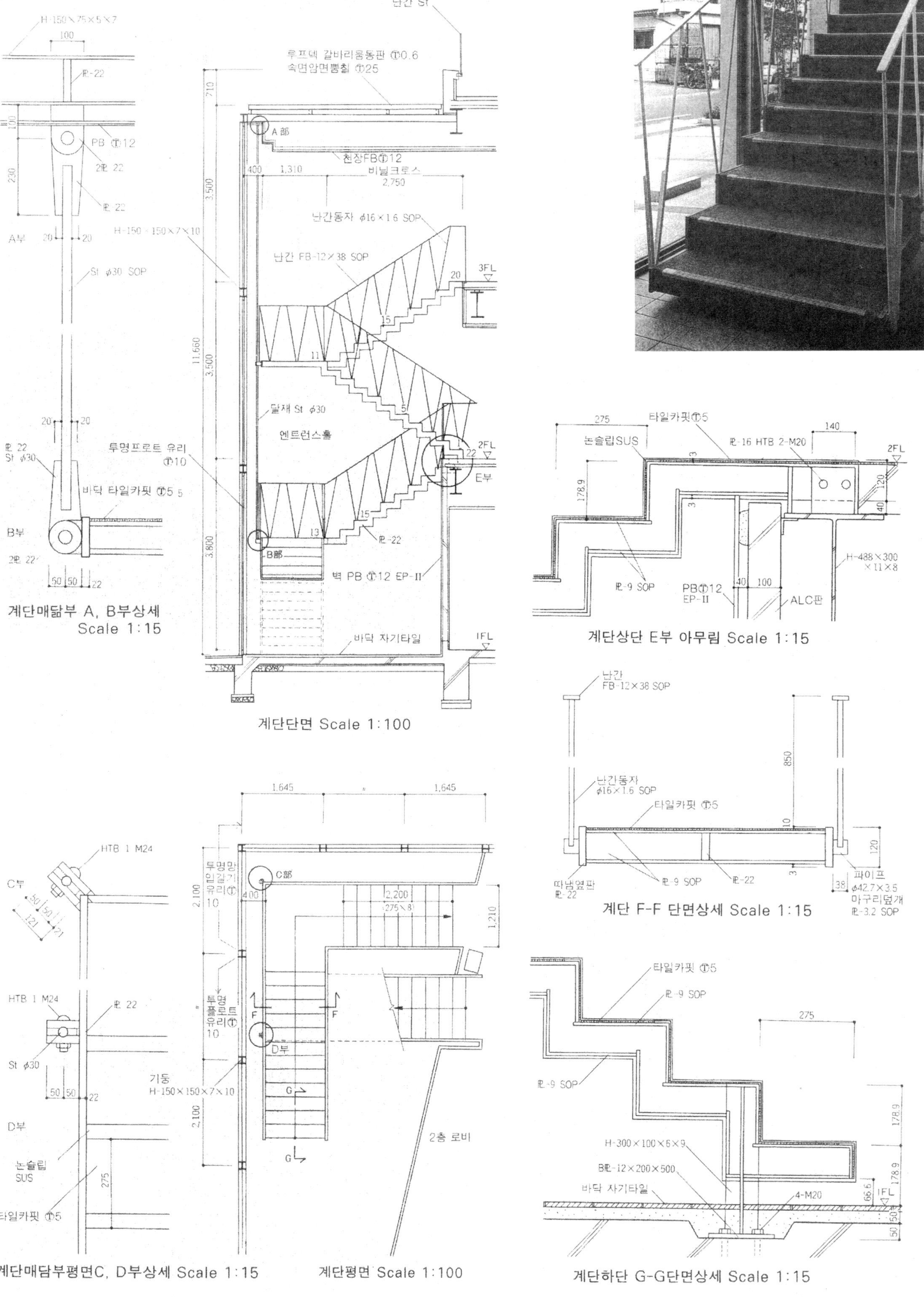
계단매담부 A, B부상세 Scale 1:15
계단단면 Scale 1:100
계단상단 E부 아무림 Scale 1:15
계단 F-F 단면상세 Scale 1:15
계단매담부평면C, D부상세 Scale 1:15
계단평면 Scale 1:100
계단하단 G-G단면상세 Scale 1:15
엔트런스홀
2층 로비
바닥 자기타일
타일카핏 ⓣ5

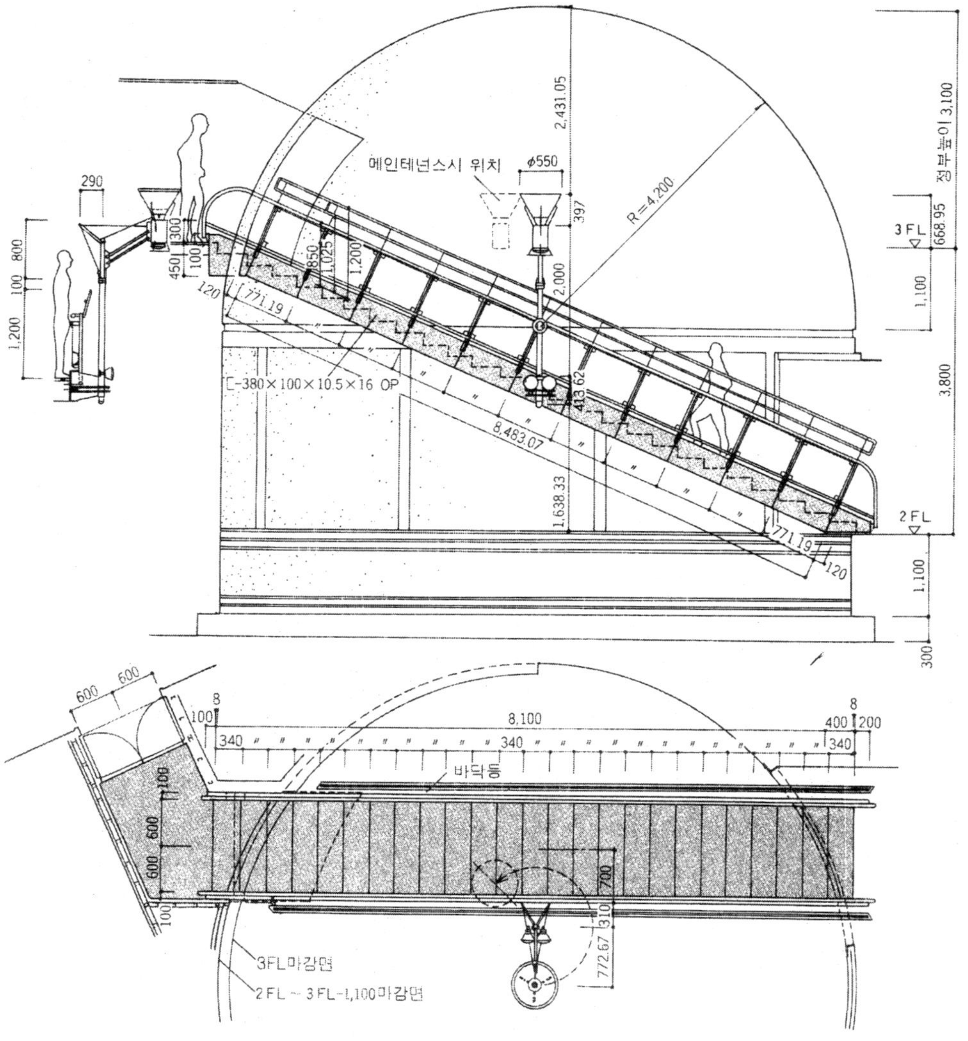

오픈돔부 평면 · 입면 Scale 1:100

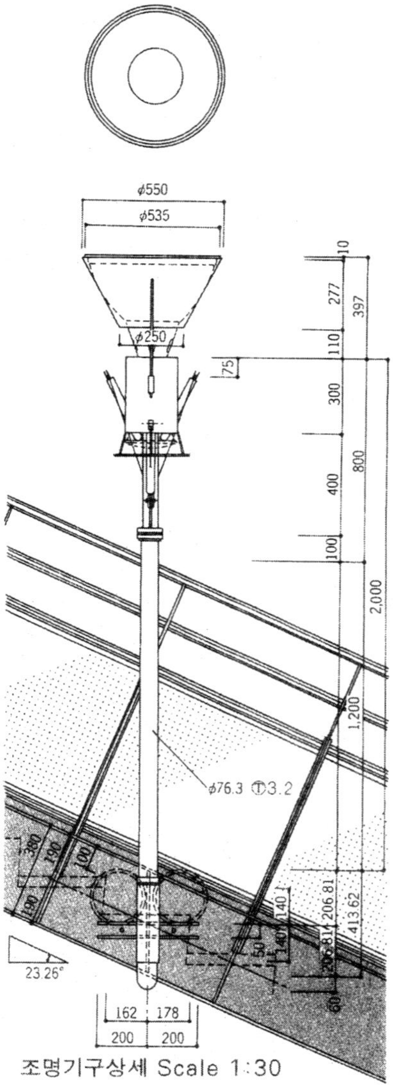

조명기구상세 Scale 1:30

지하 1층에서 지상 3층을 관통하는 원통형의 로비공간은 YWCA의 매우 광범위한 회원활동의 장을 개벽적인 독립공간으로 되지 않도록 하기 위한 배려의 결과이다. 최상부에 있는 계단은 끝맺음 속에서 올려다 보는 것처럼 보인다. 중앙의 조명은 돔의 구면을 비추기 위해서 복잡한 메커니즘은 기구를 교체할 경우를 위한 것이다. 원통과 구면의 접합부 주위에 있는 링에 조명기구를 설치하여 기구교체시를 위해 전체를 회전시키는 안도 있다하니, 그것 역시 명쾌한 아이디어라 생각된다.

올려다보는 풍경은 메커니즘이지만 내려다보는 풍경은 휴머니스틱하다. 그 대비가 어우러져 보이는 것이 이 공간의 특징의 하나라 생각된다.

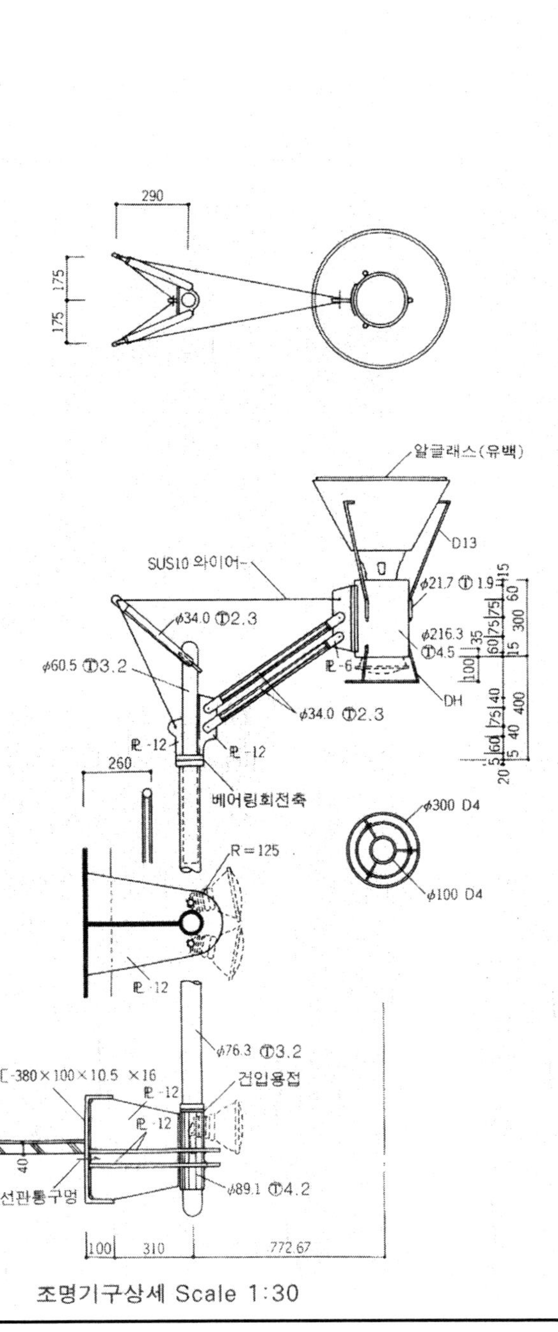

조명기구상세 Scale 1:30

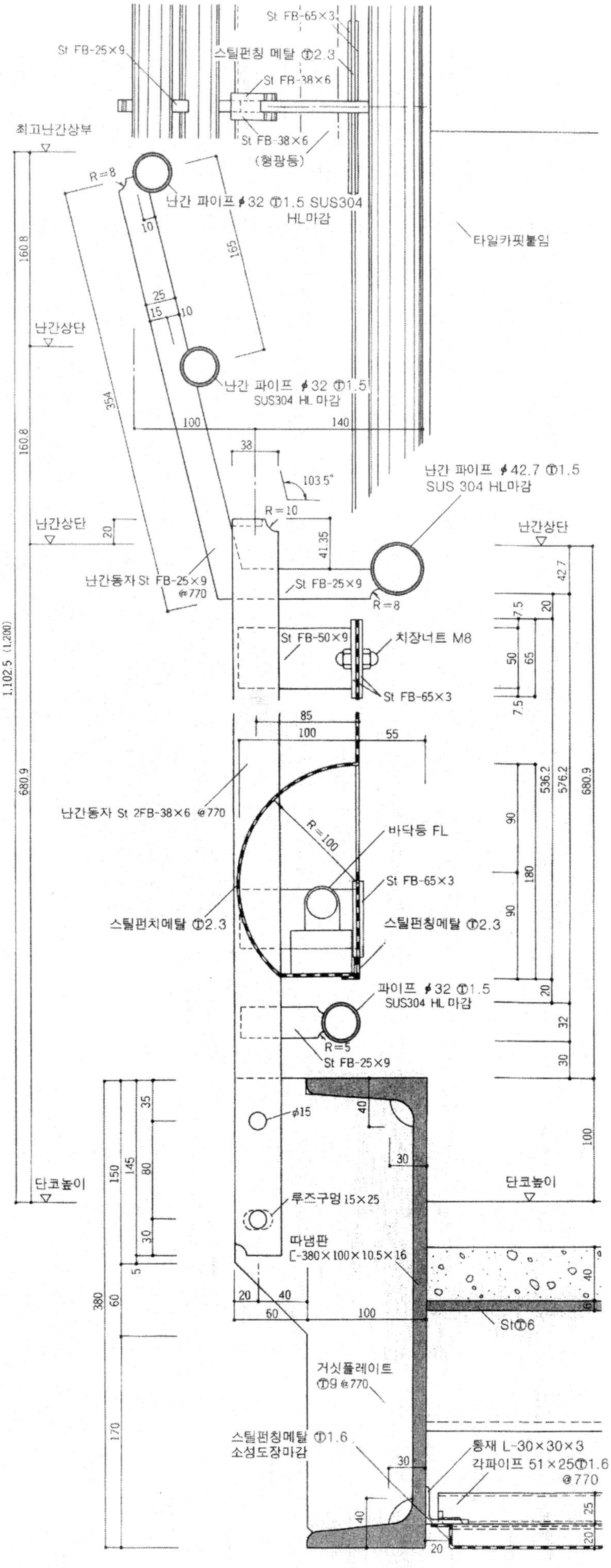

St FB-65×3
St FB-25×9
스틸펀칭 메탈 Ⓣ2.3
St FB-38×6
최고난간상부
St FB-38×6 (형광등)
R=8
난간 파이프 φ32 Ⓣ1.5 SUS304 HL마감
타일카핏붙임
난간상단
난간 파이프 φ32 Ⓣ1.5 SUS304 HL 마감
난간 파이프 φ42.7 Ⓣ1.5 SUS 304 HL마감
R=10
난간동자 St FB-25×9 @770
St FB-25×9
St FB-50×9
치장너트 M8
St FB-65×3
난간동자 St 2FB-38×6 @770
R=100
바닥등 FL
스틸펀치메탈 Ⓣ2.3
스틸펀칭메탈 Ⓣ2.3
파이프 φ32 Ⓣ1.5 SUS304 HL 마감
R=5
St FB-25×9
φ15
단코높이
루즈구멍 15×25
따냄판 [-380×100×10.5×16
StⓉ6
거싯플레이트 Ⓣ9 @770
스틸펀칭메탈 Ⓣ1.6 소성도장마감
통재 L-30×30×3
각파이프 51×25Ⓣ1.6 @770

계단난간상세 Scale 1:5

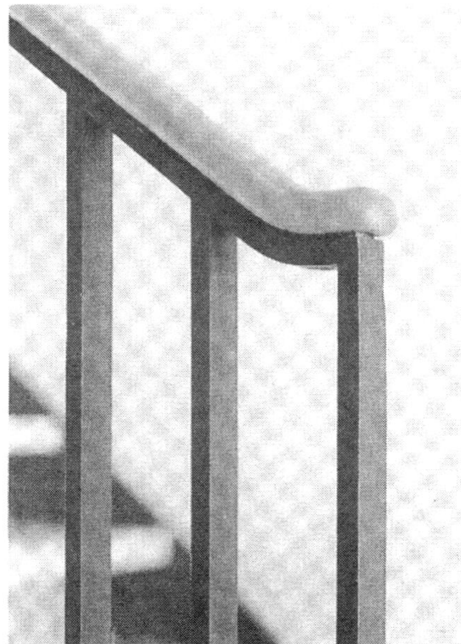

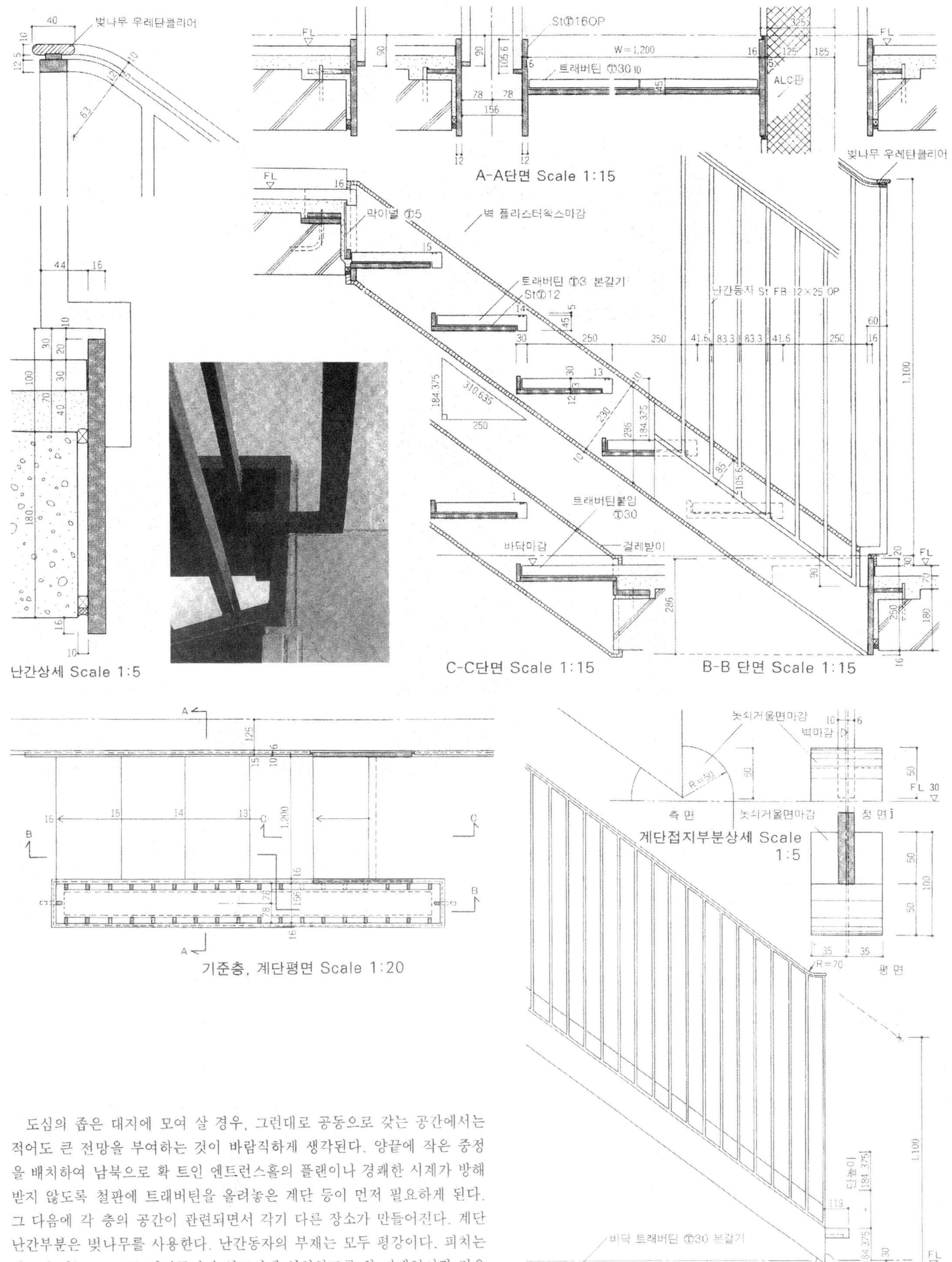

난간상세 Scale 1:5

A-A단면 Scale 1:15

C-C단면 Scale 1:15

B-B 단면 Scale 1:15

기준층, 계단평면 Scale 1:20

계단접지부분상세 Scale 1:5

1층, 계단 주위 단면 Scale 1:25

도심의 좁은 대지에 모여 살 경우, 그런대로 공동으로 갖는 공간에서는 적어도 큰 전망을 부여하는 것이 바람직하게 생각된다. 양끝에 작은 중정을 배치하여 남북으로 확 트인 엔트런스홀의 플랜이나 경쾌한 시계가 방해받지 않도록 철판에 트래버틴을 올려놓은 계단 등이 먼저 필요하게 된다. 그 다음에 각 층의 공간이 관련되면서 각기 다른 장소가 만들어진다. 계단 난간부분은 벚나무를 사용한다. 난간동자의 부재는 모두 평강이다. 피치는 비교적 가늘고, 모든 난간동자가 옆도리에 설치하도록 한 디테일이란 것은 적어도 여유있는 공간으로 하기 위해 「기호의 가벼움」을 바램하는 것이다. 1층의 접합부에서도 취급하는 것도 마찬가지이지만 이것은 가벼운 느낌이 든다.

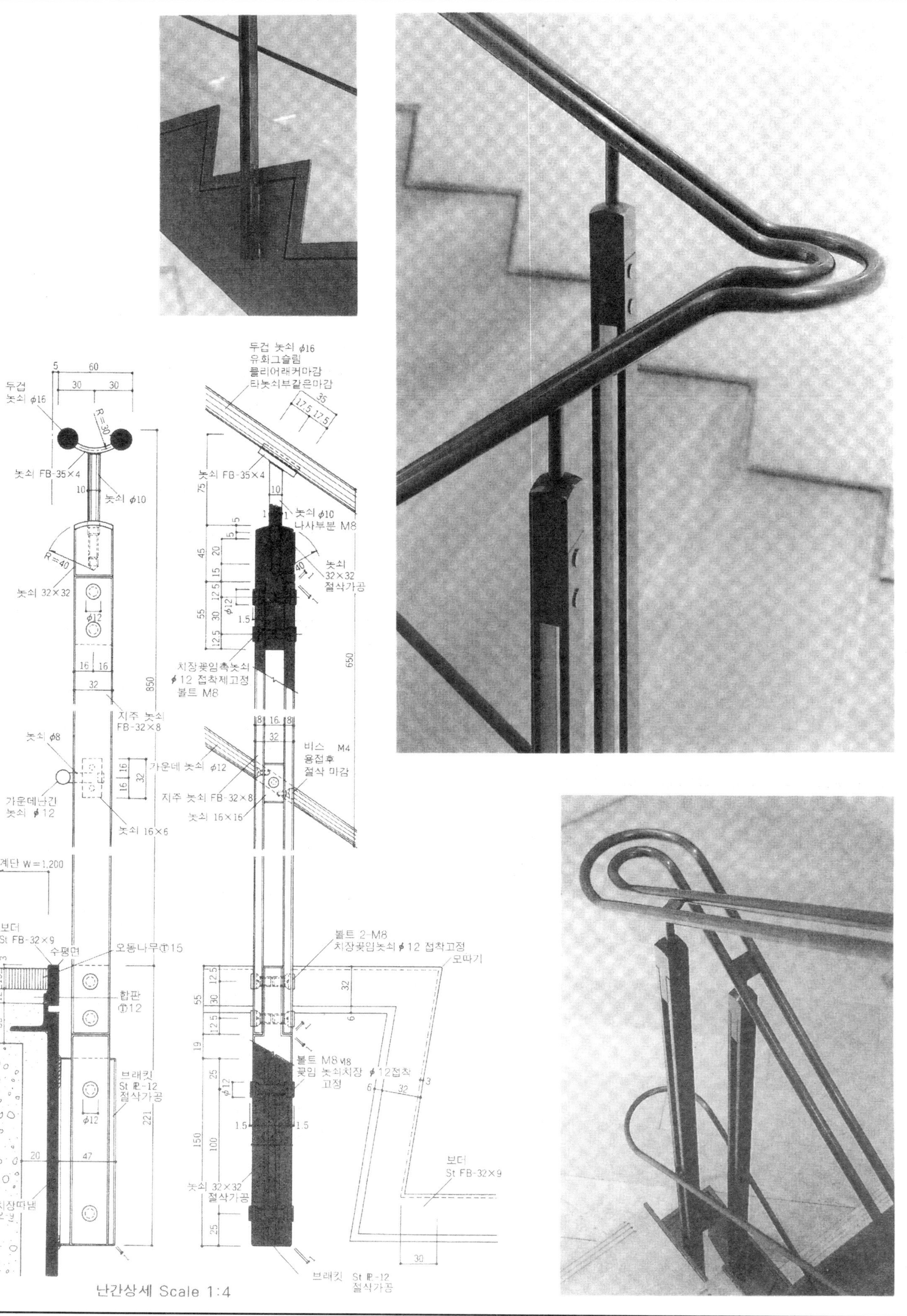

난간상세 Scale 1:4

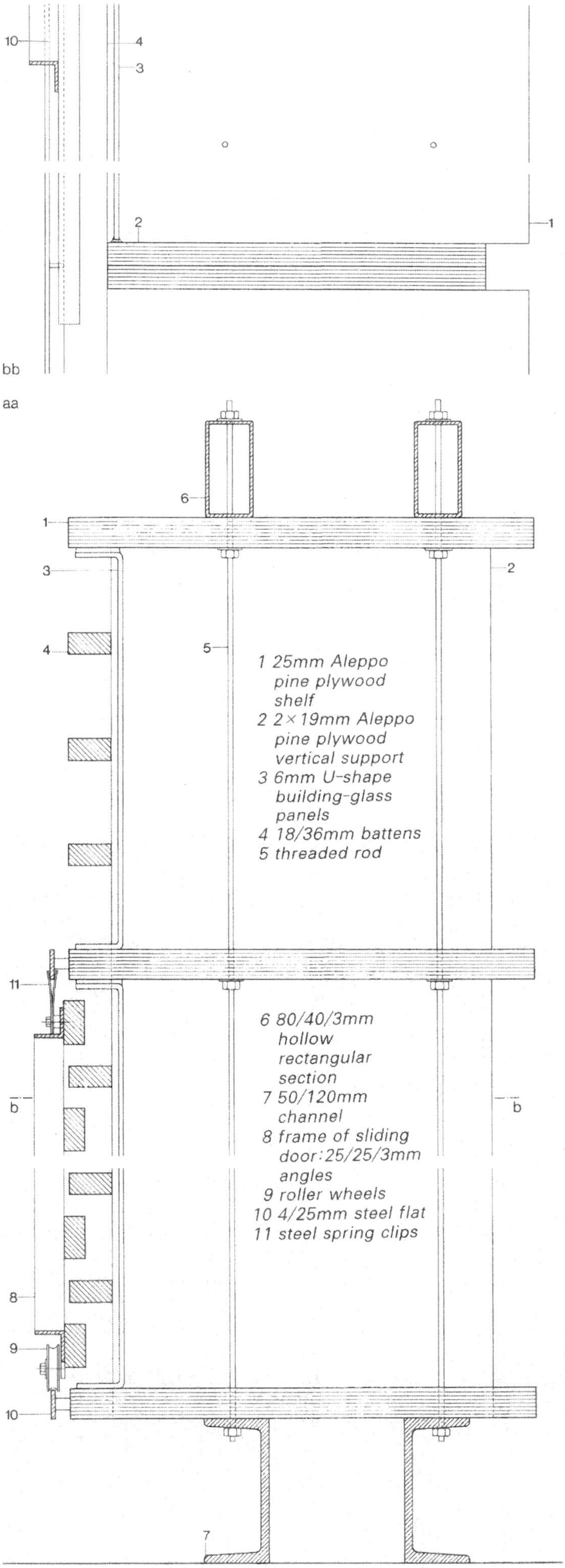

bb

aa

1 25mm Aleppo pine plywood shelf
2 2×19mm Aleppo pine plywood vertical support
3 6mm U-shape building-glass panels
4 18/36mm battens
5 threaded rod
6 80/40/3mm hollow rectangular section
7 50/120mm channel
8 frame of sliding door: 25/25/3mm angles
9 roller wheels
10 4/25mm steel flat
11 steel spring clips

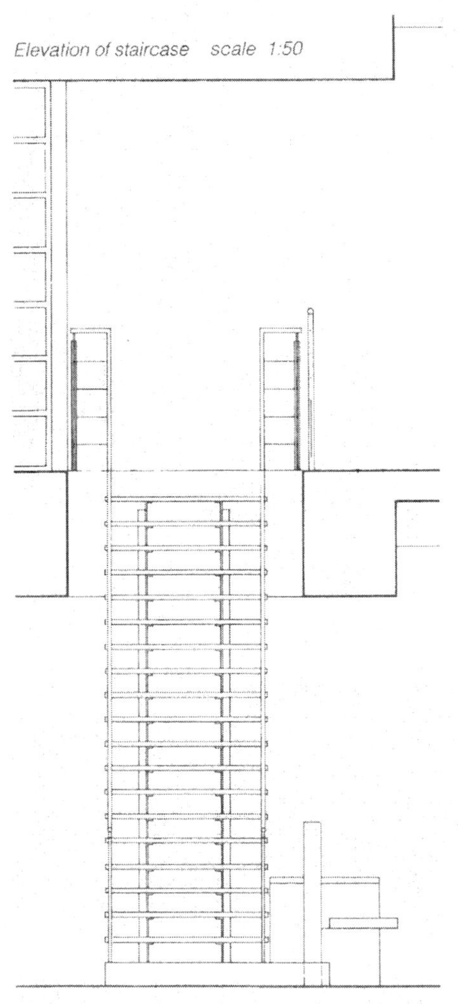

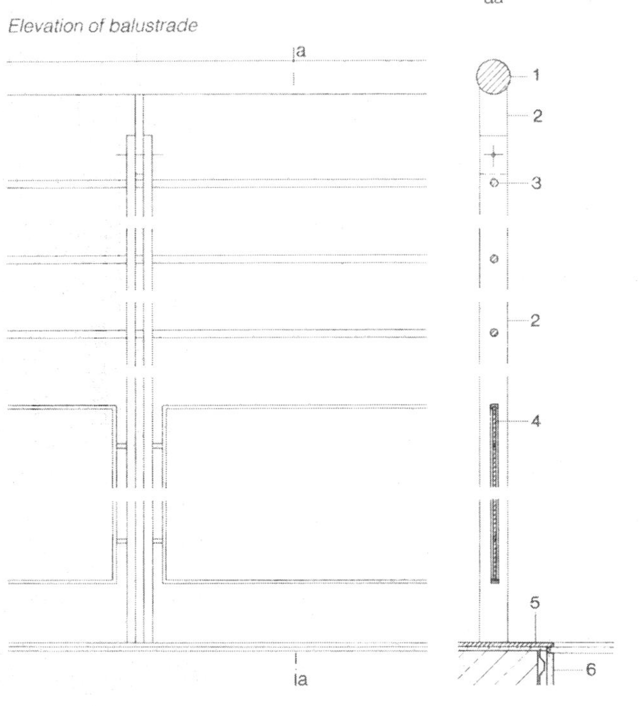

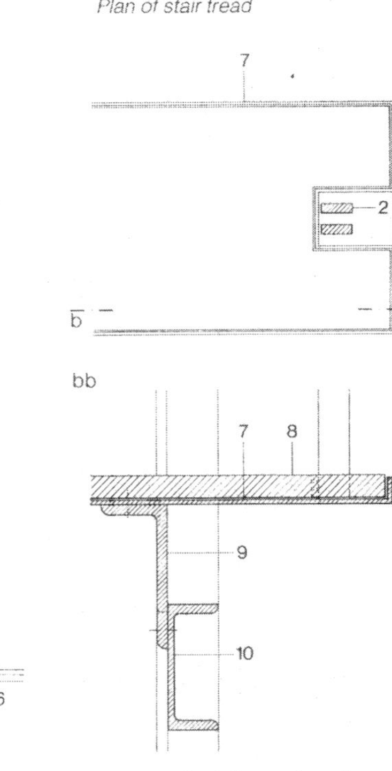

Details scale 1:10

1 44 mm dia. maple handrail
2 35/13 mm steel flat
3 12.7 mm dia. steel rod
4 perforated metal sheet in channel frame
5 6.5 mm steel plate
6 9.5 mm plasterboard fixed to studding
7 sheet steel tray for tread
8 maple stair tread
9 steel angle bracket for tread
10 steel channel string

A Site plan
scale 1:4000
B Elevation
of brine building III
scale 1:500
C New line of access:
part plan
of upper floor
D Part plan
of ground floor
scale 1:500

B

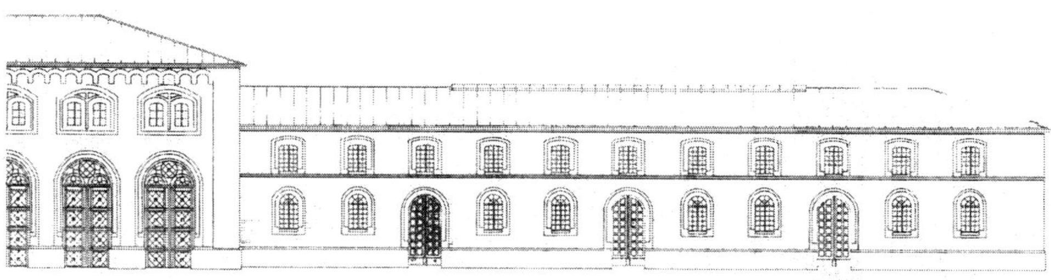

C

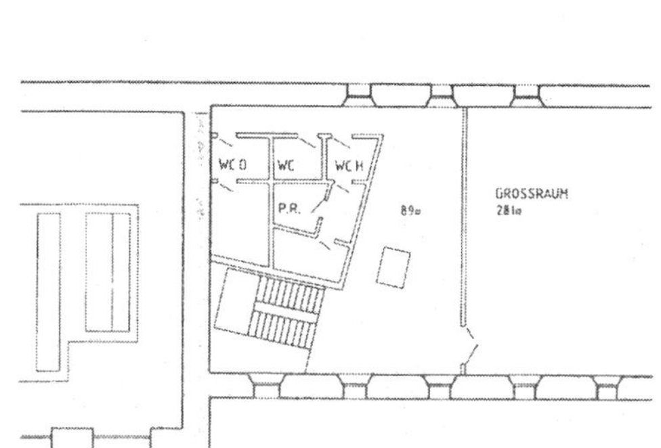

3

4

D

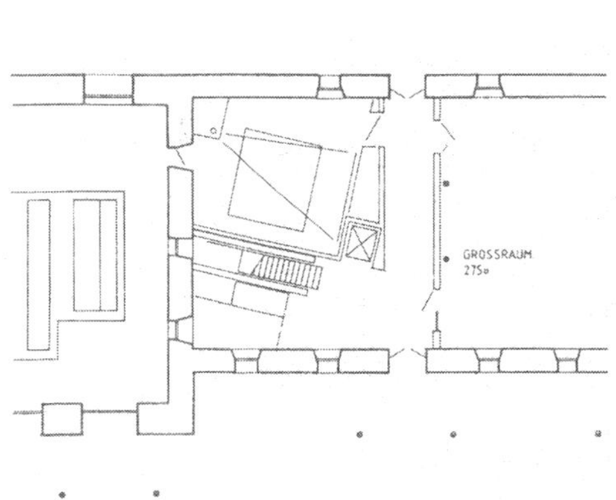

5

1 Central building:
old salt works
2 Refurbishment
of entrance
3 Lower flight of stairs
4 Lift
5 Detail of staircase:
steel elements painted
oak treads
stainless-steel
tensioning cables
oak handrail

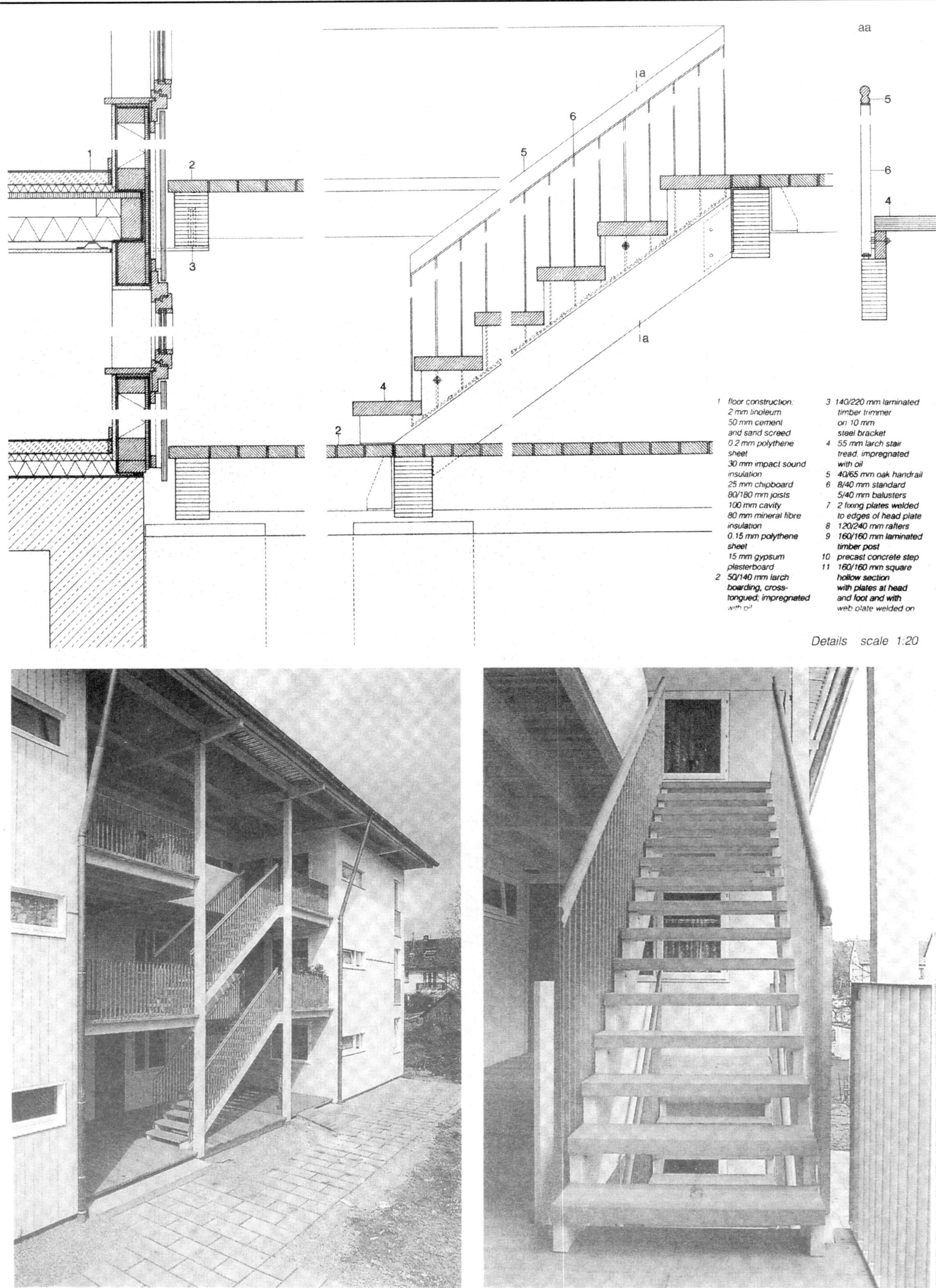
aa
1
2
3
4
5
6
a
1 floor construction:
2 mm linoleum
50 mm cement
and sand screed
0.2 mm polythene
sheet
30 mm impact sound
insulation
25 mm chipboard
80/180 mm joists
100 mm cavity
80 mm mineral fibre
insulation
0.15 mm polythene
sheet
15 mm gypsum
plasterboard
2 50/140 mm larch
boarding, cross-
tongued; impregnated
with oil
3 140/220 mm laminated
timber trimmer
on 10 mm
steel bracket
4 55 mm larch stair
tread, impregnated
with oil
5 40/65 mm oak handrail
6 8/40 mm standard
5/40 mm balusters
7 2 fixing plates welded
to edges of head plate
8 120/240 mm rafters
9 160/160 mm laminated
timber post
10 precast concrete step
11 160/160 mm square
hollow section
with plates at head
and foot and with
web plate welded on
Details scale 1:20

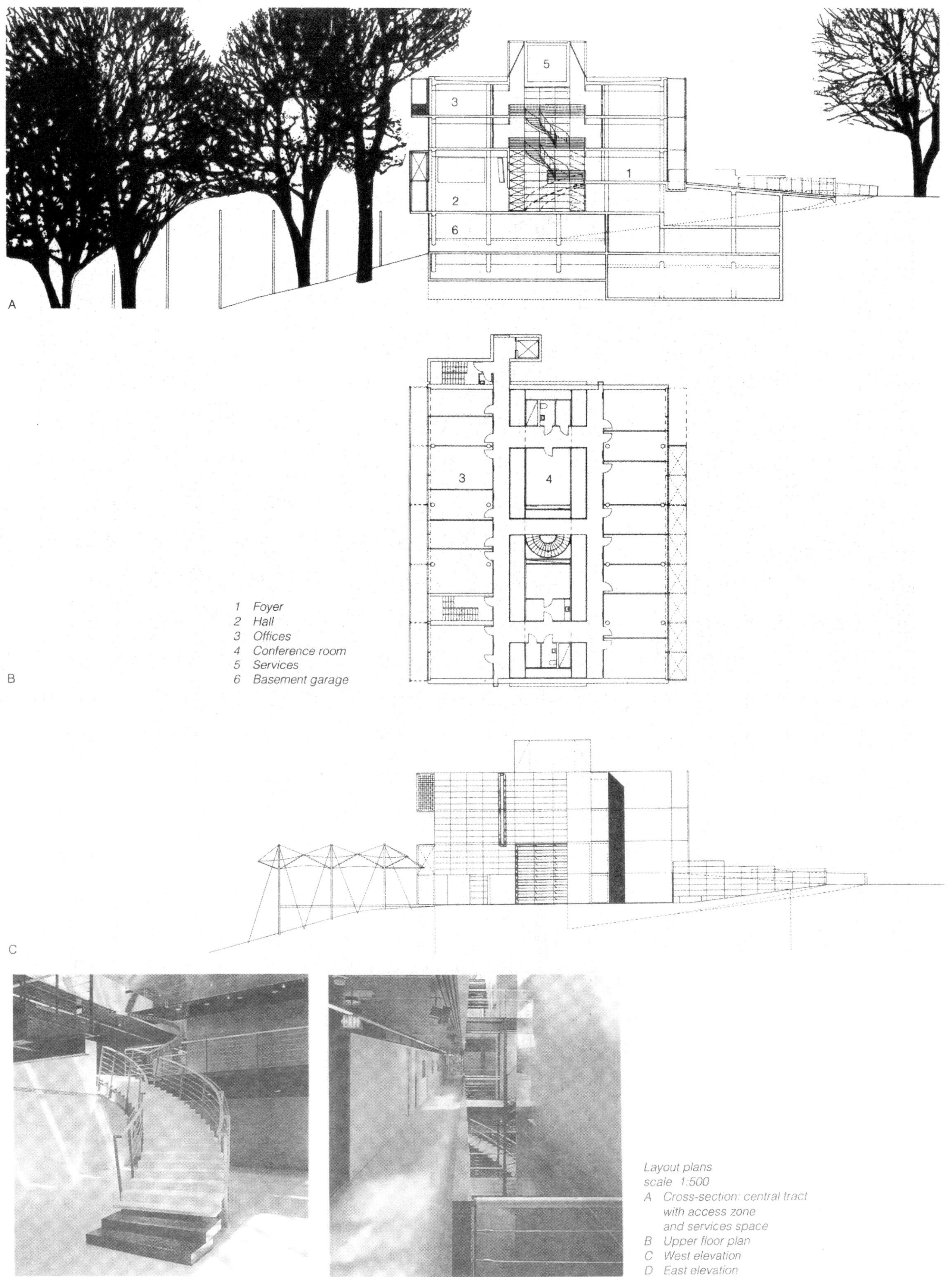

Layout plans
scale 1:500
A Cross-section: central tract with access zone and services space
B Upper floor plan
C West elevation
D East elevation

제3장

역사적 계단

벽에 끼운 화강석의 단판 계단

하늘의 사다리

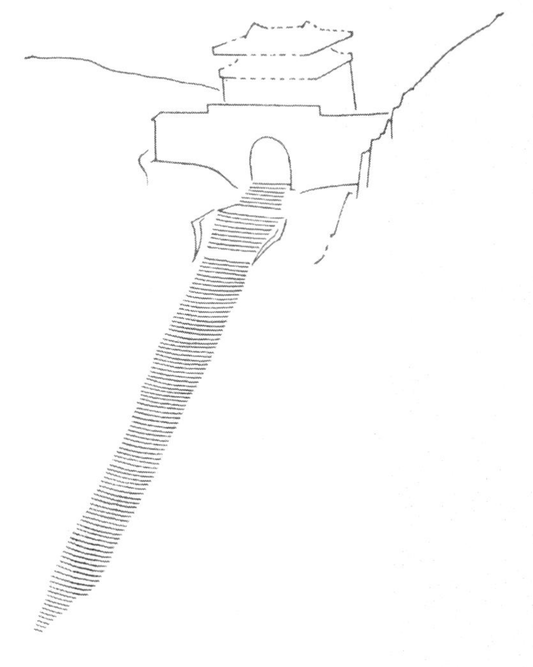

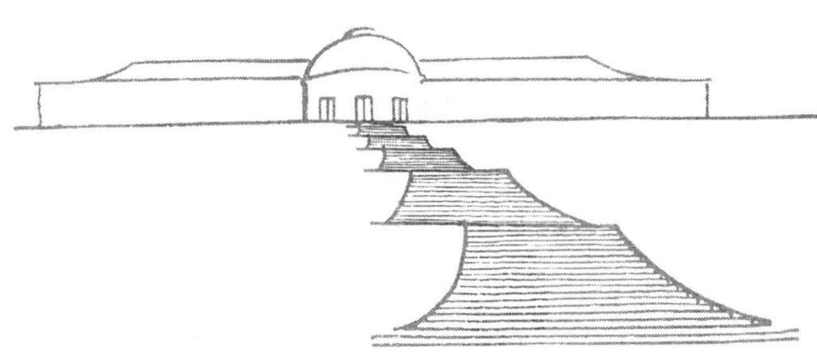

생스시궁전

핀티오의 언덕

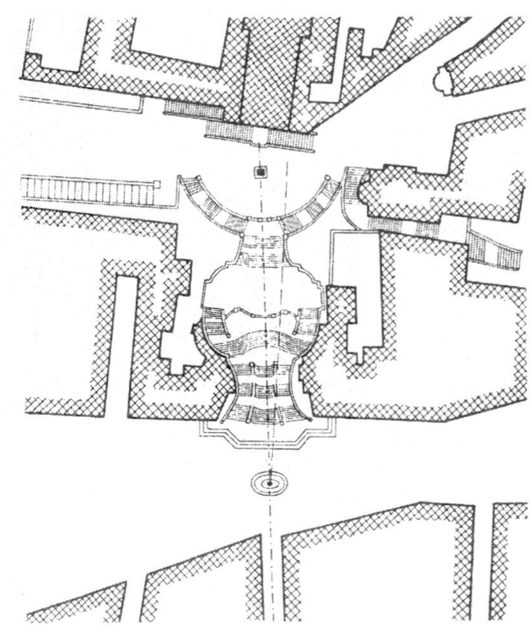

태양의 피라밋 정면 대계단

그리스 원형계단

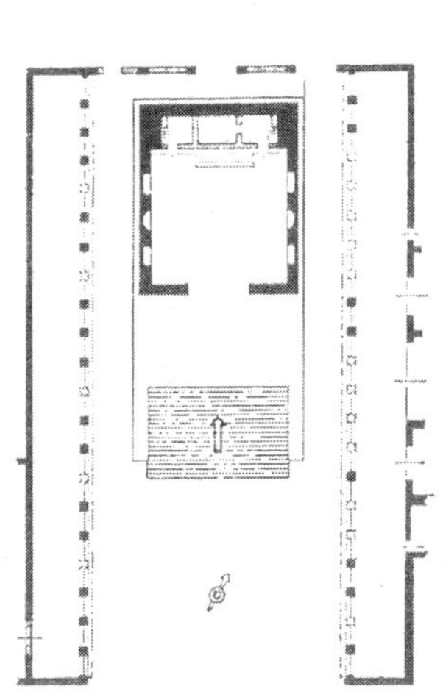

발칸 신전

계단의 길

공중계단

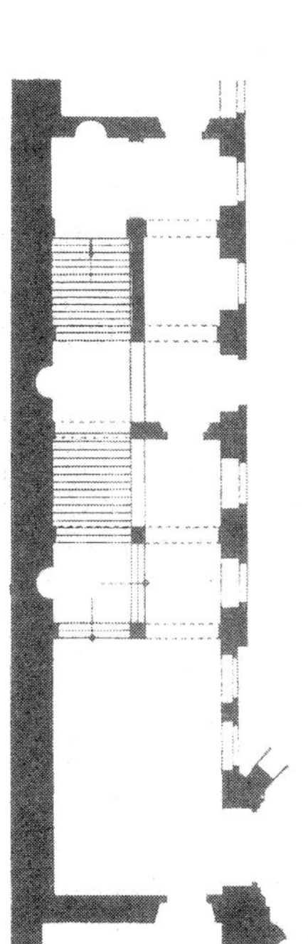

1층

위층

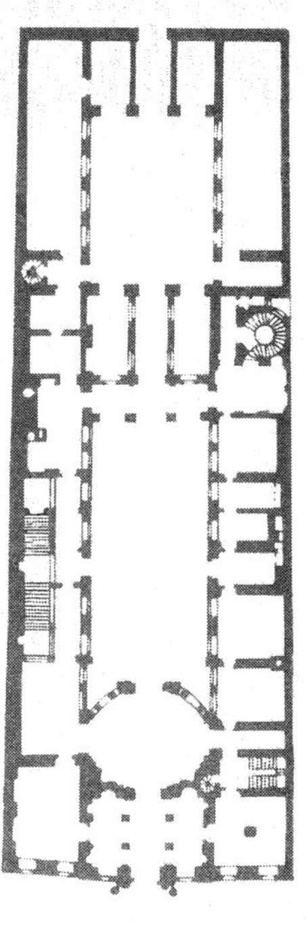

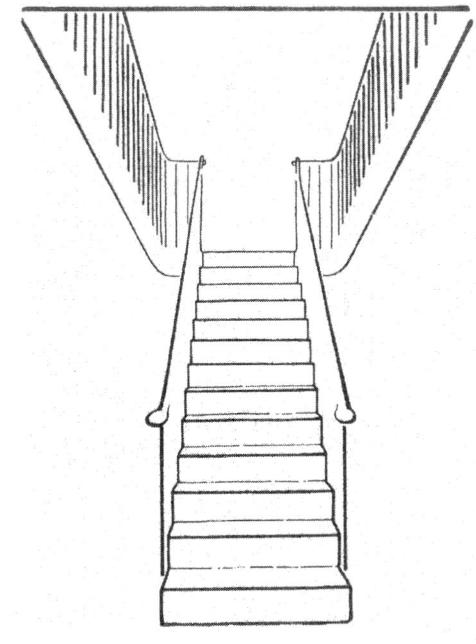

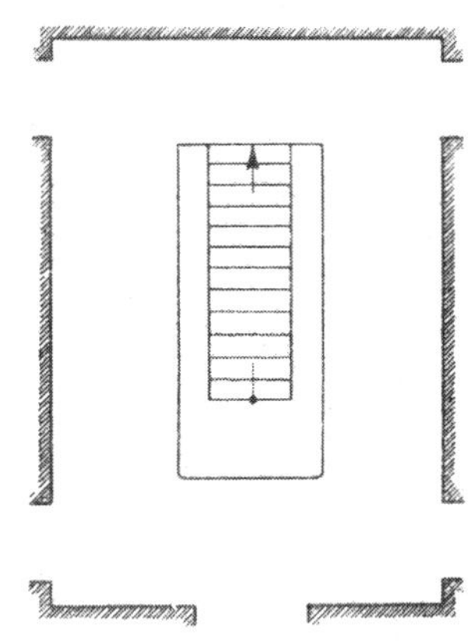

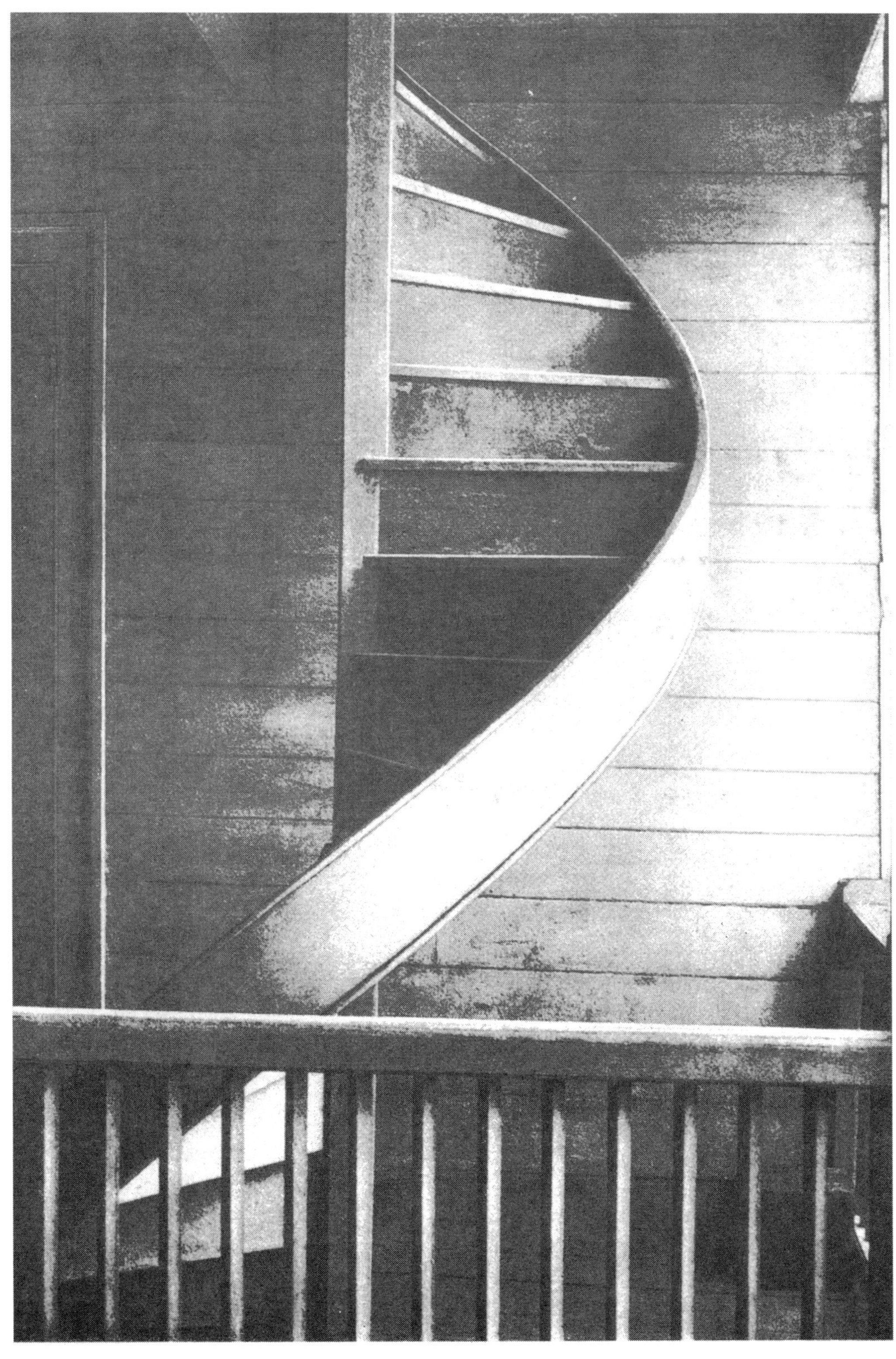

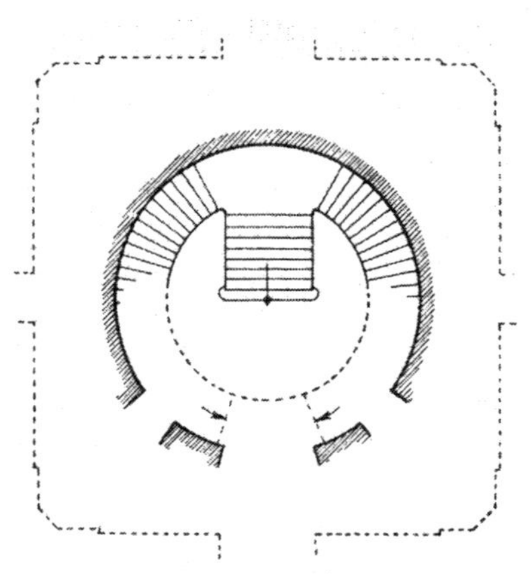

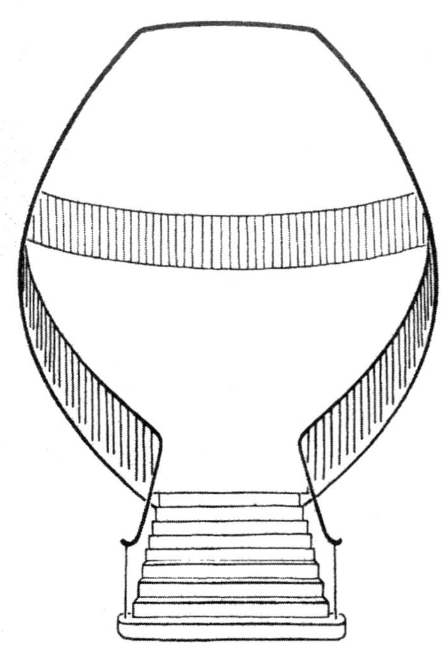

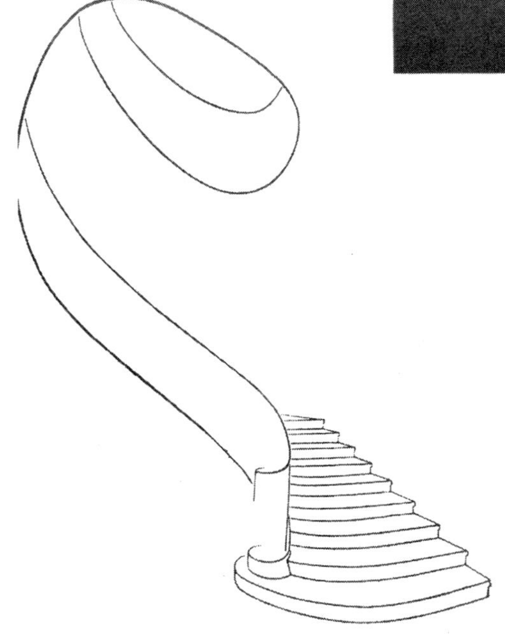

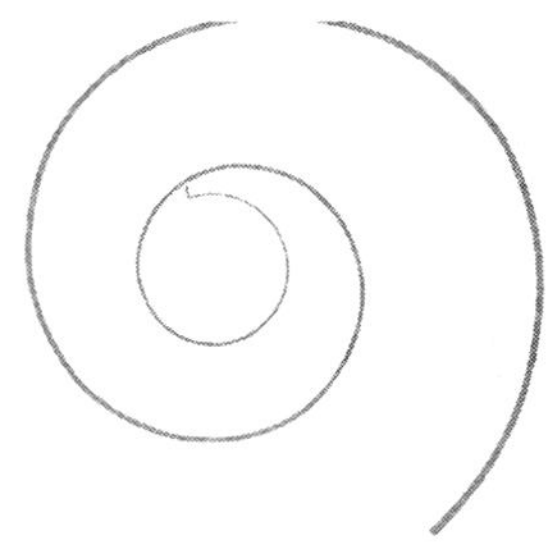

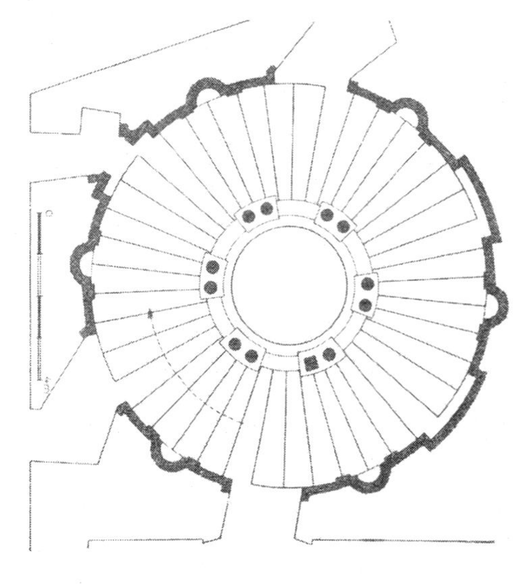

각종계단상세도집

초판 2쇄 2023년 3월 12일

건축정보센터 편
발행인: 김기현
발행처: 시공문화사(**Spacetime**)
출판등록: 1993년 3월 12일
주소: 서울시 서대문구 독립문공원길 13 (03733) 극동프라자 5층
전화: 02) 3147-1212
팩스: 02) 3147-2626

http://www.spacetime.co.kr
mail: spacetime@korea.com

편집: Design Battery
인쇄: (주)예림인쇄사
제본: (주)서정바인텍
용지: (주)대림지업사

ISBN: 978-89-5592-384-1

정가: 20,000원